普通高等教育新工科人才培养“十四五”规划教材

数值分析在岩土工程中的应用

林 杭 曹日红 编 著

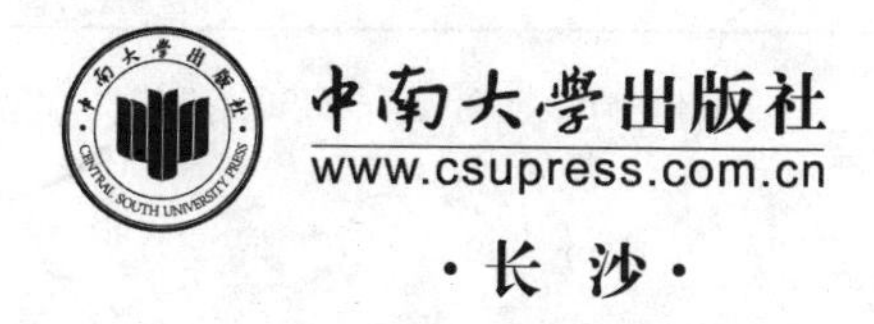

·长 沙·

图书在版编目(CIP)数据

数值分析在岩土工程中的应用 / 林杭，曹日红编著.
—长沙：中南大学出版社，2023.5

ISBN 978-7-5487-5356-8

Ⅰ. ①数… Ⅱ. ①林… ②曹… Ⅲ. ①数值分析－应用－岩土工程－研究 Ⅳ. ①TU4

中国国家版本馆 CIP 数据核字(2023)第 077289 号

数值分析在岩土工程中的应用

SHUZHI FENXI ZAI YANTU GONGCHENG ZHONG DE YINGYONG

林杭　曹日红　编著

□出 版 人　吴湘华
□责任编辑　伍华进
□责任印制　李月腾
□出版发行　中南大学出版社
　　　　　　社址：长沙市麓山南路　　　　邮编：410083
　　　　　　发行科电话：0731-88876770　　传真：0731-88710482
□印　　装　湖南省汇昌印务有限公司

□开　　本　787 mm×1092 mm　1/16　□印张 15.5　□字数 397 千字
□互联网+图书　二维码内容　字数 662 字　图片 64 张
□版　　次　2023 年 5 月第 1 版　□印次 2023 年 5 月第 1 次印刷
□书　　号　ISBN 978-7-5487-5356-8
□定　　价　56.00 元

前 言

随着计算机水平的不断提高，数值分析方法在岩土工程中的应用得到了前所未有的发展，主要包括：(1)连续介质方法；(2)非连续介质方法。本书以具体案例为背景，主要介绍数值分析方法在岩土工程中的应用。数值分析方法能够模拟实际工程情况，弥补室内试验不足，验证理论计算结果，本书分别从数值分析在岩石力学、边坡工程、隧道工程和桩基工程中的应用方面展开介绍。

主要内容：

第1章　岩土工程数值计算方法简介，主要介绍有限差分数值计算原理，有限差分数值计算求解流程，离散元数值计算原理等。

第2章　数值分析方法在岩石力学中的应用，主要介绍巴西劈裂试验中起裂点的数值分析，三维非贯通节理岩体力学特性数值模拟，离散元法在遍布裂隙岩体断裂演化中的应用，压剪条件下裂隙岩体断裂特性数值模拟。

第3章　数值分析在边坡工程中的应用，主要介绍边坡安全系数定义及其抗剪强度机理，边坡临界失稳状态的判定标准，滑动面确定方法及稳定性影响因素研究，强度折减法在层状边坡稳定性分析中的应用，考虑坡面荷载分布的复杂三维边坡稳定性分析，边坡稳定性高精度计算方法。

第4章　桩基摩阻力变化规律的数值分析，主要介绍单桩摩阻力、轴力的分布特性，重力、桩顶荷载、堆载共同作用下桩侧摩阻力数值分析，群桩效应数值模拟分析。

第5章　高应力巷道围岩变形稳定性数值分析，主要介绍深部围岩强流变特性与巷道破坏特征，流变模型开发与数值模型建立，巷道围岩稳定性数值分析，考虑应变软化的地下采场开挖变形稳定性数值分析。

适用对象

本书既可以作为理工科院校岩土工程、安全科学与工程、采矿工程等相关专业的高年级本科生、研究生关于数值模拟方法的学习教材，也可以作为从事岩土工程、采矿工程、隧道工程等专业的科研人员和工程技术人员的参考用书。

编写分工

全书编写分工如下：第1章由林杭编写；第2章由林杭、曹日红、熊威合编；第3章由林杭、陈怡帆、尹湘杰、汤艺合编；第4章由林杭、韩东亚合编；第5章由林杭、曹日红合编。感谢尹子怡、朱雄鹏、黄璐怡、陈思煜、庞永康、潘镜桓等研究生所做的校对工作。

限于时间和作者水平，书中疏漏之处在所难免，欢迎广大读者和同行批评指正。

作　者

2023年3月

目 录

第1章 岩土工程数值计算方法简介

随着计算机水平的发展，岩土工程中数值计算方法得到了前所未有的发展，许多老的方法得到了进一步改进，为了解决更复杂的岩土工程问题，新的数值计算方法应运而生。数值方法大致可分为两大类，分别是：(1)连续介质方法，包括有限元、有限差分、边界元、无单元等；(2)非连续介质方法，包括离散元、颗粒元、流形元等。由于计算机计算性能的发展，数值分析方法得到了长足的发展[1]。立足不同的数学模型，得出了不同的数值分析方法，有限元法(FEM)由线性到非线性的发展，为岩土工程解决了极大的难题。从连续力学到非连续力学，出现了离散元法(DEM)和流形元法(manifold method)，这为不连续介质力学的发展做出了很大贡献。边界元法(BEM)、无单元法(EFM)、快速拉格朗日法(FLAC)的出现又为大变形或有限变形分析做出了贡献[2]。

有限元法(FEM)发展至今，已成为求解复杂的岩石力学及岩土工程问题的有力工具，并已为工程科技人员所熟悉。有限元分析中最基本的思想就是单元离散，即将求解域剖分为若干单元，把一个连续的介质换为一个离散的结构物，然后就各单元进行分析，最后集成求解整体位移(基于最小势能原理的位移法)。就数学概念来说，有限元法是通过变分原理或加权余量法和分区插值的离散化处理把基本支配方程转化为线性代数方程，把求解域内的连续场函数转化为求解有限个离散点处的场函数值。

边界元法(BEM)亦称积分方程法，即把区域问题转化为边界问题求解的一种离散方法。边界元法的最大特点是降低了求解问题的维数。由于采用边界变量表达物体内部变量，一般情况下只需在物体的外表边界上进行离散即可，这样原有问题用边界元法求解降低了一维。另外，这种方法具有较高的精度。由于采用的基本解是无限域(或半无限域)内的满足微分方程和无限域(或半无限域)边界条件的解析解，因而在用边界量求解内部物理量的过程中引入的误差较小。边界积分方程本身所讨论的问题也是一种精确提法，其误差仅来自离散化的处理。

无单元法(EFM)的特点是采用滑动最小二乘法所产生的光滑函数来近似逼近场函数，计算形函数，从而只需计算域的几何边界及计算点，摆脱了单元限制，大大简化了前处理工作。由于提供了场函数的连续可导近似解，在材料分析中，位移计应力、应变计算结果表现连续性，不需进行后处理修匀。无单元法的节点生成非常容易，比较容易处理计算的网格重构问题，因此在开裂计算中将有很好的应用前景。总之，无单元法保留了有限元的一些特点，克服了有限元的不足，适于进行岩土工程数值模拟，尤其便于跟踪裂纹扩展，提供了岩土工程数值模拟的新途径。

离散元法(DEM)是专门用来解决不连续介质问题的数值模拟方法。该方法把节理岩体视为由离散的岩块和岩块间的节理面所组成，允许岩块平移、转动和变形，而节理面可被压缩、分离或滑动。因此，岩体被看作一种不连续的离散介质。其内部可存在大位移、旋转和滑动乃至块体的分离，从而可以较真实地模拟节理岩体中的非线性大变形特征。离散元法的一般求解过程为：将求解空间离散为离散元单元阵，并根据实际问题用合理的连接元件将相邻两单元连接起来；单元间相对位移是基本变量，由力与相对位移的关系可得到两单元间法向和切向的作用力；对单元在各个方向上与其他单元间的作用力以及其他物理场对单元作用所引起的外力求合力和合力矩，根据牛顿第二运动定律可以求得单元的加速度；对其进行时间积分，进而得到单元的速度和位移，从而得到所有单元在任意时刻的速度、加速度、角速度、线位移和转角等物理量。

流形元法(MM)可用来求解多边形域的微分方程边值问题。流形元法用定义域内待求点来安排覆盖，就覆盖建立插值函数，建立的插值函数在全域定义，由覆盖组成的插值多项式将域内的求解点连在一起。在多边形上一组相交的子域称为基本覆盖，边值的近似解就是覆盖上离散形式的积分，这些近似解是由基本函数组成的。从离散近似解中求出优化的近似式，建立近似解插值多项式。使用覆盖域组合成全域的插值函数式，再进一步运用伽辽金法便可求出近似解。不要单元，只要节点的伽辽金法较有限元法有了新的改进。

1.1 有限差分数值计算原理

1.1.1 计算原理

本书中采用的数值计算软件 FLAC3D 的基本原理即有限差分法，其源于流体力学。在流体力学中有两种主要的研究方法，一种是定点观察法，亦称欧拉法；另一种是随机观察法，亦称为拉格朗日元法。后者是研究每个流体质点随时间的运动轨迹、速度、压力等特征。把拉格朗日法移植到固体力学中，把所研究的区域划分成网格，其节点就相当于流体质点，然后按时步用拉格朗日法来研究网格节点的运动[3]。

1.1.2 有限差分数值计算求解流程

拉格朗日元法是一种利用拖带坐标系分析大变形问题的数值方法，并用差分格式按时步积分求解。随着构形的不断变化，不断更新坐标，允许介质有较大的变形。模型经过网格划分，物理网格映射成数学网格，数学网格上的某个节点就与物理网格上相应的节点坐标相对应。对于某一个节点而言，在每一时刻受到来自其周围区域的合力的影响。如果合力不等于零，节点具有了失稳力，就要产生运动。假定节点上集中有该节点的质量，于是在失稳力作用下，根据牛顿运动定律，节点就要产生加速度，进而可以在一个时步中求得速度和位移的增量。对于每一个区域而言，可以根据其周围节点的运动速度求得它的应变率，然后根据材料的本构关系求得应力的增量，由应力增量求出 t 和 $t+\Delta t$ 时刻各个节点的不平衡力和各个节点在 $t+\Delta t$ 时的加速度。对加速度进行积分，即可得出节点的新的位移值，由此可求得各节点新的坐标值。同时，由于物体的变形，单元要发生局部的平均整旋或整旋，只要计算相应的应力改正值，最后通过应力叠加就可得到新的应力值。至此计算为一个循环，然后按时步进行下一轮的计算，如此一直进行到问题收敛。FLAC 程序采用最大不平衡力来刻画 FLAC3D 计算的收敛过程。如果单元的最大不平衡力随着时步增加而逐渐趋于极小值，则计算是稳定的。计算循环如图 1-1 所示。拉格朗日元法采用差分法求解，因此首先将要求解的区域划分成四边形的网格，在边界和巷道周围等不规则处也可用三角形网格拟合。假定某一时刻各个节点的速度为已知，则根据高斯定理可求得单元的应变率，进而根据材料的本构关系求各单元的新应力，进入下一个计算循环。

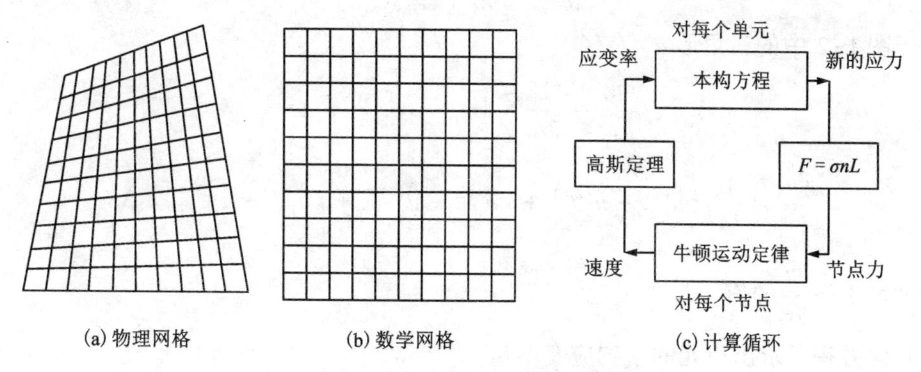

(a) 物理网格　　(b) 数学网格　　(c) 计算循环

图 1-1　拉格朗日元法原理简图

应变张量由增量形式表示为

$$\nabla e_{ij}=\frac{\Delta t}{2}\left|\frac{\partial \overset{0}{u}_i}{\partial x_j}+\frac{\partial \overset{0}{u}_j}{\partial x_i}\right| \tag{1-1}$$

式中：∇e_{ij} 为张量的增量；i，$j=1$，2；$\overset{0}{u}_j$ 为节点的速度分量；x_i 为节点的坐标；Δt 为时步。

为提高求解的精度，一个四边形以左右两条对角线分成4个三角形(见图1-2中的 a，b，c 和 d)，每个三角形假定为常应变，于是四边形的应变为此4个三角形应变的平均值。

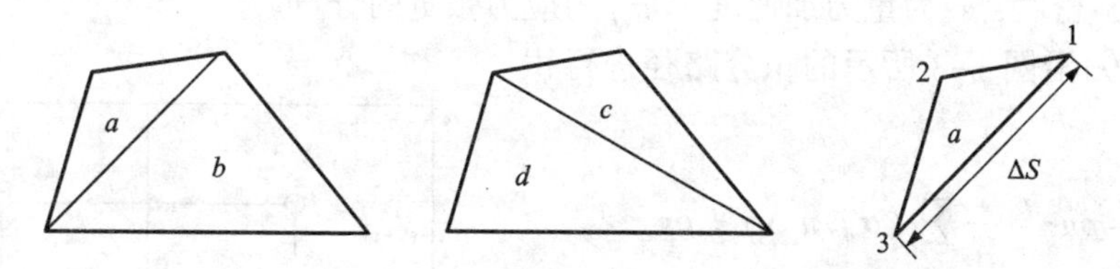

图 1-2　显式拉格朗日差分法的常应变三角形单元

对于函数 f，根据高斯定理可得

$$\int_S f n_i \mathrm{d}S=\int_A \frac{\partial f}{\partial x_i}\mathrm{d}A \tag{1-2}$$

式中：$\int_S$ 为沿闭合边界的积分；n_i 为外法线的方向余弦；f 为标量、矢量或张量；$\boldsymbol{x}_i$ 为位置矢量；$\int_A$ 为对单元面积 A 的积分。

将梯度 $\frac{\partial f}{\partial x_i}$ 的平均值定义为

$$\left\langle \frac{\partial f}{\partial x_i}\right\rangle=\frac{1}{A}\int_A \frac{\partial f}{\partial x_i}\mathrm{d}A \tag{1-3}$$

将式(1-3)代入式(1-2)可得

$$\left\langle \frac{\partial f}{\partial x_i}\right\rangle=\frac{1}{A}\int_S n_i f\mathrm{d}S \tag{1-4}$$

对于三角形单元，式(1-4)的有限差分形式为

$$\langle \frac{\partial f}{\partial x_i} \rangle = \frac{1}{A}\sum_{S} \langle f \rangle n_i \Delta S \tag{1-5}$$

对于图 1-2 中的三角形 a，有

$$\frac{\partial \dot{u}_i}{\partial x_j} \cong \frac{1}{2A}\sum_{S} [\dot{u}_i^{(a)} + \dot{u}_i^{(b)}] n_i \Delta S$$

$$\frac{\partial \dot{u}_i}{\partial x_j} = \frac{1}{2A}\{[\dot{u}_i^{(1)} + \dot{u}_i^{(2)}] + [\dot{u}_i^{(1)} + \dot{u}_i^{(3)}] + [\dot{u}_i^{(2)} + \dot{u}_i^{(3)}]\} n_j \Delta S \tag{1-6}$$

同理可求得$\frac{\partial \dot{u}_j}{\partial x_i}$的值。

由几何方程可求出单元的平均应变增量：

$$\langle \Delta e_{ij} \rangle = \frac{1}{2}\left[\langle \frac{\partial \dot{u}_i}{\partial x_j} \rangle + \langle \frac{\partial \dot{u}_j}{\partial x_i} \rangle\right] \Delta t \tag{1-7}$$

再由本构方程便可求得应力增量：

$$\Delta \sigma_{ij} = f(\Delta e_{ij}, \sigma_{ij}, \cdots) \tag{1-8}$$

式中：$f(\Delta e_{ij}, \sigma_{ij}, \cdots)$为本构关系的函数，它与应变增量、原有的全应力以及材料常数有关。

有了单元的应力，便可以进一步求出节点的平衡力，节点的运动方程如下：

$$\rho \frac{\partial \dot{u}_i}{\partial t} = \frac{\partial \sigma_{ij}}{\partial x_j} + \rho g_i \tag{1-9}$$

式中：ρ 为材料密度；g_i 为重力加速度；$\partial \sigma_{ij}$ 为应力张量的分量。

对式(1-9)沿图 1-3 所示的积分路径进行积分，可得

$$\rho \frac{\partial \dot{u}_i}{\partial t} = \rho \ddot{u}_i = \frac{1}{A}\sum \langle \sigma_{ij} \rangle n_j \Delta S + \rho g_i \tag{1-10}$$

式中：$\sum \langle \sigma_{ij} \rangle n_j \Delta S$ 为节点周围单元作用在该节点上的集中力，于是有

$$\ddot{u}_i = F/m + g_i \tag{1-11}$$

式中：F 为作用在节点上的合力。

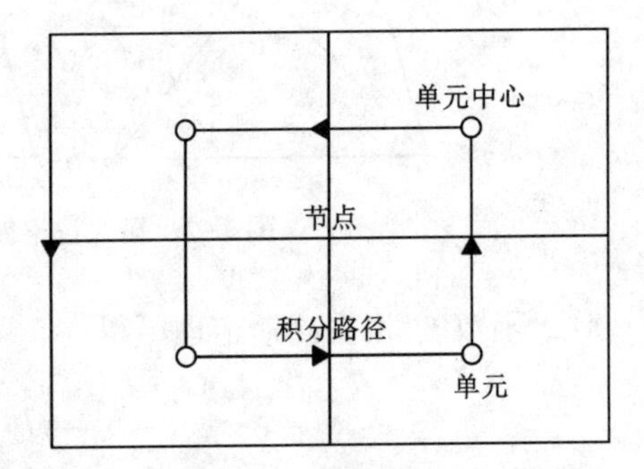

图 1-3　积分路径

利用中心差分得到节点的加速度和速度分别为

$$\ddot{u}_i(t) = [\dot{u}_{(i)}^{\left(t+\frac{\Delta t}{2}\right)} - \dot{u}_{(i)}^{\left(t-\frac{\Delta t}{2}\right)}]/\Delta t \tag{1-12}$$

$$\dot{u}_{(i)}^{\left(t+\frac{\Delta t}{2}\right)} = \ddot{u}_i^{\left(t-\frac{\Delta t}{2}\right)} + \ddot{u}_i^{(t)} \Delta t$$

$$\dot{u}_{(i)}^{\left(t+\frac{\Delta t}{2}\right)} = \dot{u}_{(i)}^{\left(t-\frac{\Delta t}{2}\right)} + (F_i^{(t)}/m + g_i)\Delta t \tag{1-13}$$

至此一个计算循环完成，以后将按时步 Δt 进行下一轮循环，直至问题收敛。

利用 FLAC3D 软件进行岩土工程数值分析的步骤一般为以下七步：

第 1 步：定义模型分析的目标。第 2 步：产生一个物理系统的概念图。第 3 步：构造和

运行简单的理想化模型。第 4 步：收集指定问题的数据。第 5 步：准备一系列详细的模型运行。第 6 步：执行模拟计算。第 7 步：解释当前结果。

具体的流程图如图 1-4 所示。

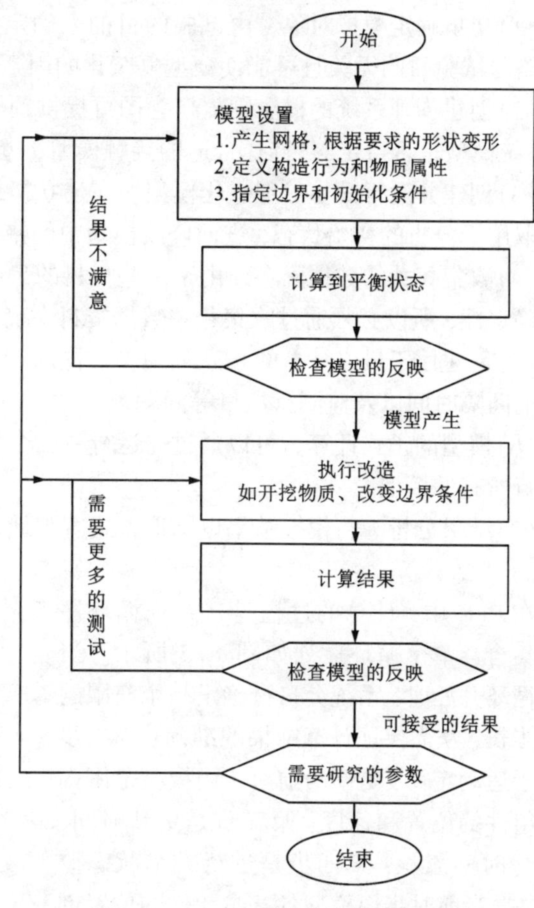

图 1-4 FLAC3D 软件计算的流程图

1.2 离散元数值计算原理

1.2.1 离散元计算相关假设

PFC 为国内外使用较为广泛的离散元颗粒流软件，岩土体可视为较为致密的颗粒材料，因此采用离散元颗粒流软件进行模拟是可行的。由于模拟研究的主体是岩土体的各项基础力学强度性质，因此前期建模需要控制颗粒的数量。虽然颗粒流软件计算有一定的上限，超过范围会无法计算，但由于离散元软件原本就是计算模拟细观性质变化的工具，一般分析研究对象的范围较小，因此在模拟岩土体基础力学性质方面不受影响[4]。在室内试验的基础上，获得各项力学强度的参数，为模型调整并取得合理细观参数提供数据支持。

颗粒流软件 PFC 在模拟过程中作了以下假设：

(1)颗粒单元被视为刚体，颗粒本身不会破坏；

(2)模型中基本颗粒单元是单位厚度的圆盘，用 ball 来表示；

(3)可通过若干个刚性的单位厚度圆盘(在 clump 中称为 pebble)合成任意形状的刚性超单元(clump)；

(4)颗粒之间是通过接触传递力和力矩来相互作用的，接触的力学原理体现在用力-位移方程更新接触内的力和力矩来达到更改颗粒所受力和力矩的目的；

(5)接触行为是通过“软接触”的方式来体现的，刚性颗粒之间允许在接触处有一定的重叠量，接触是在颗粒的一块极小的区域上(如一个点)，颗粒之间的重叠量或者相对位移与接触力的关系可以根据力-位移方程建立起来；

(6)颗粒之间的接触可以添加黏结；

(7)可以通过势能函数计算远程力，如引力和电磁力等。

1.2.2 离散元计算模拟步骤

颗粒流软件 PFC2D 既可以处理实际工程问题，又可以作为“数值实验室”用于岩石等材料的试验，当作为“数值实验室”时，一般的模拟步骤如下：

(1)初步确定模拟对象。由试验的目的来确定模型的详细程度，为了方便模拟，可以适当忽略与试验目的无关且可能使模型复杂化的因素。

(2)创建物理系统的概念图。概念图可提供预期的模拟结果，然后针对可能出现的问题(如系统模型是否稳定等)选择合适的接触模型、边界条件等。

(3)创建并运行简易的理想化模型。在建立精细模型之前，创建并运行简易的测试模型来获取用于分析的初始状态，进而修改模型中的错误。

(4)收集相关的数据资料。由于一些材料的参数(尤其是应力状态、变形、强度等)还存在不确定性，所以必须通过收集相关数据资料来确定一个合理的参数取值范围。

(5)创建用于最终计算的一系列模型。同时，考虑如何调整模型的计算时间、保存模型状态的间隔时间以及监测点数目等问题。

(6)模型的正式计算。可以通过先运行一两个模型检查是否达到预期效果，然后再一次性运行所有的模型。

(7)结果分析。将模拟结果以图形方式直观地展示出来，图形应该清晰显示重点分析的部位。

在 PFC 中，计算的过程是一系列循环序列的集合，单个循环序列如图 1-5 所示。当一个循环开始时，系统会自行确定一个有限的时间步长，从而保证计算结果的准确；第二步是基于运动定律，更新当前时步内模型范围内每个组件的位置和速度；第三步是更新时间，即进行时间累积；第四步是进行黏结状态监测，根据当前时步内模型各基本元件的位置创建或清除黏结；第五步是根据力-位移定律更新每个接触处产生的力和力矩。该循环结束后即开始下一循环，直至满足数值模拟终止条件。

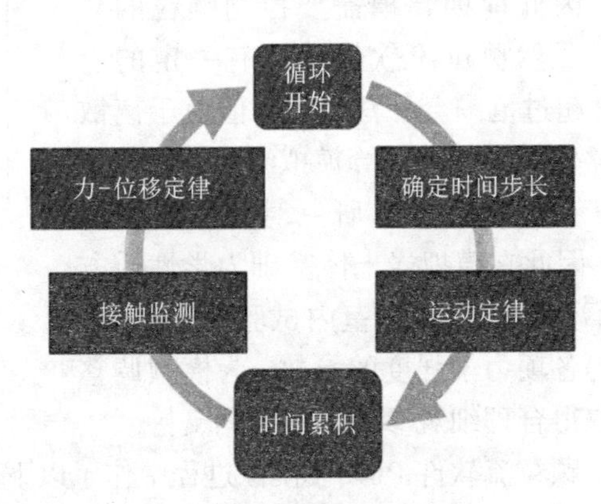

图 1-5 单个循环主要流程

1.2.3 离散元数值计算原理

离散元法(DEM)最早由 Cundall 等人提出，是解决粒状和不连续材料工程问题的一种有效数值方法，常用于模拟岩石材料从微观破裂到宏观破裂的演化过程，可直观地展现材料的破坏行为以及裂隙的扩展[5]。由于岩石可以看作是紧密相连的颗粒材料，因此离散元颗粒流软件 PFC 为大多数学者提供了一种新的数值模拟研究方法，在国内外得到了广泛使用。

颗粒流软件 PFC 包含 2D 和 3D 程序，本书数值模拟研究主要集中在 PFC2D 基础上进行。PFC2D 中模型的基本组成单位有颗粒(ball)、团块(clump)和墙体(wall)，如图 1-6 所示。颗粒是指具有单位长度厚度的圆盘刚性粒子，而在 3D 程序中则是球形刚性粒子，在外力的作用下会产生平移和旋转，颗粒可以通过接触结合在一起，也可以以松散形式存在，可以模拟沙粒或结合在一起的材料，例如混凝土或岩石。团块是多个刚性颗粒的集合体，通常用于模拟内含不规则形状颗粒或者块体的材料。在大多数情况下，外部约束元素主要是墙体。墙体以2D线和3D面表示；可以给墙体一定的速度以在软件中加载模型，但是不能对墙体施加任何力；墙体与粒子之间的相互作用也通过接触键实现，并且壁与壁之间没有相互作用。另外，各个组成单位之间都是通过键(contact)进行力的传递，当键断裂时，粒子之间的相互作用力消失。在外力作用下，通过接触键的本构模型进行粒子之间的力-位移计算。

PFC模型状态是指模型构件在模拟过程中特定时间的当前空间构型和状态(如速度、力、力矩等)。在模拟计算过程中模型状态会随着循环序列发生更新，循环序列是在单个PFC循环中执行的操作序列。图1-7描述了在PFC中实现的循环序列的简化版本。

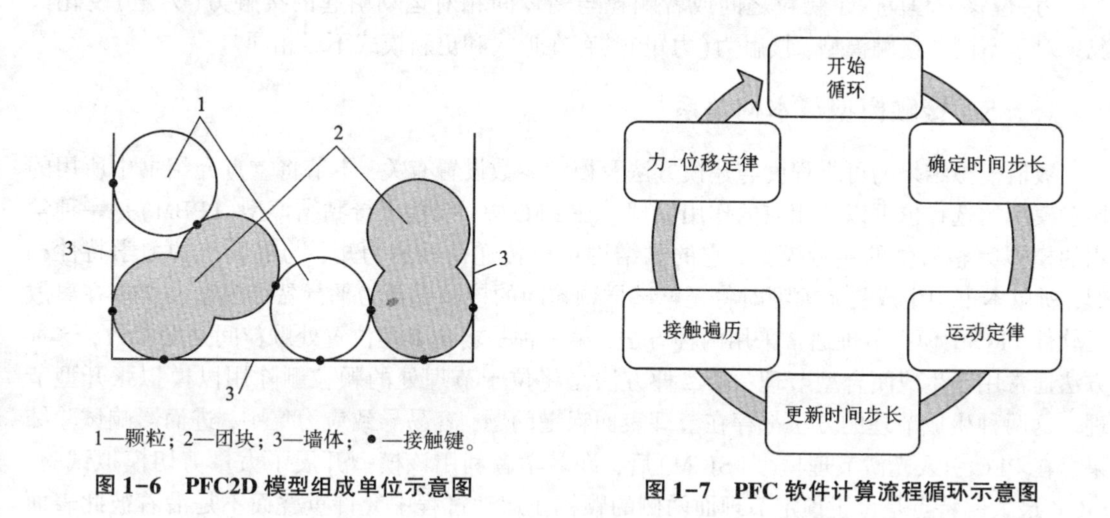

1—颗粒；2—团块；3—墙体；●—接触键。

图1-6 PFC2D模型组成单位示意图

图1-7 PFC软件计算流程循环示意图

1.2.4 模型基本运动方程

在颗粒流软件PFC2D中，二维圆形颗粒的运动是由作用于颗粒质心的合力和合力矩决定的，分为平行移动和围绕颗粒质心的转动。颗粒单元平动方程如下：

$$F = m(\ddot{x} - g) \tag{1-14}$$

式中：F为颗粒所受到的合外力；m为颗粒质量；g为体积力加速度；$\ddot{x}$为颗粒加速度。

采用显式的中心差分方法计算颗粒的平动速度和颗粒的位置。假设上一循环结束的时刻为t，颗粒的位置和速度分别为$x^{(t)}$、$\dot{x}^{(t)}$，当前循环的时步长为Δt。首先计算$t+\Delta t/2$时刻的速度：

$$\dot{x}^{(t+\Delta t/2)} = \dot{x}^{(t)} + \frac{1}{2}\left[\frac{F^{(t)}}{m} + g\right]\Delta t \tag{1-15}$$

然后由$t+\Delta t/2$时刻的速度更新$t+\Delta t$时刻的颗粒位置：

$$x^{(t+\Delta t)} = x^{(t)} + \dot{x}^{(t+\Delta t/2)}\Delta t \tag{1-16}$$

再由当前循环的力-位移方程更新颗粒所受到的合力，代入公式(1-15)求出颗粒的加速度，随后更新$t+\Delta t$时刻的颗粒速度：

$$\dot{x}^{(t+\Delta t)} = \dot{x}^{(t+\Delta t/2)} + \frac{1}{2}\left[\frac{F^{(t+\Delta t)}}{m} + g\right]\Delta t \tag{1-17}$$

颗粒单元的转动方程如下：

$$M = \dot{L} \tag{1-18}$$

式中：M 为颗粒所受到的合力矩；$\dot{L}$ 为颗粒的角动量。

假定局部坐标系沿颗粒的惯性主轴，由于二维圆形颗粒仅存在沿平面法线方向的回转轴，公式(1-18)可简化为

$$M=\left(\frac{1}{2}mR^2\right)\dot{w} \tag{1-19}$$

式中：M 和 $\dot{w}$ 分别为颗粒围绕主轴旋转时的受力矩和角加速度；R 为颗粒半径。同样，采用上述中心差分方法可更新颗粒单元的角速度。

力-位移方程反映了颗粒之间或者颗粒与墙体间相对运动引起的接触力(力矩)变化情况。对于不同的接触模型，接触力(力矩)的存在形式和更新模式不尽相同。

1.2.5 接触模型与本构关系

数值模拟结果的可靠程度与建模方法及模型参数设置有关，本节将重点介绍书中所用的接触模型的选择依据以及相应的作用原理。在 PFC 中，线性平行黏结模型(LPBM)是一种常用的模拟完整岩体的接触模型，它的黏结键可以传递荷载和力矩，与混凝土的力学特性相似，所以本书中生成初始模型时将完整试样颗粒间的接触设置为平行黏结模型。早期在离散元软件 PFC 中模拟节理通常采用两种方法，第一种是弱化节理位置处颗粒间强度参数，这种方法通常用于生成闭合型节理；第二种方法是将位于节理处的颗粒删除用以模拟张开型节理。这两种生成节理的方法都存在节理表面粗糙问题，容易导致应力集中，进而影响试验结果。在 PFC 引入光滑节理模型(SJCM)后，许多学者利用该模型开展了大量剪切模拟试验。SJCM 最大的特点是位于预定节理面两侧的颗粒在运动过程中允许重叠而不是沿着彼此表面滑动，从而避免了前两种生成节理方法的不足。所以，在本小节中将对平行黏结模型和光滑节理模型进行简单的介绍。

1. 平行黏结模型(linear parallel bond model)

平行黏结模型是在线性黏结模型基础上发展而来的[6]，包括两种接触组件：第一种是线弹性组件，这种接触不能承受拉力，可以承受压力和摩擦力；第二种接触组件是线弹性黏结组件，既可以承受张力，也可以承受压力和力矩。

图 1-8 表示的是平行黏结模型结构示意图，线弹性组件包含的元件有法向弹簧 k_n、接触间隙元件 g_s、切向弹簧 k_s 以及摩擦元件 μ。线弹性黏结组件包含的元件有法向黏结组弹簧 $\bar{k}_n$、法向黏结元件 $\bar{\sigma}_c$、切向黏结组弹簧 $\bar{k}_s$、切向黏结元件 $\{\bar{c}, \bar{\varphi}\}$。如图 1-9 所示，为平行黏结键遵循的力-位移定律，其中 $\bar{F}_n$ 为作用在键上的法向力，$\|\bar{F}_s\|$为作用在黏结键上的切向力，$|\bar{M}_t|$、$\|\bar{M}_b\|$分别表示作用在黏结键上的扭矩和弯矩。图中 $\bar{A}$ 为接触的横截面积，而 $\bar{J}$、$\bar{I}$ 表示的是接触的截面惯性矩和极惯性矩。当平行黏结键形成之后，该键可以抵抗力和扭矩并表现出线弹性，直到作用在键上的力和扭矩超过了其设定的强度极限，黏结键就会发生破坏，失去效应。当平行黏结键断裂后，这种非黏结的平行黏结模型和线性模型是等效的。

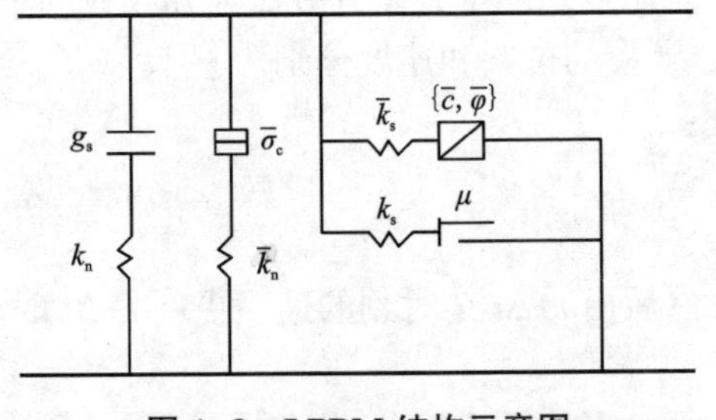

图 1-8　LPBM 结构示意图

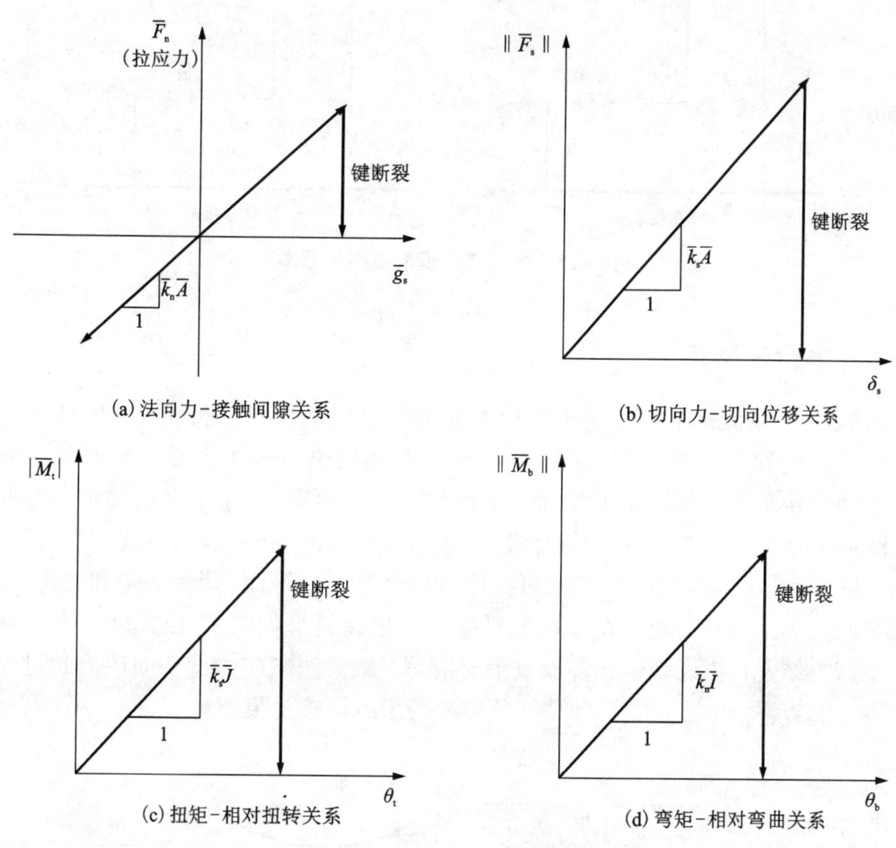

图 1-9　平行黏结键力-位移定律

2. 光滑节理模型(smooth-joint contact model)

光滑节理模型(SJCM)是在 PFC 中模拟岩体结构面的一种新模型，被赋予该模型的颗粒之间能够相互重叠，而不是沿着彼此表面移动。如图 1-10 所示，为被设置成光滑节理模型的两颗粒之间的运动状态示意图。若要在数值模型内建立一条节理，首先需要定义一个假想的节理平面，当两颗粒中心连线与这个假想平面相交则赋予光滑接触模型参数。

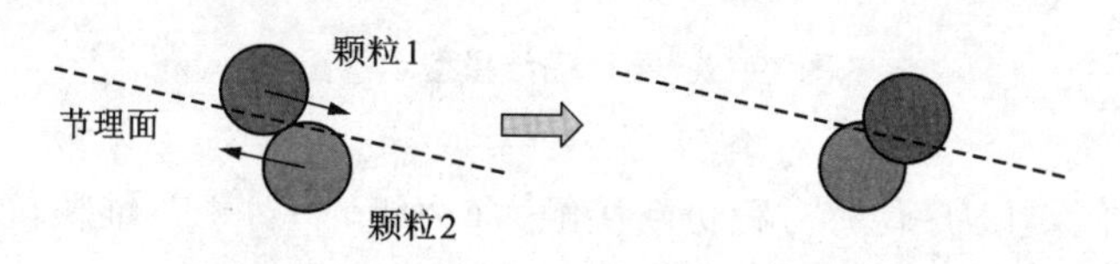

图 1-10　赋予颗粒 SJCM 后的运动示意图

图 1-11 表示的是两种不同状态下 SJCM 结构示意图。对于非黏结这种状态[图 1-11(b)]，最大剪切力受法向力和节理面的摩擦系数 μ 控制。当光滑节理模型处于黏结状态[图 1-11(a)]时，节理可以表现出线弹性力学行为(通过赋予接触抗拉强度和抗剪强度)，剪切特性满足莫尔-库仑定律 $\tau=c+\sigma\tan\varphi$。

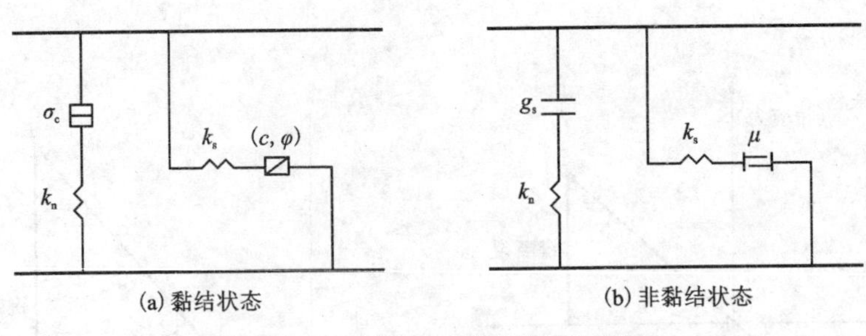

图 1-11　光滑节理模型结构示意图

1.2.6　平行黏结模型

颗粒流软件 PFC 提供了多种用于模拟不同属性材料的接触本构模型，包括线性接触模型、接触黏结模型和平行黏结模型等，其中平行黏结模型是模拟岩石材料时常用的接触模型。它是在线性接触模型的基础上增加了平行黏结部分，因而接触上存在两种平行的分界面形式：一种是无穷小的、线弹性不可拉伸且存在摩擦滑动的界面(只能传递力)，相当于线性接触模型；另一种是有限大小、线弹性可拉伸且黏合连接的界面(能传递力和力矩)，可设想为一组以接触点为中心、均匀分布于接触平面的线性弹簧。如图 1-12 所示，平行黏结模型通常包含平行黏结元件、线弹簧元件以及阻尼器等，最大法向应力或切向应力超过黏结强度时，黏结便发生断裂，断裂后的平行黏结模型相当于线性接触模型。

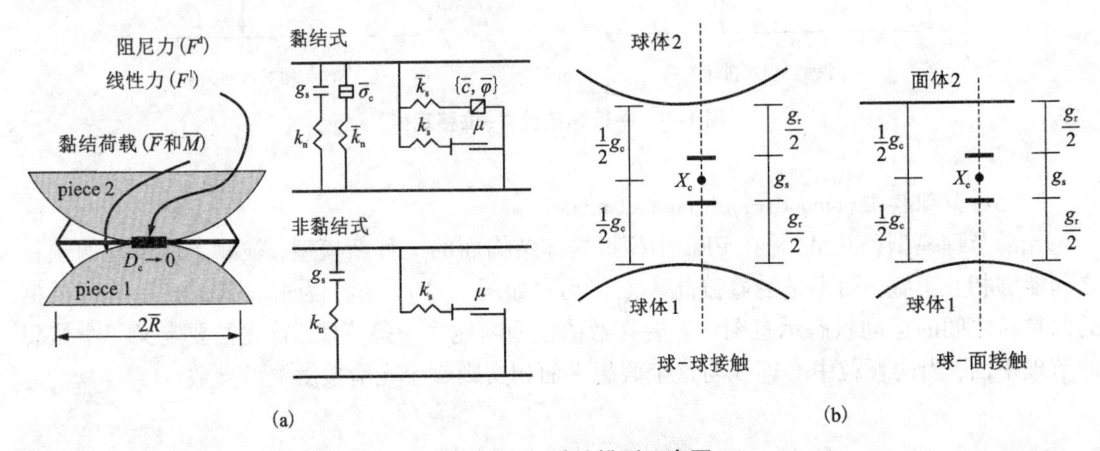

图 1-12　平行黏结模型示意图

平行黏结模型中采用力-位移方程更新接触力(力矩)。对于二维颗粒离散元模型，接触力 F_c 可分解为线性接触力 F^l、阻尼力 F^d 和平行黏结力 $\overline{F}$。本书主要介绍接触力中平行黏结力和接触力矩的更新模式，平行黏结力 $\overline{F}$ 分为法向力 $\overline{F}_n$ 和切向力 $\overline{F}_s$，而接触力矩 $\overline{M}_c$ 由黏结的弯矩 $\overline{M}_b$ 提供。

$$F_c = F^l + F^d + \overline{F} \tag{1-20}$$

$$\overline{F} = \overline{F}_n + \overline{F}_s = -\overline{F}_n \hat{\boldsymbol{n}}_c + \overline{F}_{st} \hat{\boldsymbol{t}}_c \tag{1-21}$$

$$M_c = \overline{M}_b = \overline{M}_{bs} \hat{\boldsymbol{s}}_c \tag{1-22}$$

式中：$\hat{\boldsymbol{s}}_c$ 为弯矩单位方向矢量；$\overline{M}_{bs}$ 为弯矩大小。$\hat{\boldsymbol{n}}_c$ 和 $\hat{\boldsymbol{t}}_c$ 分别为接触平面法向和切向单位方向矢量；$\overline{F}_n$ 和 $\overline{F}_{st}$ 分别为黏结法向力和切向力的大小，若 $\overline{F}_n>0$，则黏结处于拉伸状态。

采用力-位移方程更新平行黏结力和接触力矩时主要有以下几步：

(1)更新黏结横截面的面积 $\overline{A}$ 和惯性矩。

(2)更新黏结法向力 $\overline{F}_n$

$$\overline{F}_n := \overline{F}_n + \overline{k}_n \overline{A} \Delta\delta_n \tag{1-23}$$

式中：$\Delta\delta_n$ 为相对法向位移增量；$\overline{k}_n$ 为黏结法向刚度。

(3)更新黏结切向力 $\overline{F}_{st}$

$$\overline{F}_{st} := \overline{F}_{st} + \overline{k}_s \overline{A} \Delta\delta_{st} \tag{1-24}$$

式中：$\Delta\delta_{st}$ 为相对切向位移增量；$\overline{k}_s$ 为黏结切向刚度。

(4)更新黏结的弯矩 $\overline{M}_b$

$$\overline{M}_b := \overline{M}_b + \Delta\overline{M}_b \tag{1-25}$$

(5)更新平行黏结边缘的最大法向应力 σ 和最大切向应力 $\overline{\tau}$：

$$\sigma = \frac{\overline{F}_n}{\overline{A}} + \overline{\beta}\frac{\overline{M}_{bs}\overline{R}}{\overline{I}} \tag{1-26}$$

$$\overline{\tau} = \frac{\overline{F}_{st}}{\overline{A}} \tag{1-27}$$

式中：$\overline{R}$ 为接触两端颗粒的半径较小值(若为颗粒与墙体接触，则 $\overline{R}$ 指颗粒的半径)；$\overline{\beta}$ 为力矩贡献因子。

(6)执行强度限制。黏结边缘的最大法向应力超过了黏结拉伸强度，那么黏结发生拉伸破坏，黏结力(力矩)即刻消失。如果平行黏结没有被拉坏，则执行剪切强度限制，若最大切向应力超过黏结的剪切强度，那么黏结发生剪切破坏，黏结力(力矩)即刻消失。

1.2.7 平行黏结模型部分细观参数

颗粒流软件 PFC2D 的细观参数按照模型的基本要素可分为颗粒参数、接触参数和墙体参数。对于黏结颗粒体自身而言，主要考虑颗粒和接触模型的细观参数。颗粒单元中对材料宏观力学性质产生作用的参数有颗粒半径 R、颗粒密度 ρ 及其他部分参数(包括颗粒的法向刚度 k_n、切向刚度 k_s、摩擦系数 μ)则是通过属性继承的方式转化或覆盖接触模型线性部分对应的参数值。模型颗粒粒径应当尽量与岩石材料真实的颗粒粒径一致，然而考虑到计算机运行速率的限制，最终将颗粒半径统一设定为 0.5 mm 左右；颗粒密度参考岩石的实际密度，单位为 kg/m^3。

接触的细观参数与选用的接触本构模型有关，本节中颗粒与颗粒间采用的接触模型为平行黏结模型。平行黏结模型参数包含线性部分参数(linear group)、阻尼器部分参数(dashpot group)、平行黏结部分参数(parallel-bond group)，具体如下：

(1)线性部分参数：法向刚度 k_n，默认值为 0.0，可更改，可继承；切向刚度 k_s，默认值为0.0，可更改，可继承；摩擦系数μ，默认值为0.0，可更改，可继承；参考间隔g_r，默认值为0，可更改，不可继承；

法向力更新模式Ml（绝对更新为0，相对更新为1），默认值为0，可更改，不可继承；有效模量E^*，默认值为0.0，不可更改；

法向与切向刚度之比K^*，默认值为0.0*（表示法向刚度或切向刚度中有一项为0.0），不可更改；滑动状态s，默认为不滑动，不可更改；线性力F_l，默认为(0，0)，可更改，不可继承。

（2）阻尼器部分参数：法向临界阻尼比，默认值为0.0，可更改，不可继承；切向临界阻尼比β_s，默认值为0.0，可更改，不可继承；阻尼器模式M_d，默认值为0（表示一直处于激活模式），可更改，不可继承；阻尼器力，默认值为(0，0)，不可更改，不可继承。

（3）平行黏结部分参数

黏结半径乘子，默认值为1.0，可更改，不可继承；黏结法向刚度，默认值为0.0，可更改，不可继承；黏结切向刚度，默认值为0.0，可更改，不可继承；力矩贡献因子，默认值为1.0，可更改，不可继承；黏结拉伸强度，默认值为0.0，可更改，不可继承；

黏结内聚力$\bar{c}$，默认值为0.0，可更改，不可继承；黏结内摩擦角φ，默认值为0.0，可更改，不可继承；黏结状态$\overline{B}$，默认为0，表示未黏结，不可更改，不可继承；黏结半径$\overline{R}$，默认值为0.0，不可更改，不可继承；黏结有效模量$\overline{E}^*$，默认值为0.0，不可更改；黏结法向与切向刚度之比$\bar{\kappa}^*$，默认值为0.0，不可更改；黏结剪切强度$\bar{\tau}_c$，默认值为0.0，不可更改；黏结边缘法向应力$\bar{\sigma}$，默认值为0.0，不可更改；黏结边缘剪切应力$\bar{\tau}$，默认值为0.0，不可更改；平行黏结力$\overline{F}$，默认为(0，0)，可更改，不可继承；平行黏结力矩，默认为(0，0)，可更改，不可继承。

还有一类与上述接触参数有关联的重要细观参数，包括：

（1）线性部分相关参数：有效模量E^*；法向与切向刚度之比κ^*；

（2）平行黏结部分相关参数：有效模量$\overline{E}^*$；法向与切向刚度之比$\bar{\kappa}^*$；黏结或非黏结间隔G。

颗粒模型的力学行为主要由平行黏结部分的参数控制，黏结强度与黏结边缘应力的大小关系决定了黏结是否断裂和黏结的断裂形式。在对参数进行标定时，黏结拉伸强度$\bar{\sigma}_c$可以直接更改，而剪切强度$\bar{\tau}_c$需根据下列公式计算：

$$\bar{\tau}_c = \bar{c} - \sigma \tan \bar{\varphi} \tag{1-28}$$

式中：σ为平行黏结上的平均法向应力，Pa。

平行黏结接触刚度有两种赋值方式，一种是使用k_n、k_s关键词直接给黏结赋予刚度值；另一种是根据数学公式赋值，由黏结有效模量$\overline{E}^*$和黏结法向与切向刚度之比$\bar{k}^*$等间接设置。两种赋值方式不能同时存在。线性组参数赋值方法相似。

$$\bar{k}_n = \frac{\overline{E}^*}{L} \tag{1-29}$$

$$\bar{k}_s = \frac{\bar{k}_n}{\bar{k}^*} \tag{1-30}$$

$$L = R_1 + R_2 \tag{1-31}$$

式中：L为接触两端颗粒的半径之和，m；R_1和R_2分别为接触两端的颗粒半径，m。

第2章　数值分析方法在岩石力学中的应用

2.1　理想巴西劈裂试验中起裂点的数值分析

扫码查看本章彩图

2.1.1　巴西劈裂试验的研究背景

抗拉强度是岩石类脆性材料的基本力学参数之一，也是众多室内试验以及数值模拟分析中必须求得的参数。一般通过直接拉伸和间接拉伸两种方法来测得岩石类材料的抗拉强度，直接拉伸试验较间接拉伸试验来说在理论上可靠性更高，但由于试验的操作较难，极易出现系统误差和偶然误差，从而导致试验失效。巴西劈裂试验作为一种典型的间接拉伸试验，因操作的简单性而广被各国学者采用，其操作方法就是在完整圆盘上施加对心荷载直至试样破坏，然后根据圆盘中心点临界拉应力值，结合巴西劈裂抗拉强度公式得到所需的材料抗拉强度[7]。

2.1.2　理想巴西圆盘的起裂点分析

最早开始运用巴西试验测定岩石类脆性材料的抗拉强度就是基于圆盘在受对心线荷载作用时会从中间劈裂这一认知。但由于线荷载加载的难以实现性，于是将其称为理想巴西圆盘试验。1953年，Muskhelishvili[8]运用弹性力学中的复变函数法给出的对心受压圆盘内的应力解析解其实就是对理想巴西圆盘试验的应力理论分析。但是喻勇[9]通过80组三维有限元分析，发现理想巴西试验的起裂点不可能出现在圆盘的中心点位置，故认为理想巴西劈裂试验不适合用来测定岩石类材料的抗拉强度。而理想巴西试验的起裂点位置具体在哪个范围，以及在理想巴西试验条件下起裂点的破坏模式，都没有从理论和试验上被进一步分析。本章从巴西圆盘内任一点应力公式出发，从理论角度讨论了起裂点可能出现的地方及原因，然后采用FLAC3D对理想巴西圆盘进行数值试验分析，借助Griffith理论和莫尔-库仑准则讨论理想巴西劈裂试验的起裂点位置及破坏模式，并与理论假设进行对比验证。

2.1.3　理论分析

2.1.3.1　理想巴西圆盘的应力公式

基于Muskhelishvili所做的工作得出的对心荷载作用下圆盘内(如图2-1)任一点z的应力公式如下：

$$\begin{cases}\sigma_x = \dfrac{2P}{\pi L}\left(\dfrac{\cos^3\theta_1}{r_1} + \dfrac{\cos^3\theta_2}{r_2}\right) - \dfrac{P}{\pi RL} \\ \sigma_y = \dfrac{P}{\pi L}\left(\dfrac{\sin^2\theta_1\cos\theta_1}{r_1} + \dfrac{\sin^2\theta_2\cos\theta_2}{r_2}\right) - \dfrac{P}{\pi RL} \\ \tau_{xy} = -\dfrac{2P}{\pi L}\left(\dfrac{\sin\theta_1\cos^2\theta_1}{r_1} - \dfrac{\sin\theta_2\cos^2\theta_2}{r_2}\right)\end{cases} \tag{2-1}$$

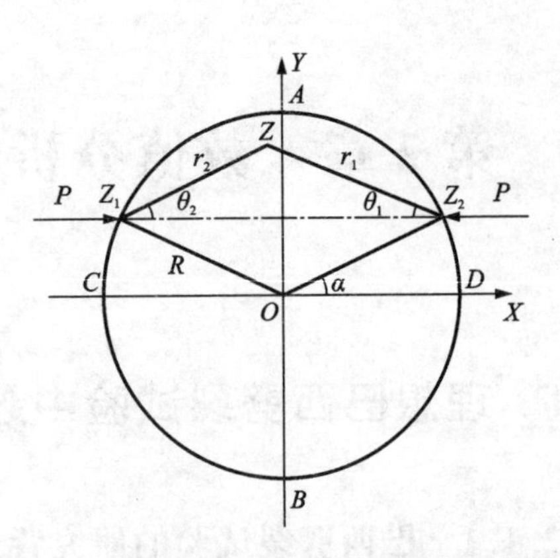

图 2-1　受径向对心压力作用的理想巴西圆盘

式中：σ_x 为 OX 方向上的应力；σ_y 为 OY 方向上的应力；τ_{xy} 为剪应力。θ_1、θ_2 分别为 ZZ_1、ZZ_2 与加载方向的夹角；α 为 Z_1O 与 X 轴的夹角；r_1、r_2 分别为 Z 到两加载点 Z_1、Z_2 的距离；R 为圆盘半径；L 为圆盘厚度；P 为施加的对心荷载。

2.1.3.2　圆盘中心点位置

如图 2-1 所示，对于圆盘中心点处，有 $r_1=r_2=R$，$\theta_1=\theta_2=0$，将其代入式(2-1)，得圆盘中心应力：

$$\begin{cases}\sigma_x = \dfrac{2P}{\pi L}\left(\dfrac{1}{R} + \dfrac{1}{R}\right) - \dfrac{P}{\pi RL} = \dfrac{3P}{\pi RL} \\ \sigma_y = \dfrac{P}{\pi L}(0 + 0) - \dfrac{P}{\pi RL} = -\dfrac{P}{\pi RL} \\ \tau_{xy} = 0\end{cases} \tag{2-2}$$

由式(2-2)易知，圆盘中心处压应力 σ_x 是拉应力 σ_y 的 3 倍，而对于岩石类脆性材料，其抗压强度一般远远大于抗拉强度，达到 8 到 10 倍。由圆盘中心点应力分布情况可以得出，若圆盘从中心点起裂，则其破坏模式是拉破坏。

2.1.3.3　*AB* 路径分析

在 AB 路径上，规定 Z 点位于 OX 轴下时 r、θ 为负，则在垂直于加载方向上，有

$$\begin{cases}r_1 = r_2 = r \in (-\sqrt{2}R, \sqrt{2}R) \\ \theta_1 = \theta_2 = \theta \in \left(-\dfrac{\pi}{4}, \dfrac{\pi}{4}\right) \\ \cos\theta = \dfrac{R}{r},\ r = \dfrac{R}{\cos\theta}\end{cases} \tag{2-3}$$

将式(2-3)代入式(2-1)中，得到 AB 路径上应力：

$$\begin{cases}\sigma_x = \dfrac{2P}{\pi L}\left(\dfrac{2\cos^3\theta}{r}\right) - \dfrac{P}{\pi RL} = \dfrac{4P\cos^3\theta}{\pi Lr} - \dfrac{P}{\pi RL} \\ \sigma_y = \dfrac{P}{\pi L}\left(\dfrac{2\sin^2\theta\cos\theta}{r}\right) - \dfrac{P}{\pi RL} = \dfrac{2P\sin^2\theta\cos\theta}{\pi Lr} - \dfrac{P}{\pi RL} \\ \tau_{xy} = 0\end{cases} \tag{2-4}$$

由于 $\theta \in \left(-\dfrac{\pi}{4}, \dfrac{\pi}{4}\right)$，则

$$\sigma_x \in \left(0,\ \frac{3P}{\pi RL}\right) \tag{2-5}$$

$$\sigma_y \in \left(-\frac{P}{\pi RL},\ -\frac{P}{2\pi RL}\right) \tag{2-6}$$

可见，在圆盘中心处，拉应力 σ_y 和压应力 σ_x 均取得最大值。越远离中心点，拉应力 σ_y 和压应力 σ_x 越小。在边界处，$\sigma_x=0$，$\sigma_y=-P/(2\pi RL)$。故，就 AB 这条路径来看，最有可能发生破坏的地方是这条路径的中点。就整个圆盘来看，起裂点必然在 CD 路径上。

2.1.3.4　*CD* 路径分析

在 CD 路径上，有 $r_1+r_2=2R$，$\theta_1=\theta_2=0$，代入式(2-1)，可得到在 X 轴上的微元体的应力分布：

$$\begin{cases} \sigma_x = \dfrac{2P}{\pi L}\left(\dfrac{1}{r_1}+\dfrac{1}{r_2}\right)-\dfrac{P}{\pi RL}=\dfrac{4PR}{\pi L r_1 r_2}-\dfrac{P}{\pi RL} \\ \sigma_y = -\dfrac{P}{\pi RL} \\ \tau_{xy}=0 \end{cases} \tag{2-7}$$

可以看出，X 轴上微元体所受的拉应力均相同，为 $\sigma_y=-P/(\pi RL)$，而 X 轴上微元体所承受的压应力为 $\sigma_x=4PR/(\pi L r_1 r_2)-P/(\pi RL)$。对压应力的分布情况进行具体分析。

由 $r_1+r_2=2R$，有

$$r_1 r_2 \leqslant \left(\frac{r_1+r_2}{2}\right)^2=\left(\frac{2R}{2}\right)^2=R^2 \tag{2-8}$$

代入式(2-7)得

$$\sigma_x=\frac{4PR}{\pi L r_1 r_2}-\frac{P}{\pi RL}\geqslant\frac{4P}{\pi LR}-\frac{P}{\pi RL}=\frac{3P}{\pi RL} \tag{2-9}$$

可见，当且仅当 $r_1=r_2=R$ 时，即在圆盘中心点处，压应力 σ_x 取得最小值 $3P/(\pi RL)$。在不考虑加载点应力集中的情况下，针对 CD 路径，拉应力 σ_y 保持恒定值 $-P/(\pi RL)$；在中心点处，压应力最小，越靠近加载点，压应力越大(如图 2-2 所示)。

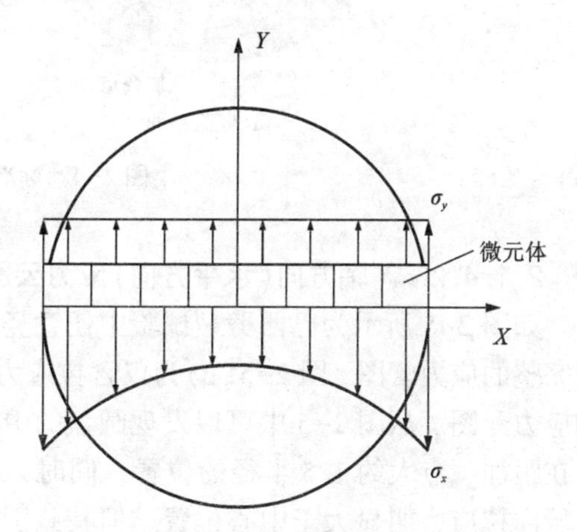

图 2-2　径向压力作用下的标准圆盘上 *X* 方向微元体

将圆盘沿加载方向分成无数个微元体，并取其中一个微元体进行分析(如图 2-3)，由于该路径上剪应力为 0，则 σ_x、σ_y 为主应力。

由于拉应力相同，根据最大拉应力准则，在 CD 路径上各点的起裂概率相同，故理论上不存在起裂点一说。但起裂点确实存在，故认为起裂点出现的原因有两个：(1)加载点处的应力集中导致在其附近区域发生应力重分布，使得某点拉应力超过了圆盘的抗拉强度，发生拉破坏；(2)圆盘的破裂不仅仅与拉应力 σ_y 相关，还与压应力 σ_x 相关。结合上文推导，在圆盘中心点处，压应力最小，越靠近加载点，压应力越大，巴西圆盘在 CD 路径上，越靠近加载点，越容易发生破坏，此时发生剪破坏。

不论是哪一假设，起裂点都应出现在加载点附近，而不是中心点位置。为了进一步分析理想巴西圆盘具体的起裂点位置以及其破坏模式，本书采用三维拉格朗日差分法进行数值分析。

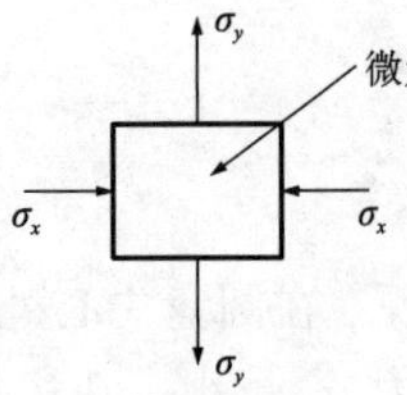

σ_y 微元体 σ_x σ_x σ_y

图 2-3　微元体受应力示意图

2.1.4　数值分析

2.1.4.1　数值计算模型

如图 2-4 所示，模型为理想的巴西圆盘，直径 25 mm，厚度 20 mm，受对心线荷载作用，荷载大小为 0.8 kN/mm。材料定义为各向同性弹性模型，体积模量的大小为 43.9 GPa，切变模量的大小为 30.2 GPa。考虑到 FLAC3D 建模的复杂性，本书采用有限元软件 ANSYS 建立模型，然后导入 FLAC3D 进行数值计算，模型共 12000 个单元体、13651 个节点。

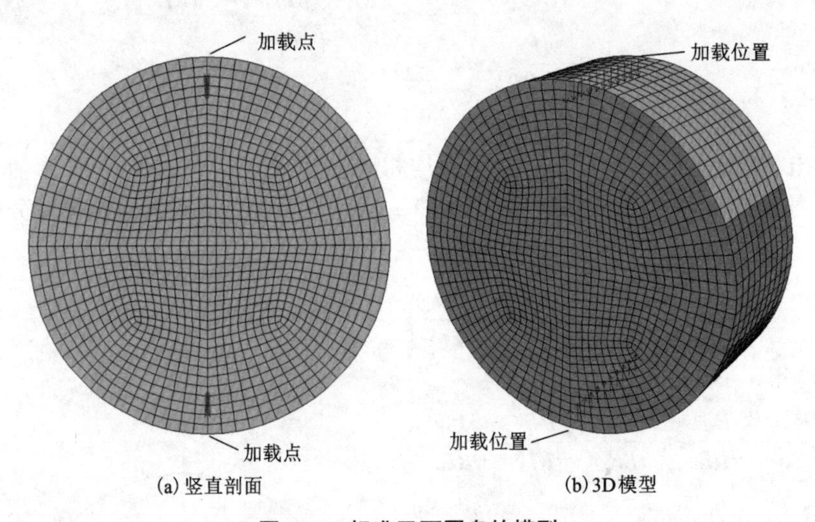

图 2-4　标准巴西圆盘的模型

2.1.4.2　*X* 轴方向(水平方向)应力云图

如图 2-5 所示为巴西劈裂试验中任意竖直面内 *X* 轴方向的应力云图，其中，图 2-5(a)为完整的应力云图，图 2-5(b)为仅含拉应力部分的应力云图，图 2-5(c)为仅含压应力部分的应力云图。从图 2-5 中可以发现圆盘的中心区域受拉，边缘地区受压，且压拉临界点的位置在距加载点大约 1/5 半径的位置。同时，从图 2-5(b)中看出圆盘中心区域受拉，上下两区域内拉应力明显大于中心位置。但其差别不大，不能简单地从这一现象出发，基于最大拉应力准则判断圆盘的起裂点位置及其破坏方式。

2.1.4.3　*Z* 轴方向(竖直方向)应力云图

图 2-6 为巴西劈裂试验中任意竖直面内 *Z* 轴方向的应力云图，由图可知，圆盘仅在两侧边缘处受拉。沿加载直径，加载点附近压应力最大，越靠近圆盘中心，压应力越小，这一结论与理论推导部分得出的结论一致。在竖直方向上，远离中心区域一段距离的区域内，压应力近似为零。

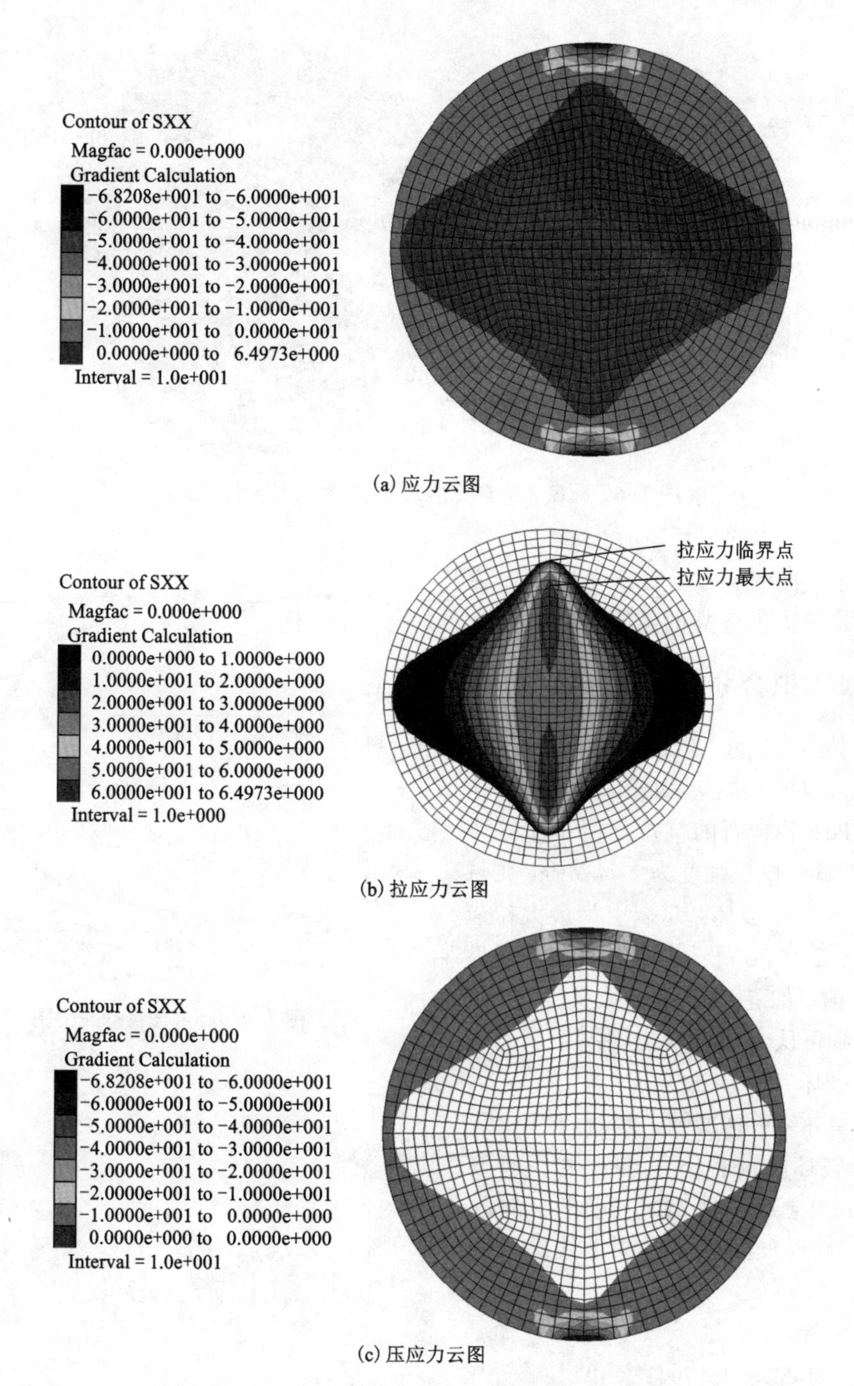

图 2-5　圆盘 X 方向应力云图(扫章首码查看彩图)

2.1.4.4　加载直径上应力图

由上文 X 轴方向应力和 Z 轴方向应力分布的规律可知，无论基于什么准则分析，起裂点位置必然在 Z 轴上。取出 Z 轴上所有单元体，将它们的 X 方向和 Z 方向应力绘成应力图(如图 2-7)，可以看出，Z 方向应力均为压应力，且在加载点附近最大，越靠近圆盘中心点，其

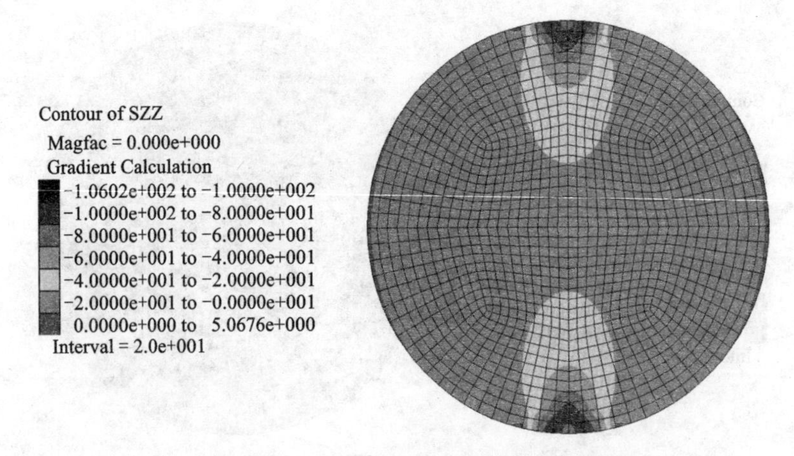

图 2-6 圆盘 Z 方向应力云图(扫章首码查看彩图)

应力值越小。同时，可以看出无论是 X 方向应力还是 Z 方向应力都是严格对称的。

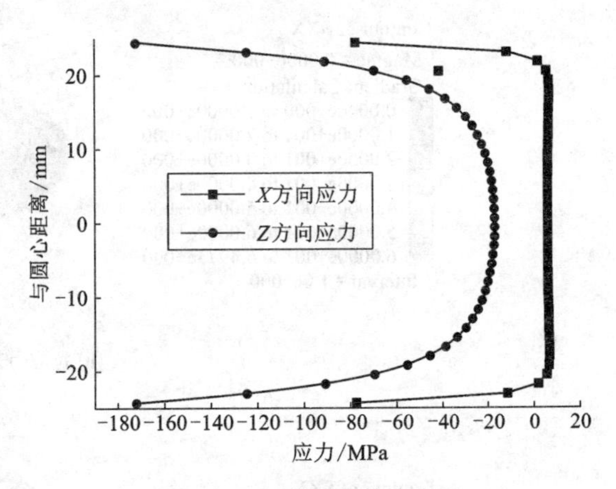

图 2-7 标准圆盘的应力图

2.1.5 拟合分析

由数值结果得，当与圆心距离 $x=-18.02$ mm 时，拉应力取得最大值 6.6144 MPa，若岩石的抗拉强度小于这个值，如大理岩，抗拉强度为 2~4 MPa，则认为岩石发生了拉破坏，起裂点为最大拉应力点[如图 2-5(b)]；若岩石的抗拉强度大于这个值，如花岗岩的抗拉强度为 7~25 MPa，则可认为在此受力情况下岩石没有发生拉破坏。

引入莫尔-库仑准则，判断岩石在没有发生拉破坏的前提下是否发生了剪破坏，由于试样圆盘和加载的对称性，故取一半进行分析(如图 2-8)，对曲线进行指数拟合。

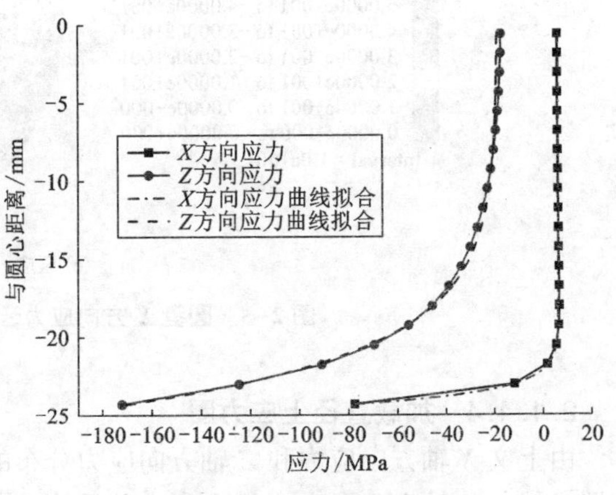

图 2-8 曲线拟合图

拟合方程：

$$\begin{cases}\sigma_x = -6.21452 + 1.87943 \times 10^{-11} e^{-1.19771x} \\ \sigma_z = 18.56499 + 0.17959 e^{-0.27715x}\end{cases} \tag{2-10}$$

式中：σ_x 为 X 轴方向应力；σ_z 为 Z 轴方向应力；x 为单元体与圆心距离。

莫尔应力圆圆心坐标为：

$$\left(\frac{\sigma_z + \sigma_x}{2},\ 0\right) = (6.175235 + 0.08995\mathrm{e}^{-0.27715x} + 0.939715 \times 10^{-11}\mathrm{e}^{-1.19771x},\ 0) \quad (2-11)$$

莫尔应力圆半径为

$$R = \frac{\sigma_z - \sigma_x}{2} = 12.389755 + 0.08995\mathrm{e}^{-0.27715x} - 0.939715 \times 10^{-11}\mathrm{e}^{-1.19771x} \quad (2-12)$$

莫尔-库仑准则的临界破坏曲线为

$$\tau = c + \sigma\tan\varphi \quad (2-13)$$

式中：τ 为剪应力；σ 为正应力；c 为黏结力；φ 为内摩擦角。

令 d 为圆心到临界破坏曲线的距离，$T=R-d$，得

$$T = 12.390 - \frac{c + 6.175\tan\varphi}{\sqrt{1+\tan^2\varphi}} + \left(0.090 - \frac{0.090\tan\varphi}{\sqrt{1+\tan^2\varphi}}\right)\mathrm{e}^{-0.27715x} - \left(0.940 + \frac{0.940\tan\varphi}{\sqrt{1+\tan^2\varphi}}\right) \times 10^{-11}\mathrm{e}^{-1.19771x} \quad (2-14)$$

2.1.5.1　特殊材料属性

根据花岗岩材料属性，取 $c=15$ MPa，$\varphi=50°$。

在 $x=-18.02$ mm 处，$T=1.086>0$，在此处已发生剪切破坏，故该点在未发生拉破坏的前提下已发生剪切破坏，起裂点的破坏模式为剪切破坏。由于曲线为线性变化，可通过数学极值方法求得起裂点位置。

$$T' = -5.836 \times 10^{-3}\mathrm{e}^{-0.27715x} + 1.988 \times 10^{-11}\mathrm{e}^{-1.19771x} \quad (2-15)$$

令 $T'=0$，得 $x=-21.18$ mm。

T 在 $x\in(-25,\ -21.18)$ 上随 x 的变大而变大，单调递增；在 $x\in(-21.18,\ 0)$ 上随 x 的增大而减小，单调递减，故 T 在 $x=-21.18$ mm 时取得最大值，故花岗岩的起裂点在距圆心 21.18 mm 处。

2.1.5.2　一般材料属性

对于抗拉强度大于 6.6144 MPa 的一般岩石，其 c 取值为 14~60 MPa，φ 取值为 45°~60°。为保证岩石不发生拉破坏，对最大拉应力点处进行分析，即 $x=-18.02$ mm。

(1)当 $T<0$ 时，岩石没有发生破坏。由式(2-14)得

$$c > 25.38\sqrt{1+\tan^2\varphi} - 19.41\tan\varphi \quad (2-16)$$

当岩石最大拉应力低于抗拉强度，c、φ 满足式(2-16)时，岩石不发生破坏。

(2)当 $T>0$ 时，岩石发生了剪破坏。此时，

$$c < 25.38\sqrt{1+\tan^2\varphi} - 19.41\tan\varphi \quad (2-17)$$

当 c、φ 满足式(2-17)时，岩石发生剪破坏。

下面分析起裂点为剪破坏时的具体位置。

对式(2-14)求导：

$$T' = -0.0249 \times \left(1 - \frac{\tan\varphi}{\sqrt{1+\tan^2\varphi}}\right)\mathrm{e}^{-0.27715x} + 1.126 \times \left(1 + \frac{\tan\varphi}{\sqrt{1+\tan^2\varphi}}\right) \times 10^{-11}\mathrm{e}^{-1.19771x} \quad (2-18)$$

令 $T'=0$，得

$$x = -23.83 - 2.2\ln(\sqrt{1+\tan^2\varphi} - \tan\varphi) \quad (2-19)$$

令 $g(t)=\sqrt{1+t^2}-t$，有

$$t = \tan\varphi,\ \varphi \in (45°,\ 60°) \quad (2-20)$$

$$g'(t) = \frac{t - \sqrt{1+t^2}}{\sqrt{1+t^2}} < 0 \quad (2-21)$$

由式(2-19)、式(2-20)、式(2-21)得，$g(t)$ 随 t 的变大而变小，单调递减，t 在 $\varphi \in (45°,\ 60°)$ 上单调递增，故 x 随 φ 的变大而变小，单调递减。

$$x \in (-21.8,\ -20.9) \quad (2-22)$$

由式(2-19)可知，发生剪切破坏时的起裂点位置仅与岩石材料的内摩擦角有关，与黏结力无关。同时由式(2-22)可以看出，起裂点位置介于最大拉应力点和拉应力临界点[如图 2-5(b)]之间。

2.2 平台巴西圆盘试验的起裂点分析

平台巴西圆盘试验是一种基于传统巴西劈裂试验的改进方法，即用两个相互平行的加载平面代替原来的线性加载，以实现加载面的均布加载，达到减小加载点处应力集中的目的。本节通过对平台巴西圆盘试验的数值分析，首先讨论了平台巴西圆盘试验可能出现的破坏模式，基于此推荐了相应的试验有效范围；然后对该试验进行了三维数值参数分析，讨论了各参数对该试验中心点起裂的影响，并基于此对该试验抗拉强度公式进行了修正。

2.2.1 数值模型与理论方法

2.2.1.1 数值模型

考虑到 FLAC3D 建模的复杂性，采用有限元软件 ANSYS 进行数值试验的模型建立和网格划分，然后将模型导入 FLAC3D 进行数值计算。圆盘半径为 25 mm，厚度为 h，平台高度受接触中心角影响，图 2-9 为当接触中心角为 20°、厚度 h=20 mm 时平台巴西圆盘的三维模型图，此时，平台高度为 24.62 mm(25 mm×cos 10°)，平台长度为 8.68 mm(2×25 mm×sin 10°)。网格尺寸为 1 mm，沿 X 轴、Y 轴和厚度方向均匀划分，共划分为 27608 个单元体，30294 个节点。模拟试验材料为各向同性弹性材料。

2.2.1.2 采用的强度理论与指标

1. Griffith 强度理论

在三维条件下，平台圆盘试样内的应力分布状况复杂，具体从哪一点起裂，由强度理论决定。对于岩石类脆性材料，一般采用 Griffith 强度理论分析。基于 Griffith 强度理论的等效应力为 σ_G，其受参数的影响直接表征了该参数对平台圆盘内应力分布的影响。Griffith 强度理论的具体表现形式为

$$\frac{(\sigma_1 - \sigma_3)^2}{\sigma_1 + \sigma_3} = -8\sigma_G \quad (\sigma_1 + 3\sigma_3 \geqslant 0) \quad (2-23)$$

$$\sigma_3 = \sigma_G \quad (\sigma_1 + 3\sigma_3 < 0) \quad (2-24)$$

式中：σ_1 为第一主应力；σ_3 为第三主应力。

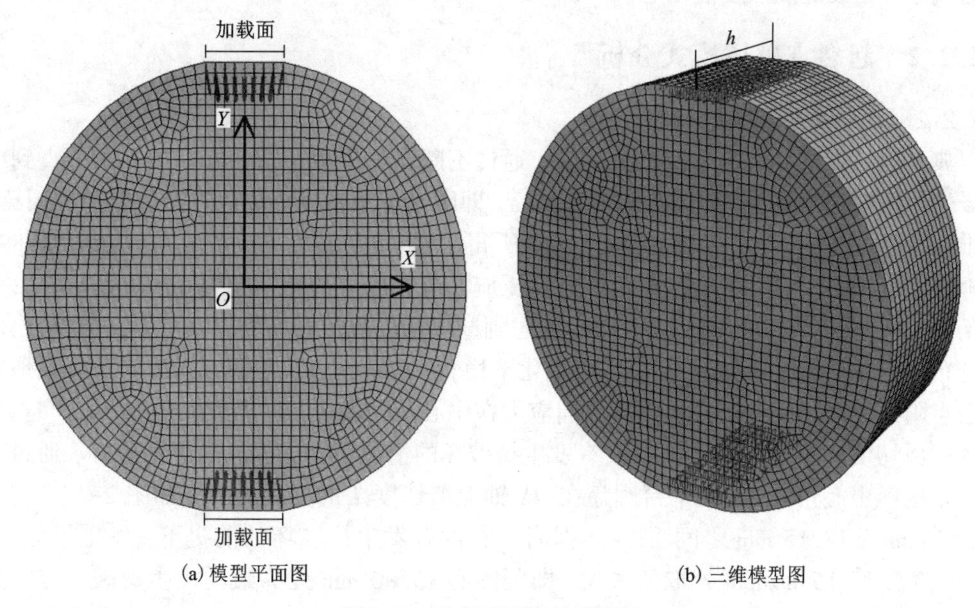

(a) 模型平面图 (b) 三维模型图

图 2-9 平台巴西圆盘模型图

2. 剪切度 T

基于莫尔-库仑准则定义剪切度 T，表征岩石发生剪切破坏的难易程度，T 值越大，越易发生剪切破坏。当 $T>0$ 时，岩石发生剪切破坏；当 $T\leqslant 0$ 时，岩石未发生剪切破坏。剪切度 T 的具体形式如下：

$$T = R - d \tag{2-25}$$

$$R = \frac{\sigma_1 - \sigma_3}{2}$$
$$d = \frac{c + \tan\varphi\left(\dfrac{\sigma_1 + \sigma_3}{2}\right)}{\sqrt{1 + \tan^2\varphi}} \tag{2-26}$$

式中：R 为莫尔应力圆半径；d 为莫尔应力圆圆心到临界破坏曲线的距离；σ_1 为第一主应力；σ_3 为第三主应力；c 为黏聚力；φ 为内摩擦角。

3. 中心点起裂指标 Q

为了更直观地表现各几何参数和材料参数对平台圆盘试验有效性的影响，本书定义了一个中心点起裂指标，如下：

$$Q = \frac{\sigma_{\max}}{\sigma_0} \times \frac{\lambda_{\max}}{25} \tag{2-27}$$

式中：Q 为中心点起裂指标；σ_0 为平台圆盘中心点处的 Griffith 等效应力；$\sigma_{\max}$ 为沿 Y 轴(加载中线上)的 Griffith 等效应力最大值；$\lambda_{\max}$ 为 Griffith 等效应力最大值点与平台圆盘中心的距离。

由式(2-27)可以看出，当 $Q=0$ 时，即 $\lambda_{\max}=0$，平台圆盘发生中心点起裂，试验有效性得到保证。Q 越大，越难保证中心点起裂，则平台圆盘试验将失效，试样提前破坏，所测临界应力偏小，导致抗拉强度值偏小。

2.2.2　起裂点破坏模式分析

2.2.2.1　特殊材料参数分析

以典型岩石试样花岗岩作为研究对象，通过不断调整平台加载大小进行试算，直到中心点处 σ_G 略小于花岗岩抗拉强度最小值 7 MPa，即刚好不发生拉破坏。在此基础上利用莫尔-库仑准则判断岩石是否发生剪破坏。试算所得加载应力值为 62 MPa，合力为 12.89 kN (62 N×20 N×10.40 N)，而平台圆盘中心点压应力与拉应力的比值超过 3，符合式(2-23)的计算条件，可得 $\sigma_G=6.94$ MPa<7 MPa。考虑到试样和加载的对称性，取一半试样进行分析，应力分布如图 2-10，其中水平方向应力变化平稳，没有突变点，即平台圆盘确实有效地减小了加载点附近的应力集中现象；竖直方向应力在中心点处最小，越靠近加载点，应力越大。

利用剪切度 T 指标判断岩石在没有发生拉破坏的情况下，是否发生了剪破坏，通过数值计算记录接触中心角为 20°的平台圆盘在 OX 轴上剪切度 T 的变化规律，如图 2-11，在距圆心 12.27 mm 到 18.15 mm 之间，$T>0$，即岩石在没有发生拉破坏的前提下，发生了剪破坏。同时，T 值在 $X=15.80$ mm 处取值最大，即距圆心 15.80 mm 处为最易发生剪破坏点。越靠近圆心，T 值越小，越不易发生剪破坏。可见，若能使平台圆盘在中心点起裂，即可保证不出现剪破坏。

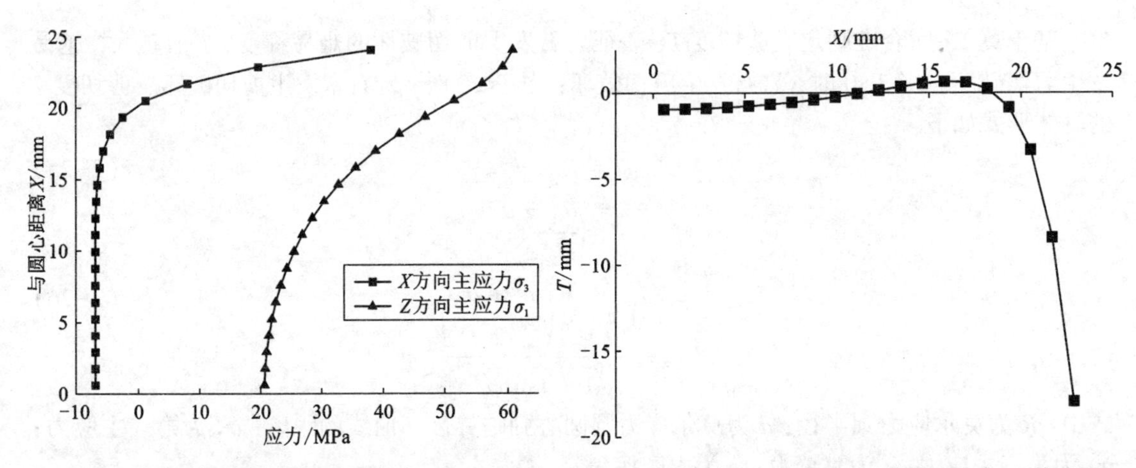

图 2-10　平台巴西圆盘内 X 和 Z 方向应力图

图 2-11　接触中心角为 20°时剪切度 T 与 X 关系图

当 $T>0$ 时，可得剪切强度参数之间需满足如下条件：

$$c < \frac{1}{2} \times \left[(\sqrt{1+\tan^2\varphi} - \tan\varphi)\sigma_1 - \frac{1}{\sqrt{1+\tan^2\varphi} - \tan\varphi}\sigma_3 \right] \tag{2-28}$$

令 $g(\varphi)=\sqrt{1+\tan^2\varphi}-\tan\varphi$，则

$$c < \frac{1}{2} \times \left[g(\varphi)\sigma_1 - \frac{1}{g(\varphi)}\sigma_3 \right] \tag{2-29}$$

令 $m=\tan\varphi$，$g(m)=\sqrt{m^2+1}-m$，则

$$g'(m)=\frac{m-\sqrt{m^2+1}}{\sqrt{m^2+1}}<0 \tag{2-30}$$

由式(2-30)可知，$g(m)$单调递减，又$m=\tan\varphi$在$\varphi\in(45°, 60°)$上单调递增，故$g(\varphi)$在$\varphi\in(45°, 60°)$上单调递减。由图2-10可知，σ_1和σ_3是关于与圆心距离X的单调递增函数。

在进行平台巴西圆盘试验之前，可结合式(2-29)对试验有效性进行一次判定，以保证试验的准确性。判定方法如下：使中心点处σ_G接近σ_t，再通过数值计算得出加载中线上σ_1、σ_3，当其满足式(2-29)时，平台巴西圆盘优先发生剪破坏，此时平台巴西圆盘试验结果无法准确反映岩石类脆性材料的抗拉强度，平台巴西圆盘试验失效；当其不满足式(2-29)时，平台巴西圆盘不优先发生剪破坏，此时平台巴西圆盘试验有效。故式(2-29)为用数值方法分析平台巴西圆盘试验提供了一个有效的判定条件。

2.2.2.2 全参数分析

为了得出更准确的接触中心角2α和厚径比h/r(厚度与半径的比值)，以保证平台圆盘中心点起裂，建立20组数值计算模型，考虑接触中心角20°、22°、24°和26°，厚径比0.5、0.8、1.0、1.2和1.5。分别对每个模型进行多组试算，使得基于Griffith理论的平台圆盘中心拉应力σ_G接近一般岩石的抗拉强度。通过Origin绘制剪切度T与X的关系图。图2-12反映不同接触中心角和厚径比h/r下，剪切度T与和圆心距离X之间的关系，可见，平台圆盘的中心点起裂不仅与接触中心角有关，还与厚径比相关。相比其他厚径比曲线，厚径比为0.5的曲线随着接触中心角的增大最先达到安全状态(剪切度$T<0$)。随着接触中心角度数的增大，剪切度峰值对应的X不断减小，即起裂概率最大点不断向圆心方向靠近。无论接触中心角为多少，平台圆盘圆心处的剪切度T分布规律稳定，厚径比为0.5时，剪切度最大，随着厚径比的增加，剪切度逐渐减小，在厚径比为1.5时取得最小值。但由图2-12可以看出剪切度峰值出现在距圆心10 mm之后，剪切度曲线呈稳定下降趋势，故平台圆盘中心处不可能优先发生剪破坏。在平台圆盘的同一位置，厚径比h/r从0.5增加到1附近时，剪切度T逐渐增大；厚径比从1增加到1.5时，剪切度逐渐减小。

考虑到厚径比越大，对平台圆盘的应力分布影响越大，厚度过小又会增加试样的制作难度，故推荐厚径比为0.5。由图2-12可以看出在22°之后厚径比为0.5的平台圆盘已能保证不发生剪切破坏，但基于试样制作上的误差考虑，保守推荐取接触中心角为24°。

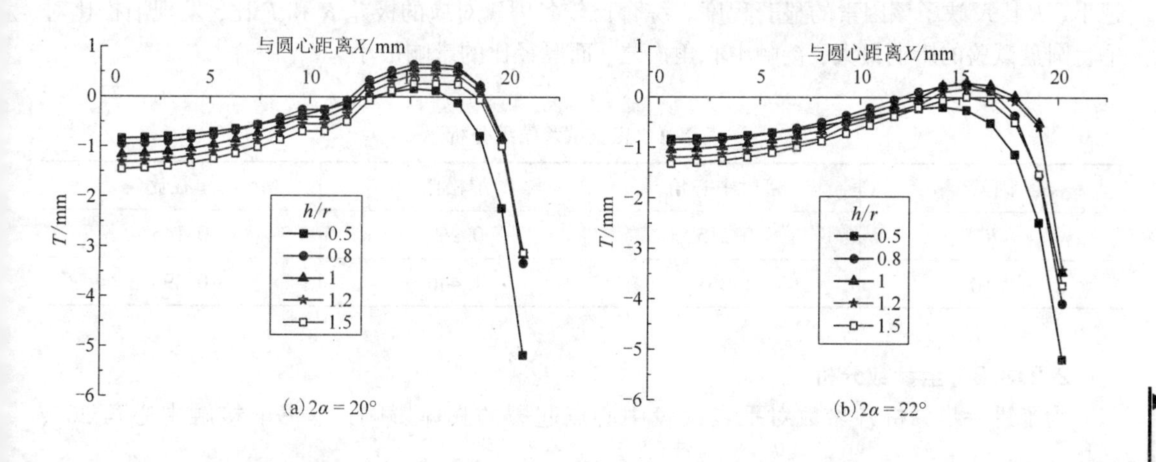

(a) $2\alpha=20°$

(b) $2\alpha=22°$

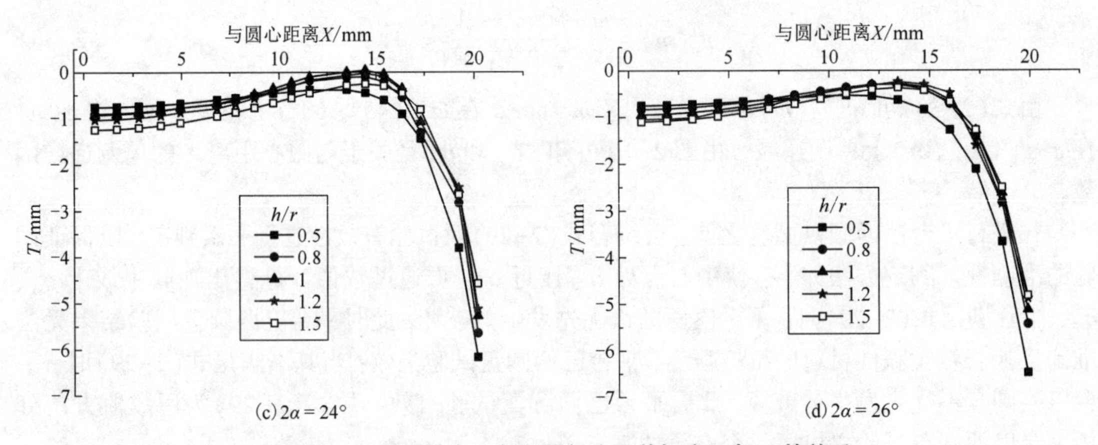

图 2-12　不同接触中心角和厚径比下剪切度 *T* 与 *X* 的关系

2.2.3　起裂点位置分析

2.2.3.1　数值试验方案

为了更准确地分析各参数对平台圆盘试验起裂点位置的影响，进而有效保证试验的中心点起裂，本书考虑三维几何参数接触中心角和厚径比，同时，考虑到弹性模量对试样内应力分布没有影响，故取 E = 100 GPa，材料参数仅考虑泊松比。本书选取接触中心角 20°、22°、24°、26°、28°五组；取厚径比 0.5、0.8、1.0、1.2、1.5 五组；根据一般岩石的性质，取泊松比 0.15、0.20、0.25、0.30、0.35 五组。

数值试验分两次完成，第一次采用正交试验，通过极差分析和方差分析求得各参数的影响程度，并对参数进行排序；第二次采用完全试验，将各参数进行自由组合，共进行 125 组试验，以准确求得各参数对试验结果的影响，并基于此进行公式修正。

2.2.3.2　正交分析

为了研究各因素对平台圆盘试验起裂点位置的影响程度，本书采用 6 因素 5 水平正交表，按正交表要求共进行 25 次数值试验，计算每次试验的中心点起裂指标 Q，填入正交表，分别通过直观分析和方差分析得到各因素的极差 R 和 F 比(表 2-1)。极差 R 反映了该因素水平波动时，试验指标的变动幅度，R 越大，说明该因素对试验指标的影响越大；反之，影响越小。F 比反映了该因素的显著程度。综合比较各因素对应的极差 R 和 F 比，发现泊松比对平台圆盘试验的影响最大，接触中心角次之，而厚径比的影响最小。

表 2-1　正交试验结果分析

因素	接触中心角	泊松比	厚径比
R	0.215	0.269	0.145
F 比	1.061	1.446	0.493

2.2.3.3　全参数分析

为了进一步分析各参数对平台圆盘中心点起裂的具体影响，本书取接触中心角 20°、

22°、24°、26°、28°五组，取厚径比0.5、0.8、1.0、1.2、1.5五组，取泊松比0.15、0.20、0.25、0.30、0.35五组，进行自由组合，共进行125组数值试验。由上文正交分析结果可知泊松比对平台圆盘试验中心点起裂情况影响最大，同时考虑到泊松比可以通过简单的单轴压缩试验得到，故图2-13给出不同泊松比下接触中心角和厚径比对平台圆盘试验中心点起裂指标Q的影响。由于当泊松比$\mu=0.15$和$\mu=0.20$时，中心点起裂指标Q恒为零，故图2-13从$\mu=0.25$开始。中心点起裂指标$Q=0$时表示平台圆盘试验满足中心点起裂，试验有效性得以保证；$Q>0$时表示平台圆盘试验不满足中心点起裂，试验失效；且Q值越大，说明应力集中程度越高，起裂点位置距离中心点越远，即越难保证该试验的有效性。由图2-13可知，随着泊松比μ的增大，$Q>0$的部分面积逐渐增大。同时，在$\mu=0.25$时，中心点起裂指标Q最大值在0.35到0.40之间；在$\mu=0.30$时，中心点起裂指标Q最大值在0.40到0.45之间；而在$\mu=0.35$时，中心点起裂指标Q最大值在0.50到0.60之间。可见，随着泊松比μ的不断增大，中心点起裂指标Q最大值在不断增大，说明泊松比μ越大，平台圆盘试验越难满足中心点起裂，该试验的有效性越难得到保证。由于图2-13中各子图变化趋势大体相同，故以图2-13(c)为例进行分析，可以看出当泊松比增大到0.35后，仅有接触中心角大于26°、厚径比小于0.8这一小部分面积上中心点起裂指标$Q=0$；当厚径比一定时，中心点起裂指标Q随着接触中心角的增大而呈线性降低，说明接触中心角越大，越容易满足平台圆盘试验的中心点起裂；当接触中心角一定时，中心点起裂指标Q随着厚径比的增大呈现先增大后降低的变化趋势；在厚径比$h/r=0.5$时，中心点起裂指标$Q=0$，满足中心点起裂，随着厚径比的增大，中心点起裂指标Q值逐渐增大，出现最大值，位置在厚径比为1左右，然后随着厚径比的增大而逐渐减小，但在厚径比为1.5处并不能降为0，说明中心点起裂指标Q在0.5到1之间的递增速度大于其在1到1.5之间的递减速度。考虑到正交分析结果中厚径比对平台圆盘试验中心点起裂情况影响最小，故优先推荐试样的厚径比，综合考虑图2-13中各图，发现当厚径比为0.5到0.8之间时，平台圆盘试验中心点起裂能够得到较好的保证，故推荐厚径比$h/r=0.5$；同时从图2-13(a)中看出当$\mu=0.25$时，接触中心角$2\alpha\geqslant24°$即可保证中心点起裂指标Q恒为零，进而保证了试验的有效性，相应地，当$\mu=0.30$时，最合适的接触中心角范围为$2\alpha\geqslant24°$，当$\mu=0.35$时，最合适的接触中心角范围为$2\alpha\geqslant26°$（见表2-2）。

表2-2　不同泊松比下有效接触中心角的取值范围

μ	2α/(°)
0.15	≥20
0.20	≥20
0.25	≥24
0.30	≥24
0.35	≥26

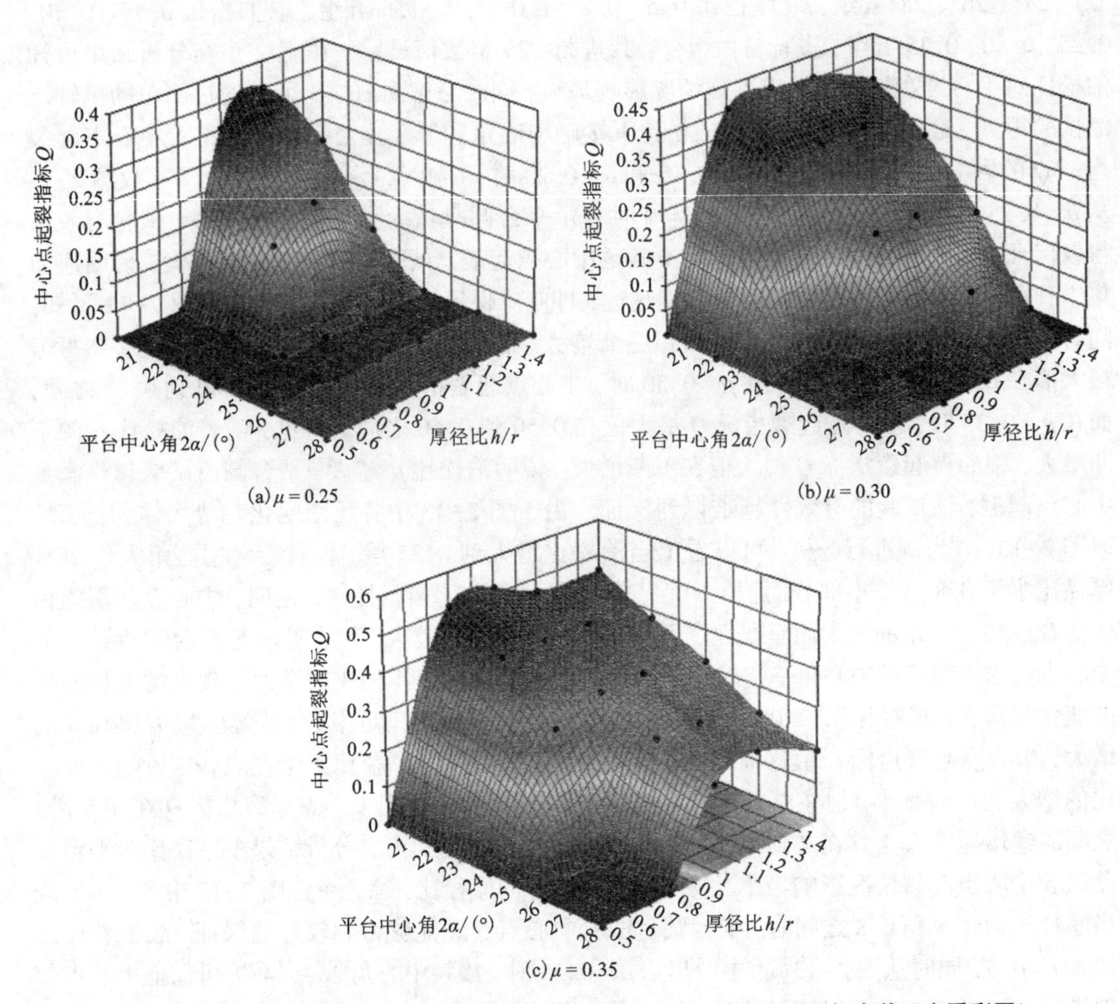

图 2-13　中心点起裂指标 Q 与接触中心角 2α 和厚径比 h/r 的关系图(扫章首码查看彩图)

2.2.4　抗拉强度公式修正

2.2.4.1　三维抗拉强度修正系数的建立

由于平台圆盘试验的抗拉强度公式是借鉴圆盘巴西劈裂试验得到的，因而忽略了试样的三维几何参数和材料参数。为了更准确地得到平台圆盘试验抗拉强度公式，本书的公式修正综合考虑了试样的形状参数接触中心角和厚径比以及材料参数泊松比。由于上文推荐厚径比为0.5，故建立三维修正系数 k^*，表征了接触中心角和泊松比对抗拉强度的影响，则抗拉强度修正公式表示如下：

$$\sigma_t = -k^* \frac{2P_c}{\pi DL} \tag{2-31}$$

当泊松比 μ 和接触中心角 2α 满足表 2-2 所给出的取值范围时，中心点起裂指标 Q 恒为零，即试样在平台圆盘试验中恒为中心点起裂，故该试验的有效性得以保证。由 Griffith 强度准则[10]可知，当试样破坏时，$\sigma_G = \sigma_t$。结合式(2-23)、式(2-24)和式(2-31)得三维修正系

数 k^* 的计算公式如下：

$$k^* = \frac{\sigma_G}{2P_c/(\pi DL)} \tag{2-32}$$

在表 2-2 推荐范围内，中心点起裂指标 Q 恒为零，故只需通过数值试验结果求出相应的端面中心点处 Griffith 等效应力值，结合式(2-32)，即可绘制三维修正系数 k^* 与三维几何参数接触中心角 2α 和材料参数泊松比 μ 的关系图(见图 2-14)。由图 2-14 可知，三维修正系数 k^* 与泊松比 μ 成正比，与接触中心角 2α 成反比；当泊松比一定时，三维修正系数随着接触中心角的增大而线性递减；而当接触中心角一定时，三维修正系数随着泊松比的增大而线性递增。为了定量地得到三维修正系数与泊松比和接触中心角的关系，对图 2-14 进行曲面拟合，考虑到三维修正系数随着泊松比和接触中心角的变化而线性变化，故对泊松比和接触中心角的影响部分分别采用线性拟合，具体的拟合公式如下：

$$k^* = 1.027 + 0.108\mu - 0.014\alpha \tag{2-33}$$

式中：k^* 为三维修正系数；μ 为泊松比；α 为接触中心角的 1/2。

拟合曲面如图 2-15 所示，图中圆点对应着三维修正系数在图 2-14 中的位置，小竖线代表着圆点实际位置与拟合曲面之间的差值。拟合相关系数达到 0.98906，故式(2-33)能很好地反映三维几何参数接触中心角和材料参数泊松比对平台圆盘试验三维修正系数的影响。

联立式(2-31)和式(2-33)，得修正后的抗拉强度公式为

$$\sigma_t = -(1.027 + 0.108\mu - 0.014\alpha) \times 2P_c/(\pi DL) \tag{2-34}$$

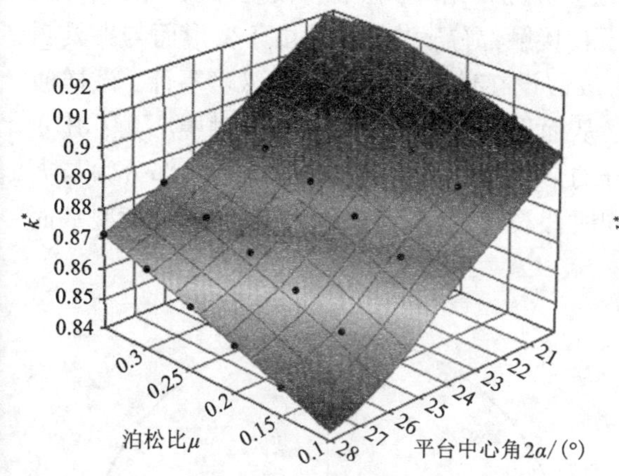

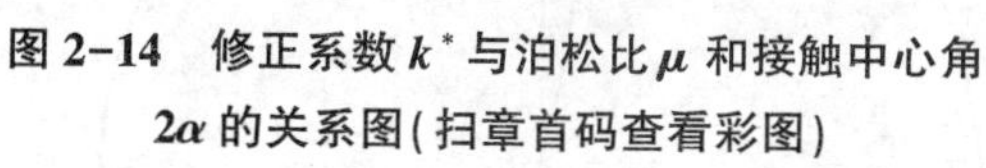
图 2-14　修正系数 k^* 与泊松比 μ 和接触中心角 2α 的关系图(扫章首码查看彩图)

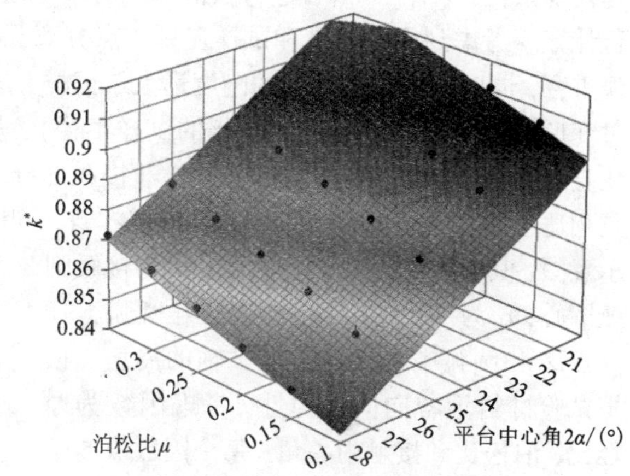

图 2-15　曲面拟合图(扫章首码查看彩图)

2.2.4.2　修正公式验证

为了进一步验证本书所得到的平台圆盘试验抗拉强度修正公式(2-34)的可靠性，与其他学者的结果进行对比。王启智[11]取泊松比为定值 0.30，研究了接触中心角对平台圆盘试验中心点起裂的影响，得到修正系数如下：

$$k^* = \frac{(2\cos^3\alpha + \cos\alpha + \sin\alpha/\alpha)^2}{8(\cos\alpha + \sin\alpha/\alpha)} \times \frac{\alpha}{\sin\alpha} \tag{2-35}$$

当泊松比为 0.30 时，由本书推荐的表 2-2 可得，接触中心角必须满足 $2\alpha \geqslant 24°$，故比较

24°到28°间修正系数的取值，王启智得到的修正系数在0.9238到0.94337之间，而本书得到的修正系数在0.8634到0.8914之间，误差不到6%，从而验证了本书修正公式的正确性。

2.3 考虑加载圆弧的巴西劈裂试验

传统巴西劈裂试验是1978年被国际岩石力学学会正式推荐的一种间接测定岩石类材料抗拉强度的试验方法，也被称作标准巴西试验。其操作方法是利用一种特制的钢夹具来完成对完整圆盘的加载，加载钢夹具的圆弧半径为巴西圆盘试样的1.5倍。但随着加载的进行，巴西圆盘试样必然会与钢夹具之间发生相互作用变形，从而导致边界条件的变化，由最初的线性加载到最后的小圆弧加载。本书的工作即是在传统巴西劈裂试验的基础上，考虑巴西圆盘试样与夹具之间的相互作用，同时又考虑能影响试样内应力分布的形状参数和材料参数，来进一步分析传统巴西劈裂试验的起裂点情况，并基于三维数值参数分析结果对传统巴西劈裂试验的抗拉强度公式进行修正。

2.3.1 数值模型

2.3.1.1 数值模型

为研究形状因素厚径比、材料因素泊松比和试验因素接触长度对传统巴西圆盘内应力分布的影响，从而讨论该试验的有效性，本书采用FLAC3D进行数值试验。考虑到FLAC3D的建模复杂性，采用ANSYS进行数值试验的模型建立和网格划分，然后将模型导入FLAC3D进行计算。考虑到无论夹具和试样在哪一点分离，在接触部分，试样必然由于变形而与夹具圆弧重合，同时考虑到钢夹具的刚度远大于试样，故假设在试验中夹具变形忽略不计，试样通过变形适应钢夹具的弧度(1.5倍的试样半径)，从而形成接触长度，引入接触中心角，其变化直观表现接触长度的变化，并假设非接触部分的形状变形忽略不计，故仅接触部分为与夹具相适应的大圆弧，其他部分仍为试样本身，同时假设接触部分光滑。图2-16为模型平面示意图，其中O为圆盘试样圆心，O'为接触圆弧圆心，α为接触中心角，ψ为接触圆弧上任一点Z和圆弧中心点连线与Y轴的夹角。模拟试验材料为各向同性弹性，考虑因数为厚径比、泊松比和接触中心角，每个因数取5个等级，即厚径比0.5、0.8、1.0、1.2、1.5，泊松比0.15、0.20、0.25、0.30、0.35，接触中心角20°、22°、24°、26°、28°。图2-17为半径25 mm、厚径比0.8的标准巴西试验模型，其圆弧加载中心角为20°，将该部分换成半径为37.5 mm(1.5 mm×25 mm)的大圆弧。本模型沿X、Y和厚度方向均匀划分，网格尺寸为1 mm，模型共分为46640个单元和50715个节点。加载按公式(2-36)，f为80 N/mm^2。

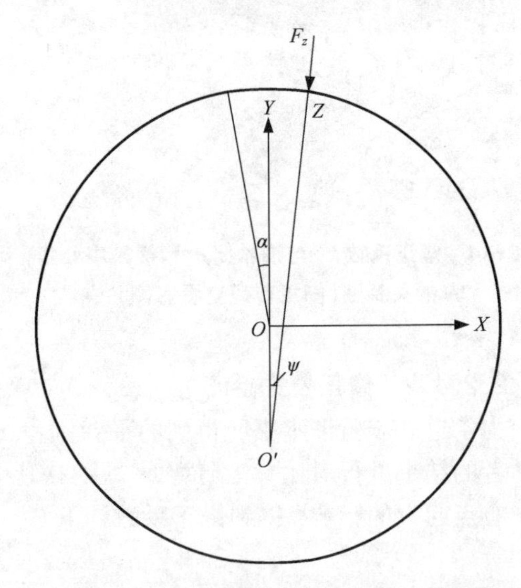

图2-16 考虑加载圆弧的巴西试验加载示意图

$$F_z = f \times \cos \psi \tag{2-36}$$

式中：F_z 为接触圆弧上任一点的加载大小，方向指向接触圆弧圆心 O'。

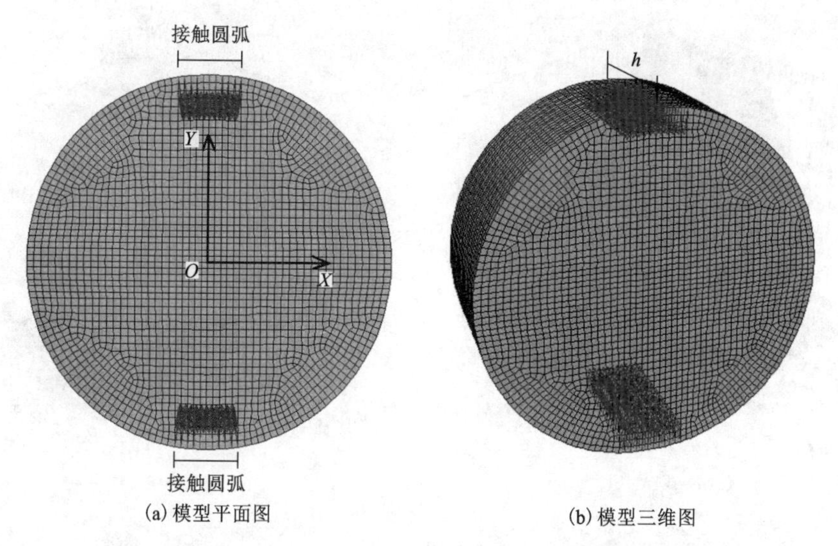

(a) 模型平面图　　(b) 模型三维图

图 2-17　考虑加载圆弧的传统巴西试验加载模型图

2.3.1.2　采用的强度理论与指标

在三维条件下，传统巴西圆盘试样内的应力分布状况复杂，而具体从哪一点起裂，是由所采用的强度准则决定的。喻勇[9]指出试样必然从等效应力最大点开始破坏，而等效应力强度大小取决于该点的应力状态和所选择的强度理论。对于岩石类脆性材料，一般采用 Griffith 强度理论分析。基于 Griffith 强度理论的等效应力为 σ_G，其受参数的影响直接表征了该参数对标准巴西圆盘内应力分布的影响。Griffith 强度理论的具体表现形式为

$$\frac{(\sigma_1 - \sigma_3)^2}{\sigma_1 + \sigma_3} = -8_G \quad (\sigma_1 + 3\sigma_3 \geqslant 0) \tag{2-37}$$

$$\sigma_3 = \sigma_G \quad (\sigma_1 + 3\sigma_3 < 0) \tag{2-38}$$

为了更直观地表现各几何参数和材料参数对传统巴西圆盘试验有效性的影响，本书采用中心点起裂指标：

$$Q = \frac{\sigma_{max}}{\sigma_0} \times \lambda_{max} \tag{2-39}$$

式中：Q 为中心点起裂指标；σ_0 为平台圆盘中心点处的 Griffith 等效应力；σ_{max} 为沿 Y 轴(加载中线上)的 Griffith 等效应力最大值；λ_{max} 为 Griffith 等效应力最大值点与平台圆盘中心的距离。

由式(2-39)可以看出，当 $Q=0$ 时，即 $\lambda_{max}=0$，平台圆盘发生中心点起裂，试验有效性得到保证。Q 越大，越难保证中心点起裂，则平台圆盘试验将失效，试样提前破坏，所测临界应力偏小，导致抗拉强度值偏小。

2.3.2　数值结果分析

根据之前的分析，本书选定接触中心角、泊松比和厚径比为数值分析参数，每个参数设

定5个等级，共进行125组参数试验。考虑到泊松比可以通过单轴压缩试验很快得到，本书分析不同泊松比下，接触中心角和厚径比对中心点起裂指标 Q 的影响，如图2-18。当中心点

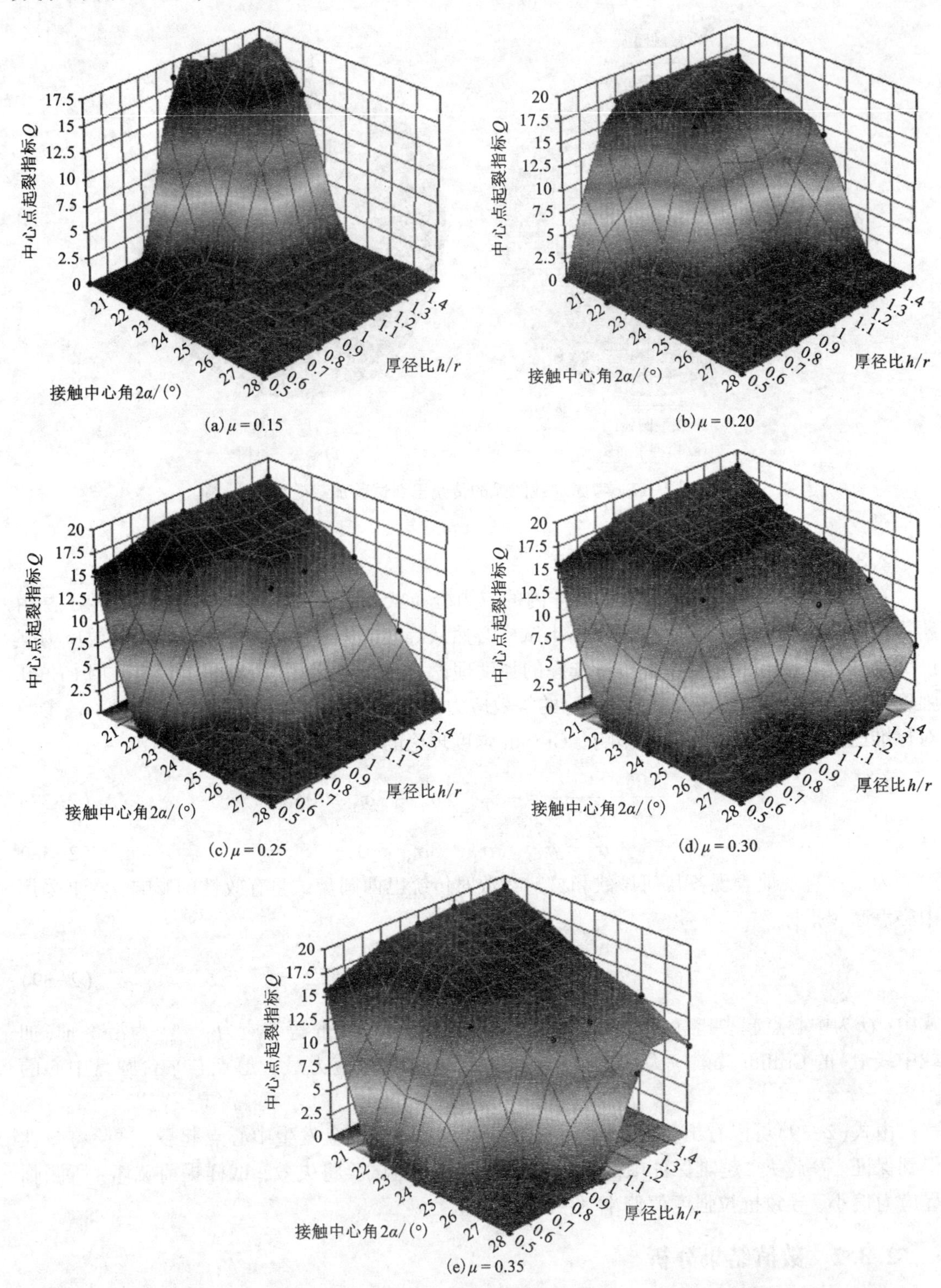

图2-18 不同泊松比条件下接触中心角和厚径比对中心点起裂指标的影响图(扫章首码查看彩图)

起裂指标 $Q=0$ 时，表示该巴西劈裂试验满足中心点起裂，试验有效性得以保证；当中心点起裂指标 $Q>0$ 时，表示该巴西劈裂试验的起裂点位置不在圆盘中心，不满足中心点起裂条件，该试验可能因为应力集中而使得加载点附近区域应力发生重分布，试样提前破坏，故试验失效。同时，中心点起裂指标 Q 越大，应力集中对该试验的影响越大，进而越难保证试验的中心点起裂。由图 2-18 可知，随着泊松比的增大，$Q=0$ 部分面积不断减小，表明传统巴西试验随着泊松比的增大而越难满足中心点起裂，进而越难保证该试验的有效性和可行性。由于图 2-18(a)~(e)中 Q 的变化趋势相近，故本书以图 2-18(e)为例分析当泊松比恒定时，接触中心角和厚径比对中心点起裂指标 Q 的影响。由图 2-18(e)可见，当厚径比恒定时，中心点起裂指标 Q 随着接触角的增大而呈线性减小，说明接触中心角越大，越容易保证中心点起裂，因而也越容易保证试验的有效性。当接触角一定时，中心点起裂指标 Q 随着厚径比的增大呈先快速增大后缓慢减小的趋势。因此，厚径比的选取对于试验的有效性也有重要的意义，厚径比过大则很难保证中心点起裂，易导致试样的提前破裂，从而导致试验失效。从图 2-18(a)~(e)看出，最优厚径比范围为 0.5~0.8。传统巴西试验的厚径比越小，越能够保证巴西试样的中心点起裂，因此，推荐最佳的厚径比为 0.5，可以适当增大，但不可超过 0.8。同时，当泊松比 $\mu=0.15$ 时，接触中心角 $2\alpha\geqslant20°$ 能有效保证中心点起裂指标 Q 恒等于 0。因此对于此种泊松比条件下的岩石，在上述接触中心角范围内能有效保证试验的中心点起裂，进而保证试验的有效性。类似地，当泊松比 $\mu=0.20$ 时，有效接触中心角范围为 $2\alpha\geqslant22°$；当泊松比 $\mu=0.25$ 时，有效接触中心角范围为 $2\alpha\geqslant24°$；当泊松比 $\mu=0.30$ 时，有效接触中心角范围为 $2\alpha\geqslant26°$；当泊松比 $\mu=0.35$ 时，有效接触中心角范围为 $2\alpha\geqslant26°$，如表 2-3。

表 2-3　不同泊松比条件下的有效接触中心角范围

μ	$2\alpha/(°)$
0.15	≥20
0.20	≥22
0.25	≥24
0.30	≥26
0.35	≥26

2.3.3　抗拉强度公式修正

2.3.3.1　建立抗拉强度的三维修正系数

标准巴西圆盘的抗拉强度公式来自平面弹性理论，从而忽略了试验的几何参数影响和材料参数影响。为了得到更准确的抗拉强度公式，本书考虑几何参数接触中心角和材料参数泊松比。上文推荐的最佳厚径比为 0.5，本书建立三维修正系数 k^*，能直观地反映接触中心角和泊松比对抗拉强度的影响。修正公式如下所示：

$$\sigma_t=-k^*\frac{P_c}{\pi rh} \tag{2-40}$$

式中：P_c 为临界荷载。

当泊松比 μ 和接触中心角 2α 满足表 2-3 所给出的取值范围时，中心点起裂指标 Q 恒为零，即试样在标准巴西圆盘试验中恒为中心点起裂，故该试验的有效性得以保证。由 Griffith 强度准则可知，当试样破坏时，$\sigma_G=\sigma_t$。结合式(2-37)、式(2-38)和式(2-40)得三维修正系数 k^* 的计算公式如下：

$$k^* = \frac{\sigma_G}{P_c/(\pi rh)} \tag{2-41}$$

在表 2-3 推荐范围内，中心点起裂指标 Q 恒为零，故只需通过数值试验结果求出相应的端面中心点处 Griffith 等效应力值，结合式(2-41)绘制三维修正系数 k^* 与三维几何参数接触中心角 2α 和材料参数泊松比 μ 的关系图(见图 2-19)。由图 2-19 可知，三维修正系数 k^* 与泊松比 μ 成正比，与接触中心角 2α 成反比。当泊松比一定时，三维修正系数随着接触中心角的增大而线性递减；而当接触中心角一定时，三维修正系数随着泊松比的增大而线性递增。为了定量地得到三维修正系数与泊松比和接触中心角的关系，对图 2-19 进行曲面拟合，考虑到三维修正系数随着泊松比和接触中心角的变化而线性变化，故对泊松比和接触中心角的影响部分分别采用线性拟合，具体的拟合公式如下：

$$k^* = 1.054 - 0.01\alpha + 0.093\mu \tag{2-42}$$

式中：k^* 为三维修正系数；μ 为泊松比；α 为接触中心角的一半值。

拟合曲面如图 2-20 所示，图中圆点对应着三维修正系数在图 2-19 中的位置，小竖线代表着圆点实际位置与拟合曲面之间的差值，其长度代表圆点实际位置与拟合曲面之间的差值大小。拟合相关系数是 0.9962，说明拟合结果高度相关。故式(2-42)能很好地反映三维几何参数接触中心角和材料参数泊松比对平台圆盘试验三维修正系数的影响。

联立式(2-40)和式(2-42)，得修正后的抗拉强度公式为

$$\sigma_t = -(1.054 - 0.01\alpha + 0.093\mu) \times P_c/(\pi rh) \tag{2-43}$$

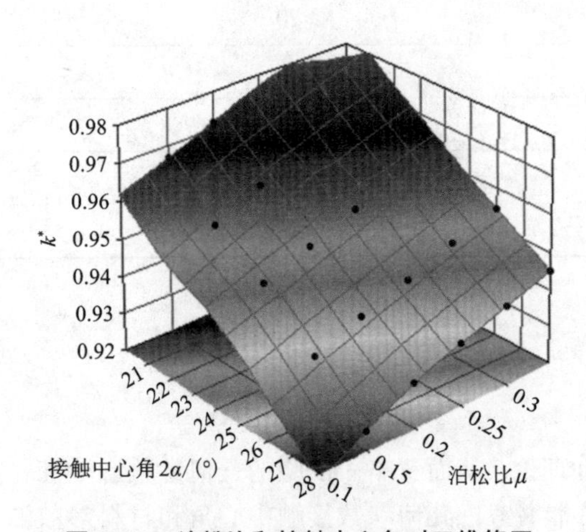

图 2-19　泊松比和接触中心角对三维修正系数的影响(扫章首码查看彩图)

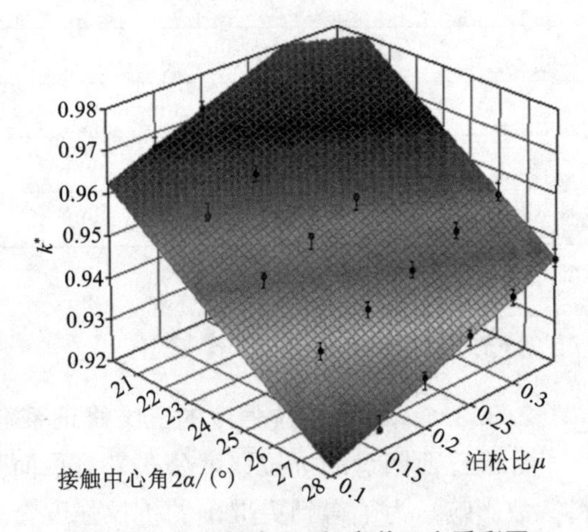

图 2-20　曲面拟合图(扫章首码查看彩图)

2.3.3.2　修正公式验证

为了进一步验证本书所得修正公式的可靠性，将其与其他学者的结果进行对比。王启

智[11]引入平台巴西圆盘试验来测定岩石类材料的抗拉强度，并进一步分析了接触中心角对该试验的影响，文中泊松比取定值$\mu=0.30$，得到的三维修正系数如下：

$$k^* = \frac{(2\cos^3\alpha + \cos\alpha + \sin\alpha/\alpha)^2}{8(\cos\alpha + \sin\alpha/\alpha)} \times \frac{\alpha}{\sin\alpha} \tag{2-44}$$

式中：α 为接触中心角(与本书所定义的接触中心角不同)。

2.4　离散元法在遍布裂隙岩体断裂演化中的应用

由于裂隙广泛地存在于天然岩体当中，其赋存状态及本身的强度参数均对现实工程当中的岩体稳定性存在着极其重要的影响。自然岩体在原生裂隙的切割下呈现出不同程度的破碎状态。自然岩体结构当中，岩体内部的裂隙产状要素包括方位、间距、长度、裂隙组数、连通率、尺寸以及强度等。为了对自然岩体的强度特性和破坏行为进行更为系统的研究，众多学者对岩石内部的裂纹起裂、扩展及整体破坏过程开展了相关研究。其中以室内试验研究为主，室内试验中对于材料的选择也呈多样化，包括天然岩石、水泥砂浆、石膏以及树脂等。大多数岩体工程中的自然岩体被纵横交错的裂隙或弱面切割，从而使得岩体呈不同类型的破碎状态。如图 2-21 所示即为现实工程当中的遍布裂隙岩体。众所周知，裂隙的分布状态对岩体的力学特性及破坏特征存在着极大的影响。为了研究多组裂隙相互影响下的岩体力学特征，本节在试验测试的基础上利用二维颗粒流计算程序对遍布裂隙岩体断裂演化过程中的裂纹扩展、强度演化及能量耗散进行模拟与分析。

图 2-21　遍布裂隙岩体示例

2.4.1　裂隙倾角及交叉角对遍布裂隙力学性质的影响

2.4.1.1　试样制作与测试

本节中所涉及的相似材料试样采用白水泥、自来水和细砂制作而成，三种成分的体积比为 1∶1∶2，外形尺寸(高×宽×厚)为 200 mm× 150 mm× 30 mm。试样制作过程中，裂隙通过在其相应位置插入云母片来实现，云母片的长度为 30 mm 且垂直于试样插入。24 h 之后，将硬化成型的试样取出，之后放入水槽中饱水浸泡 3 d。此后，将所有试样放置在恒温养护箱中养护 25 d。其间，养护箱的温度控制在(20±2)℃且湿度控制在 90%。养护 25 d 后，完整试样的力学测试结果显示，相似材料的单轴抗压强度为 8.104 MPa，弹性模量为 3.242 GPa，泊松比为 0.2371(表 2-4)。

表 2-4 类岩材料宏观力学参数

参数	测试结果
单轴抗压强度/MPa	8.104
弹性模量/GPa	3.242
泊松比	0.2371

遍布裂隙试样的裂隙几何参数如图 2-22 所示，遍布裂隙由两组平行裂隙相互交叉而形成。裂隙组-1 和裂隙组-2 内均遍布着相互平行的断续裂隙，断续裂隙间间距为 40 mm。裂隙组-1 的倾角 α 分为 0°、30°、45°、60°、75°五种，而裂隙组-2 的倾角 β 沿逆时针方向变化，致使两组裂隙的交叉角度 γ 从 15°变为 75°，增量为 15°。除了裂隙倾角和交叉角度外，每组裂隙间的贯通度也分为三种，即 0.2、0.4、0.6。图 2-22 所示的是贯通度为 0.6 的情况。裂隙贯通度由式(2-45)进行计算。

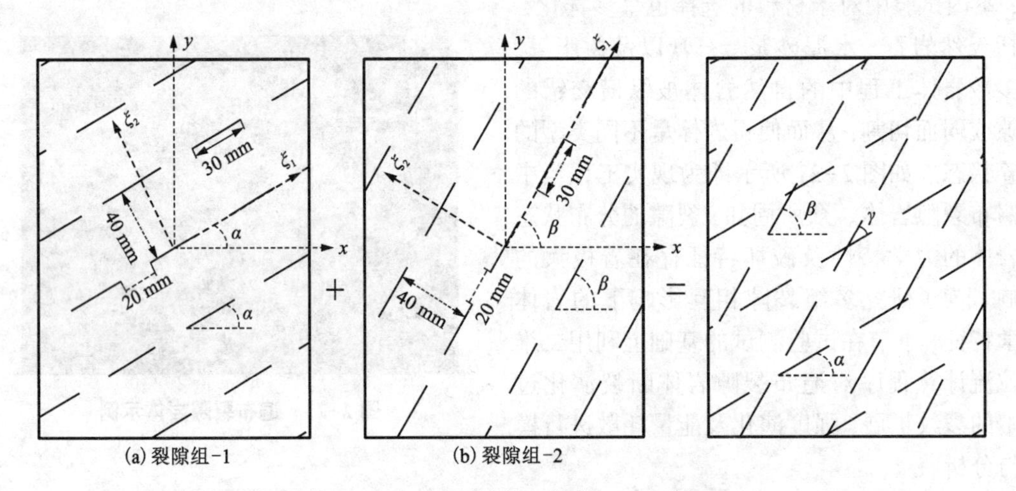

α—裂隙组-1 倾角；β—裂隙组-2 倾角；γ—交叉角(β-α)。

图 2-22 遍布裂隙试样内部裂隙组合形式

$$K = \frac{L_j}{L_j + L_r} \tag{2-45}$$

式中：K 为节理贯通度；L_j 为裂隙长度；L_r 为岩桥长度。

为了研究裂隙倾角和交叉角度对试样力学性质的影响，先针对裂隙贯通度为 0.6 的遍布裂隙试样的力学性质进行研究。表 2-5 所示为试样裂隙几何参数的相关细节，每一个试样均指定了一个 ID 号，形式为 S-a-b，其中 a 代表裂隙组-1 倾角 α，b 为裂隙组交叉角 γ。

表 2-5 试样编号及相应的几何参数细节

编号	ID	α/(°)	γ/(°)	编号	ID	α/(°)	γ/(°)
1	S-0-15	0	15	3	S-0-45	0	45
2	S-0-30	0	30	4	S-0-60	0	60

续表2-5

编号	ID	α/(°)	γ/(°)	编号	ID	α/(°)	γ/(°)
5	S-0-75	0	75	16	S-60-15	60	15
6	S-30-15	30	15	17	S-60-30	60	30
7	S-30-30	30	30	18	S-60-45	60	45
8	S-30-45	30	45	19	S-60-60	60	60
9	S-30-60	30	60	20	S-60-75	60	75
10	S-30-75	30	75	21	S-75-15	75	15
11	S-45-15	45	15	22	S-75-30	75	30
12	S-45-30	45	30	23	S-75-45	75	45
13	S-45-45	45	45	24	S-75-60	75	60
14	S-45-60	45	60	25	S-75-75	75	75
15	S-45-75	45	75				

如图 2-23 所示为养护完成的遍布裂隙试样，从图中可以看出试样表面平整光滑，而云母片均较为规整地分布于试样内部。这也表明该种流动性的水泥砂浆可以很好地完成遍布裂隙试样的制作。图 2-24 为加载试验装置，试样置于两加载平台中间，试验机为新 SANS 刚性试验机，配合 DCS-200 控制系统对试样施加以位移加载且位移加载速率为 0.2 mm/min。试验过程中，为了监测裂隙尖端裂纹萌生、扩展、贯通及试样的破坏过程，在试样正面采用高精度摄像机进行全程拍摄。此外，为了减小试验过程中的端部效应，测试之前在试样与压台接触位置放置了涂有黄油的橡胶垫。

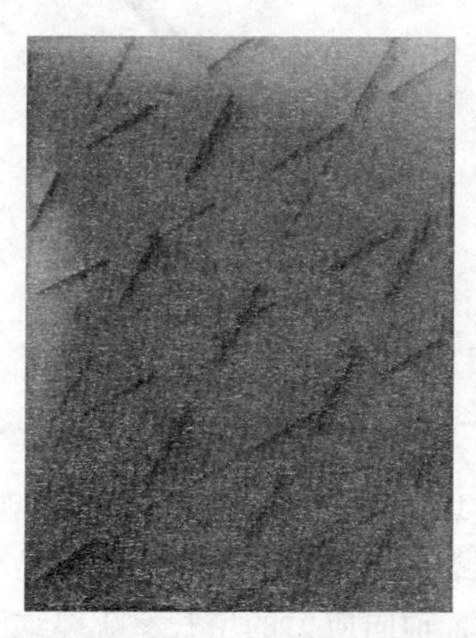

图 2-23　裂隙试样示意图

2.4.1.2　遍布裂隙试样破坏模式与强度特征

前人的研究成果显示，对于单一裂隙而言，在单轴加载下其尖端会衍生出如图 2-25 所示的两种不同类型的裂纹，即拉伸裂纹和次生裂纹。一般而言，拉伸裂纹先于次生裂纹产

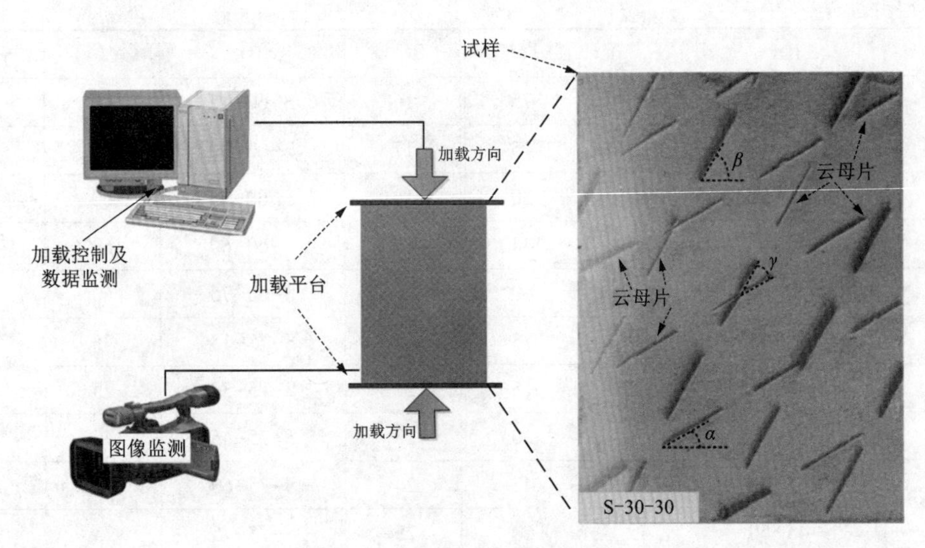

图 2-24 试验仪器及布置方式

生，且其多沿着平行于最大主应力的方向传播。次生裂纹产生于拉伸裂纹之后，但是往往会造成试样的最终破坏。在加载下，预制裂隙之间会产生相互影响，由预制裂隙的几何方位不同而导致不同的贯通模式。对于裂隙间的贯通模式，前人的研究成果主要显示为拉伸、剪切和复合贯通三种。本节中的遍布裂隙试样内部存在数十条预制裂隙，在单轴加载下，裂隙尖端衍生出拉伸裂纹或剪切裂纹，之后随着加载的不断继续将与其余裂纹或裂隙连接并形成贯通，导致试样产生最终的破坏。基于试验结果，遍布裂隙试样破坏模式基本可以分为三种，即阶梯式破坏、平面破坏及剪切破坏，其中剪切破坏可以细分为Ⅰ型和Ⅱ型。

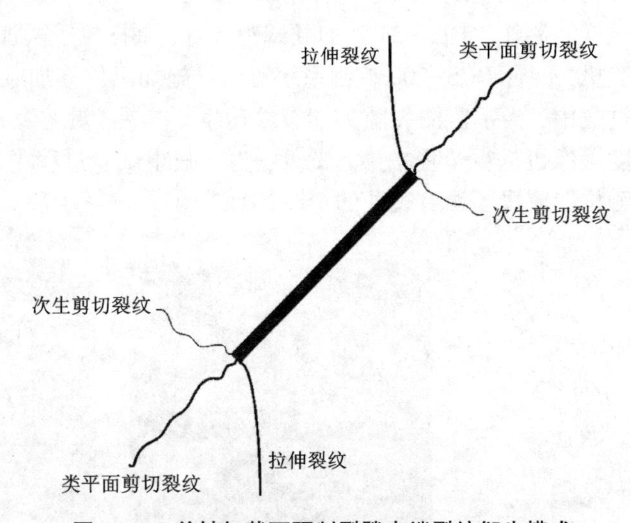

图 2-25 单轴加载下预制裂隙尖端裂纹衍生模式

如图 2-26 所示为试样 S-0-30 的最终破坏模式，该试样也是阶梯型破坏的典型试样。从图中可以看出，对于阶梯式破坏而言，预制裂隙间的贯通类型主要是拉伸型裂纹。在单轴加载下，在预制裂隙尖端衍生出拉伸裂纹，随着轴向应力的增长，新裂纹沿着最大主应力法向不断传播。随着加载的继续，拉伸裂纹相互连接形成贯通从而导致试样的整体破坏。在此种模式下，预制裂隙之间通过拉伸型裂纹形成连接，从而形成阶梯型破坏面。试样整体破坏后在试样内部存在数个阶梯型破坏面。如图 2-26 所示，大部分裂纹基本平行于加载方向。值得注意的是，除了拉伸型裂纹外，在阶梯型破坏试样中依然存在些许复合型裂纹贯通模式。

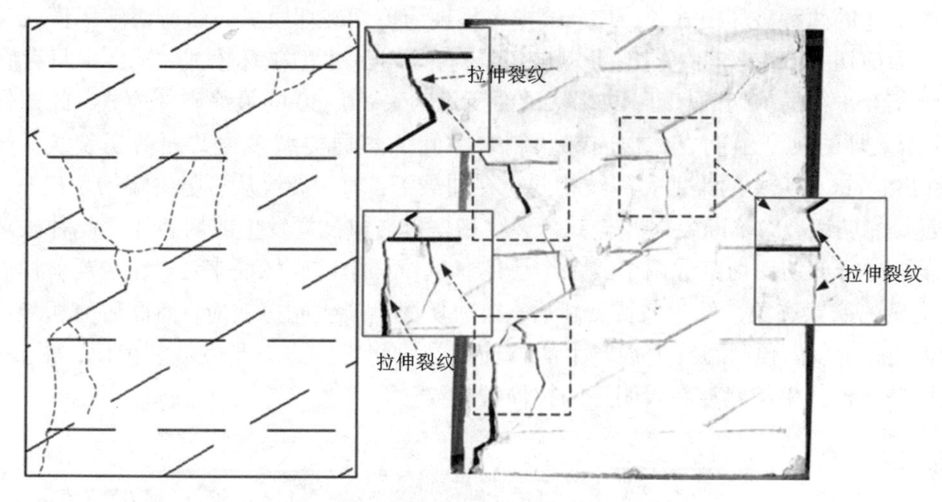

图 2-26　阶梯式破坏中裂纹连接方式

试样 S-60-75 是平面破坏的典型试样，如图 2-27 所示为试样 S-60-75 的最终破坏情况。试样内部预制裂隙间的贯通类型包括拉伸、剪切以及复合型模式。对于剪切裂纹而言，大部分都属于类平面剪切裂纹，次生裂纹也与 Wong 和 Einstein 研究中的 3 类，Sagong 和 Bobet 研究中的 I 类裂纹相同。除了剪切裂纹之外，试样中的一些平行及非平行裂隙通过拉伸裂纹形成贯通。在单轴加载下，预制裂隙尖端萌生出拉伸和剪切裂纹。随着加载的继续，轴向应力不断增加，新裂纹也不断扩展。裂纹在扩展过程中与其余裂纹连接导致岩桥断裂从而导致最终破坏。在残余阶段，试样呈现出破碎状态，试样被新裂纹及预制裂隙切割成许多块体。从图 2-27 中可以清晰地看出，试样内部的诸多预制裂隙均实现了贯通，裂纹几乎布满了整个平面，这也是该类破坏最典型的特征。

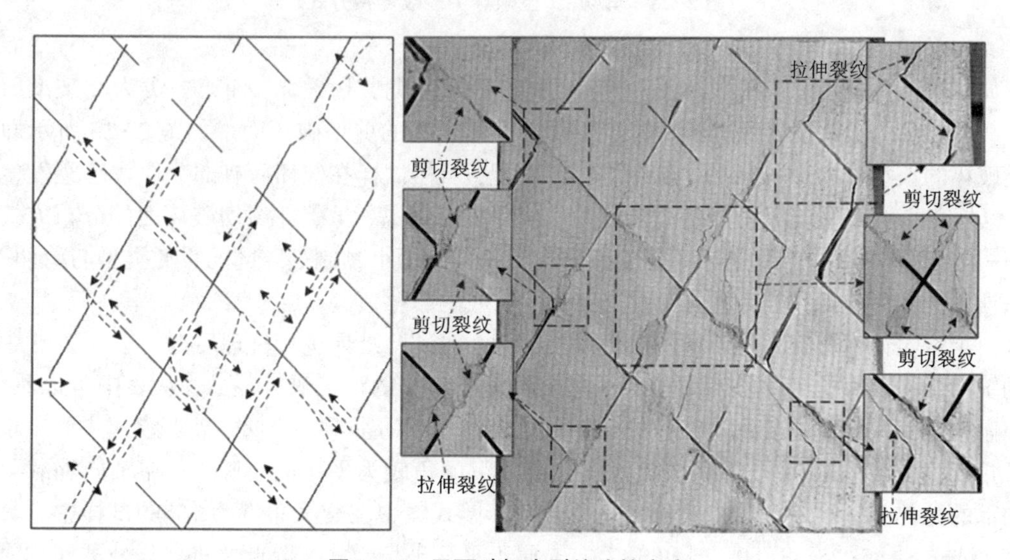

图 2-27　平面破坏中裂纹连接方式

除了上述的两种破坏模式外，其余试样多呈现为剪切破坏模式。而剪切破坏模式又可以进一步分为剪切-Ⅰ型破坏和剪切-Ⅱ型破坏。对于剪切-Ⅰ型破坏模式，试样中只存在一个或者一组相互平行的剪切破坏面。如图2-28所示为S-60-30的最终破坏模式，此试样也是剪切-Ⅰ型破坏的典型示例。试样内部预制裂隙间的贯通类型多为共面剪切裂纹，这也与Wong和Einstein研究中的第四类裂纹相同。在加载下，剪切裂纹从裂隙尖端衍生出来，随着加载的继续，剪切裂纹不断发展并与其余裂纹相连接造成试样发生剪切破坏。此种破坏模式下，试样被平行剪切面切割成两个或多个块体。从试样中的破坏面来看，在宏观剪切破坏面上存在明显的摩擦迹象。发生剪切破坏后，在剪切面上产生摩擦效应，而此后剪切裂纹基本停止传播，此阶段内预制裂纹尖端产生的拉伸型裂纹将得到进一步发展。因此，图2-28所示的试样破坏模式中依然存在着明显的拉伸型裂纹。

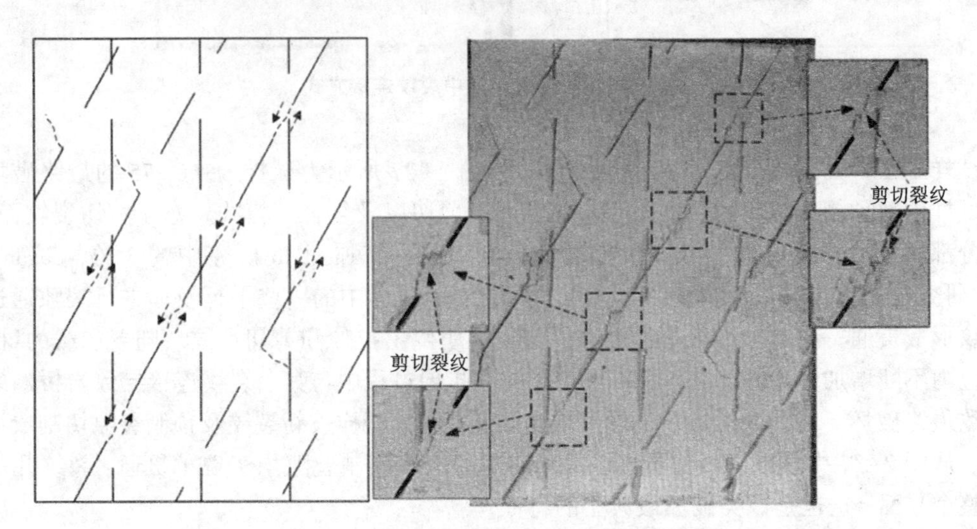

图2-28　剪切-Ⅰ型破坏中裂纹连接方式

如前所述，剪切型破坏可以分为两种，上述是第一类剪切破坏，而第二类为交叉型剪切破坏，顾名思义就是破坏后试样内部存在数组相互交叉的剪切破坏面。如图2-29所示即为该类破坏的典型试样S-60-60。从图中可以发现，虽然试样在破坏后有部分块体已经发生脱落，但是交叉型剪切破坏面依然清晰可见。值得提出的是，虽然此剪切破坏面的分布方式与剪切-Ⅰ型破坏内的平行分布存在明显差异，但是剪切面上预制裂隙间的贯通类型与剪切-Ⅰ型一样属于共面剪切裂纹，且剪切面上也存在明显的摩擦痕迹。

由于裂隙试样存在5种不同的倾角和交叉角，对试验结果进行整理后得到了表2-6中所示的统计结果。表中列出了不同倾角α及不同交叉角γ的试样破坏模式，从表中可以看出，裂隙倾角及交叉角度的变化对试样的破坏模式存在极大的影响。阶梯式破坏模式主要出现在交叉角度为15°的试样中，这些试样内部存在一组倾角较为平缓的裂隙组，在轴向加载下试样内部的拉伸型裂纹发展较为明显。而平面破坏模式集中在交叉角度为75°的试样中。具体而言，试样S-45-75、S-60-75和S-75-75属于平面破坏模式。除此之外，其余试样均属于剪切型破坏或过渡型破坏模式。剪切型破坏模式也是遍布裂隙试样中最为常见的破坏类型。与此同时，可以看出，除了4种典型的破坏模式外，部分试样为两种破坏模式的过渡形式。

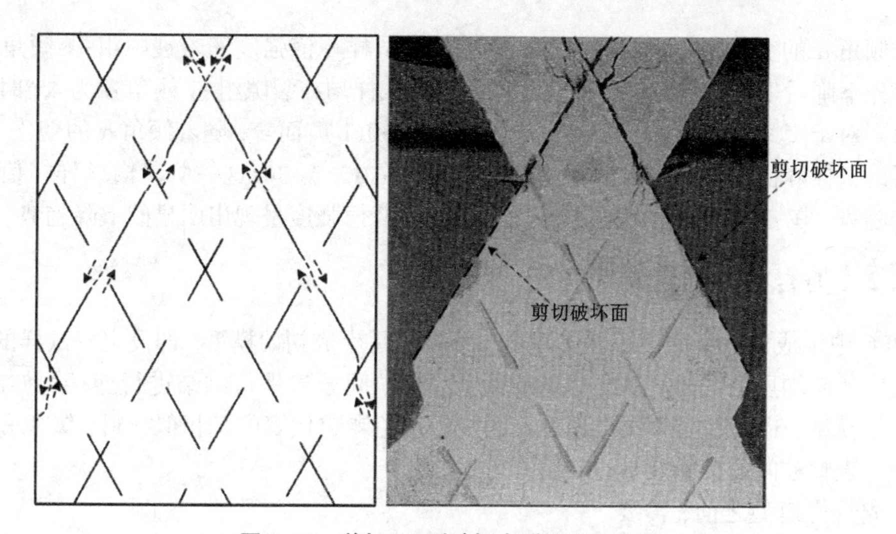

图 2-29　剪切-Ⅱ型破坏中裂纹连接方式

表 2-6　遍布裂隙试样破坏模式分布情况

γ/(°) \ α/(°)	0	30	45	60	75
15	阶梯式	阶梯式	阶梯式+剪切-Ⅰ	阶梯式+剪切-Ⅰ	剪切-Ⅰ
30	阶梯式	剪切-Ⅰ	剪切-Ⅰ	剪切-Ⅰ	剪切-Ⅱ
45	剪切-Ⅰ	剪切-Ⅰ	剪切-Ⅰ	剪切-Ⅰ	剪切-Ⅱ
60	剪切-Ⅰ	阶梯式+剪切-Ⅰ	剪切-Ⅱ	剪切-Ⅱ	剪切-Ⅰ
75	剪切-Ⅰ	阶梯式+剪切-Ⅰ	平面式	平面式	平面式

图 2-30 所示为裂隙贯通度为 0.6 的遍布裂隙试样在不同倾角 α 和交叉角 γ 下的峰值强度变化情况。图 2-30(a)和(b)分别显示了交叉角度为 15°至 30°和 45°至 75°的试样峰值强

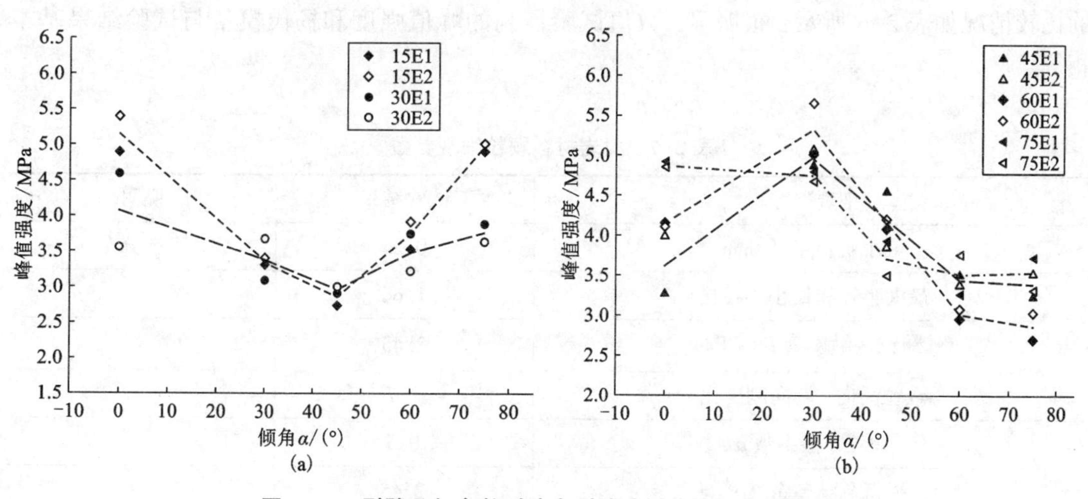

图 2-30　裂隙几何参数对遍布裂隙试样峰值强度的影响

度随裂隙倾角 α 的变化趋势。就图 2-30(a)而言，试样峰值强度随着裂隙组-1 倾角 α 的增大呈现出先下降后上升的趋势；两种交叉角度下的试样均在裂隙组-1 倾角 α 为 45°时峰值达到最小值。对于交叉角度为 45°至 75°的试样[图 2-30(b)]而言，随着倾角 α 的变化，3 种交叉角度下的试样峰值强度呈现出相似的变化趋势，在 15°至 30°这一阶段内试样峰值强度出现增长的趋势，在 30°时达到峰值；自此之后，试样峰值强度呈现出明显的下降趋势。

2.4.2 类岩材料强度参数标定

在 PFC 中生成数值模型一般分成两步。第一步是生成初始模型，即设定好试样的长、宽尺寸后生成各向均质的块体。试样由颗粒组成，颗粒间通过平行黏结进行连接。如图 2-31 所示为初始模型，也就是完整试样模型。图中的灰色颗粒代表的是相似材料，绿色和粉红色线条分别代表颗粒间的接触及平行黏结。

在生成数值模型之前，需要确定颗粒的细观参数，PBM(平行黏结)模型中的细观参数包括颗粒接触模量、平行黏结模量、颗粒法向/切向刚度、平行黏结法向/切向强度等。众所周知，根据宏观参数如弹性模量、峰值强度和泊松比来确定细观参数较为困难，因为细观参数与宏观参数之间并不存在确切的关系。目前，在已有的研究成果和文献中，学者们均采用校正和标定的方式来确定颗粒细观参数。一般来说，校正的过程主要是根据“试错法”来实现，即拟定颗粒细观参数的大致范围，然后不断地调试和改变多组参数，使得标准试样单轴压缩下的应力-应变曲线逼近试验所获得的曲线结果，这一方法被学者广泛使用并且其结果与试验结果吻合良好。经过一系列的试错试验后得到的细观参数如表 2-7 所示，数值试验时获得的宏观参数与室内试验所测得的宏观参数的比较情况如表 2-8 所示，很明显，数值试验得到的峰值强度和杨氏模量与试验结果基本相等。

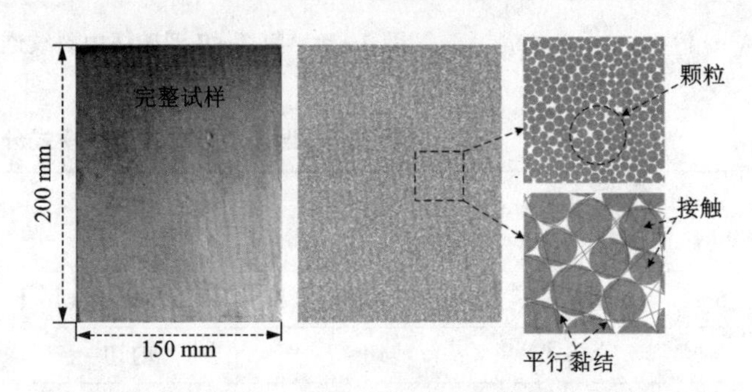

图 2-31　完整试样 PFC 数值模型(扫章首码查看彩图)

表 2-7　类岩材料颗粒细观参数

细观参数	试验结果	说明
最小颗粒半径/mm	0.25	正态分布
最大半径和最小半径比	1.66	
颗粒接触模量 E_c/GPa	2.45	
颗粒法向、切向刚度比	2.7	
颗粒摩擦系数 μ	0.5	
平行黏结模量/GPa	2.45	

续表2-7

细观参数	试验结果	说明
平行黏结法向、切向刚度比	2.7	
平行黏结法向强度/MPa	5.53	正态分布
平行黏结法向强度偏差/MPa	0.6	10.84%
平行黏结切向强度/MPa	5.53	正态分布
平行黏结切向强度偏差/MPa	0.6	10.84%

表 2-8 完整类岩材料宏观参数对比结果

宏观参数	试验结果	数值结果
单轴抗压强度/MPa	8.104	8.096
弹性模量/GPa	3.242	3.176
泊松比	0.2371	0.2397

如前所述，通过直剪试验测得了水泥砂浆-云母片黏结面的强度参数，进行数值计算之前同样需要对裂隙参数进行标定，以使其更为接近模型的实际情况。但是不同于前述的单轴压缩标定方式，裂隙颗粒的细观参数是通过直剪试验来进行标定的。因为在试样受压时，预制裂隙上下表面的材料会产生一定的变形，而预制裂隙采用云母片制作。云母片在经过饱水处理及恒湿养护后已经膨胀且强度几乎可以视为0。因此，在进行直剪试验标定时云母片位置的颗粒黏结强度直接设置为0，通过反复直剪试验标定所得的裂隙处颗粒细观参数相关细节如表2-9所示。

表 2-9 裂隙颗粒细观参数

细观参数	测试结果
颗粒摩擦系数	0.08
颗粒法向刚度/($N \cdot m^{-1}$)	250
颗粒切向刚度/($N \cdot m^{-1}$)	250
颗粒法向强度/MPa	0
颗粒切向强度/MPa	0

试验结果显示，直剪下贯穿裂隙试样的裂隙面黏结力和摩擦角分别为18.2 kPa和11°。图2-32所示为不同法向荷载下的峰值剪切强度数值模拟结果与试验测试结果的对比情况。对比结果显示，随着法向荷载的不断增大，峰值强度的数值模拟结果与试验结果保持着相同的变化趋势，且两者十分接近。因此，可以确定的是所标定的裂隙细观参数能很好地表征云母片裂隙剪切下的力学特性。

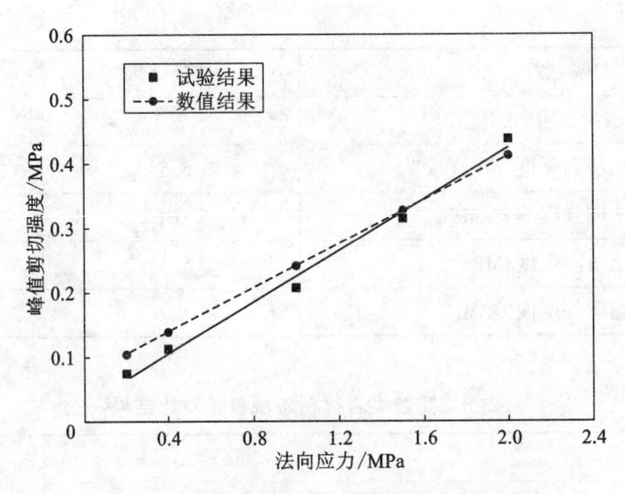

图 2-32 平直裂隙直剪峰值强度标定结果

2.4.3 轴向加载下遍布裂隙岩体强度特性与破裂演化

2.4.3.1 特征应力分析

采用 PFC2D 数值模拟方法对遍布裂隙试样单轴加载下的强度特性及破坏模式进行数值分析。建模是首先生成初始模型，即长和宽分别为 200 mm 和 150 mm 的方形试块。之后，在初始模型上设置裂隙，这也是数值建模的第二步。裂隙的生成存在两种不同的方式。第一种是通过圈定裂隙位置的颗粒并对该部分颗粒进行强度弱化。这种方法也被学者们广泛用于生成充填型裂隙，如图 2-33 所示为通过弱化裂隙处颗粒强度参数而建立的裂隙模型。为了便于区分，该图中将数值模型中相似材料颗粒颜色设置为黄色而裂隙处颗粒为绿色。从图 2-33 右侧可以发现，黄色颗粒间通过平行黏结进行连接，而绿色颗粒间并未有平行黏结存在。

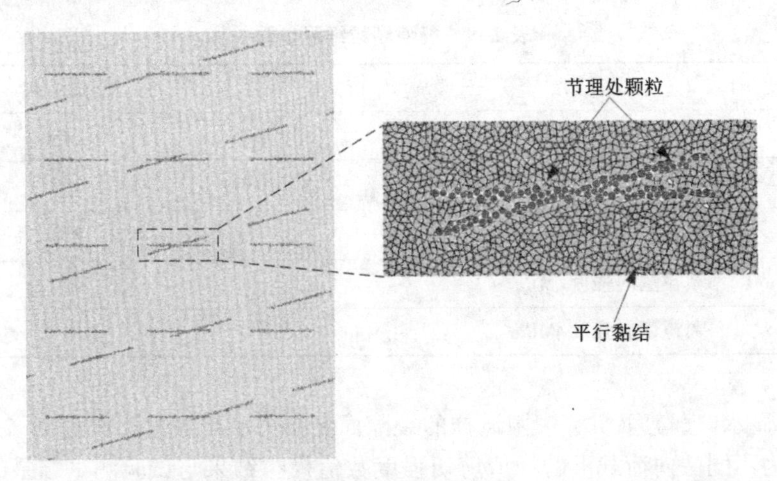

图 2-33 弱化裂隙处颗粒强度参数生成的数值模型(扫章首码查看彩图)

由于在建模时将裂隙处颗粒的平行黏结强度设置为 0，所以绿色颗粒间并不存在黏结。值得提出的是，由于本书中所有的闭合裂隙均是通过内插云母片实现，而在养护后云母片吸收了大量水分，因此其强度基本可以视为0。裂隙处颗粒其余细观参数会在下文的细观参数标定部分进行描述。前文所述为通过弱化裂隙处颗粒参数生成闭合裂隙，而第二种裂隙生成方式通过删除裂隙处颗粒的方式实现，即在圈出裂隙处的颗粒后将其删除，留下的孔隙即为张开型裂隙。由于试验中试样内的裂隙是通过内插云母片的方式制作的，因此数值模型中将以弱化裂隙位置处颗粒强度参数的方式进行裂隙创建。如图2-34所示为所建立的S-30-γ试样的数值模型。在模型中，灰色部分为相似材料，白色部分为预制裂隙。

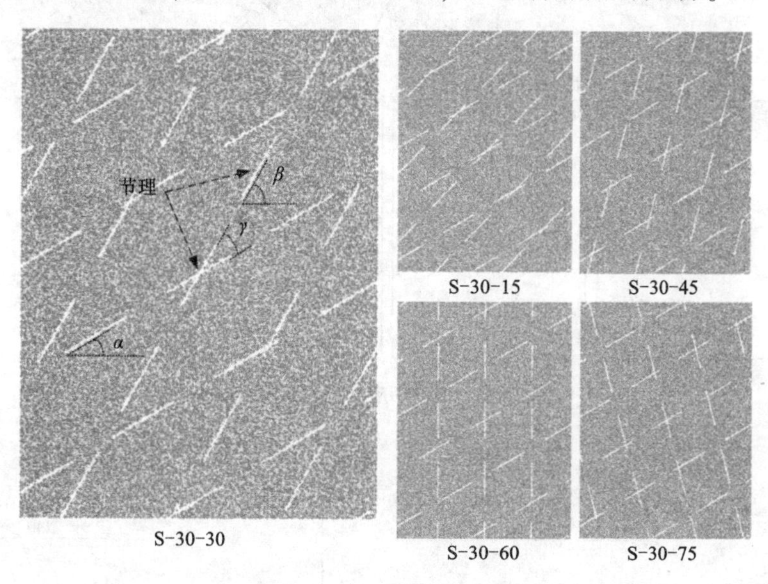

($\gamma=\beta-\alpha$, $\gamma=15°$, 30°, 45°, 60°, 75°)

图2-34 遍布裂隙数值模型

之后对遍布裂隙模型进行轴向加载，由于在PFC2D中是利用上下墙体对试样进行位移加载，所以这也与试验测试的实际加载方式保持一致。之后，对墙体所受接触力和位移进行监测，处理后即可获得试样的轴向应力-应变曲线。如图2-35所示即为裂隙岩体单轴加载下的应力-应变曲线及其应力特征点分布情况。从图中可以看出，特征应力分为3种，即起裂应力CIS、屈服应力CDiS以及峰值强度UCS。

在PFC模型中，当微裂纹数量等同于峰值时微裂纹数量的1%时，试样的轴向应力基本等同于试样的起裂应力，而本节中也采用该方法来确定不同裂隙模型在单轴加载下的起裂应力CIS。而屈服应力CDiS则是应力-横向应变曲线的转折点，通过设置监测圈即可测得横向应变从而确定屈服应力值。图2-36所示为数值模拟结果中不同裂隙倾角α和交叉角度γ的试样峰值强度与试验测试结果的对比情况。从图中不难看出，对于不同交叉角度的试样而言，随着裂隙倾角α的增大，试样的峰值强度数值模拟结果与试验结果吻合良好，变化趋势及数值基本保持一致。由此可以得出，数值模拟结果与试验结果保持高度的一致性，数值模拟能很好地表征遍布裂隙试样的力学特征。但是，值得提出的是，数值模拟结果与试验结果之间存在一定的差异，造成这一结果的原因主要包括以下两方面：首先，在试样制作过程中，存在一定的随机性和离散性，即试样内部难以避免地存在气泡，气泡的存在在一定程度上对试样力学性质存在影响；其次，PFC作为数值计算方法，其代表的是理想的测试情况，而试验测试中依然存在一定的误差和其他影响条件，也可以对试样力学性质造成影响。

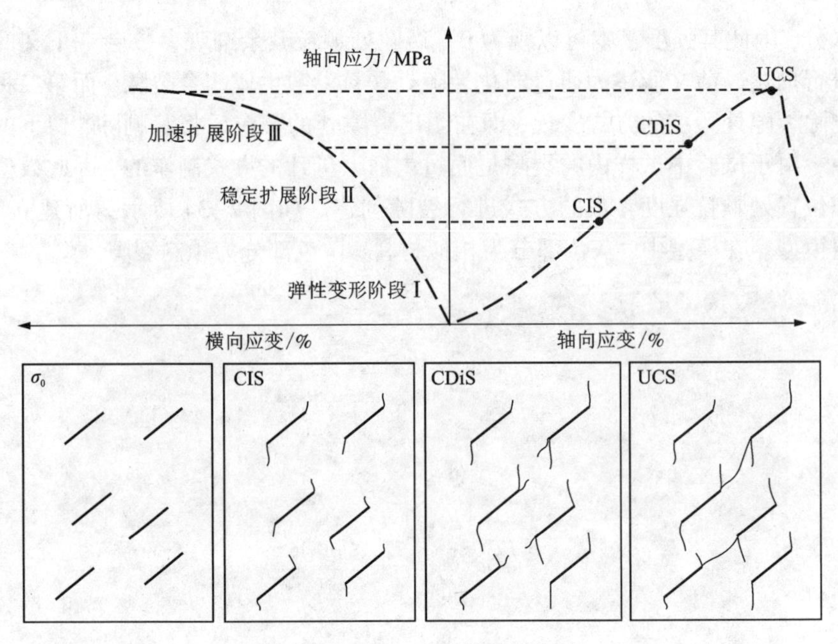

图 2-35　应力-应变曲线特征点

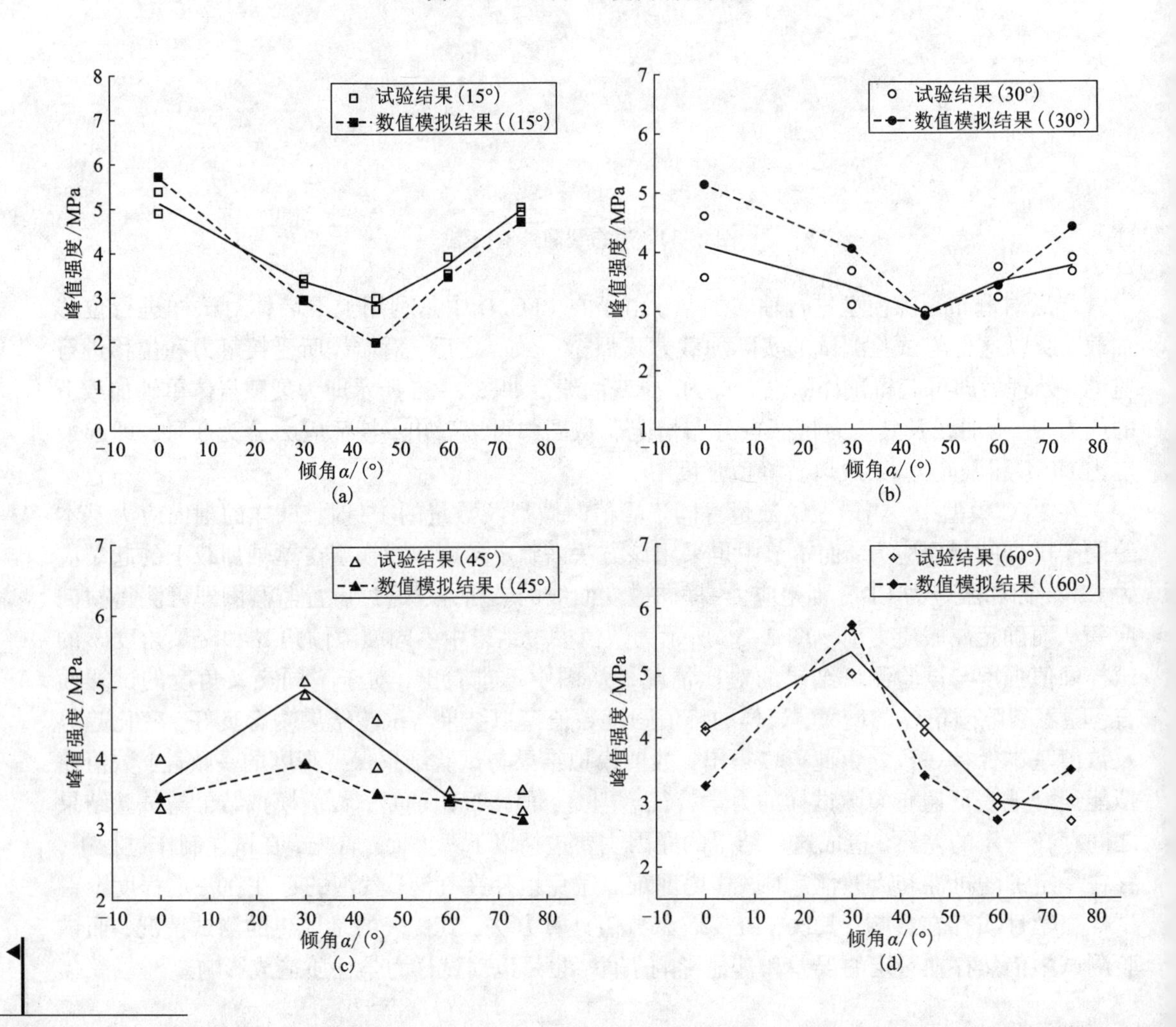

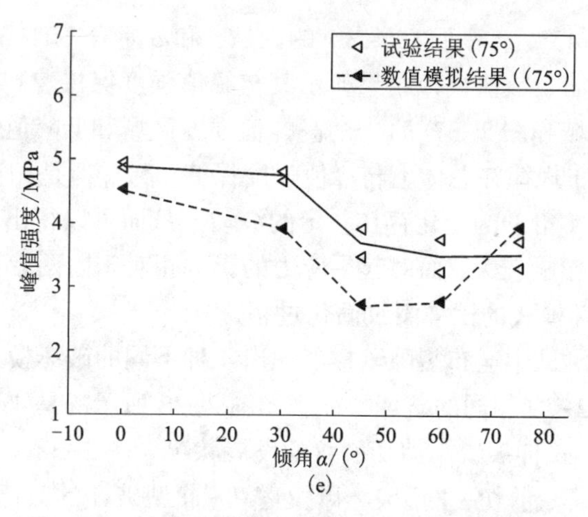

图 2-36　峰值强度数值模拟结果与试验结果对比

将 PFC 数值计算所得的峰值应力数据进行整理后得到如图 2-37 所示的应力云图。应力云图中的坐标变量即为裂隙倾角 α 和交叉角 γ。从图 2-37(a)可以看出，峰值强度的较高值出现在 α 等于 0°、γ 等于 15°~30°的区域，和 α 等于 30°、γ 等于 45°~75°的区域；峰值强度

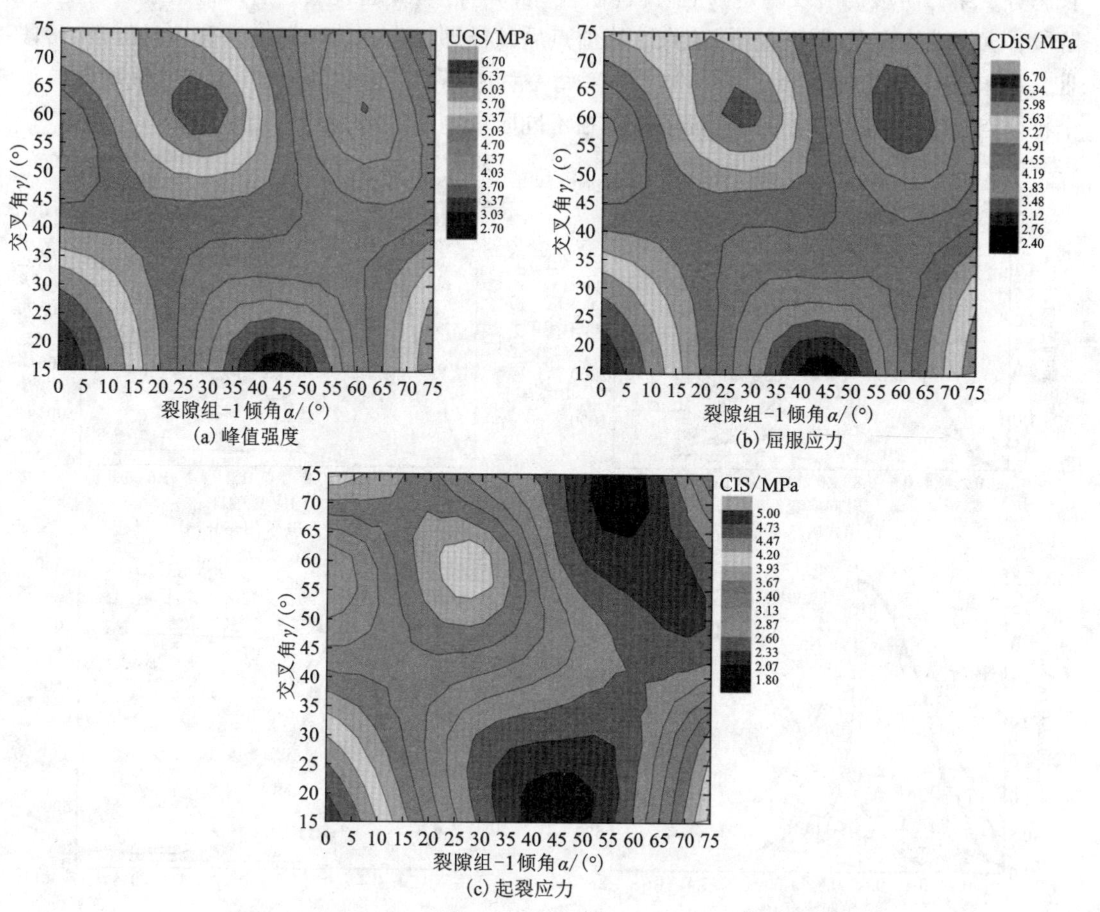

图 2-37　裂隙几何参数对特征应力的影响(扫章首码查看彩图)

的较低值出现在 α 等于45°、γ 等于15°~30°的区域，和 α 等于60°~75°、γ 等于45°~75°的区域。对于屈服应力而言，数值模拟结果显示其与峰值强度保持着高度的一致性，高屈服应力区域与低屈服应力区域和图2-37(a)中的高峰值强度区域和低峰值强度区域相对应。而对于起裂应力而言，其分布规律在总体上与峰值强度保持一致，但是相比于峰值强度与屈服应力，其随着倾角 α 及交叉角 γ 的变化存在一定的波动。从而可以得出，裂隙几何参数对模型峰值强度和屈服应力的影响较大，而对起裂应力的影响相对于前两者并没有那么明显。

2.4.3.2 不同破坏模式的试样裂纹演化过程

如前所示，在试验测试中遍布裂隙试样展现出4种不同的破坏模式。而数值模拟结果也显示出与图2-26至图2-29相同的破坏特征。如图2-38所示的是4种不同破坏模式的典型试样的应力-应变曲线、拉伸裂纹与剪切裂纹的发展状况。图2-38(a)、(b)、(c)、(d)分别为阶梯式破坏、平面破坏、剪切-Ⅰ型破坏以及剪切-Ⅱ型破坏的数值曲线（黑色线条）与试验测试曲线（褐色线条）的对比结果。图中红色线条和蓝色线条分别代表剪切型裂纹和拉伸型裂纹的增长趋势，4种破坏模式试样的裂纹演化过程如图2-39至图2-42所示。

仔细观察后发现，试样应力-应变曲线整体可以分为3个阶段。第一阶段为弹性变形阶段(阶段-Ⅰ)。此阶段内试样并未出现破坏，轴向应力随着轴向应变的增加呈现出稳定的增长态势。第二阶段为裂纹稳定扩展阶段(阶段-Ⅱ)，自裂纹起裂点之后即进入裂纹稳定扩展阶段，该阶段的终点即为试样峰值点。峰值点后试样即发生整体破坏进入破坏后阶段(阶段-Ⅲ)，轴向应力也急剧下降。图2-38中，对每一种破坏模式的数值应力-应变曲线均提取了5个特征点，此5个特征点分别表征了试样在不同阶段内的破坏情况。

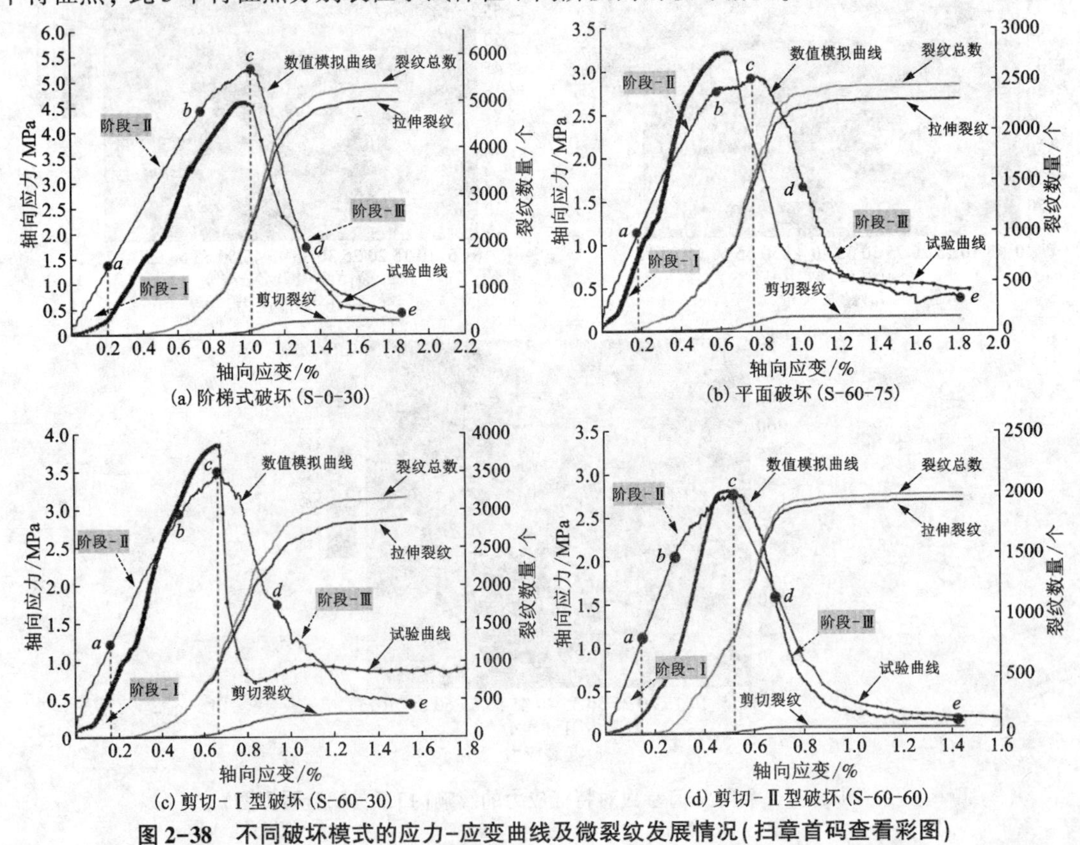

图2-38 不同破坏模式的应力-应变曲线及微裂纹发展情况(扫章首码查看彩图)

1. 阶梯式破坏

如图 2-38(a)所示的是阶梯式破坏的典型试样 S-0-30 的应力-应变曲线及微裂纹发展趋势。在阶段-Ⅰ内，随着轴向应变的增加轴向应力呈现出非线性增长趋势。当轴向应力达到裂纹起裂点(点 a)后，微裂纹开始从预制裂隙尖端衍生出来[图 2-39(a)]，且此时试样内部并未出现远场裂纹。在起裂点之后，试样进入第二阶段即裂纹稳定发展阶段。在阶段-Ⅱ当中，由于随着轴向应变的增加微裂纹呈现稳定的增长趋势，轴向应力也仅仅显示出极低程度的波动。在这一阶段内，一部分微裂纹聚集形成宏观裂纹并与其他裂纹连接形成贯通。

在点 b 时，试样内部出现了明显的翼裂纹[图 2-39(b)]，且此时轴向应力已经达到峰值强度的 84.3%。点 c 为应力-应变曲线的峰值点，如图 2-39(c)所示，在应力达到峰值时试样内部出现了裂纹贯通的情况。峰值点后应力-应变曲线急剧下降，这也意味着试样进入了宏观破坏阶段。从点 c 到点 e[图 2-38(a)]，微裂纹显著增长，增长速度为 3 个阶段的最高值，这也意味着此阶段内模型内部的微裂纹数量急剧增加，试样的破坏和损伤也以极高的速度不断累积。在图 2-39(d)中试样内部已经出现了数个阶梯式破坏面。阶梯式破坏面主要是预制裂隙和裂纹相互连接的结果，同时不难发现，在破坏面上预制裂隙间主要通过拉伸裂纹进行连接。在阶段-Ⅲ内，从点 d 到点 e[图 2-38(a)]，即使试样已经发生整体破坏，但是在进一步加载下拉伸裂纹继续扩展直至轴向应力达到最终的残余强度。

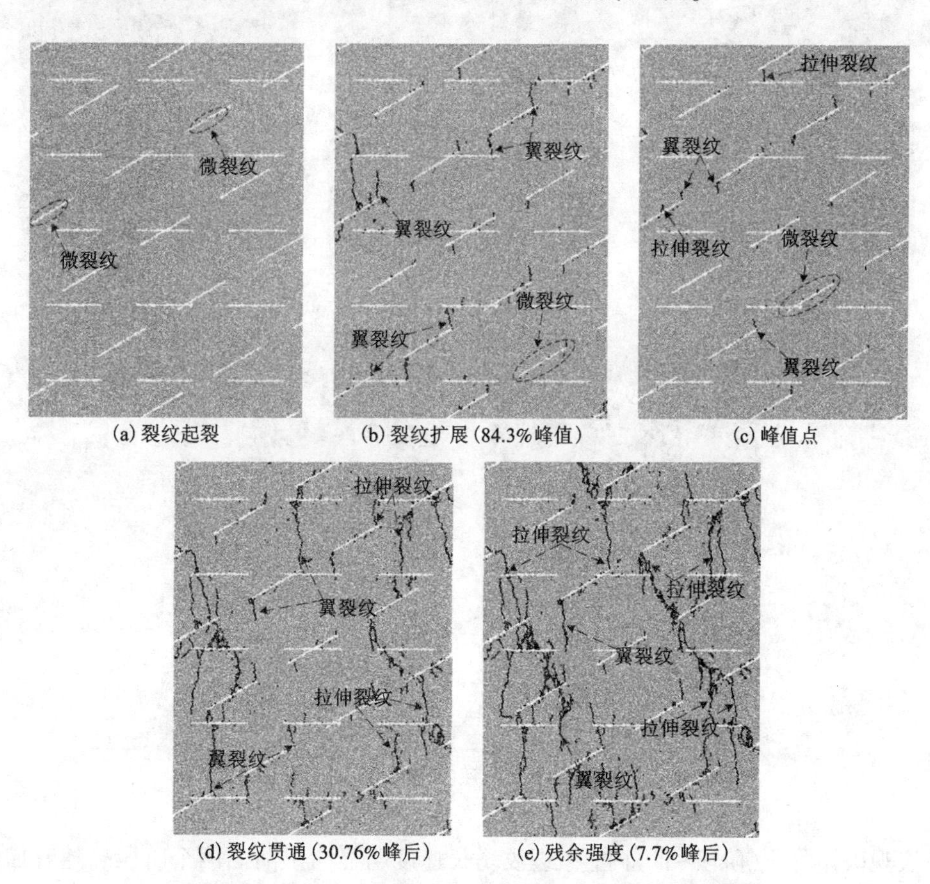

(a) 裂纹起裂　(b) 裂纹扩展(84.3%峰值)　(c) 峰值点

(d) 裂纹贯通(30.76%峰后)　(e) 残余强度(7.7%峰后)

图 2-39　阶梯式破坏典型试样(S-0-30)微裂纹演化过程

2. 平面破坏

平面破坏主要出现在裂隙交叉角 $\gamma = 75°$ 的试样当中。图 2-38(b)所示的是平面破坏典型试样 S-60-75 的应力-应变曲线及微裂纹增长情况。从图 2-38(b)中的数值曲线与试验测试曲线对比结果可以看出，除了加载初期的试验曲线软化现象外，数值模拟结果与试验结果吻合良好。试验曲线加载初期的软化现象，可能存在诸多的影响因素。首先，预制试样为水泥砂浆制成，在试样制作的过程中内部难以避免地存在气泡。而气泡的存在会导致孔洞的产生，进而加剧了加载初期应力-应变曲线的非线性。而数值模拟作为一种理想的分析手段，其中试样材料的均质性和边界条件的理想化都有可能导致其加载初期的曲线与试验曲线存在明显的差异。在图 2-38(b)的数值模拟曲线中，当轴向应变达到 0.18%时(点 a)，在预制裂隙尖端衍生出了微裂纹[图 2-40(a)]。随着加载的继续，当到达点 b 时试样内部的微裂纹聚集形成可辨识的宏观裂纹，但是此时试样并未出现整体破坏[图 2-40(b)]。在轴向应力达到峰值后，试样内部宏观裂纹得到进一步的发展，且有些预制裂隙通过拉伸或剪切裂纹与邻近的裂隙形成了连接[图 2-40(c)]。

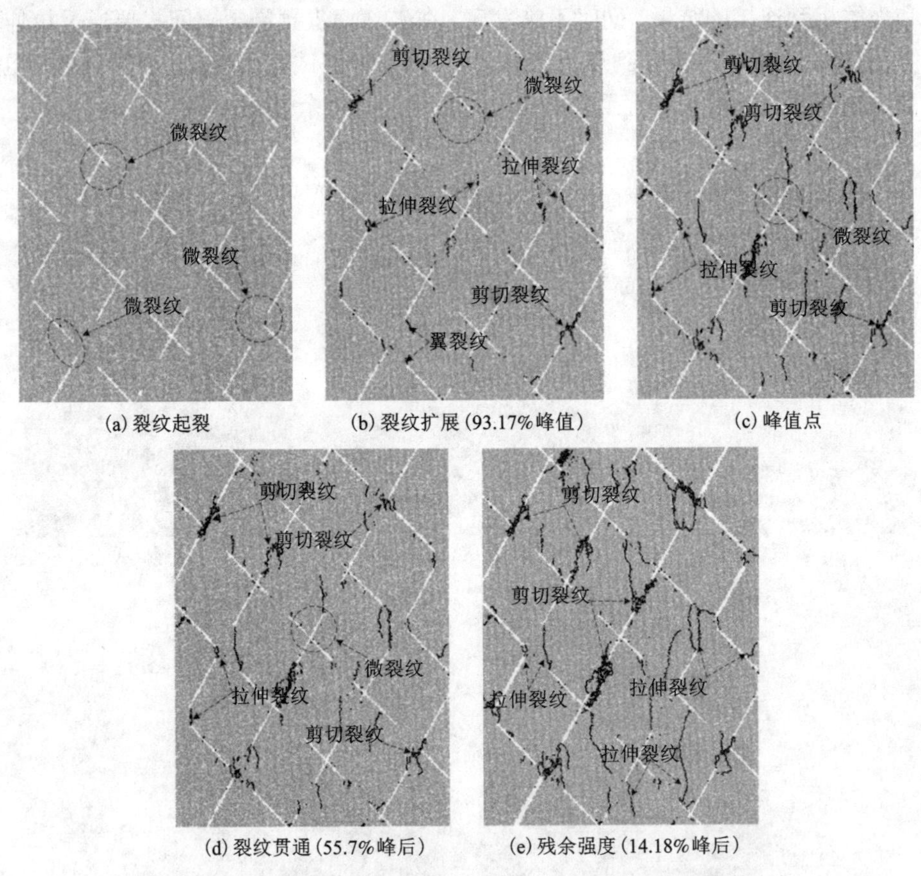

(a) 裂纹起裂　(b) 裂纹扩展(93.17%峰值)　(c) 峰值点

(d) 裂纹贯通(55.7%峰后)　(e) 残余强度(14.18%峰后)

图 2-40　平面破坏典型试样(S-60-75)微裂纹演化过程

在宏观破坏阶段(阶段-Ⅲ)内，微裂纹增长速度明显高于前面两个阶段。随着加载不断继续，试样内部不断产生宏观裂纹。此阶段内宏观裂纹的不断贯通使得试样的强度持续弱化，在点 d 后微裂纹数量基本保持稳定且应力-应变曲线在经历小范围的波动后达到残余强度值[图 2-38(b)]。在残余强度时[图 2-40(e)],试样内部的许多预制裂隙都形成了贯通,试样被预制裂隙与新裂纹切割成很多块体。

3. 剪切-Ⅰ型破坏

在剪切-Ⅰ型破坏模式中,试样内部出现了一个或者一组相互平行的剪切破坏面。如图 2-38(c)所示的是剪切-Ⅰ型破坏的典型试样 S-60-30 的应力-应变曲线及微裂纹发展趋势。与图 2-38(a)和(b)类似,图 2-38(c)中的黑色线条和褐色线条分别表示数值模拟所得到的应力-应变曲线和试验测试所得曲线。和试样 S-0-30 和 S-60-75 类似,虽然数值模拟曲线和试验测试曲线存在一定的差异,但是总体而言吻合良好,显示出相似的趋势。图 2-41 显示了试样 S-60-30 在单轴加载下的裂纹萌生、扩展及破坏过程。作为剪切-Ⅰ型破坏的典型试样,与阶梯式破坏类似,在加载初期即阶段-Ⅰ内轴向应力呈现出一定程度的非线性增长态势[图 2-38(c)]。当轴向应变达到 0.165%时,试样内部预制裂隙尖端衍生出微裂纹[图 2-41(a)]。此后轴向应力持续增长,微裂纹相互聚集形成宏观裂纹并随着轴向应变的增加而不断扩展。

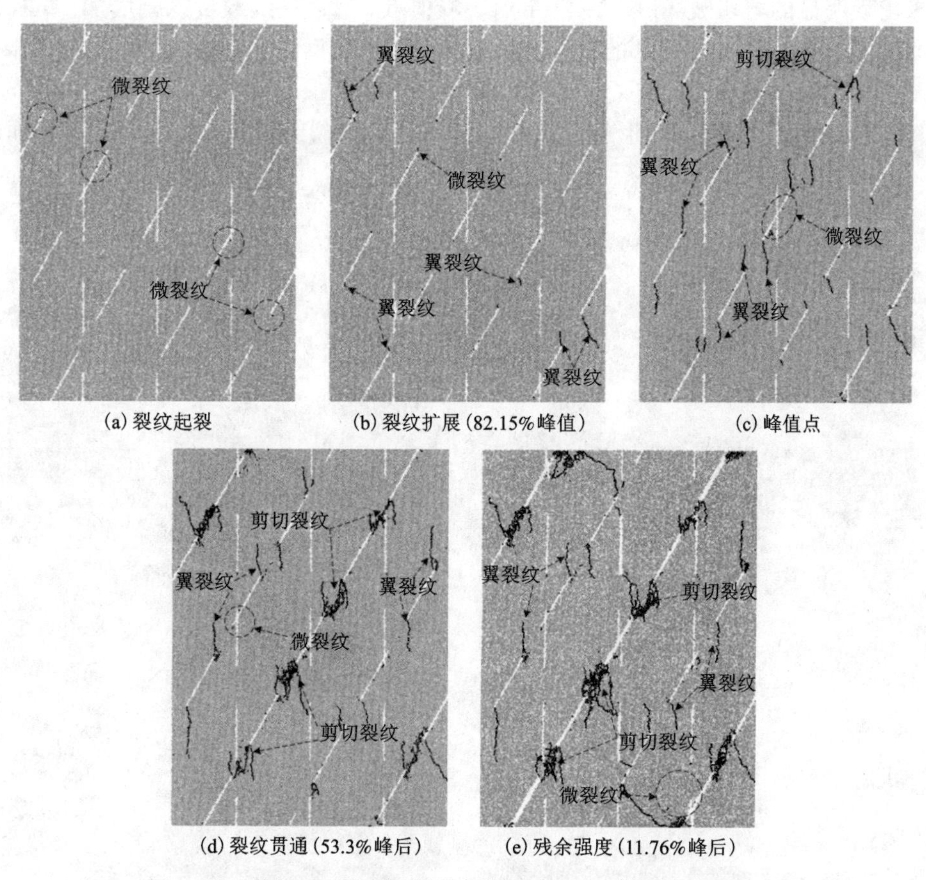

(a) 裂纹起裂　(b) 裂纹扩展(82.15%峰值)　(c) 峰值点

(d) 裂纹贯通(53.3%峰后)　(e) 残余强度(11.76%峰后)

图 2-41　剪切-Ⅰ型破坏典型试样(S-60-30)微裂纹演化过程

在裂纹稳定发展阶段内(点 a 至点 c),b 点时轴向应力达到峰值强度的 82.15%,此时试样内部已经出现明显的翼裂纹[图 2-41(b)]。随着加载的继续,微裂纹稳定增长但是试样依然保持基本稳定。当轴向应力达到峰值时,试样内部并未出现裂纹贯通的现象[图 2-41(c)]。

但是此时试样内部均是拉伸裂纹，剪切裂纹并不明显。之后，试样进入宏观破坏阶段，轴向应力急速下降并达到残余强度。试样内部微裂纹数量增长迅速，点 d 时试样内部已经形成了宏观剪切面[图 2-41(d)]。预制裂隙通过共面剪切裂纹连接，而相比于峰值点时的状态，从点 c 到点 d 试样内部的拉伸裂纹基本停止了扩展。点 d 之后轴向应力持续下降，在此过程中由于宏观剪切面早已经形成，试样内部再无剪切裂纹的传播。除了剪切面上存在摩擦现象外，试样内部的拉伸裂纹在一定程度上得到了二次扩展[图 2-41(e)]。

4. 剪切-Ⅱ型破坏

相比于剪切-Ⅰ型破坏模式，剪切-Ⅱ型破坏模式中的宏观剪切破坏面并不是平行的，取而代之的是交叉型剪切破坏面。如图 2-38(d)所示的是剪切-Ⅱ型破坏典型试样 S-60-60 的应力-应变曲线及微裂纹增长趋势。很明显，从微裂纹的发展来看，试样的破坏过程同样能分解成 3 个不同的阶段。阶段-Ⅰ的终止点为轴向应变为 0.15%的点 a，此时轴向应力并未达到峰值强度的 50%。点 a 至点 c 为第二阶段即裂纹稳定增长阶段。此阶段中所取特征点为点 b，点 b 处的轴向应力达到峰值强度的 75.36%。同样，在点 b 位置试样内部主要是拉伸裂纹，并未出现明显的剪切破坏[图 2-42(b)]。峰值点 c 后微裂纹数量急剧增加，试样即进入宏观破坏阶段。点 d 时试样内部的交叉剪切破坏面逐渐成型[图 2-42(d)]，但是并未完全贯通。待到残余阶段的点 e 时，交叉剪切破坏面已十分明显[图 2-42(e)]。值得提出的是，与剪切-Ⅰ型破坏相似，在剪切面形成后试样内部再无剪切裂纹扩展，而是沿着剪切面的滑动

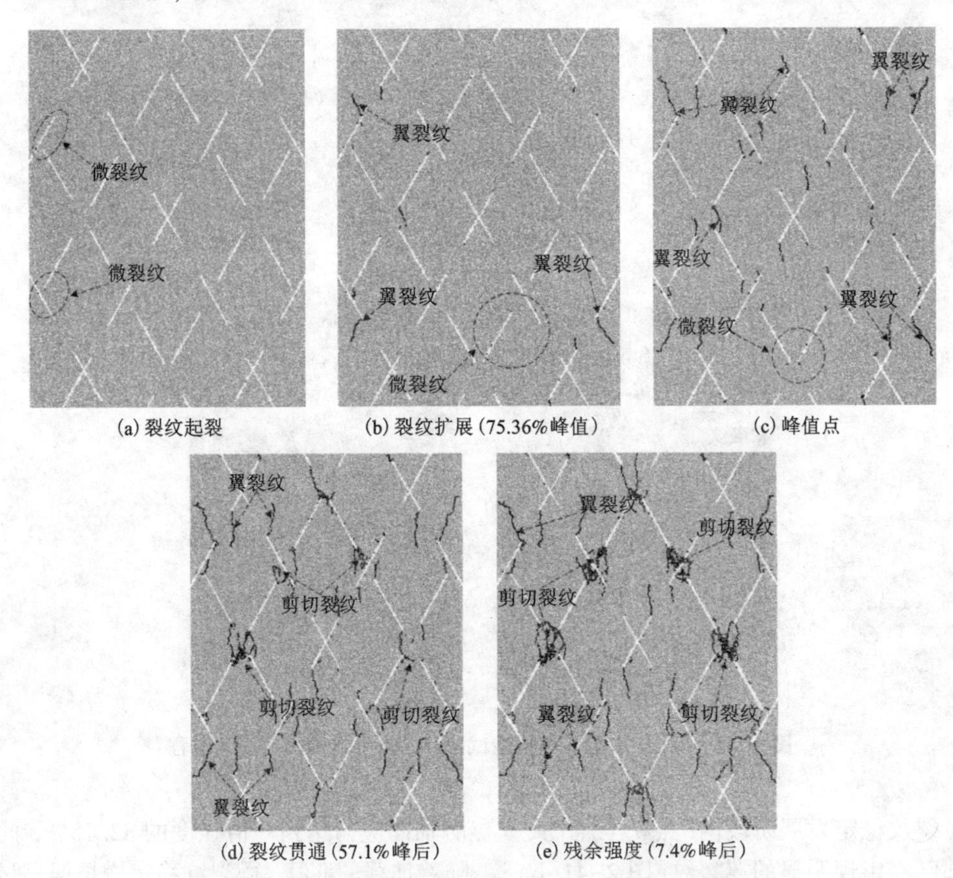

图 2-42 剪切-Ⅱ型破坏典型试样(S-60-60)微裂纹演化过程

摩擦现象。在此过程中拉伸裂纹也会得到再一次的扩展和传播。由此可见，试样在裂纹稳定发展阶段内基本都是发展拉伸裂纹，而剪切型裂纹基本都是峰值点后才得到较大程度的扩展。这也证明，拉伸裂纹先于剪切裂纹出现，而剪切裂纹将导致该试样的最终破坏。

2.4.3.3 破坏模式数值模拟与试验对比

图 2-43 至图 2-46 展示了 4 种破坏模式下典型试样数值模拟结果与试验测试结果的对比情况。从图片来看，数值模拟结果中的试样破坏特征与试验测试结果吻合良好。对于阶梯式破坏模式而言(S-0-15 和 S-0-30)(图 2-43)，试样的最终破坏是拉伸裂纹的扩展所导致的。值得提出的是，在试验测试中无法用肉眼观测到数值模拟中所出现的微裂纹。图 2-44 显示了平面破坏的数值模拟破坏情况与试验结果的对比。从图中可以看出，无论是数值模拟结果还是试验测试结果，多数预制裂隙通过拉伸、剪切或复合裂纹连接。因此，数值模拟结果和试验结果中的试样均被切割成破碎状态，这也是平面破坏的主要特征。剪切-Ⅰ型和剪切-Ⅱ型的对比分别如图 2-45 和图 2-46 所示。在图 2-45 中，对于试样 S-60-30 而言，其内部存在一个基本平行于试样对角线的宏观剪切破坏面，而另一个试样 S-75-15 内部存在两个相互平行的剪切破坏面，从宏观剪切面位置对比情况来看，数值模拟结果与试验结果保持着高度的一致性。同样，对于剪切-Ⅱ型破坏而言，虽然试验测试结果中的试样有部分块体发生了脱落，但是剪切面的位置十分清晰，数值模拟结果中的交叉宏观剪切破坏面与试验测试结果中的破坏面保持一致。

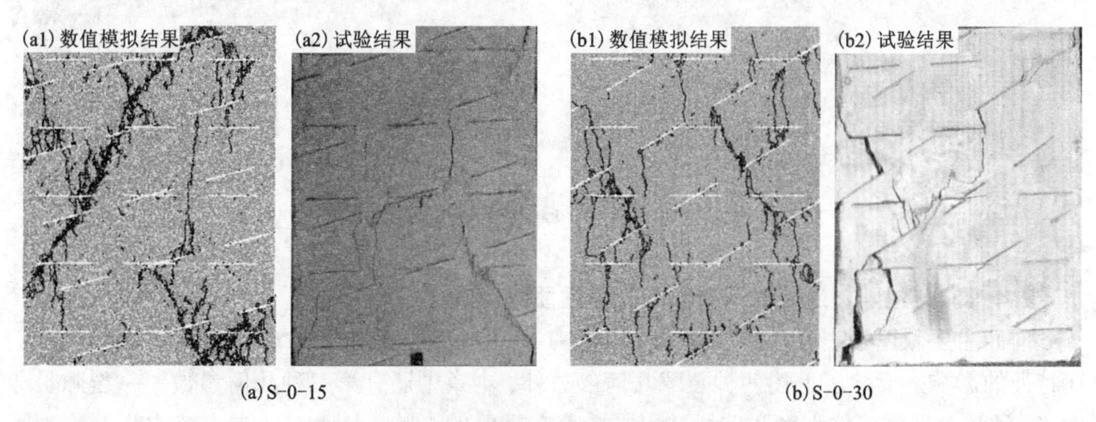

图 2-43 阶梯式破坏数值模拟与试验结果对比

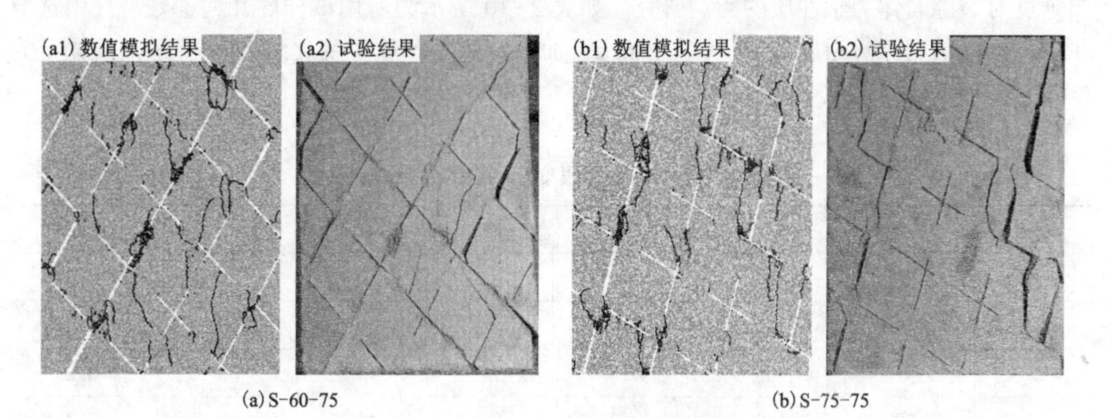

图 2-44 平面破坏数值模拟与试验结果对比

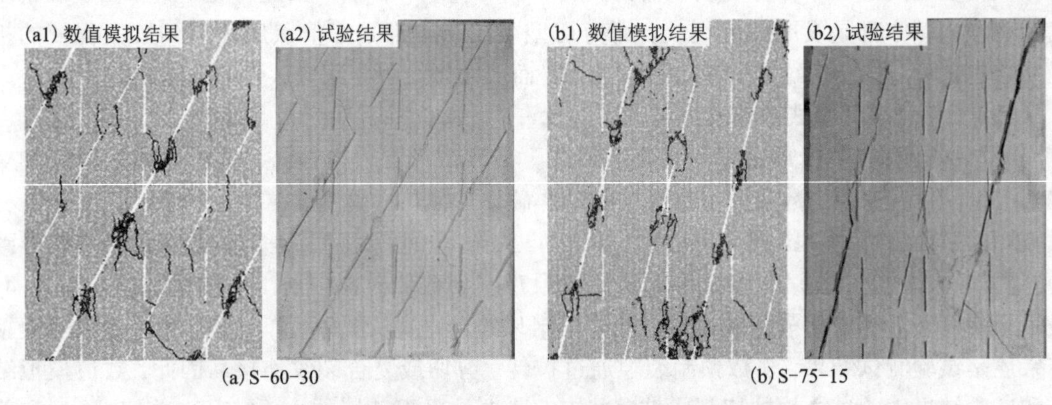

(a) S-60-30　　(b) S-75-15

图 2-45　剪切-Ⅰ型破坏数值模拟与试验结果对比

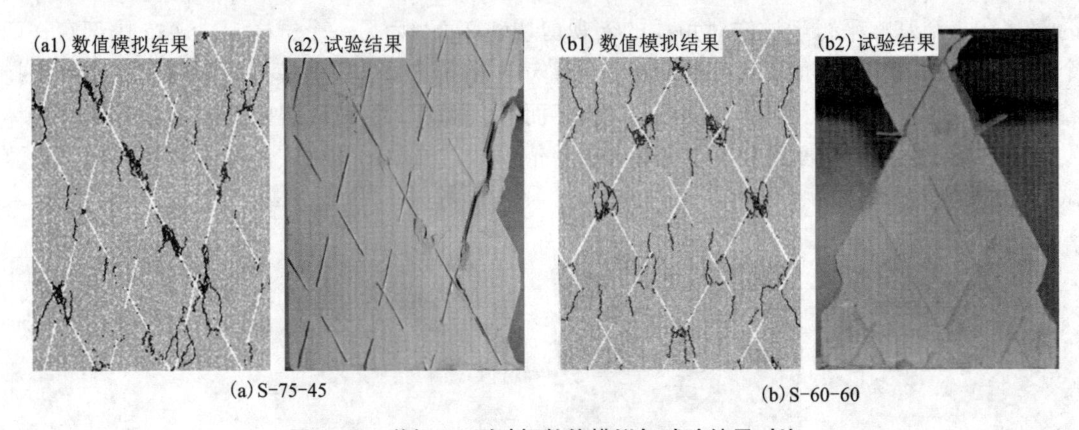

(a) S-75-45　　(b) S-60-60

图 2-46　剪切-Ⅱ型破坏数值模拟与试验结果对比

2.4.3.4　裂隙贯通度对遍布裂隙力学性质的影响

前面主要叙述了裂隙几何参数中裂隙组-1 倾角 α 及交叉角 γ 对遍布裂隙试样强度及破坏特征的影响。而除了上述两种裂隙几何参数外，本章中还有第三种几何参数——裂隙贯通度 K，且其对裂隙岩体强度和破坏过程同样存在重要的影响。因此，在本小节中将开展裂隙贯通度对裂隙岩体力学性质的影响研究。如表 2-10 所示为所用试样的几何参数，其中选取了 3 种不同的裂隙贯通度：0.2、0.4 和 0.6。而裂隙倾角 α 从 0°变化到 75°，交叉角度固定为 60°。

表 2-10　不同裂隙贯通度及相应的裂隙几何参数

编号	α/(°)	γ/(°)	K	编号	α/(°)	γ/(°)	K
1	0	60	0.2	5	30	60	0.4
2	0	60	0.4	6	30	60	0.6
3	0	60	0.6	7	45	60	0.2
4	30	60	0.2	8	45	60	0.4

续表2-10

编号	α/(°)	γ/(°)	K	编号	α/(°)	γ/(°)	K
9	45	60	0.6	13	75	60	0.2
10	60	60	0.2	14	75	60	0.4
11	60	60	0.4	15	75	60	0.6
12	60	60	0.6				

图2-47所示为不同裂隙贯通度的遍布裂隙试样示意图，图2-47(a)至(c)为裂隙倾角为30°的遍布裂隙试样，而图2-47(d)至(f)为裂隙倾角和夹角均为60°的遍布裂隙试样。从图中不难发现，随着裂隙贯通度的增大，试样内部预制裂隙间的岩桥长度越短，而试样的损伤越明显。

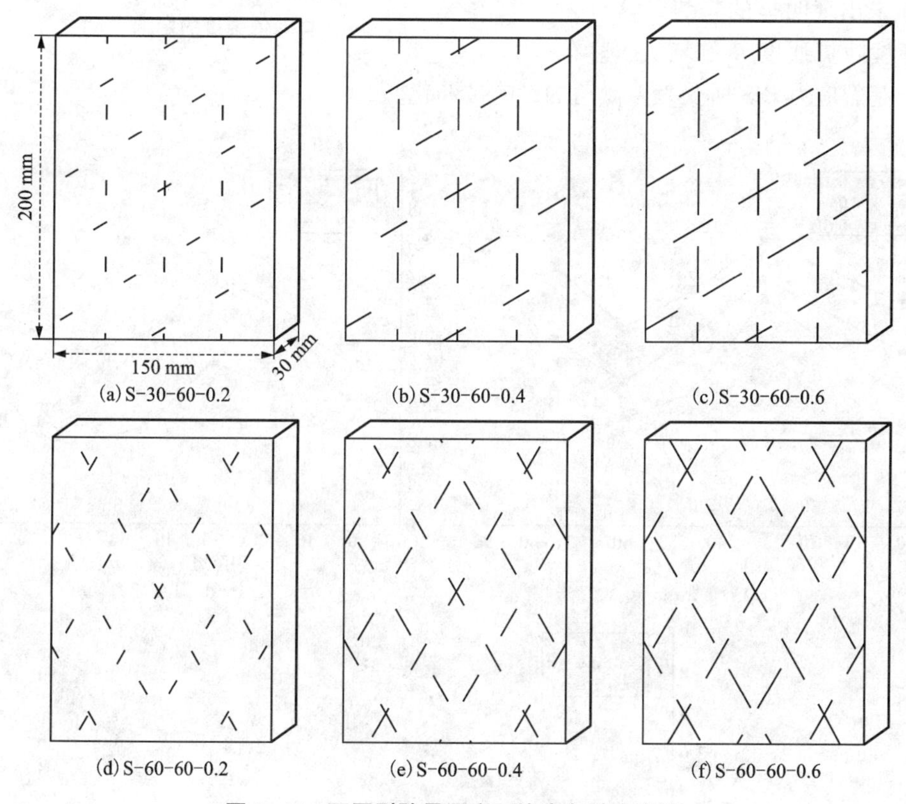

图2-47　不同裂隙贯通度下的遍布裂隙试样

不同裂隙贯通度 K 下的裂隙试样强度及破坏模式研究也采用试验测试与数值模拟相结合的方式进行，如图2-48所示为不同裂隙贯通度下的遍布裂隙试样峰值强度随裂隙倾角 α 的变化趋势。从图中可以看出，随着 α 的变化，不同裂隙贯通度下的试样峰值强度值展现出相似的变化趋势。随着裂隙贯通度的增大，峰值强度不断降低。不论何种倾角 α，裂隙贯通度为0.6的试样强度曲线均处于最下方。随着裂隙贯通度的增大，试样被裂隙所切割的程度越大，岩桥的长度越短，从而在加载情况下越容易产生破断，导致试样强度弱化更为严重。

从图 2-48 中不难看出，数值模拟结果依然和试验结果保持高度的一致性。这也证明数值模型能较好地表征不同裂隙贯通度下的遍布裂隙试样破坏力学行为。如图 2-49 所示为 PFC 中不同裂隙贯通度 K 下的模型特征应力。从图 2-49(a)至(c)中可以看出，峰值强度 UCS、屈服应力 CDiS 以及起裂应力 CIS 均展现出随 K 增大而降低的趋势。值得注意的是，相比于峰值强度 UCS 和屈服应力 CDiS，起裂应力 CIS 在裂隙贯通度 $K=0.6$ 时，随着 α 的变化并未出现明显的趋势。这也表明，随着裂隙贯通度 K 的增大，遍布裂隙试样起裂应力 CIS 所受裂隙倾角的影响被弱化。

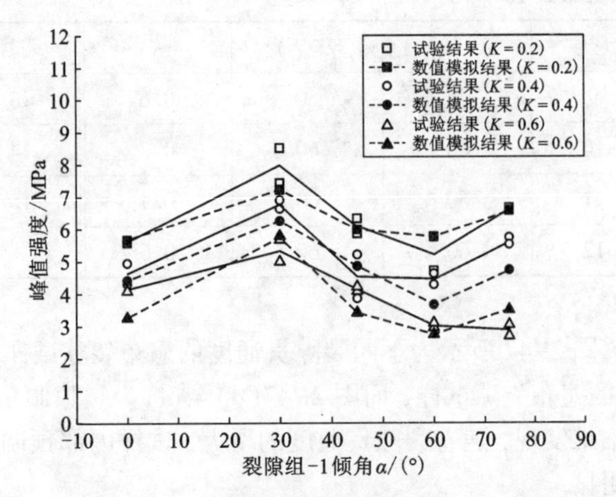

图 2-48　不同裂隙贯通度下裂隙倾角对裂隙试样峰值强度的影响

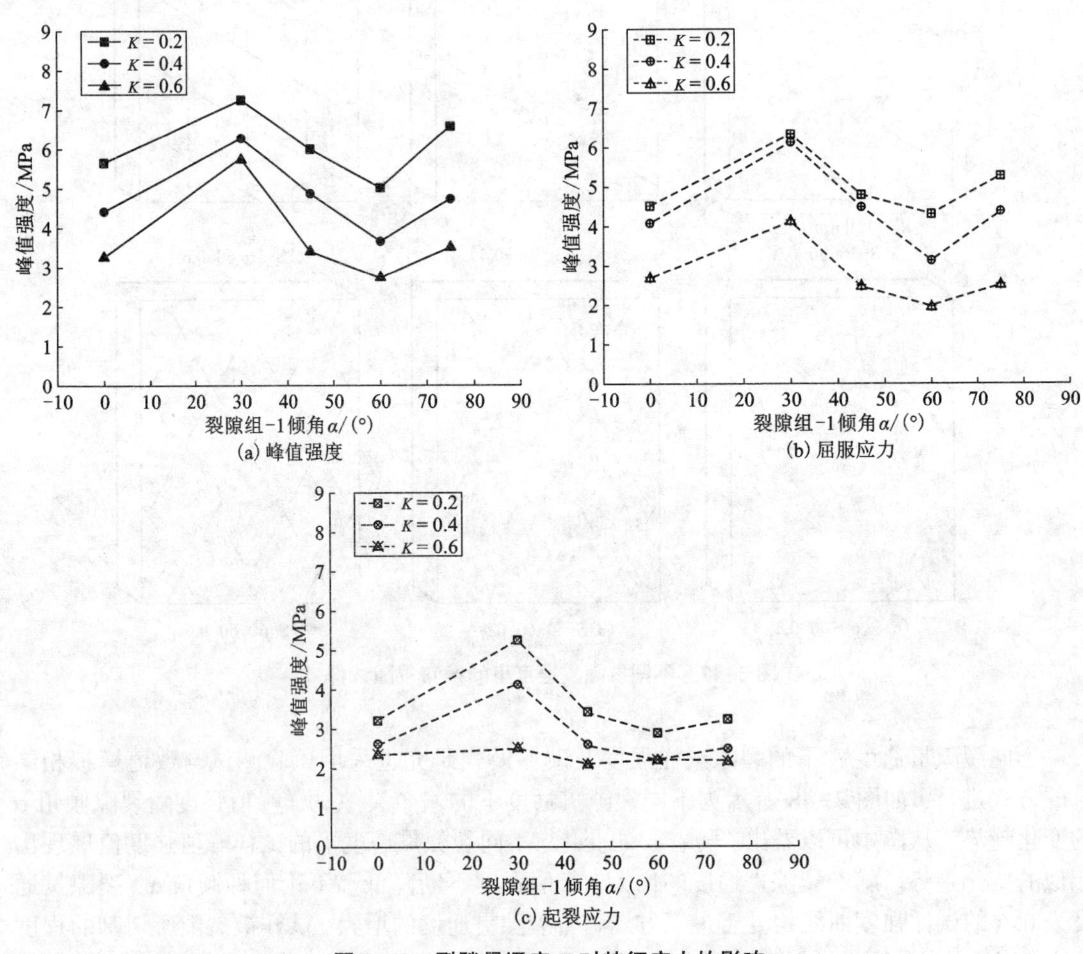

图 2-49　裂隙贯通度 K 对特征应力的影响

表2-11所示的是裂隙倾角为0°至75°，交叉角为60°的遍布裂隙试样不同裂隙贯通度K下的破坏模式，从表中可以看出对于裂隙倾角α为0°的试样而言，随着裂隙贯通度K的降低，试样的破坏模式并未发生变化。与之相似的是，裂隙倾角α为60°的试样均展现出了剪切-Ⅱ型破坏。而对于属于阶梯式破坏的试样而言，在相同的裂隙倾角α和交叉角γ下，随着裂隙贯通度K的降低，试样的破坏模式由阶梯式破坏转变成与完整试样类似的破坏模式。值得提出的是，本节中所出现的材料破坏在前一节中并未出现。此种破坏的主要特征与完整试样极为相似，这也意味着试样内部的裂隙分布对试样的破坏面并不存在明显的影响。

表2-11 不同裂隙贯通度下遍布裂隙试样的破坏模式

K \ α/(°)	0	30	45	60	75
0.2	剪切-Ⅰ型	材料破坏	阶梯式+剪切-Ⅱ	剪切-Ⅱ	材料破坏
0.4	剪切-Ⅰ型	阶梯式	剪切-Ⅱ	剪切-Ⅱ	阶梯式+剪切-Ⅰ
0.6	剪切-Ⅰ型	阶梯式	剪切-Ⅱ	剪切-Ⅱ	阶梯式+剪切-Ⅰ

如图2-50所示的是不同裂隙贯通度K下的裂隙试样破坏模式数值模拟结果和试验结果对比。图2-50(a)至(b)所示为阶梯式破坏的对比状况，而(c)至(d)、(e)至(f)分别为剪切-Ⅰ型和剪切-Ⅱ型破坏的对比结果。从对比结果中不难看出，数值模拟结果和试验结果吻合较好。图2-50(g)至(h)所示为类完整性破坏模式的对比，从图中可以发现数值模拟结果与试验结果大体吻合。但是由于PFC2D为二维数值分析软件，其无法实现某些三维破坏特征的模拟，如图中的表面剥落，从而对比后发现两者存在一定的差异。

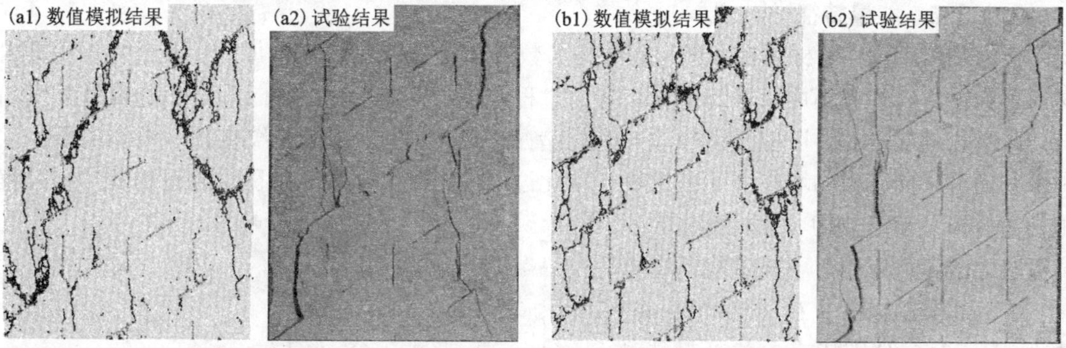

(a1) 数值模拟结果 (a2) 试验结果

(a) 阶梯式破坏1

(b1) 数值模拟结果 (b2) 试验结果

(b) 阶梯式破坏2

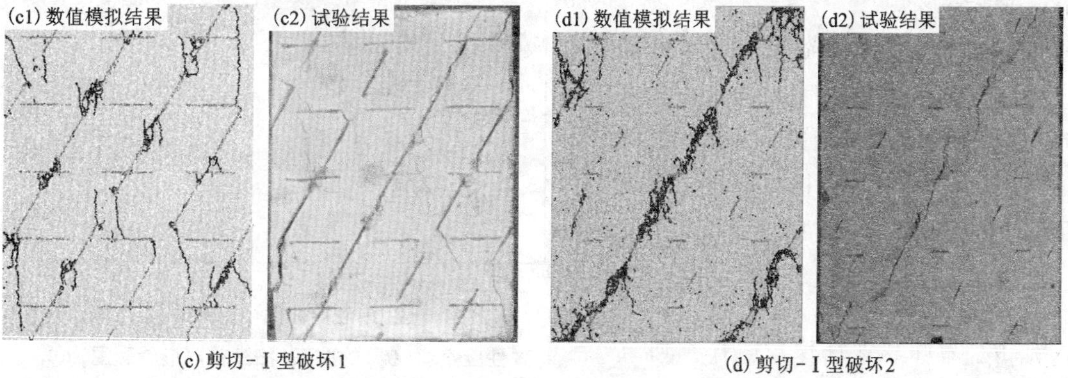

(c1) 数值模拟结果 (c2) 试验结果

(c) 剪切-Ⅰ型破坏1

(d1) 数值模拟结果 (d2) 试验结果

(d) 剪切-Ⅰ型破坏2

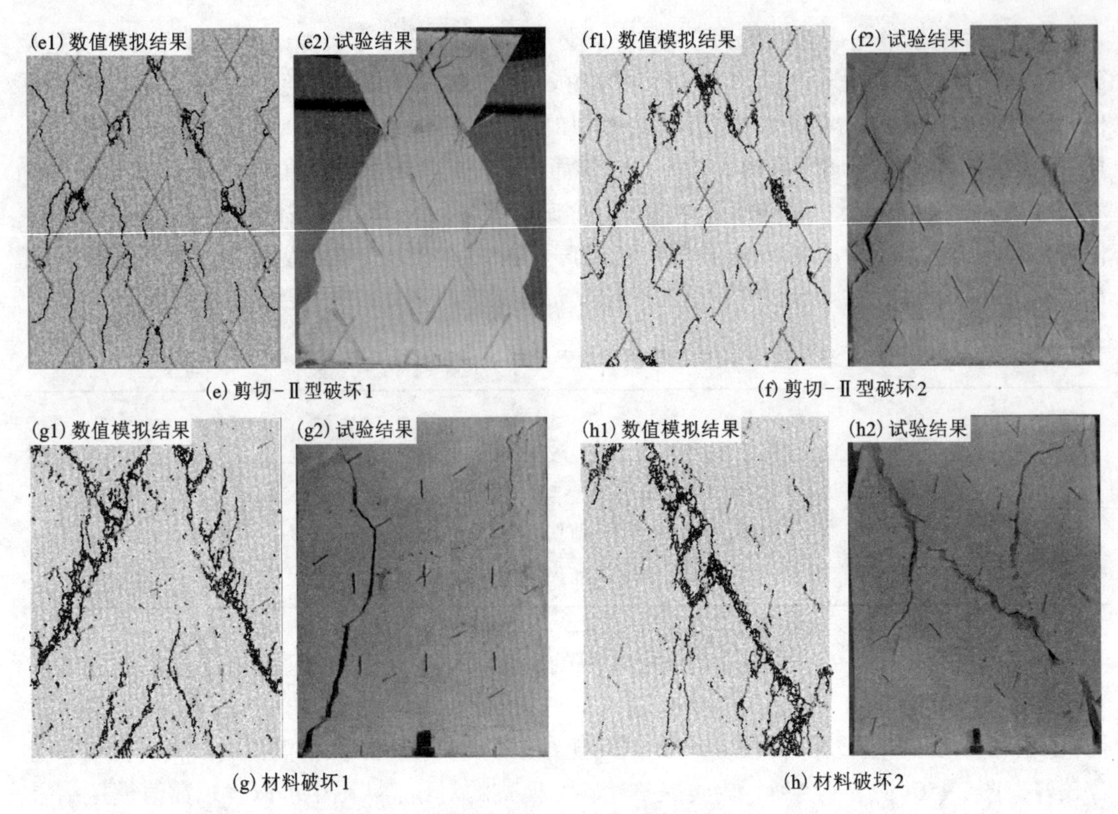

(e) 剪切-Ⅱ型破坏1　(f) 剪切-Ⅱ型破坏2

(g) 材料破坏1　(h) 材料破坏2

图 2-50　不同破坏模式数值模拟与试验结果对比

2.4.3.5　能量特征

根据热力学定律，材料在物理过程中的参数变化是由能量转化造成的，因此岩石及类岩材料等脆性材料的破坏可以视为能量转换的过程。单轴加载下，在轴向应力达到峰值强度前试样所吸收的能量主要以应变能的形式进行储存。与此同时，新的裂纹在预制裂隙尖端衍生出来并随着轴向应力的增加而不断扩展。在此过程中，有部分能量在裂纹的起裂及扩展过程中被消耗掉。基于热力学第一定律，试样吸收的能量可以通过下式进行计算：

$$U = U_d + U_e \tag{2-46}$$

式中：U_d 和 U_e 分别代表单位耗散能和弹性应变能。

如图 2-51 所示为单轴加载下试样应力-应变曲线中耗散能与弹性应变能的关系。基于前人的研究成果，压缩测试下，释放的弹性应变能可以由下式进行计算：

$$U_e = \frac{1}{2E_u}\sigma_1^2 \tag{2-47}$$

式中：E_u 为卸载弹性模量。在本研究

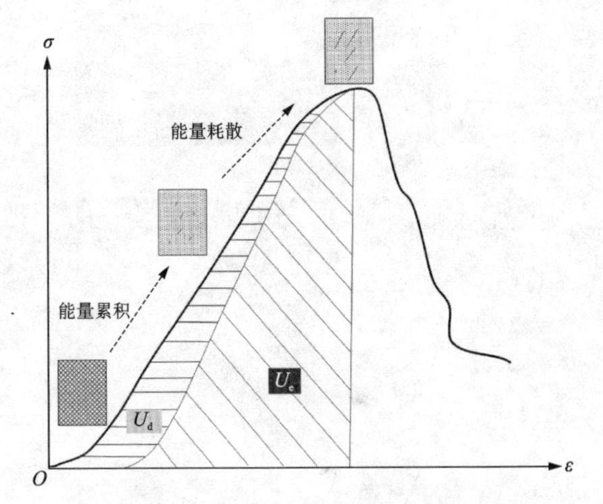

图 2-51　应力-应变曲线中耗散能(U_d)与弹性应变能(U_e)的关系(扫章首码查看彩图)

中，为了计算简便，E_u 用初始弹性模量 E_o 进行代替。

数值模拟中边界条件及材料等均假设为理想状态，在 PFC 的计算过程中并不存在角位移。再者，由于 PFC 中含裂隙试样置于两个墙体中间，且对顶部和底部墙体分别施加反向的速度以实现轴向位移加载，因此，单轴加载下所输入的能量可以通过下式进行计算：

$$E = E_{pre} + (F_1 \Delta U_1 + F_2 \Delta U_2) \tag{2-48}$$

式中：E_{pre} 为上一计算步中的输入能量；F_1 和 F_2 分别为顶部和底部的墙体上的不平衡力；ΔU_1 和 ΔU_2 分别为顶墙和底墙的位移增量。对于 PFC 而言，应变能(E_e)将储存于颗粒间的接触当中且可以按照下式进行计算：

$$E_e = \frac{1}{2} \sum_N (|F_i^n|^2 / k_n + |F_i^s|^2 / k_s) \tag{2-49}$$

式中：N 为数值模型内部的接触总数；$|F_i^n|$ 和 $|F_i^s|$ 分别为法向和切向的接触力分量；k_n 和 k_s 分别为法向和切向的接触刚度。

据图 2-51 所示，单轴加载下输入能为应力-应变曲线峰前部分下方的面积，而耗散能为应力-应变曲线峰前部分下方的红色阴影部分的面积，弹性应变能是应力-应变曲线下方黑色阴影部分的面积。基于试验测试结果，对上述三种面积进行积分后得到了遍布裂隙试样不同倾角与交叉角下的输入能、应变能及耗散能云图，如图 2-52 所示。从图 2-52(a) 中可以看出，输入的总能量处于最上方，而应变能总体都要高于耗散能。图 2-52(b)、(c)、(d) 分别为输入能、应变能及耗散能的云图，坐标轴上的变量为裂隙倾角 α 和交叉角 γ。从图 2-52 中不难看出，总能量与应变能的分布规律与图 2-37(a) 中的峰值强度分布规律类似。能量较高值出现在 α 为 0°、γ 为 15°~30° 的区域，和 α 为 30°、γ 为 45°~75° 的区域；较低值出现在 α 为 45°、γ 为 15°~30° 的区域，和 α 为 60°~75°、γ 为 45°~75° 的区域。当试样强度越高时，试样越难以破坏，从而加载过程中需要的总能量及应变能自然要高于其余试样。对于耗散能而言，如图 2-52(d) 所示，其与前述的两种能量有着较为类似的分布，但是相比于前两者其存在一定的波动。同时，耗散能受到破坏模式的影响，对于倾角为 45° 且交叉角 γ 为 15° 至 30°，或 α 为 45°/60° 且 γ 为 60° 至 75° 的试样而言，它们均属于剪切型破坏。由于此类破坏模式中仅仅存在一个或两个平行剪切破坏面，所以在测试过程中用于裂纹萌生和扩展的能量自然就小于阶梯式破坏和类完整性破坏，耗散能自然也要低于其余试样。

如前所述为倾角 α 和交叉角 γ 对裂隙岩体能量耗散规律的影响，与这两种裂隙参数类似，裂隙贯通度 K 也对单轴加载下的试样能量存在明显的影响。如图 2-53 所示为不同裂隙贯通度 K 下的能量分布规律，图 2-53(a)、(b)、(c) 分别展示了不同 K 值下的遍布裂隙试样的输入能、应变能和耗散能的变化规律。从图中不难看出，随着 K 值的不断增大三种能量均表现出了下降的趋势。当 K 值较高时，试样预制裂隙间的岩桥长度越小，从而在加载下更容易产生破断而导致破坏，因此 K 值较高时试样强度越低且加载时所需要的总能量也越低。对于耗散能而言，预制裂隙间的岩桥越短时，岩桥破断时需要裂纹扩展的长度也越小从而消耗的能量也少，因此图 2-53(c) 中的耗散能随着 K 值的增大而降低。

值得提出的是，由于采用位移加载，PFC 中的边界能就是单轴测试的总输入能量。而边界能和应变能可以通过监测圈进行监测，之后两者相减即可得到遍布裂隙试样单轴加载下的耗散能。如图 2-54 所示为数值计算所得到的三种不同能量。从图 2-54(a) 可以看出，三种能量的关系与图 2-52(a) 中的相似。而对比图 2-54(b) 至(d) 中的能量云图后发现，虽然两

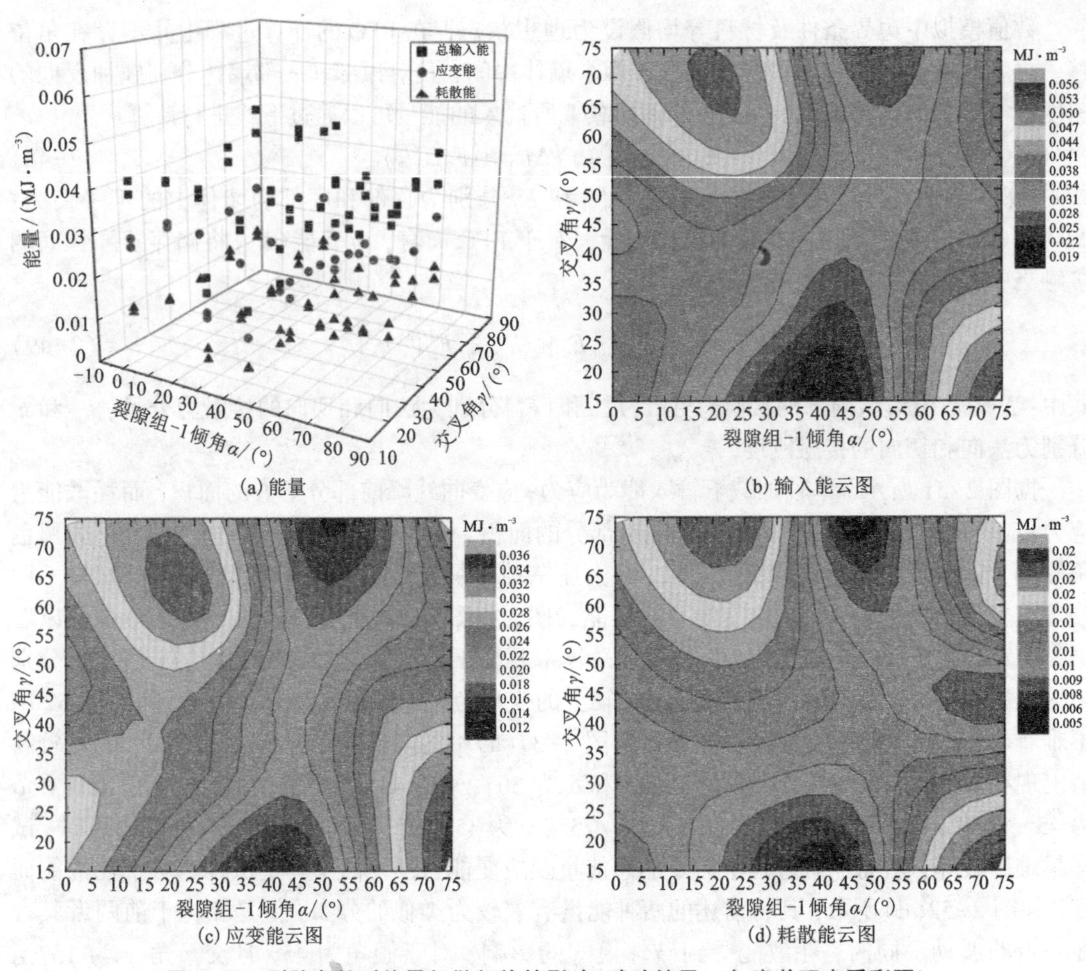

(a) 能量　(b) 输入能云图

(c) 应变能云图　(d) 耗散能云图

图 2-52　裂隙参数对能量耗散规律的影响(试验结果)(扫章首码查看彩图)

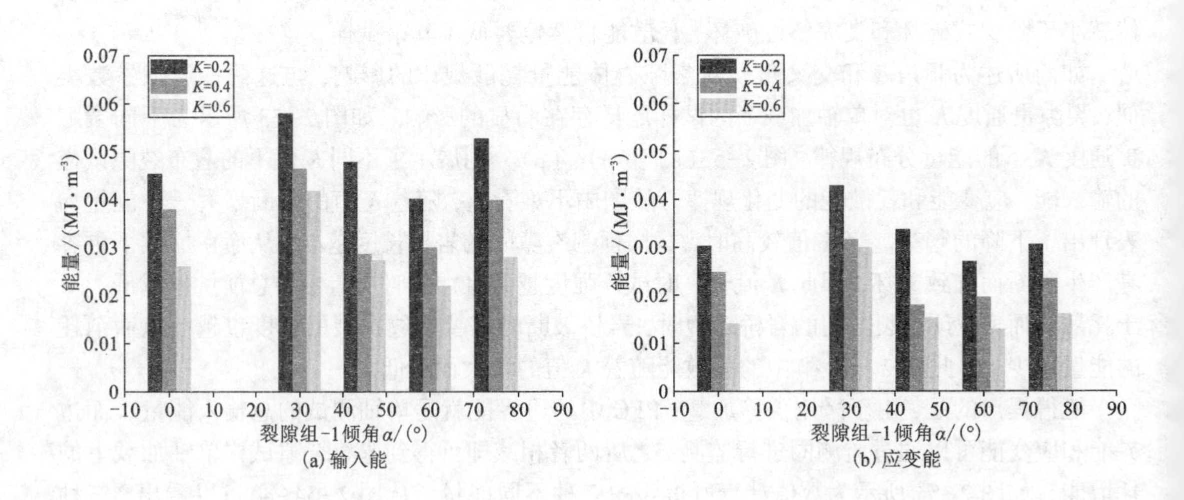

(a) 输入能　(b) 应变能

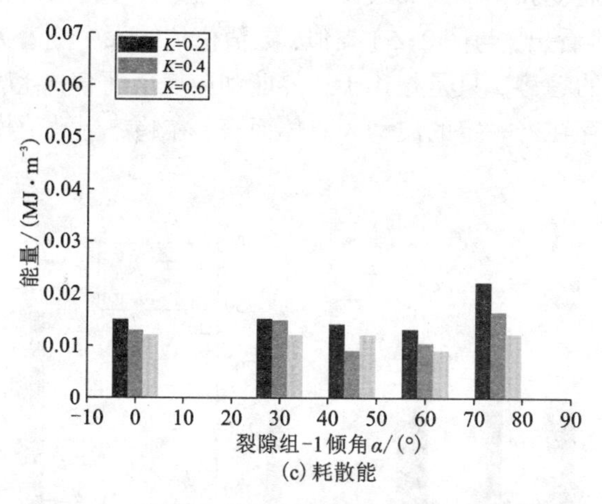

(c) 耗散能

图 2-53 裂隙贯通度 K 对能量的影响(试验结果)

者单位并不一样，但是各种能量云图与试验测试结果中的云图在规律上有着良好的一致性。

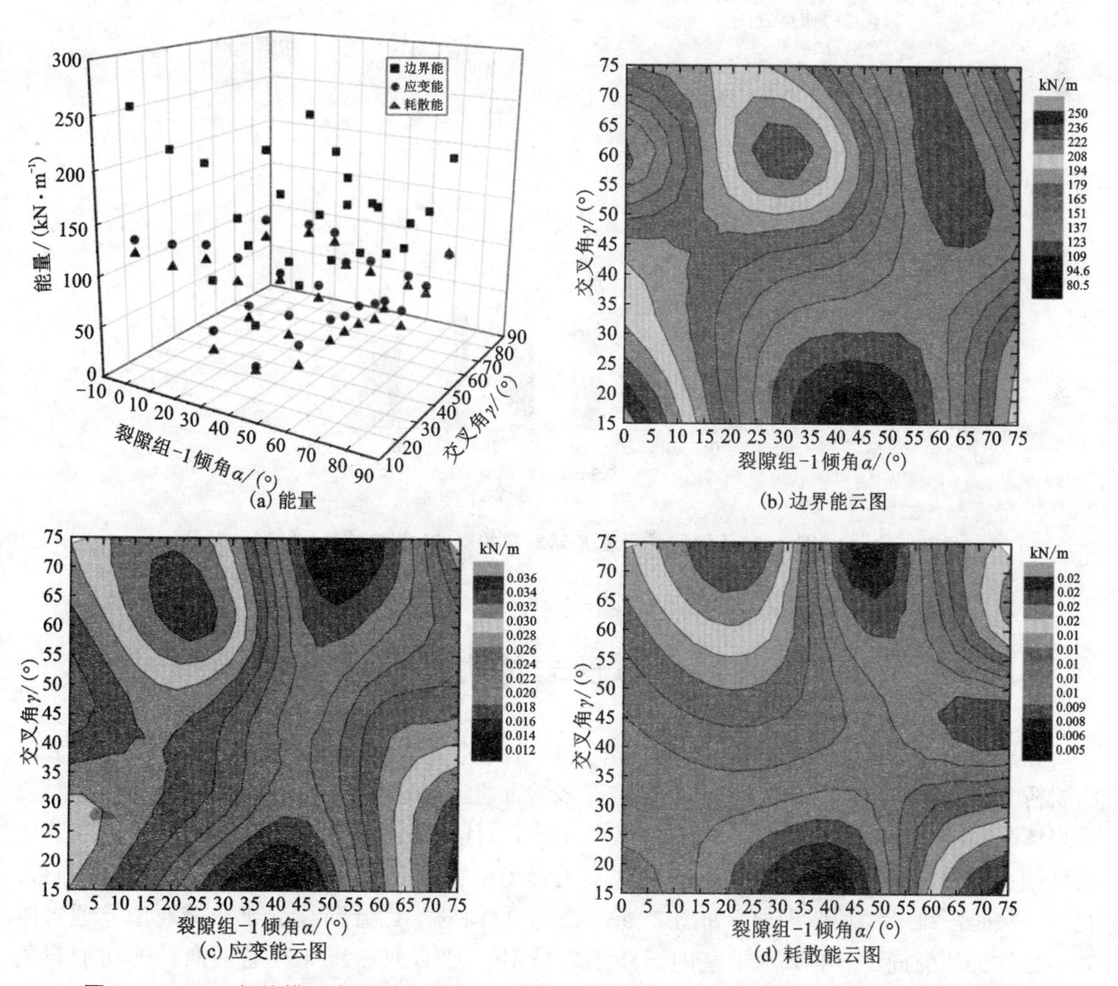

(a) 能量
(b) 边界能云图
(c) 应变能云图
(d) 耗散能云图

图 2-54 PFC 数值模拟中裂隙试样能量与裂隙参数的关系(PFC 结果)(扫章首码查看彩图)

PFC 中不同裂隙贯通度 K 下的遍布裂隙试样边界能、应变能及耗散能分别如图 2-55(a)至(c)所示。从图中不难看出，与图 2-53 类似，数值模拟结果中随着 K 值的增大遍布裂隙试样能量同样呈现出下降的趋势。只是相比于边界能和应变能而言，耗散能随着 K 值变化的规律相比于前述两种能量存在着一定的波动。总体而言，在趋势上数值模拟结果与试验结果吻合良好。

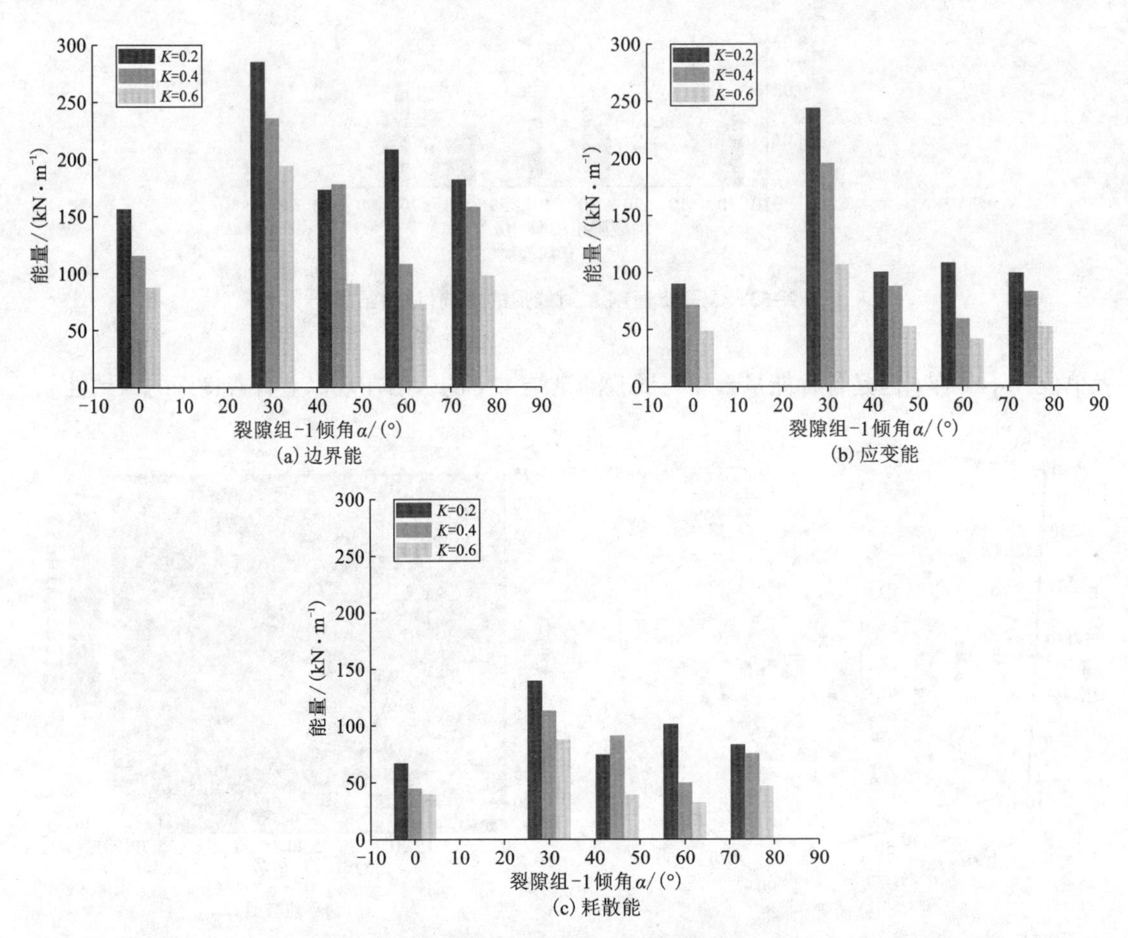

图 2-55　裂隙贯通度 K 对能量的影响(PFC 结果)

2.5　三维非贯通节理岩体力学特性数值模拟

在岩体中，具有相似分布和特性的节理可以分为连续型节理和断续型节理，断续型节理由岩桥分开，岩桥与岩石的性质相同[12]。许多学者通过理论分析、室内试验和数值模拟对裂隙岩体强度演化、断裂特性与最终破坏模式进行了大量的研究工作。目前，对于裂隙或节理的处理大多是将其简化为二维线条。而现实工程当中，自然岩体内的节理面均为三维分布，且大多数是三维断续型节理面，如图 2-56 所示。目前对于三维断续型或非贯通型节理岩体力学特性的研究尚少，本节基于室内试验结果采用 PFC3D 对三维非贯通轴向及剪切加载条件下的力学响应机制开展数值模拟分析。

图 2-56　高速公路旁的岩质边坡

2.5.1　三维非贯通节理定义与实现

2.5.1.1　试样材料选择与制作

由于本节所涉及的节理面为三维非贯通形式且节理面上分布着形状规则不一的岩桥，采用天然岩石无法制作内含该种节理面的试样，因此本节中的室内试验采用水泥砂浆作为类岩材料来制作节理试样。在以往的研究中常利用金属薄片和云母片来充当节理，但是在制作含非规则岩桥的三维非贯通节理面时两者均存在较大局限性。同时，考虑到本试验中节理片埋入水泥砂浆中不再取出，在后期饱水养护时，云母片等材料会吸水膨胀导致试样破坏，因此，决定采用 3D 打印技术实现三维非贯通节理的制作，其可以实现对非规则岩桥的随意控制。本节所涉及的试样尺寸(长×宽×高)为 70 mm×70 mm×140 mm，水泥砂浆中水泥、河砂和水按照固定体积配比，V(水泥)：V(细砂)：V(水)= 2：2：1，节理片厚度为 0.1 mm，试样制作过程如下(图 2-57)：

图 2-57　试样制作流程图

(1)将模具的侧板组装并与底板固定组装，在模具内部涂抹适量机油以便后期试样脱模；

(2)按照设定体积配备量取水泥、细砂和水，将 3 种配料倒入搅拌桶中充分搅拌均匀；

(3)将水泥砂浆倒入组装好的模具中，通过铁棒振捣，将倾倒过程中水泥砂浆内部产生的气泡排出，使制作的试样更加均匀；

(4)将制作完成的节理片根据设计角度插入模具对应预设卡槽，并通过铁棒振捣水泥砂浆，清除气泡，使节理片与水泥砂浆充分接触；

(5)插入节理片并清除气泡后，适当补充水泥砂浆，并平整表面，节理片保留在水泥砂浆内；

(6)在恒定温度、湿度条件下静置24 h，将硬化后的试样脱模，移至水槽中饱水养护7 d，之后放置于温度25°、湿度90%的环境中养护28 d，完成制样。

同时，为了获取类岩材料的基本物理力学性质，制作了尺寸为50 mm×100 mm的圆柱试样，用于测试单轴抗压强度。浇筑直径为50 mm，厚度为25 mm的圆盘试样，用于测试抗拉强度，所获得的类岩材料基本力学参数见表2-12。

表2-12　完整试样基本力学参数表

分类	参数	结果
类岩材料	抗压强度 σ_c/MPa	19.2
	弹性模量 E_m/GPa	5.17
	泊松比	0.26
	单轴抗拉强度 σ_t/MPa	2.53
	黏聚力 C_R/MPa	3.85
	内摩擦角 φ_R/(°)	42.44

2.5.1.2　节理设计与制作

本节主要分析三维非贯通节理岩体的力学特征，考虑到天然岩体中节理的形状和分布的随机性，先在CAD中绘制大量形状不规则、分布随机的几何图形，使用矩形随机框选该区域，生成3D打印节理设计模板。将每个不规则多边形划分为三角形网格，通过分解三角网格，组合为规则图形，近似计算不规则多边形面积，进而计算得到节理面的贯通度N，N的计算式如下：

$$N = \sum \left[\frac{S_J - S_{RBi}}{S_J} \right] \tag{2-50}$$

式中：S_{RB}为岩桥总面积；S_{RBi}为第i个岩桥面积；S_J为完整节理的面积。

本节中，基于模板中心，设置不同尺寸的矩形选择框，制作不同角度的预制节理，按固定比例将不规则形状进行等比例缩小，绘制不同贯通度的节理面，共设计了5种不规则节理贯通度，6种预制节理的倾角。如图2-58所示为三维非贯通节理实现流程，在CAD中绘制好图形之后，导入3D打印机中按照所设定的尺寸将其打印出来。对每一种贯通度和尺寸的节理均给予了相应的编号，如表2-13所示。采用S-θ-N格式为每个试样编号，S代表试样的节理几何形状，θ代表节理面的倾角，N代表节理面的贯通度。

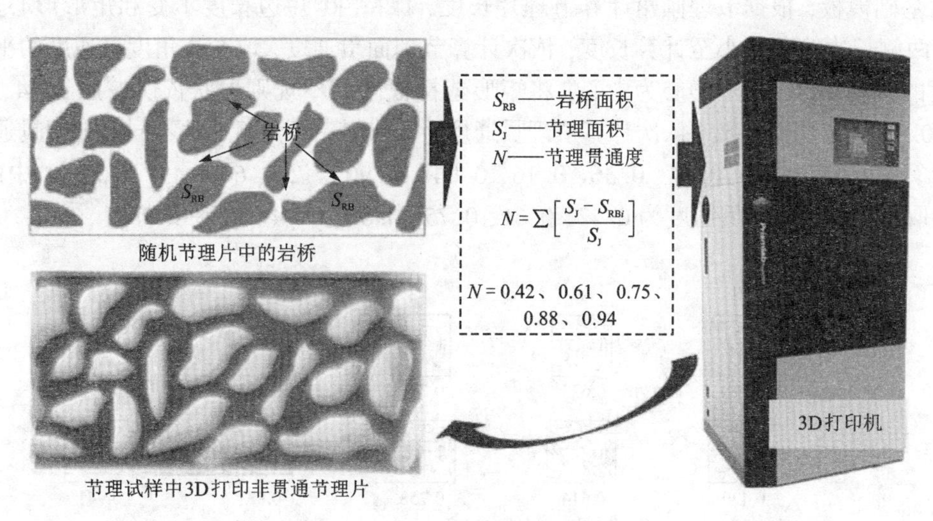

图 2-58　3D 打印节理片制作流程图

表 2-13　节理试样编号及几何参数

序号	试样编号	θ/(°)	N	序号	试样编号	θ/(°)	N
1	S-0-N1	0	N1	16	S-60-N1	60	N1
2	S-0-N2	0	N2	17	S-60-N2	60	N2
3	S-0-N3	0	N3	18	S-60-N3	60	N3
4	S-0-N4	0	N4	19	S-60-N4	60	N4
5	S-0-N5	0	N5	20	S-60-N5	60	N5
6	S-30-N1	30	N1	21	S-75-N1	75	N1
7	S-30-N2	30	N2	22	S-75-N2	75	N2
8	S-30-N3	30	N3	23	S-75-N3	75	N3
9	S-30-N4	30	N4	24	S-75-N4	75	N4
10	S-30-N5	30	N5	25	S-75-N5	75	N5
11	S-45-N1	45	N1	26	S-90-N1	90	N1
12	S-45-N2	45	N2	27	S-90-N2	90	N2
13	S-45-N3	45	N3	28	S-90-N3	90	N3
14	S-45-N4	45	N4	29	S-90-N4	90	N4
15	S-45-N5	45	N5	30	S-90-N5	90	N5

从图 2-59 中可以看出所有节理面设计几何参数细节，通过式(2-50)计算出的 5 种贯通度分别为 0.42、0.61、0.75、0.88、0.94，预制节理倾角分别为 0°、30°、45°、60°、75°、90°。节理片位于试样中心，通过图 2-59 可看出，随着倾角的增大，节理片的长度增大，90°时节理片最长，0°时节理片最短。因此所有的节理片的设计都以倾角为 90°、贯通度为 0.42 的节

理面为基础模板，根据节理倾角计算节理片长度，保持 90°短边长度不变和矩形形心位置不变，将两侧长边等距减小至计算长度，依次计算节理面贯通度，取 5 个角度贯通度的平均值。同角度的节理片，以矩形形心为中心，将矩形选择框内的不规则形状依次按照 0.64、0.36、0.16、0.04 固定比例缩放，依次计算节理贯通度，得到同一倾角下 5 种不同的节理贯通度值。分别计算缩小比例为 1、0.64、0.36、0.16、0.04，在 90°、75°、60°、45°、30°、0°中的贯通度，并取平均值，得到贯通度为 0.42、0.61、0.75、0.88、0.94 的 5 种试样。

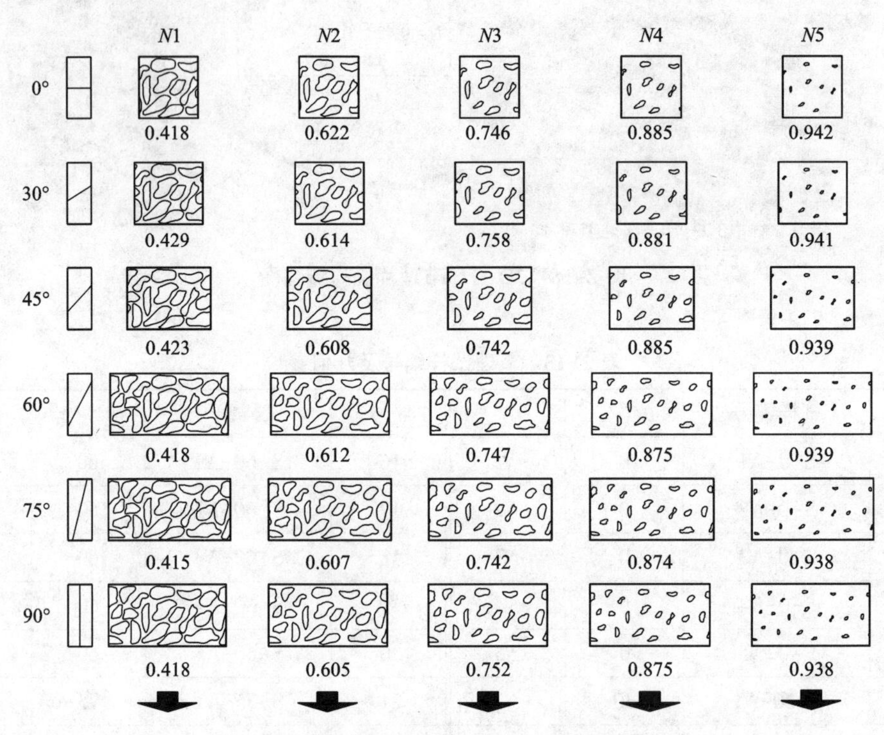

图 2-59　不同倾角和贯通度的节理片几何形状

在制作试样和节理片时，制作尺寸(长×宽×高)为 100 mm×100 mm×100 mm 的立方体试样，节理贯通度 $N=1$，尺寸为 100 mm×100 mm×0.1 mm(长×宽×厚)的平直节理，分别在法向力 1 MPa、2 MPa、3 MPa 荷载作用下，沿平行节理面方向进行剪切试验，得到类岩材料与 3D 打印材料接触面的力学参数，如表 2-14 所示。

表 2-14　3D 打印材料与类岩材料接触面的力学参数

分类	参数	结果
类岩材料和 3D 打印材料接触面	黏聚力 C_{I}/MPa	0.31
	摩擦角 φ_{I}/(°)	31.79

2.5.2　轴向加载下三维非贯通节理力学响应数值模拟

2.5.2.1　数值模型的建立

数值模型的创建基本步骤包括：建立初试模型，添加接触模型，设置边界条件，开始计算。首先设定计算区域，在计算区域内创建组成模型的所有元素，所有 ball、wall 和 contact 都需要在计算区域内。然后添加模型容器，用墙体单元作为放置颗粒的容器，在闭合的墙体容器中填充颗粒创建颗粒体系，颗粒的粒径可以按照软件内置分布规律生成，完成初试模型的建立。根据模拟内容选择合适的接触模型，本书的研究中采用平行黏结模型建立岩石颗粒的力学关系，采用光滑节理模型建立节理颗粒间的力学行为。在本节轴向加载模拟中，建立尺寸为 70 mm×70 mm×140 mm(长×宽×高)的三维立方体模型，如图 2-60，首先通过 wall 墙体命令根据试样尺寸生成模型的 6 个面并编号“1”~“6”，颗粒的最小粒径为 1.0 mm，粒径比 1.66，设定模型孔隙度为 0.35，随机种子设定为 10001，确保建立的模型可重复，在容器中生成 42697 个球形颗粒。当颗粒体系内部应力平衡至很小值时，认为颗粒体系已经稳定平衡，初试模型建立完成。为平衡的颗粒体系赋予平行黏结模型并平衡，岩石模型建立完成。

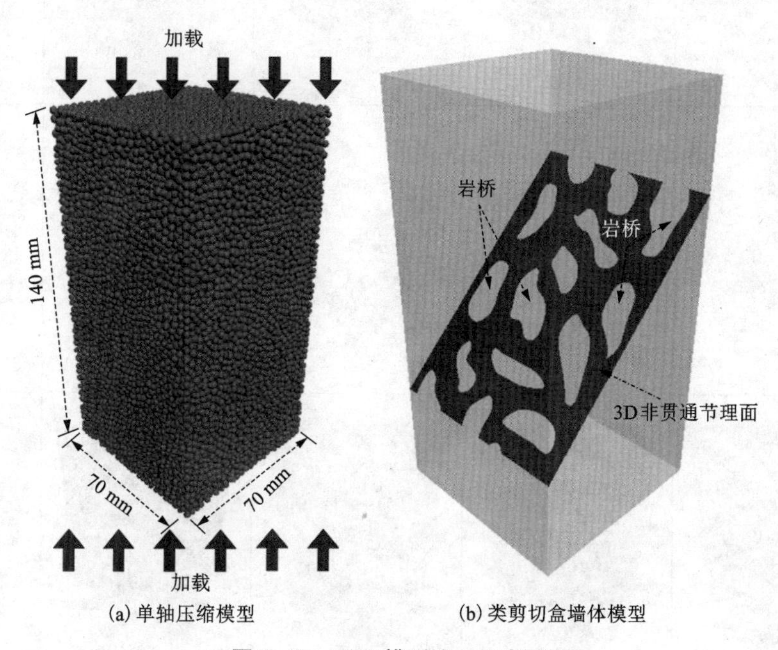

(a) 单轴压缩模型　　(b) 类剪切盒墙体模型

图 2-60　PFC 模型建立示意图

根据所设计的 CAD 节理面形状，将其导入 PFC3D 立方体模型中作为几何形状，选取节理几何面两侧颗粒作为节理面的模型，采用“导入节理法”添加光滑节理模型。在表 2-15 中黄色颗粒代表创建的节理面，浅绿色立方体几何体尺寸与单轴压缩数值模型尺寸一致，表中列出了贯通度分别为 *N*1、*N*2、*N*3、*N*4 和 *N*5 的试样在 0°、30°、45°、60°、75°和 90°时的节理图片，从图片中可以清楚地看到颗粒体系模拟的试样中节理面的设置。

表 2-15　PFC 节理颗粒布置图(扫章首码查看彩图)

θ /(°)	$N1=0.42$	$N2=0.61$	$N3=0.75$	$N4=0.88$	$N5=0.94$
0	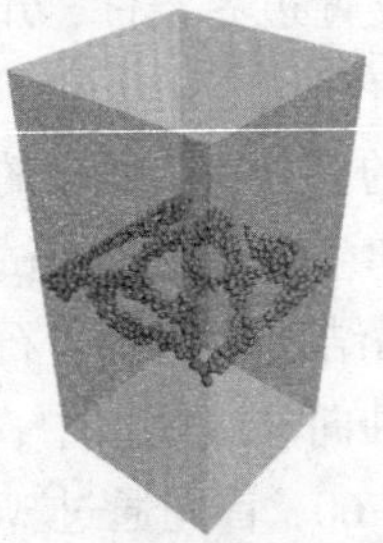				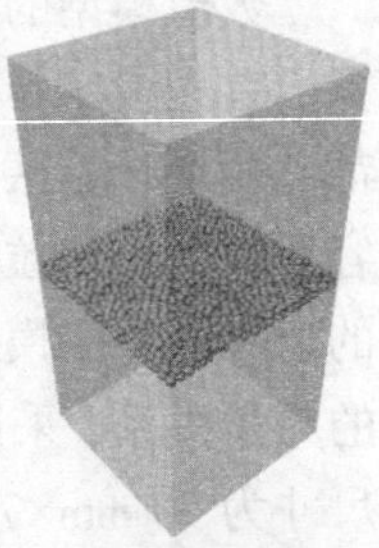
30		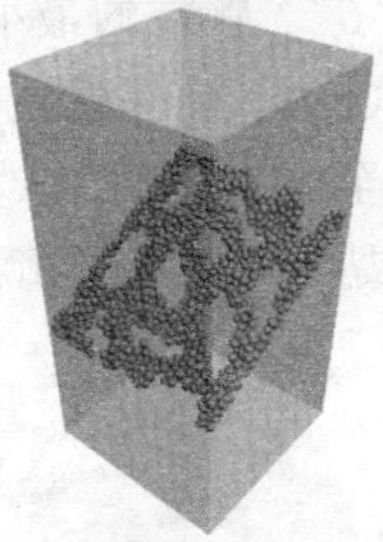			
45	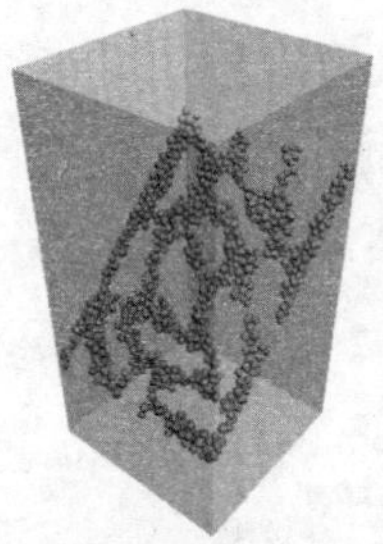	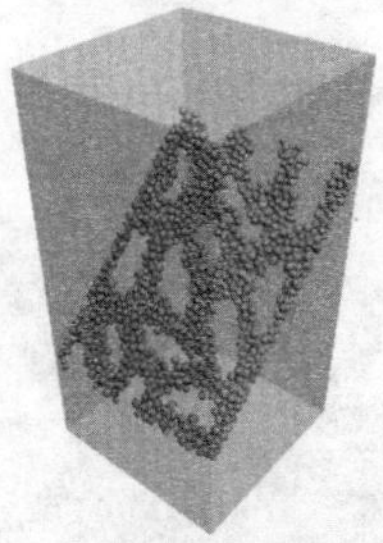			
60	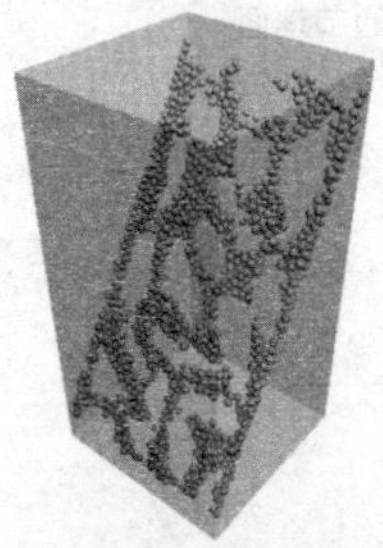	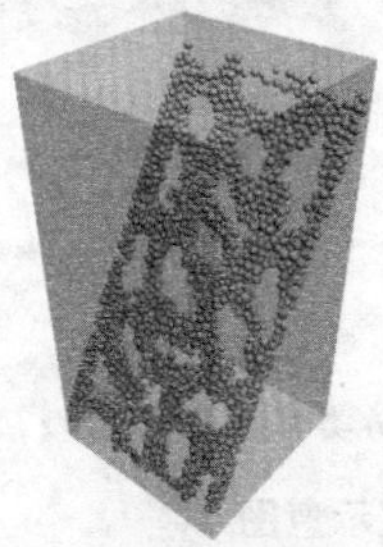			
75					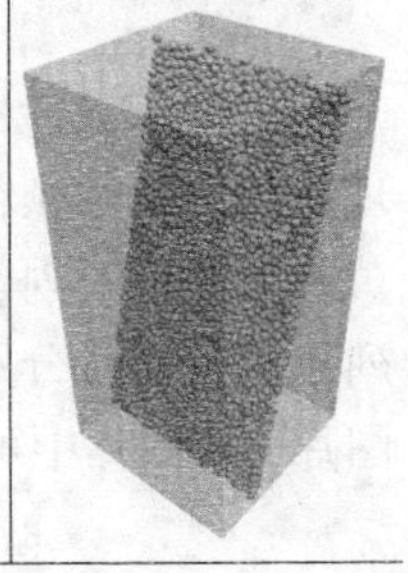

续表2-15

θ /(°)	$N1=0.42$	$N2=0.61$	$N3=0.75$	$N4=0.88$	$N5=0.94$
90	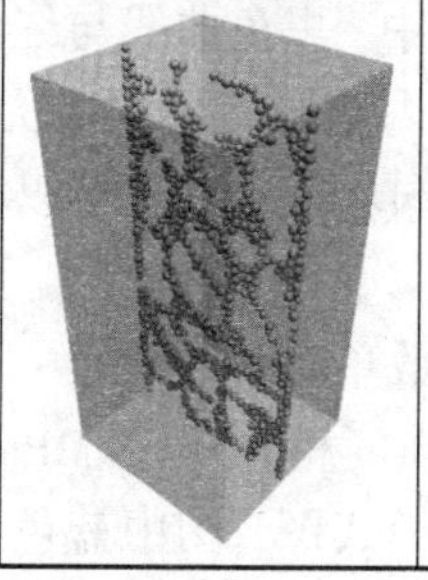		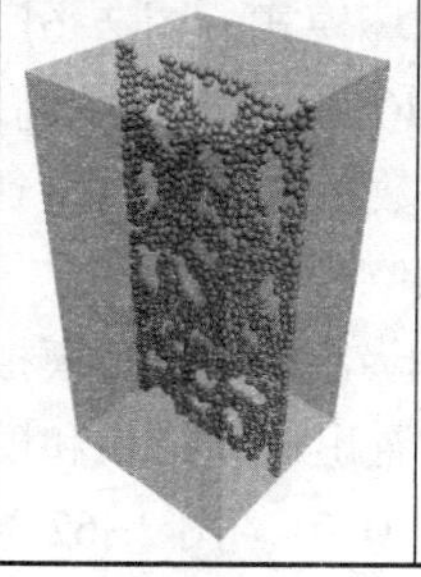	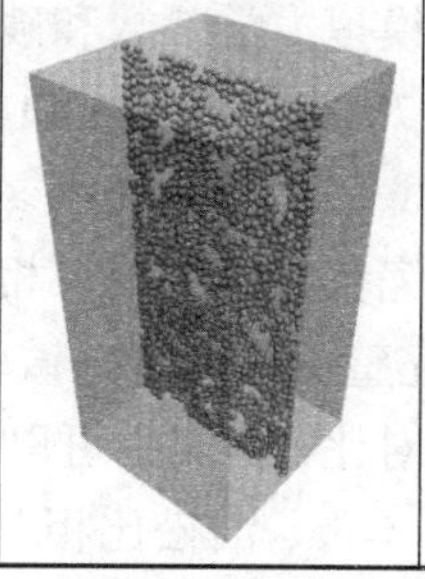	

2.5.2.2　参数标定

初始模型建立完成后要对颗粒添加接触模型，将平行黏结模型赋予岩石颗粒，光滑节理模型赋予节理颗粒。每一种接触模型都有需要设定的参数，常被称为细观参数，室内物理试验测试得到的岩石物理力学参数称为宏观参数，细观参数根据宏观参数进行匹配，通过不断调整细观参数，使PFC建立的数值模型能够表现出与室内试验相吻合的基本力学参数和破坏特征，这个过程称为参数标定。

1. 平行黏结模型标定

平行黏结模型的细观参数主要包括线性接触模量、线性接触刚度比、平行黏结模量、平行黏结刚度比、平行黏结法向强度、平行黏结切向强度、平行黏结内摩擦角和摩擦系数等8个参数。根据众多学者的模拟研究分析，本书总结出平行黏结模型的细观参数与宏观力学参数(峰值强度、弹性模量、泊松比)之间的快速标定规律。平行黏结模量与单轴拉伸弹性模量相关性较大，二者呈正相关关系；线性接触模量与单轴压缩弹性模量呈正相关的关系，对拉伸模量影响很小；法向和切向刚度比与岩石的宏观参数泊松比相关性较大；平行黏结法向强度和切向强度对单轴抗压强度具有很大的影响，同样呈现正相关关系。其他的细观参数在宏观力学参数中的影响较小，需要通过“试错法”不断调整，最终得到与宏观力学参数相匹配的细观参数。由于天然岩石为非均质材料，内部存在不同程度的孔隙和微裂纹，在单轴压缩前期会有压密阶段，即孔隙和微裂纹在轴向压力作用下闭合。但在数值模拟中，组成岩石的颗粒近乎均质材料，颗粒的刚度几乎一致，不同颗粒间难以出现明显的变形协调，在单轴压缩初期，应力-应变曲线无法出现压密阶段，同样无法模拟出真实岩石10~20倍的拉压强度比，但不影响单轴加载数值模拟的强度和破坏现象，因此本书在标定参数时，重点匹配峰值强度、单轴压缩弹性模量、泊松比和完整试样的破坏模式。

2. 光滑节理模型标定

光滑节理模型的细观参数主要包括节理法向刚度、节理切向刚度、节理摩擦系数、法向黏结强度、切向黏结强度，本书研究采用的是摩擦型的光滑节理模型，即unbond状态的光滑节理模型，因此只需要标定节理法向刚度、节理切向刚度、节理摩擦系数3个细观参数。节理切向刚度和节理摩擦系数常通过平直节理试样的直接剪切试验进行标定。节理法向刚度与节理面的法向变形有关，建立节理倾角为0°、节理贯通度为1的平直节理面的单轴压缩模型，施加轴向荷载至完整试样的峰值强度一半时停止加载，记录具有节理面的试样轴向变形，将平直节理面法向位移减去完整试样的法向位移可估算得到节理面的轴向变形。

2.5.2.3 细观参数标定结果

建立长×宽×高为 70 mm×70 mm×140 mm 的完整岩石模型，设置 0.05 mm/s 的加载速度得到完整试样的模拟力学参数和破坏模式。图 2-61 的应力-应变曲线中，黑色曲线与红色曲线为两个尺寸为 70 mm×70 mm×140 mm(长×宽×高)的完整试样在室内试验得到的应力-应变曲线，蓝色曲线为数值模型经参数标定完成后得到的轴向应力与轴向应变曲线，可以明显看出模拟结果与完整试样的结果相吻合。

表 2-16 为完整试样的室内试验结果与 PFC 模拟结果主要力学参数单轴抗压强度、弹性模量和泊松比的对比，从表中可以看出试验结果和模拟结果单轴抗压强度相差 0.58 MPa，弹性模量相差 0.21 GPa，泊松比相差 0.01。图 2-62 为完整试样的破坏模式图，图中蓝色部分为接触破坏生成的离散裂隙单元，完整试样在轴向应力加载峰值应力后 85%的峰值强度时，从左右两面可以看到从试样底端至试样上部产生了一条微裂纹组成的剪切破坏带，试样表现为宏观的剪切破坏裂纹。平行黏结模型细观参数如表 2-17 所示。

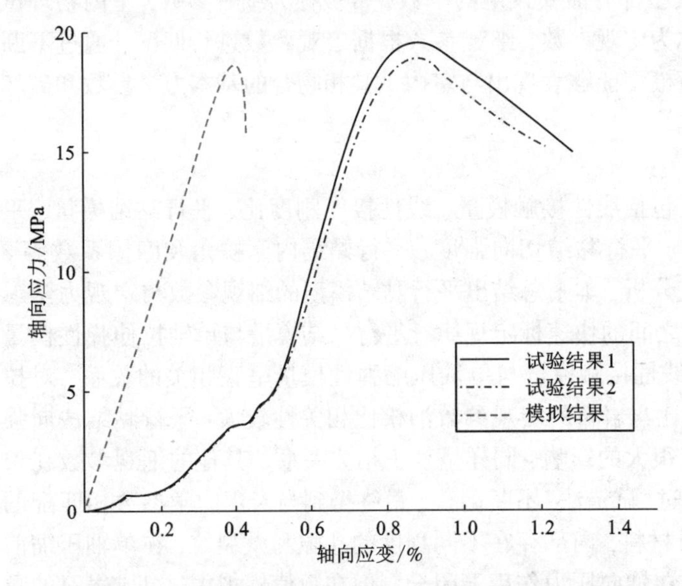

图 2-61　完整试样轴向应力-轴向应变(扫章首码查看彩图)

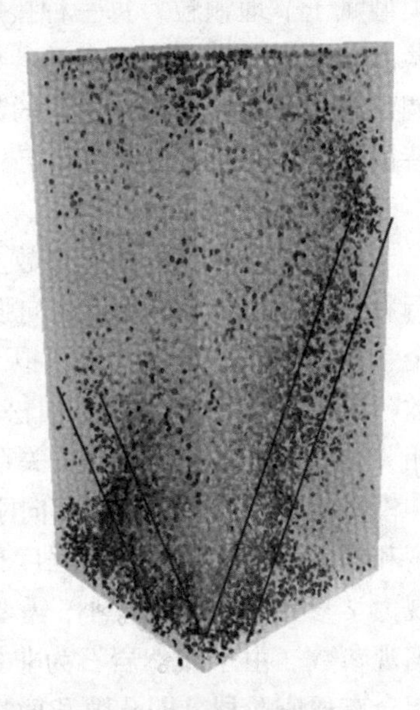

图 2-62　完整试样破坏
(扫章首码查看彩图)

表 2-16　室内试验与数值模拟物理力学参数对比

参数	试验结果	模拟结果	误差率
单轴抗压强度/MPa	19.2	18.62	3.02%
弹性模量/GPa	5.17	4.96	1.09%
泊松比	0.26	0.25	0.05%

表 2-17　平行黏结模型细观参数

参数类型	细观参数	取值
颗粒参数	颗粒密度 $\rho/(\mathrm{kg\cdot m^{-3}})$	2020
	孔隙率 P	0.35
	粒径比 R_{max}/R_{min}	1.0
	接触模量 E_c/GPa	3.3
	刚度比 k_n/k_s	3.0
	摩擦系数 μ	0.5
平行黏结参数	平行黏结模量 $\bar{E}_c$/MPa	3.0
	平行黏结刚度比 $\bar{k}_n/\bar{k}_s$	3.0
	平行黏结法向强度/MPa	18
	平行黏结法向强度偏差/MPa	1.8
	平行黏结切向强度/MPa	12
	平行黏结切向强度偏差/MPa	1.2
光滑节理参数	法向刚度 k_n/GPa	20
	切向刚度 k_s/GPa	5
	摩擦系数 μ	0.5

2.5.3　应力特征分析

图 2-63 为数值模拟的峰值强度结果与试验峰值强度随节理倾角增大的变化曲线。从图中可以看出，节理倾角从 0°到 60°过程中，试样的峰值强度随节理倾角的增大呈现下降趋势；节理倾角从 60°增大到 90°时，峰值强度呈现上升趋势；节理倾角 60°时节理面对试样的峰值强度和破坏模式特征影响最大。对于节理贯通度 $N=0.42$ 的试样，节理倾角从 0°变化到 45°时，峰值强度下降趋势较为平缓，节理面对试样峰值强度的影响较小；从 45°到 60°变化过程中，峰值强度下降迅速。对于贯通度 $N=0.61$、0.75、0.88、0.94 的试样，在节理倾角 θ 从 0°到 30°时，峰值强度缓慢下降，节理面对试样峰值强度的影响较小；而从 30°到 60°时峰值强度下降迅速，节理面对试样的强度和破坏模式影响程度增大，试样破坏沿节理面发生滑移破坏。

根据数值模拟的数据结果绘制了如图 2-64 所示的峰值强度随节理贯通度变化曲线，在同一节理倾角条件下，贯通度 $N=0.42$ 时，节理抗压强度最高；贯通度 $N=0.94$ 时节理抗压强度最低。随着节理贯通度的增大，试样的峰值强度逐渐降低，其中节理倾角为 0°、30°和 90°的试样峰值强度随节理贯通度的变化较为平缓，峰值强度与完整试样的强度最为接近并且不同贯通度的试样强度相同，与模拟结果趋势线相吻合。在同一贯通度的条件下，节理倾角为 0°的试样峰值强度最高，其次依次是 90°，30°，75°，45°和 60°。

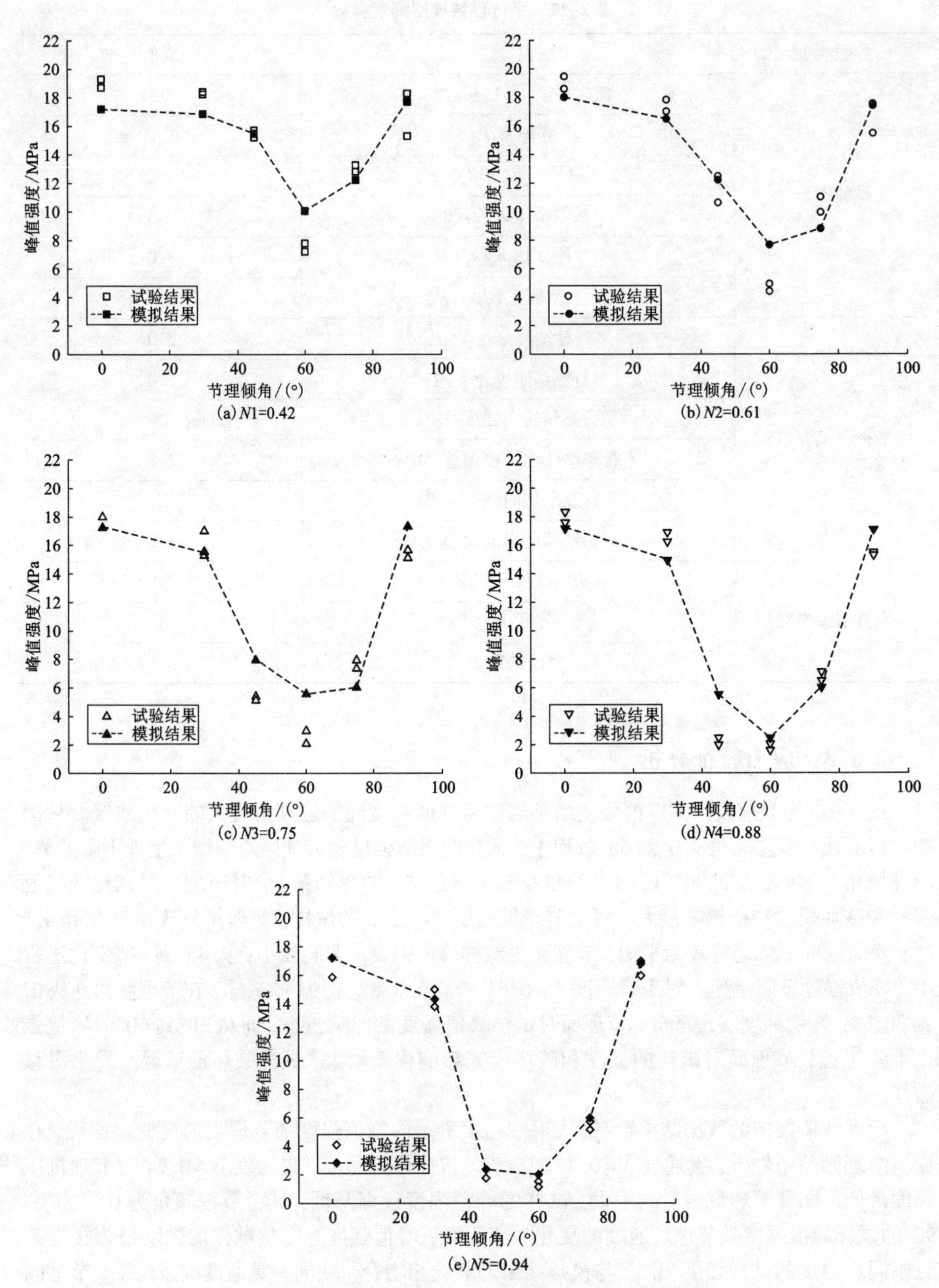

图 2-63　不同节理倾角下的试验和数值模拟的峰值强度

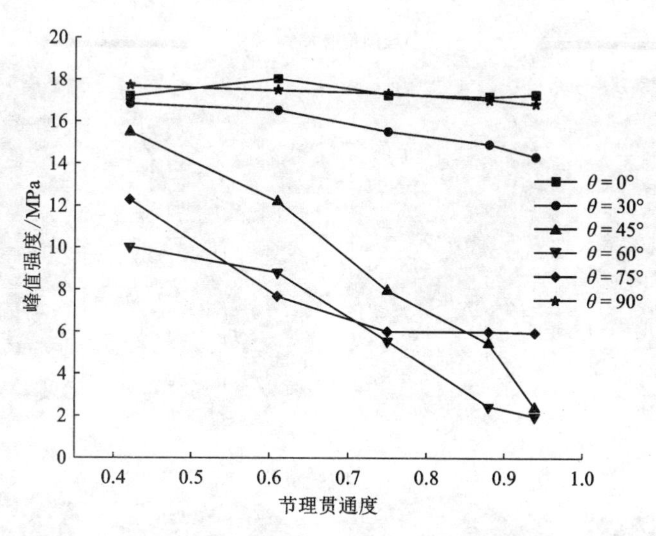

图 2-64 不同节理贯通度下峰值强度曲线

2.5.4 破坏模式演化和破坏模式

为了探究不同预制倾角节理的破坏演化过程和破坏模式，本节分别对0°、30°、45°、60°、75°和90°的倾角下的5种贯通度节理的试样模拟破坏演化过程进行分析。在图2-65中列出了随着节理倾角增大出现的4种模型破坏图，图中展示了以离散裂隙网络(discrete fracture network，DFN)损伤形成的破坏带和以颗粒碎片(ball fragment)所呈现的破坏面。在PFC软件中颗粒体系的力学特性通过连接颗粒的接触模型体现，当接触破坏失效时，在断裂的接触位置会产生DFN且意味着试样出现损伤并产生微裂纹。但是，此时的DFN只是为了显示微裂纹的产生，并不具有实际物理意义，不会影响颗粒体系的力学状态。从DFN所绘制的图中可以看到试样内部微裂纹的分布位置和分布状态，当DFN产生足够多的数量，则认为这个区域产生了宏观裂纹。颗粒碎片通过接触相连的一组颗粒所呈现出来，其与试样宏观破坏中的破碎块体形式相似，在软件中是通过颜色的区别来表现破坏程度，深蓝色表现为几乎没有破坏，而红色则表现为破坏程度最大。总之，DFN可以作为微观损伤的监测，Ball Fragment则是宏观的颗粒体系破坏。

2.5.4.1 节理倾角0°的强度和破坏演化规律

从图2-66中可以看出，贯通度$N=0.42$、0.61、0.75、0.88和0.94的试样具有相同的破坏模式，图中所示试样的节理倾角为0°。就Ball Fragment方式所显示的破坏情况而言，图中侧重展示了试样的两个侧面，其中一个侧面可以清楚地看到节理附近存在明显的破碎区域，不难发现越靠近节理位置颜色越接近红色，这意味着位于节理面上下的颗粒破碎程度最高。同时，从试样的另一侧可以看到明显的带状彩色颗粒簇，其沿试样边角一定角度向节理面位置延伸，这表明在这一侧的表面存在一条剪切破坏裂纹。从DFN图片中可看到试样内部的微裂纹破坏区域，为了更好地观察到微裂纹破坏带，图片采取半透明的颗粒显示。结合Ball Fragment来看，DFN图中在节理面附近分布着密集的微裂纹，试样上端部有少量微裂纹产生，试样的下半部分有一条一定倾角的破坏带，这与Ball Fragment所呈现的破裂情况一致。

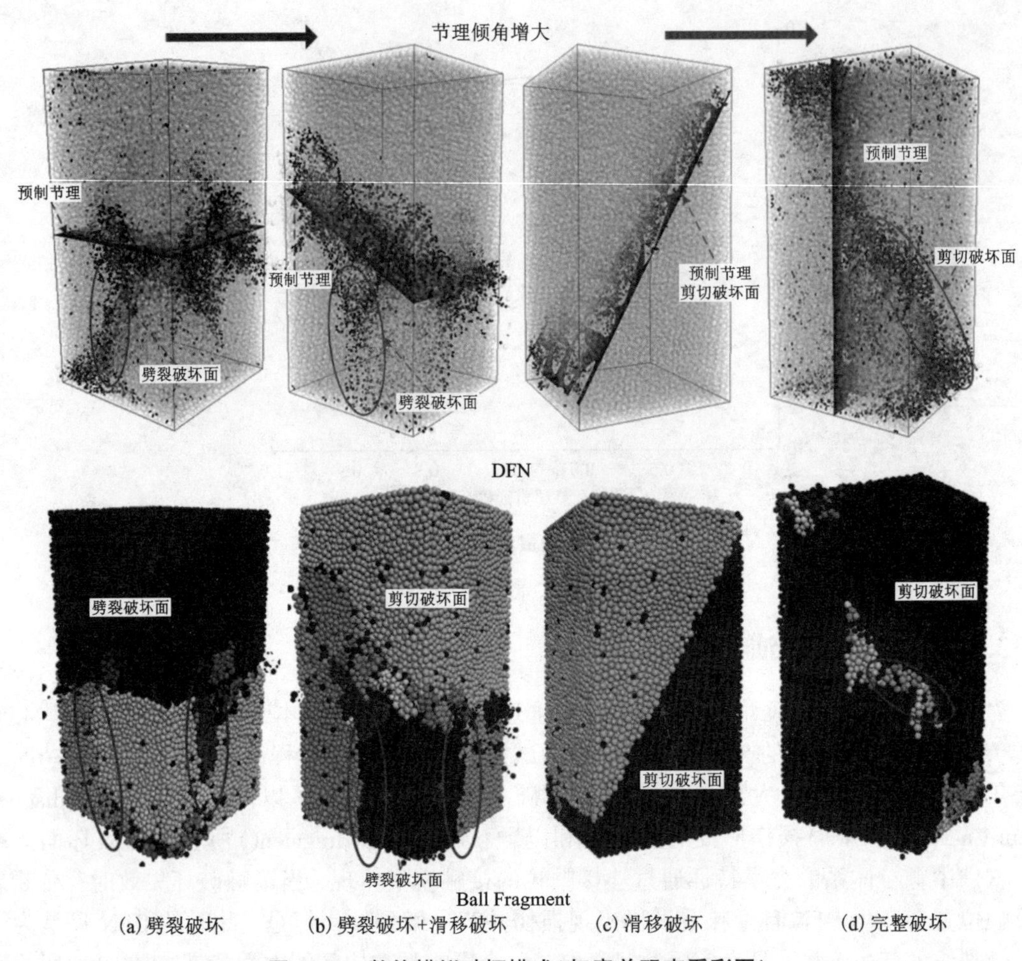

(a) 劈裂破坏　(b) 劈裂破坏+滑移破坏　(c) 滑移破坏　(d) 完整破坏

图 2-65　数值模拟破坏模式(扫章首码查看彩图)

从试样内部来看，对于贯通度 $N=0.42$、$N=0.61$、$N=0.75$ 的试样，在节理面上侧出现了拉伸裂纹，这是由岩桥在轴向力作用下破坏产生的拉伸裂纹贯通产生，节理面下侧除了岩桥位置的拉伸裂纹，还有一条连通至试样底部的剪切裂纹。而贯通度为 0.88 和 0.94 的试样微观破坏模式图中节理面上侧并未看到明显的岩桥破坏而产生的拉伸裂纹，在节理面下侧则是出现了与前三个贯通度相似的剪切裂纹，这是因为随着节理面贯通度的增大，岩桥面积减小，岩桥破坏对试样整体破坏模式的影响很小，随着节理贯通度的增大，试样在岩桥位置产生的拉伸裂纹延伸形成的劈裂破坏面逐渐减少。

2.5.4.2　节理倾角 30°的强度曲线和破坏模式

图 2-67 列出了节理倾角为 30°的试样宏观和微观两种破坏模式。从宏观的颗粒碎块来看，节理贯通度为 0.42 和 0.61 的试样可以看到明显的破坏模式，试样以 30°的节理面为分界面，上下两侧的颗粒颜色差距明显，说明试样沿节理面产生滑移现象，在节理面附近的颗粒颜色比较复杂，但比产生滑移的块体颜色较浅，说明这个位置岩桥破碎程度较大，在图中中间位置的颗粒处可以看到由于从节理位置的岩桥处产生拉伸破坏，出现了一条明显的拉伸裂纹，在试样的左侧面可以看到一条穿切节理面的裂纹，可能是由于靠近试样表面的岩桥在

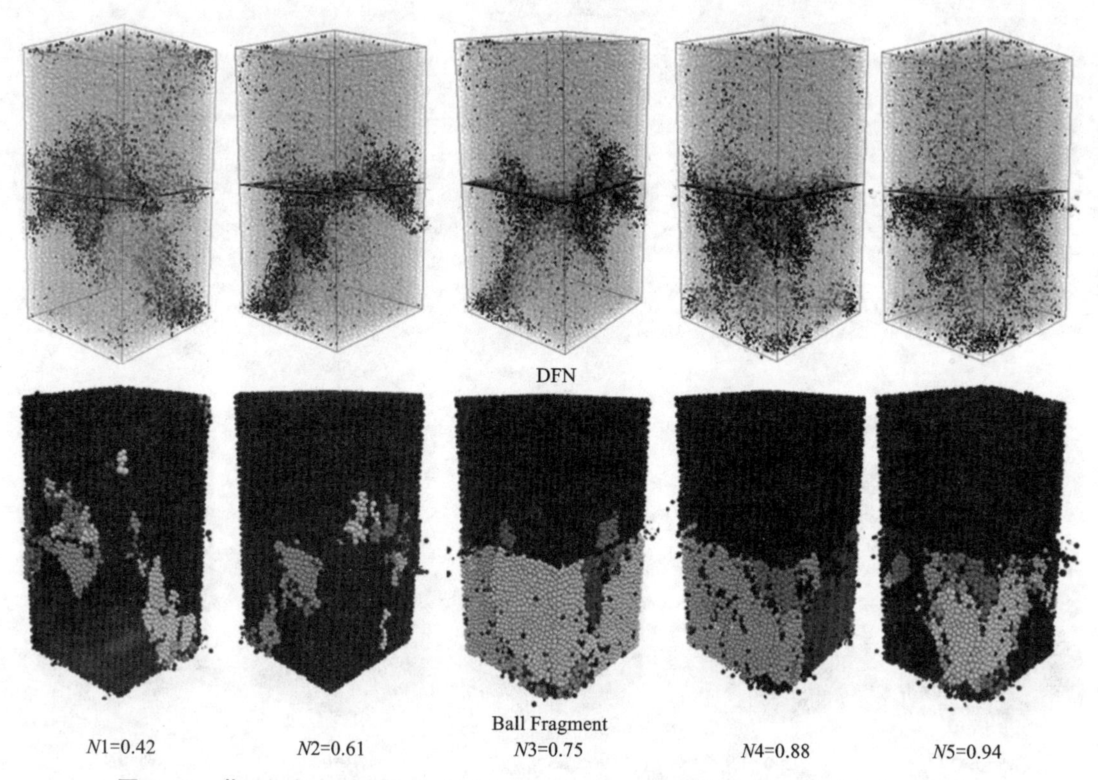

图 2-66　节理倾角 0°试样的 DFN 和 Ball Fragment 破坏模式图(扫章首码查看彩图)

轴向压力作用下发生劈裂破坏，岩桥受拉破坏产生的拉伸裂纹贯通岩桥。贯通度为 0.61 的劈裂破坏产生位置比贯通度为 0.42 的位置更加靠近试样中心。由贯通度为 0.75 和 0.88 的试样宏观显示图，在试样表面可以看到明显的沿节理面滑移的剪切裂纹，节理面周围出现部分其他颜色的区域，说明这个位置岩桥破坏并且裂纹向试样端部方向贯通。贯通度为 0.94 的试样图中可以看到一个明显的沿节理面的剪切破坏面，此时的贯通度较大，接近完全贯通的完整节理面，岩桥的破坏显示并不明显。

微观的 DFN 视图显示，所有的 30°节理试样内部在剪切滑动面下存在一个竖向的劈裂破坏面，这是由于在轴向荷载作用下，岩桥受到拉伸作用从中产生一条拉伸裂纹，裂纹不断延伸贯通形成图中所示的劈裂破坏，随着贯通度的增大，可以看到同一个岩桥位置的劈裂破坏面逐渐减小，并且不断向试样边缘靠近。在贯通度 $N=0.94$ 的试样中只出现一条由于岩桥拉伸破坏产生的竖向劈裂面，此时的节理面贯通度接近 1，岩桥面积很小，因为岩桥受拉应力作用而产生的拉伸裂纹很少，岩桥更容易在轴向压力作用下沿节理面被剪断，发生剪切破坏。从 5 个试样数值模型的宏观和内部微观破坏的分析，可以看到节理倾角为 30°的三维非贯通节理岩体破坏包含沿节理面的剪切破坏和岩桥破坏产生的拉伸裂纹，这种破坏模式与室内试验组结果一致，可以归纳为由劈裂破坏向滑移破坏的过渡模式，即劈裂+滑移破坏模式。

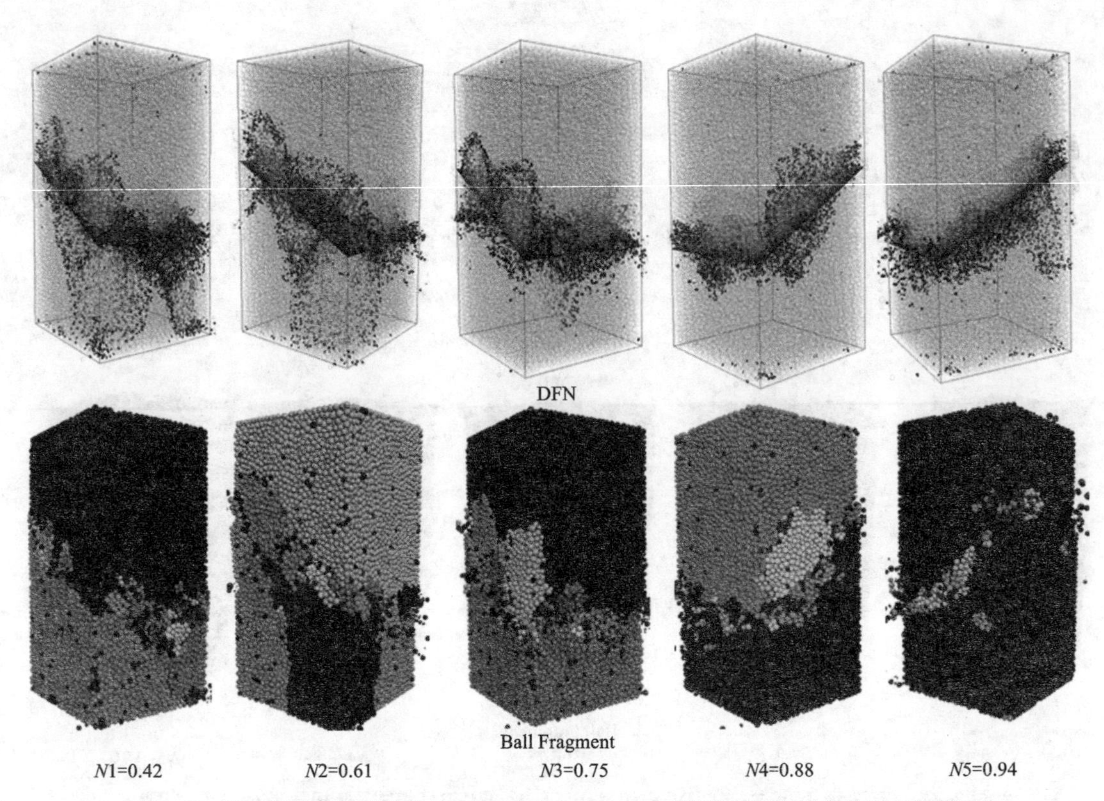

图 2-67　节理倾角 30°试样的 DFN 和 Ball Fragment 破坏模式图(扫章首码查看彩图)

2.5.4.3　节理倾角 45°的节理试样破坏模式

图 2-68 中列出了节理倾角 45°的试样随贯通度 N 从 0.42 到 0.94 的破坏模式图，从 Ball Fragment 图中可以看到贯通度 N=0.42 的节理试样沿 45°的节理片发生滑移，颗粒模型沿节理面出现明显的两种颜色分界，界面即剪切滑动破坏面。在贯通度 N=0.42 和 N=0.61 的试样破坏模式图中，节理面的上部和下部出现局部的彩色颗粒区域，说明在这个区域有大量接触破坏，且由颗粒组成的小块体与试样主体脱离。从 N=0.42 和 N=0.61 两个模型对应的 DFN 图来看，贯通度 N=0.42 的模型在黑色的节理片下方有一片 DFN 组成的破坏面，与 30°试样节理面上的岩桥破坏一样，在轴向压力作用下，此处的岩桥出现损伤，产生的拉伸裂纹延伸与下方的邻近岩桥产生的拉伸裂纹贯通，形成图中所示的劈裂破坏面，中间位置的岩桥上部的破坏区域与 Ball Fragment 图中位置一致，在试样左侧面也可以看到大量的微裂纹聚集，同样也位于岩桥位置，由岩桥的破坏产生。

试样的设计制作中，节理片的几何形状一致，只是岩桥大小不同，所以相较于贯通度 0.42 的试样，贯通度 0.61 的微裂纹图可以更清楚地看到同位置岩桥的破坏，拉伸裂纹的扩展导致在试样内部形成劈裂破坏面。在贯通度 0.61 试样左侧面，可以看到一条明显的贯通节理面，穿过岩桥位置。贯通度为 0.75 的试样在右侧面的两个岩桥位置可以看到有少量微裂纹的出现，但并未发现由岩桥位置的拉伸裂纹发育所形成的拉伸破坏面，显然这个试样的破坏以沿节理面发生滑移破坏。贯通度 0.88 和 0.94 的试样只看到少量的微裂纹，同样是发生沿节理面的剪切破坏。通过对 5 个模型的依次分析，可以得到在节理面 45°的倾角下，贯

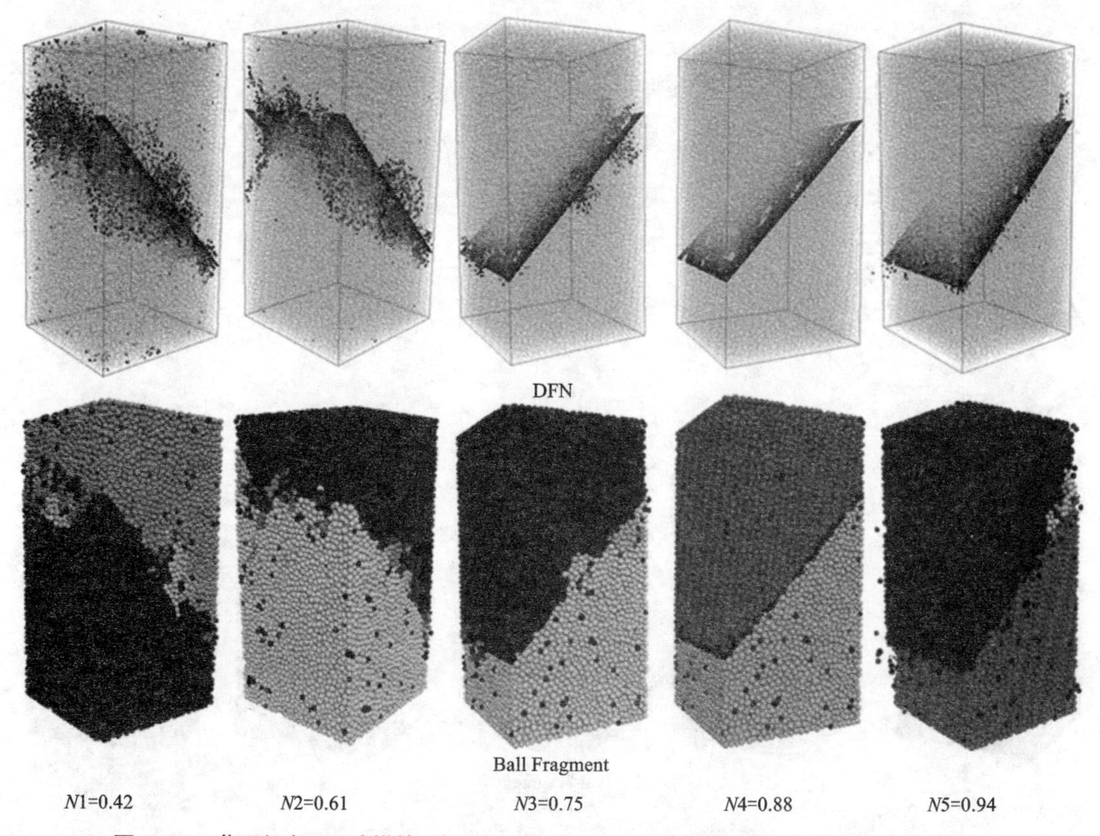

图 2-68 节理倾角 45°试样的 DFN 和 Ball Fragment 破坏模式图(扫章首码查看彩图)

通度较小的 0.42 和 0.61 两个试样包含滑移破坏和劈裂破坏两种破坏模式；而其余 3 个试样表面和内部没有看到拉伸裂纹，从而属于滑移破坏模式。

2.5.4.4 节理倾角 60°的破坏模式

图 2-69 展示了节理倾角 $\theta=60°$ 的颗粒试样破坏模式图，相较于节理倾角 30°和 45°的试样，这个角度的节理模型表现出的破坏模式比较单一，而且相较于节理倾角 0°的试样，其内部的微裂纹分布比较集中，微裂纹产生位置比较固定。从 5 个 Ball Fragment 视图不难发现，模型均以 60°节理面为边界呈现两种颜色。在 DFN 所显示的图中，贯通度 0.42、0.61 和 0.75 的节理模型可以清楚看到节理片的几何图形，图中显示为黑色，中间白色的空洞则为岩桥位置，从中可以看到存在大量的微裂纹。位于节理面上下两侧的块体并未看到有微裂纹。贯通度 0.88 和 0.94 的试样几乎看不到微裂纹。所有的试样都在节理面形成剪切破坏面，在轴向荷载作用下，岩桥都发生剪切破坏，试样沿节理面发生滑移。

2.5.4.5 节理倾角 75°的破坏模式

图 2-70 中列出了倾角为 75°的三维非贯通节理数值模型，从 Ball Fragment 视图中可以看出，这个预制节理角度的试样破坏与节理倾角 60°的试样相似，沿节理面的位置可以清楚看到明显的颜色分界面，说明试样同样沿节理面发生了滑移破坏。其与倾角 60°试样不同的是，在每个试样的端部都会产生彩色颗粒区域，试样除了沿节理面的破坏，端部在轴向加载过程

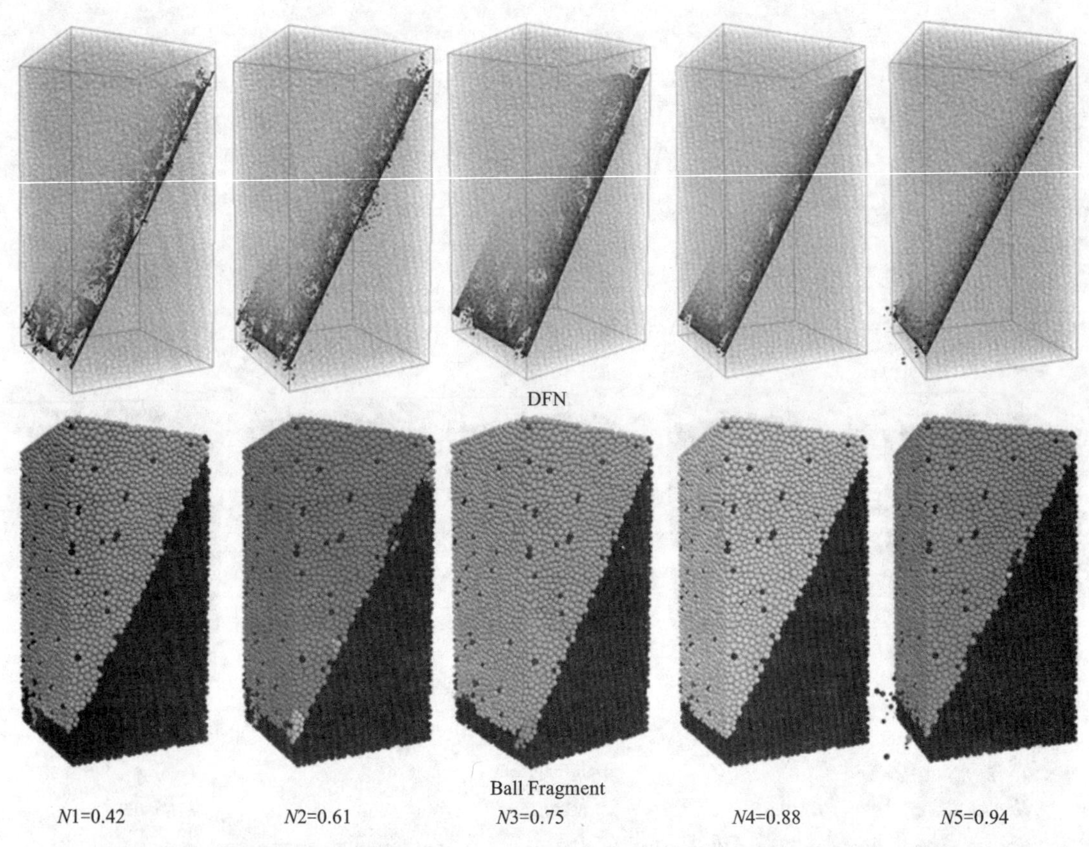

图 2-69 节理倾角 60°试样的 DFN 和 Ball Fragment 破坏模式图(扫章首码查看彩图)

中也出现了破裂。从微观 DFN 视角来看，除了在内部剪切破坏面的岩桥位置，在试样端部及与节理片端部相连位置也出现了密集的微裂纹。从微裂纹的分布可以看出端部出现的破坏与节理片端部形成一个锐角，并且上下两端以试样水平轴成中心对称，这两条微裂纹破坏带的出现，说明在轴向压力增大过程中，岩桥承受 75°剪切力的同时，试样端部与节理端部靠近的部分同样受到轴向压力的作用，并且在岩桥出现损伤失去承载力后，试样上下两端受力面积的不同造成一定程度的偏压。对比完整试样的破坏模式，该模型更容易出现剪切破坏面，因此节理倾角为 75°的试样定义为滑移破坏。

2.5.4.6 节理倾角 90°的强度曲线和破坏模式

图 2-71 中列出了倾角为 90°时 5 种贯通度的节理试样破坏模式，在室内试验中，90°节理倾角的试样定义为完整破坏模式。从 Ball Fragment 视图来看，所有试样的一个侧面中间都存在一条黑色颗粒线，说明试样在轴向加载后岩桥受到了拉力作用而失效，使位于节理片左右两侧的试样产生少量的相向位移；分离的试样颜色并未出现明显变化，说明位移很小，试样中间的岩桥破坏后并没有继续相向分离。在贯通度为 0.42 的试样的两个图中，一侧顶部出现彩色颗粒破坏面，在另一侧节理面左右两侧出现一条细剪切破坏面。从微裂纹 DFN 视图中可以清楚看到一条在试样顶部产生的剪切裂纹，在底部有一条与节理面相连的剪切裂纹，在节理片中间的岩桥位置也分布有少量微裂纹。相比于同一贯通度的 0°、30°、45°、60°

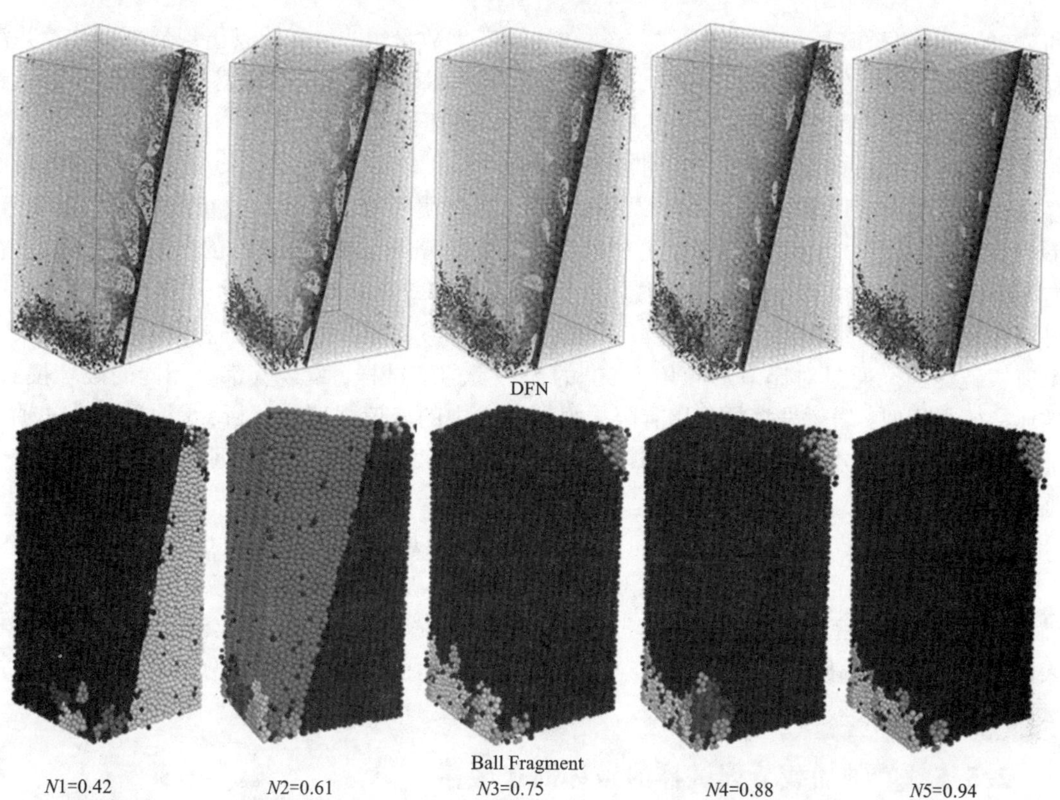

图 2-70　节理倾角 75°试样的 DFN 和 Ball Fragment 破坏模式图(扫章首码查看彩图)

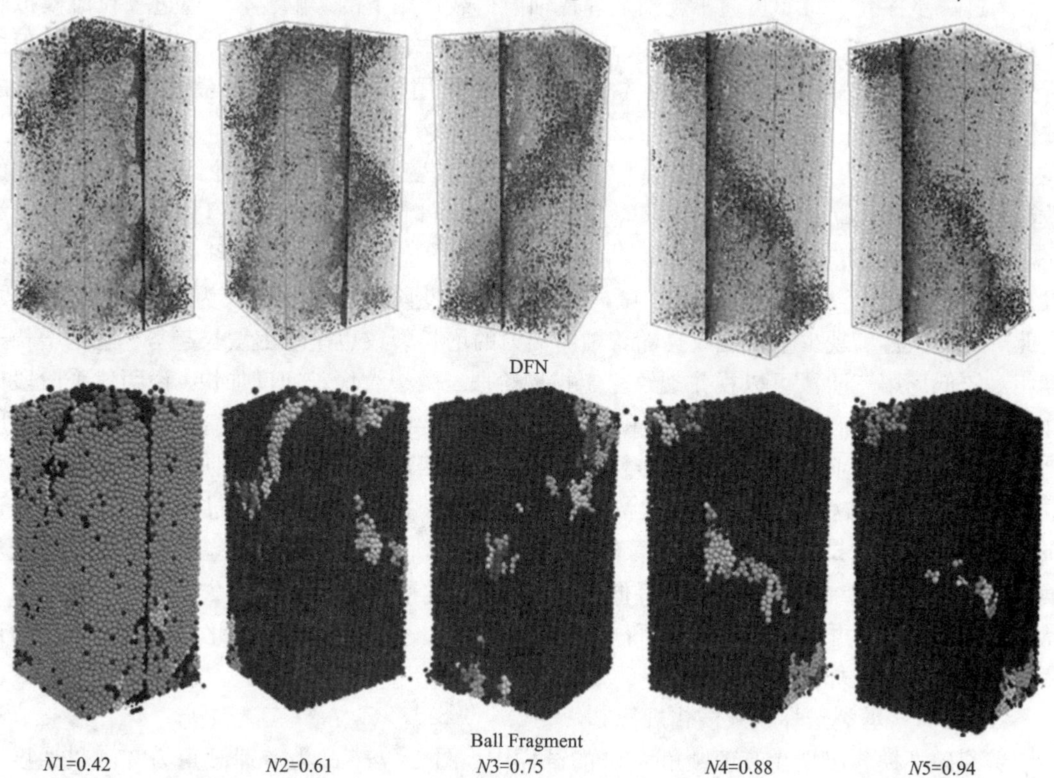

图 2-71　节理倾角 90°试样的 DFN 和 Ball Fragment 破坏模式图(扫章首码查看彩图)

和 75°的试样岩桥破坏，90°节理试样岩桥微裂纹产生数量很少，岩桥只出现局部损伤，并没有完全破坏，说明在这种破坏模式中，岩桥的作用并不明显，试样的破坏中节理面并未起到主导作用，而试样本身材料的力学性质影响最终的破坏模式。

在贯通度为 0.61、0.75、0.88 和 0.94 的试样 Ball Fragment 视图中，能够看到试样表面存在一条或两条剪切裂纹。在微裂纹的视图中，能够明显看到由微裂纹组成的剪切破坏带，形成剪切破坏面。贯通度 N=0.61 的试样左侧面可以看到一条贯通侧面的剪切破坏裂纹，在右侧有一条与节理面相连的剪切裂纹。从贯通度 N=0.75、0.88 和 0.94 试样的微裂纹图中可以看到一样的剪切裂纹，剪切裂纹从右侧面扩展并与节理面相连，在右侧面的端部形成一个剪切破坏面。通过对比节理倾角为 90°的 5 种贯通度试样，发现其都有相同的破坏模式，破坏特征很相似，岩桥发挥的作用有限。根据前文中的峰值强度值分析，5 种贯通度的轴向加载的峰值强度基本相同，并且与完整试样的峰值强度接近，因此将这种破坏模式定义为完整破坏模式。

通过对 0°、30°、45°、60°、75°和 90°的节理倾角以及 0.42、0.61、0.75、0.88 和 0.94 5 种贯通度节理试样建立的数值模型再现了室内试验，破坏模式都分为劈裂破坏、劈裂+滑移破坏、滑移破坏和完整破坏。通过模拟软件中的 Ball Fragment 视图，从宏观角度分析了试样表面出现的裂纹和破坏模式；通过 DFN 视图，从微观角度运用微裂纹的分布规律重构了室内试验中试样内部裂纹发育结果。

2.5.5 单轴加载节理试样的破坏演化规律

为进一步探究三维非贯通不规则节理在轴向荷载作用下的影响，本节通过颗粒流模拟软件对劈裂破坏模式、劈裂+滑移破坏模式、滑移破坏模式和完整破坏模式的破坏演化过程进行分析。为了突出不同节理角度的岩桥在竖向压力作用下的影响，选取最大贯通度 0.42 的数值模型进行分析。

图 2-72 所示为试样数值模拟结果中轴向应力-应变及微裂纹发展曲线。基于微裂纹的数量随轴向应力、应变的变化趋势和应力-应变曲线可以将轴向加载过程分为四个阶段。第一阶段为弹性阶段，由曲线可以看出，在这个阶段轴向应力随轴向应变线性增加，试样内部没有微裂纹的产生，没有产生损伤，试样基本处于弹性阶段。第二阶段为微裂纹产生阶段，在此阶段内试样出现少量微裂纹且随着轴向应力的增长裂纹也呈现出增长趋势，但是增长速度相对较低。第三阶段可以视作裂纹稳定扩展阶段，微裂纹增长速度加快，说明这个阶段试样内部新裂纹不断产生，同时已产生的微裂纹不断聚集导致宏观裂纹发育，在这个过程中应力随轴向应变增加而增加，但应力增长速度减缓。第四阶段为峰后破坏阶段，从微裂纹变化曲线可以看出，在这个阶段微裂纹数量增长速度达到最高，应力曲线经过峰值点后开始快速下降，前一个阶段试样内部不断发育的裂纹快速贯通形成明显的宏观裂纹，发育成为破坏面。这个阶段微裂纹数量增长速度降低，趋于稳定，说明试样已经完全失稳破坏，试样破坏状态已经稳定，不再产生新的破坏面；应力仍旧保持快速下降的趋势，此时的应力表现为试样破坏的部分沿破坏面的滑动。

2.5.5.1 劈裂破坏模式演化规律

劈裂破坏模式出现在节理倾角为 0°的试样中，图 2-72(a)为节理倾角为 0°、贯通度为 0.42 的试样的应力-应变曲线及微裂纹-应变曲线图。根据应力随应变的变化和微裂纹数量

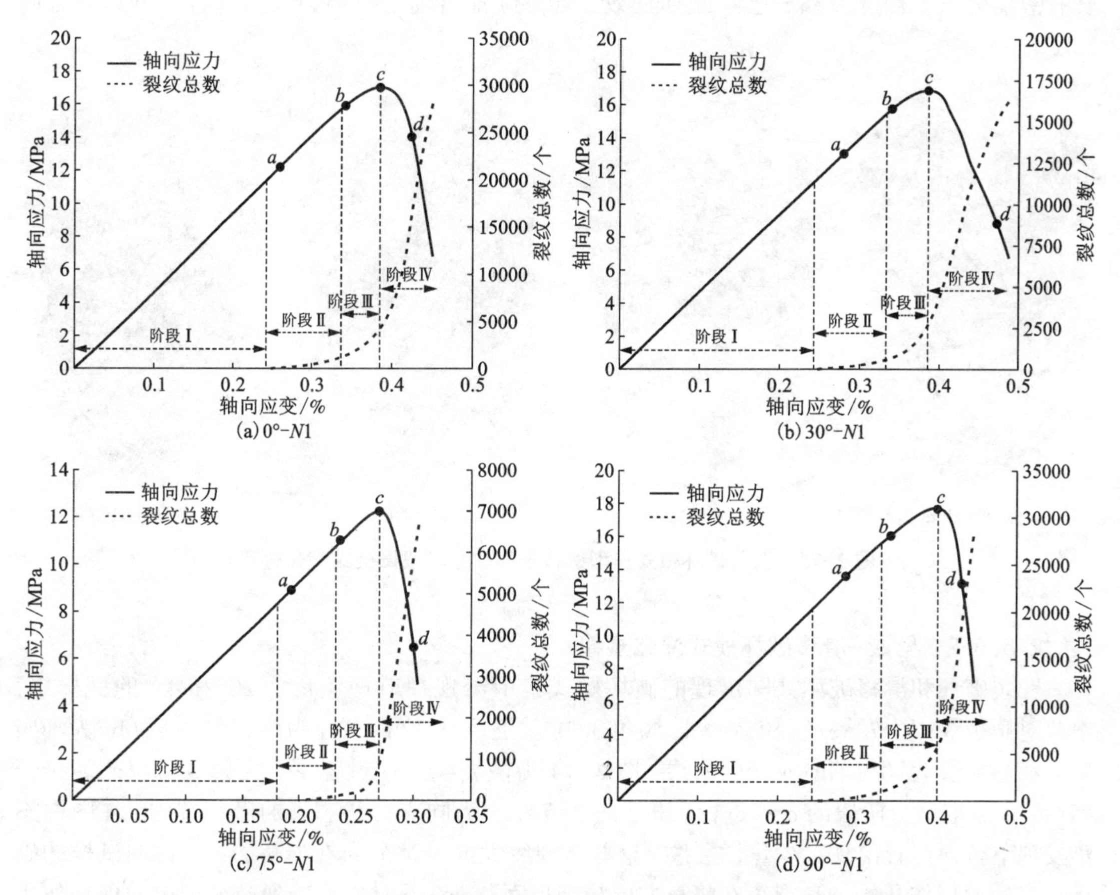

图 2-72 不同破坏模式典型试样轴向应力-应变和微裂纹发展曲线

随应变的增加可以看到明显的弹性阶段、微裂纹产生阶段、微裂纹稳定扩展阶段和破坏后的阶段。图 2-72 中的(a)~(d)图分别对应图 2-38 中全应力-应变曲线的 $a\sim d$ 点。由于第一阶段为弹性阶段，试样内部并未产生损伤，没有微裂纹的产生，因此并未选取特征点和对应的微裂纹图进行分析。图 2-72(a)中的点 a 位于轴向应力-应变曲线的第二阶段，此时轴向应力为 13.27 MPa，从图 2-73(a)的微裂纹分布图中可以看到有一定数量的微裂纹计数，整个试样内部的微裂纹离散分布，在节理面位置的微裂纹数量相对较多，但是并没有发现明显的微裂纹聚集带。这也说明在微裂纹产生阶段，节理面端部最先出现损伤，但并未出现明显的宏观裂纹。图 2-72(a)中的 b 点对应的轴向应力值为 16.2 MPa，此时处于第三阶段即微裂纹稳定扩展阶段，从微裂纹-轴向应变曲线可以看到，裂纹数量快速增长，相比弹性阶段的增长速度，趋近线性增长。b 点对应的图 2-73(b)显示了试样内部微裂纹明显增多，在节理外边缘裂纹分布密集，形成较小的破坏带，初步可以看到一条剪切裂纹的产生。c 点为应力-应变曲线的峰值点，从微裂纹数量发展曲线来看，此时微裂纹仍处于快速增长阶段，从图中不难看出，微裂纹数量进一步增多，在 a 点、b 点应力状态时微裂纹聚集的位置可以清楚地看到拉伸裂纹的存在。d 点为峰后应力 85%的破坏状态，微裂纹在这个过程中大幅度增长，在图 2-73(d)中可以清楚看到微裂纹破坏带组成的剪切裂纹，节理面中的部分岩桥位置有微裂纹的密集分布，岩桥大部分已经破坏失效，岩桥位置出现的拉伸裂纹沿垂直于节理面方向扩展。

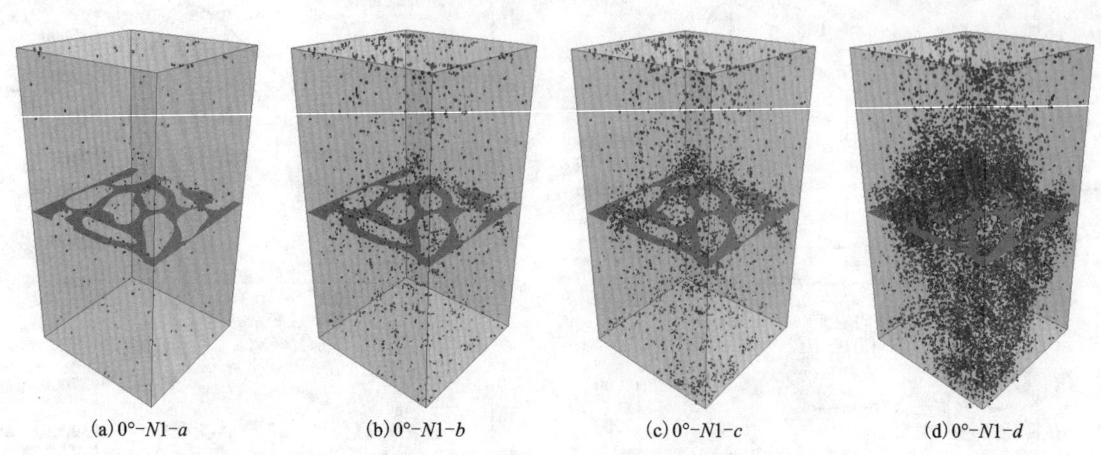

图 2-73　劈裂破坏模式典型试样不同加载阶段微裂纹演化过程

2.5.5.2　劈裂+滑移破坏模式演化规律

劈裂破坏和滑移破坏共同出现的破坏模式集中出现在节理倾角为 30°和 45°的试样中，本节对微裂纹产生发展过程的研究以倾角 30°、贯通度 0.42 的试样为例。图 2-72(b)为轴向应力和总裂纹数量与轴向应变的曲线，图 2-74 为微裂纹破坏过程图。在第二阶段微裂纹开始产生，选取这个阶段的 a 点进行分析，图 2-74(a)为同应力状态下的微裂纹图，在图中不难发现节理面位置出现了少量微裂纹，这些微裂纹大部分都分布在岩桥边缘，说明试样的破坏从岩桥的损伤开始。微裂纹在竖直方向与节理面共面，此时岩桥受到沿节理面的剪切作用而萌生裂纹。当轴向应力加载至 b 点，新衍生的微裂纹同样位于节理面的岩桥位置，裂纹的增速加快。随着轴向应力增加到峰值(点 c)，部分岩桥位置已经出现大量微裂纹，并且微裂纹的分布位置从与节理共面向垂直节理面的方向延伸，表明此时这部分岩桥在轴向应力作用下产生了拉伸破坏，拉伸裂纹沿岩桥向试样两端扩展发育，部分岩桥的边缘围绕不规则形状节理出现少量微裂纹。随着向岩桥中心靠近，微裂纹分布数量逐渐减少，表明此处的岩桥受到剪切应力的作用并发生了剪切破坏，且破坏从岩桥边缘萌生。从 c 点之后，轴向应力进入峰后破坏阶段，试样内部大量微裂纹出现，可以看到复杂的微裂纹在节理面附近密集分布。如图 2-74(d)所示为 d 点的应力状态，试样的轴向应力下降到峰值的 50%，沿 30°节理面出现明显的剪切贯通裂纹。在节理面上下出现两条受拉产生的劈裂破坏面，这是由峰值位置看到的拉伸裂纹不断发育形成。此时的裂纹数量曲线仍有上升趋势，拉伸裂纹会继续延伸。通过 4 个阶段的微裂纹产生和发育情况可以发现节理倾角 30°时，试样的破坏演化过程最先从节理面岩桥内的剪切裂纹萌生开始，直至最终出现劈裂破坏面和剪切滑移面。

2.5.5.3　滑移破坏模式演化规律

滑移破坏模式是在节理面产生的剪切破坏，主要体现在节理贯通度为 0.75、0.88 和 0.94 的 45°倾角和 75°倾角的所有试样中。以编号为 S-75°-N1 的试样破坏过程为例，探究滑移破坏的演化规律。如图 2-72(c)和图 2-75 所示，a 点在微裂纹产生阶段，岩桥位置出现少量的微裂纹，微裂纹数量曲线开始上升。随着轴向应力的增加，剪切应力曲线进入屈服阶

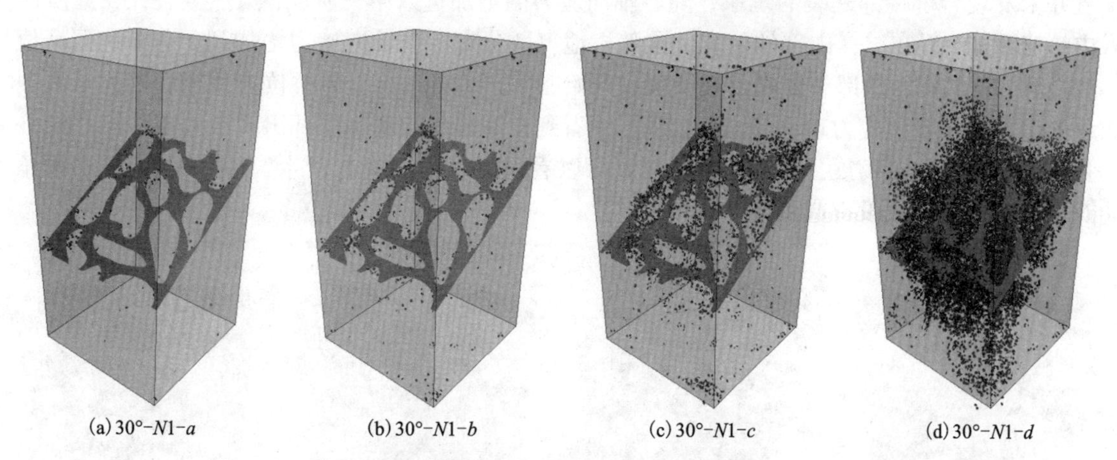

(a) 30°-N1-a　(b) 30°-N1-b　(c) 30°-N1-c　(d) 30°-N1-d

图 2-74　劈裂+滑移破坏模式典型试样不同加载阶段微裂纹演化过程

段，在岩桥边缘位置衍生出许多新的微裂纹，裂纹数量曲线开始加速上升。当轴向应力到达峰值点 c 时，微裂纹的衍生速度达到最高值，从图 2-75(c)中可以看到在试样底部岩桥已经出现大量微裂纹，表明节理面的岩桥最先从这个位置出现破坏。有部分岩桥只有边缘产生少量裂纹，说明在试样达到峰值应力时节理面还未完全破坏，节理面依然具有一定程度的承载力。轴向应力继续加载，进入峰后的破坏阶段，从图 2-75(d)中可以看到岩桥位置已经布满微裂纹，试样沿节理面产生了剪切破坏面，并且已经发生沿节理面的滑移。在试样顶部和底部，以节理面相交位置为边界，短边位置出现一个与节理面成锐角的剪切破坏裂纹带，说明试样节理面岩桥完全破坏，试样沿节理面发生滑移后，试样的短边端部受压。

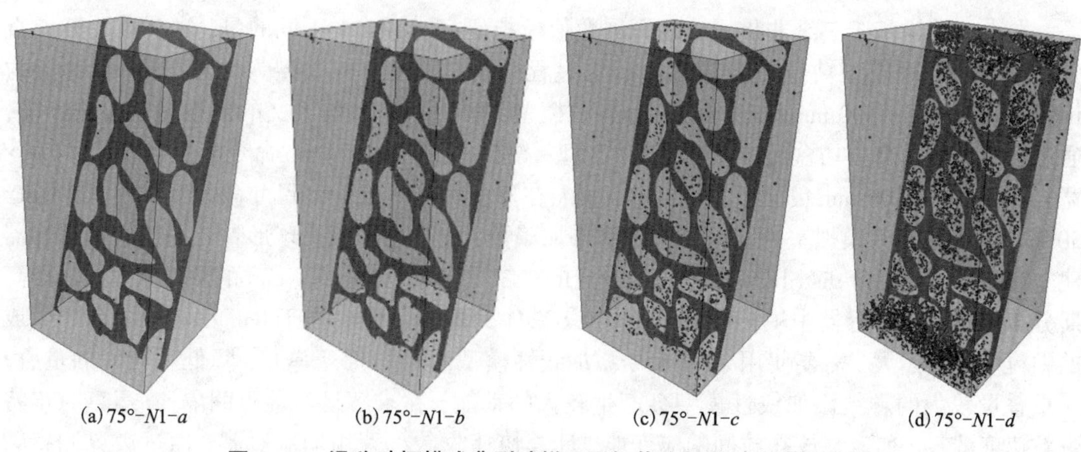

(a) 75°-N1-a　(b) 75°-N1-b　(c) 75°-N1-c　(d) 75°-N1-d

图 2-75　滑移破坏模式典型试样不同加载阶段微裂纹演化过程

2.5.5.4　完整破坏模式演化规律

完整破坏模式与完整试样的破坏模式相似，出现在节理倾角为 90°的 5 种贯通度试样中，图 2-76 为编号 S-90°-N1 的裂纹分布图。90°的节理试样在第二阶段的 a 点状态时，可以看到试样内部出现少量的微裂纹，如图 2-76(a)所示。微裂纹随机分布在试样内部，在节理位置并未发现岩桥端部起裂的现象。随着轴向应力的增加进入第三阶段，虽然微裂纹在此阶段内快速增加，但在试样内部的位置仍是随机地离散分布。当轴向应力增加到 c 点即达到峰值应力时，在试样的顶部和底端出现微裂纹开始密集产生的现象，岩桥位置并未看到大量微裂纹的出现。在峰值应力达到 d 点时，从图中看到在试样的顶部和底部出现了两条剪切裂纹并且在向节理面位置扩展。在中间岩桥位置可以看到少量的微裂纹产生，说明 90°的节理倾角对试样的破坏模式没有起到主导作用。

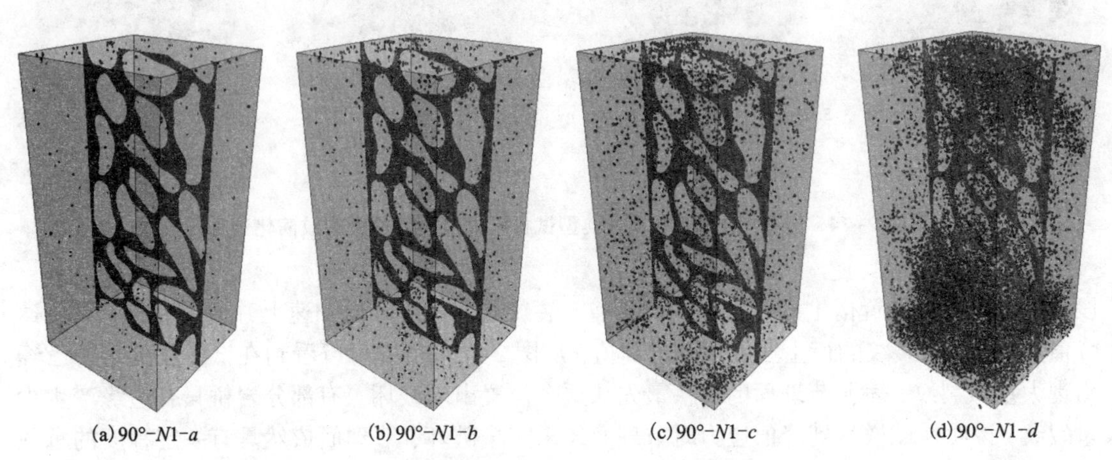
(a) 90°-$N1$-a　(b) 90°-$N1$-b　(c) 90°-$N1$-c　(d) 90°-$N1$-d

图 2-76　完整破坏模式典型试样不同加载阶段微裂纹演化过程

2.5.6　剪切荷载作用下非贯通节理岩体数值模拟

2.5.6.1　模型建立

本小节同样基于三维非贯通节理开展数值模拟研究，与上文不同的是，本节主要开展直剪作用下的节理模型剪切强度演化及破裂过程分析，所建立的模型为尺寸(长×宽×高)为 100 mm×100 mm×100 mm 的三维立方体颗粒模型，如图 2-77，与上文的模型建立方法一样，通过生成上下两个剪切盒的方式建立初始模型。首先通过 wall create 命令分别生成尺寸(长×宽)为 100 mm×100 mm 的上下前后 4 个 wall，在左右两侧生成 4 个尺寸(长×宽)为 100 mm×50 mm 的 wall 作为模拟室内直剪试验的水平加载板，此时用于填充球形颗粒的初始模型容器建立完成。通过 ball distribute 命令按照设定的 0.35 孔隙率和最小 1 mm 的颗粒半径，根据高斯分布规律在墙体容器中填充颗粒，共生成 62241 个球形颗粒。由于 ball distribute 命令生成的颗粒重叠量过大，需要使用 cmat 命令添加线性模型使颗粒相互弹开，降低颗粒间的重叠。对重叠量较大的颗粒添加线性模型会产生较大的动能，在求解运算前每间隔 50 运算时步将颗粒速度清零，加速释放颗粒间的应变能，计算快速收敛。采用伺服机制，通过边界调整颗粒体系使得颗粒间的接触尽可能达到理想状态，均匀应力，初始模型建立完成。

常用平行黏结模型(LPB)作为模拟岩石的接触模型，但大量的模拟结果证明，LPB 模型具有以下缺点：(1)球形颗粒间无法提供足够的自锁能力；(2)当接触断裂时，颗粒间无法产生旋转阻力；(3)颗粒与颗粒的接触不考虑预先存在的裂隙。为了解决平行黏结模型在模拟节理剪切力学行为方面存在的问题，一种新的接触模型 Flat-Joint Model(平节理模型)被提出。平节理模型可以添加在颗粒与颗粒间，也可以添加在颗粒与墙面间，该模型表现两个组

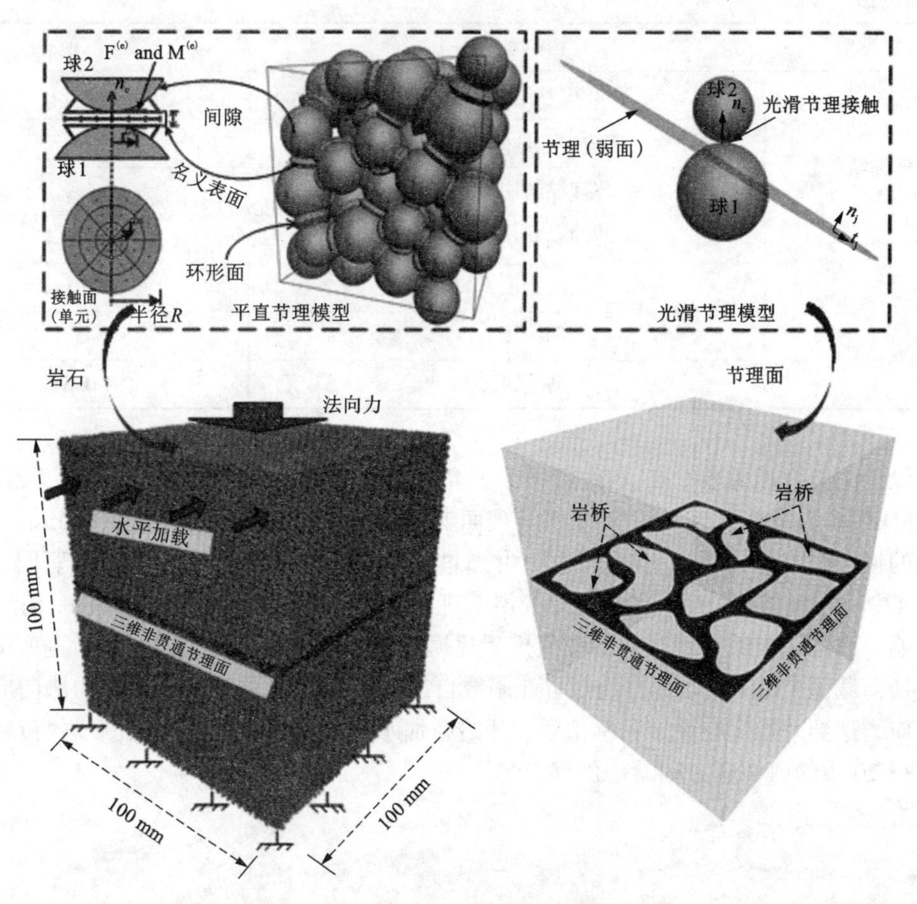

图 2-77　三维非贯通裂隙岩体数值模型

分表面间刚性连接的理想化截面力学行为，接触界面由黏结单元和非黏结单元组成，黏结单元表现为线弹性力学行为，当超过极限强度断裂时，元件从黏结状态转变为非黏结状态，造成接触界面的局部破坏，产生裂纹。而未黏结状态的单元，当剪切应力达到莫尔-库仑强度极限时，表现为线弹性和摩擦的力学行为。平节理模型的主要细观参数设置如表 2-18 所示。

表 2-18　平节理模型细观参数

参数类型	细观参数	取值
颗粒参数	颗粒密度 $\rho/(\mathrm{kg \cdot m^{-3}})$	2020
	孔隙率 P	0.35
	粒径比 R_{max}/R_{min}	1.0
	接触模量 E_c/GPa	2.5
	刚度比 k_n/k_s	3.0
	摩擦系数 μ	0.5

续表2-18

参数类型	细观参数	取值
平节理黏结参数	平节理黏结模量 $\overline{E}_c$/GPa	2.5
	平节理黏结刚度比 $\overline{k}_n/\overline{k}_s$	3.0
	平节理黏结法向强度/MPa	4.9
	平节理黏结切向强度/MPa	7.0
光滑节理参数	法向刚度 k_n/GPa	20
	切向刚度 k_s/GPa	5
	摩擦系数 μ	0.5

将设计的节理片通过 CAD 软件转换为三角网格，使用 geometry 命令将外部几何图形导入 PFC3D 中作为节理面(图 2-78)，将节理面上下相邻的颗粒设定为节理颗粒分组，将节理颗粒间的接触修改为 Smooth-Joint 模型，并通过 fish 函数检查节理上颗粒和节理下颗粒的接触，当其中出现新的接触时，如果不是光滑节理模型则将其修改为 Smooth-Joint，消除颗粒自锁的影响。三维非贯通节理试样的数值模型建模完成后即开展不同法向应力的直剪试验，在施加剪切荷载前，先固定墙体并通过 fish 函数自编的伺服系统调整上部墙体的法向应力，监测法向应力达到并稳定在设定目标值后，开始施加水平剪切力，同时监测侧墙的接触力，计算每运行 20 步的剪切应力和剪切位移。

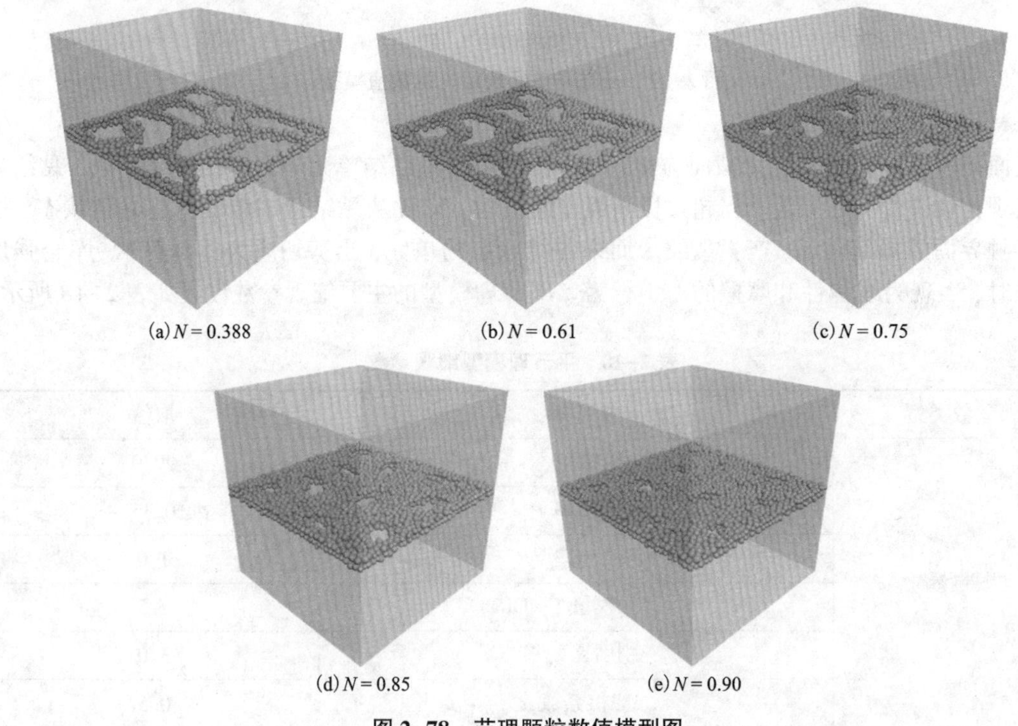

(a) $N=0.388$　(b) $N=0.61$　(c) $N=0.75$　(d) $N=0.85$　(e) $N=0.90$

图 2-78　节理颗粒数值模型图

在剪切过程中，为了监测节理面上的应力状态，采用遍布测量圆的方式监测节理面上的应力分布。如图2-79所示，将节理面划分为20×20的网格，每个网格中设置一个测量圆，为了确保测量圆内部包含足够多的颗粒，减少应力计算失真影响，设置测量圆的半径为5 mm。

2.5.6.2　剪切强度特征

图2-80为不同法向应力下三维非贯通节理模型剪切峰值强度随节理贯通度的变化趋势，从图中可看出，法向应力一定时，节理贯通度N=0.388的模型峰值强度最高，N=0.9的试样峰值强度最低。随着节理贯通度的增大，不同法向应力作用下的节理模型峰值强度逐渐降低，降低趋势近似线性。图中实线为数值模拟的峰值强度趋势线，虚线为通过室内试验得到的剪切强度平均峰值应力，不难发现模拟结果与试验结果基本一致。

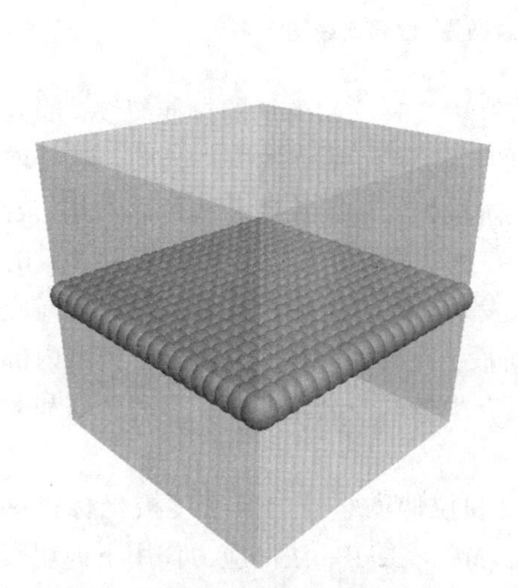

图2-79　测量圆布置图

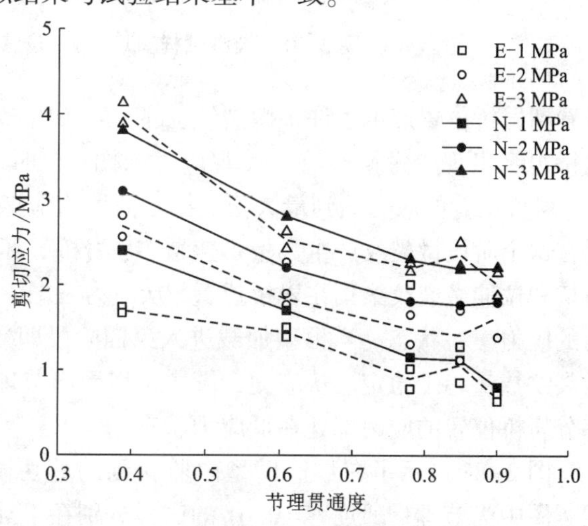

E代表实验；N代表数值模拟。

图2-80　不同节理贯通度的剪切强度曲线

2.5.6.3　非贯通节理岩体剪切过程中微裂纹演化规律

在5种贯通度的试样剪切破坏面中，在岩桥位置出现密集的微裂纹，所有的试样都是沿节理面发生剪切破坏，岩桥在剪切力作用下被剪断。5种贯通度的节理模型在法向力为1 MPa、2 MPa和3 MPa的作用下破坏模式相同，因此为探究三维非贯通不规则节理岩体的剪切破裂演化，以标号为S-3-K2的节理模型为例进行分析。如图2-81为模型的剪切应力和微裂纹数量及剪切位移的曲线，由曲线可以看到剪切过程出现弹性阶段、屈服阶段、应变软化阶段和残余阶段。曲线图中a~e与图2-82中a~e的应力阶段相对应，图2-82中列出了不同应力阶段的微裂纹图和剪切面沿剪切方向的应力云图。应力云图通过测量圆采集数据，同时绘制了沿剪切方向(x方向)的水平应力云图。

从图2-81中可以看出，在弹性阶段模型内部没有微裂纹产生，从应力云图中可以看到在岩桥位置出现较大的剪切应力，岩桥所受的剪切应力大小基本相同，而节理片所在区域颜色较浅，剪切应力基本为0，岩桥并未出现损伤，没有微裂纹的产生。从剪切应力-剪切位移曲线可以看出，在此阶段内剪切应力随剪切位移线性增长。随着剪切荷载的增加，模型的应力曲线进入屈服阶段，剪切应力不再呈线性增加并且增加速度逐渐减缓，且试样岩桥出现损伤。从图2-82(c)中可以看到微裂纹的分布，有少量的剪切裂纹(红色微裂纹)在岩桥边缘衍生，试样部分岩桥出现应力集中，从图2-81中的裂纹数量曲线来看，在屈服阶段岩桥位置先产生少量剪切微裂纹，当应力继续增加会出现拉伸微裂纹。当剪切到达应力峰值点c时，可

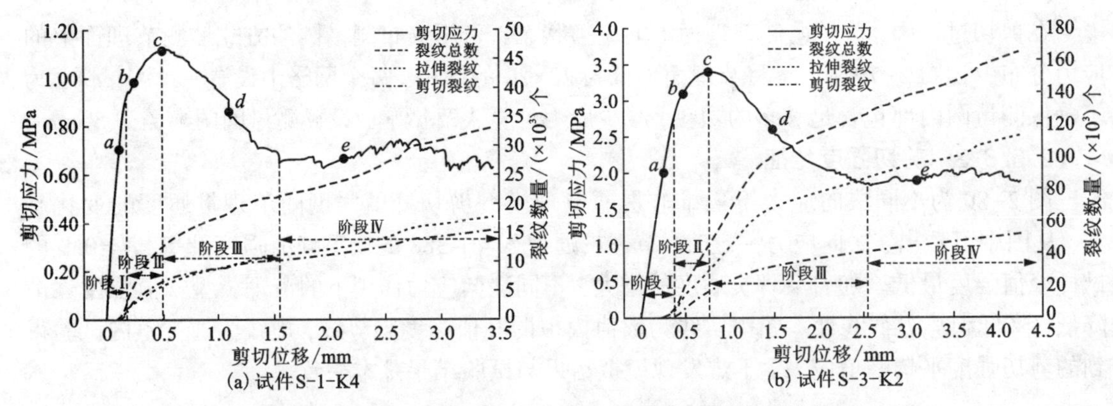

(a) 试件S-1-K4 (b) 试件S-3-K2

图 2-81 典型试样剪切应力-位移和裂纹数量-位移曲线图

以看到岩桥位置产生了许多微裂纹，部分岩桥内部充满剪切微裂纹和少量的拉伸裂纹，部分岩桥边缘出现少量微裂纹。反观应力云图，此时岩桥的应力相比 a 点的应力云图，明显增大，岩桥位置的应力达到最大值。第三阶段为应变软化阶段，从裂纹数量曲线可以看出，岩桥在这个阶段微裂纹产生数量迅速增多，岩桥破坏发生在这个阶段。在 d 点可以看到大量的剪切和拉伸微裂纹聚集在岩桥位置，从应力云图中可以发现，此时岩桥区域仍处在一个高应力的应力集中状态。当模型加载进入第四阶段即残余阶段，此时岩桥被完全剪断，模型内部微裂纹数量趋于稳定。从应力云图中可以看出节理面只有少量的应力集中区，节理区域和大部分岩桥位置的应力都处在低应力状态。

图 2-83 展示了在数值模型中监测到的剪切微裂纹和拉伸微裂纹的等密度极坐标投影图。图中为节理贯通度 $N=0.61$ 的试样分别在 1 MPa、2 MPa、3 MPa 法向应力作用下剪切破坏后产生的微裂纹等密图。根据微裂纹分布位置和分布方向绘制极坐标点图，同时经过统计计算出了极点的分布密度。为了便于比较，将等高线间距设置为 2，并在每张图中都设有图例。图 2-83 中展示的是节理面上岩桥位置出现的微裂纹，图例中每个值表示每 1%面积的极密度百分比。在同一法向应力下剪切裂纹与拉伸裂纹具有方向集中性，随法向应力增大，剪切裂纹的方向性更突出，而拉伸裂纹数量明显增多且分布更广。在不同法向应力作用下，等高线的填充区域有所变化[图 2-83(c)、图 2-83(e)]。法向应力为 1 MPa 时，试样产生的拉伸微裂纹分布密度为 2%、4%、6%、8%、10%。

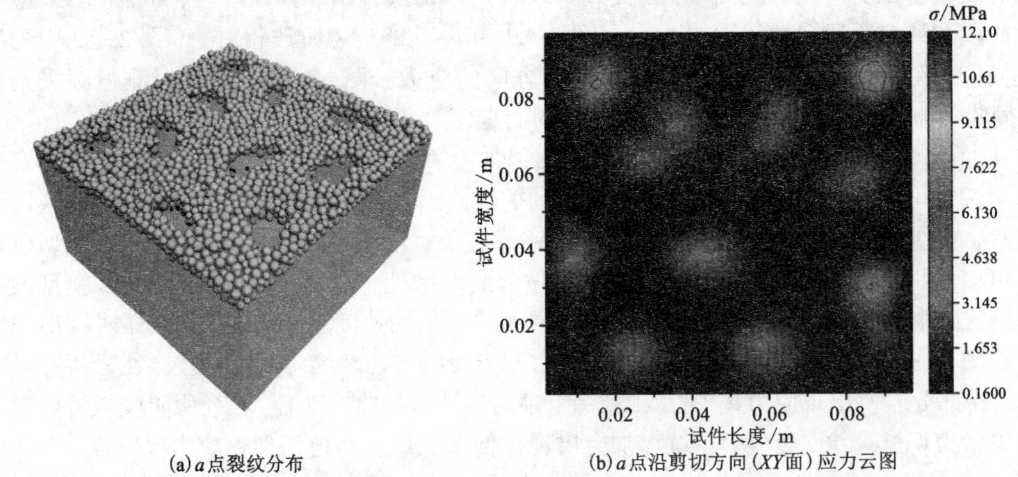

(a) a 点裂纹分布 (b) a 点沿剪切方向 (XY 面) 应力云图

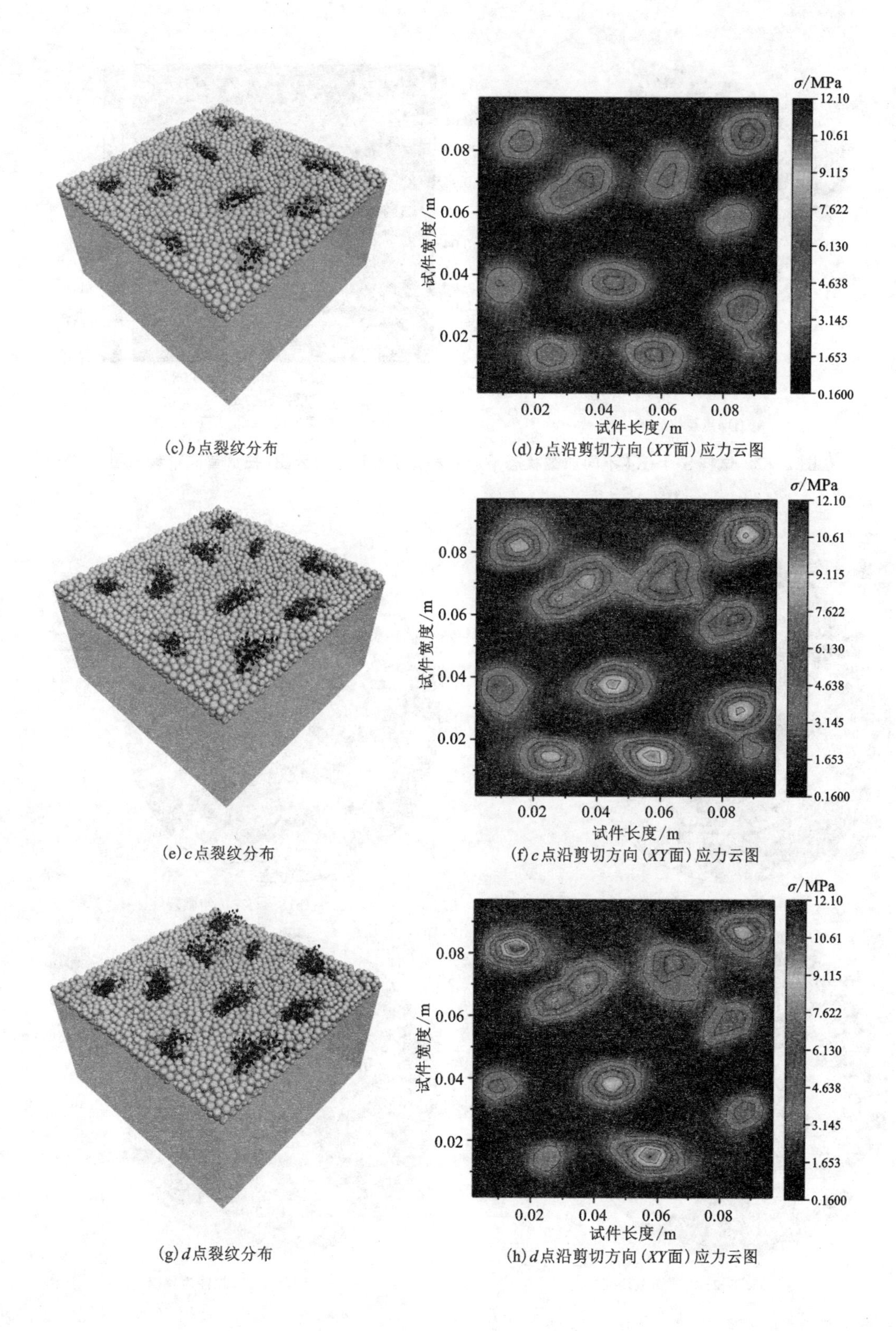

(c) b点裂纹分布　　(d) b点沿剪切方向 (XY面) 应力云图

(e) c点裂纹分布　　(f) c点沿剪切方向 (XY面) 应力云图

(g) d点裂纹分布　　(h) d点沿剪切方向 (XY面) 应力云图

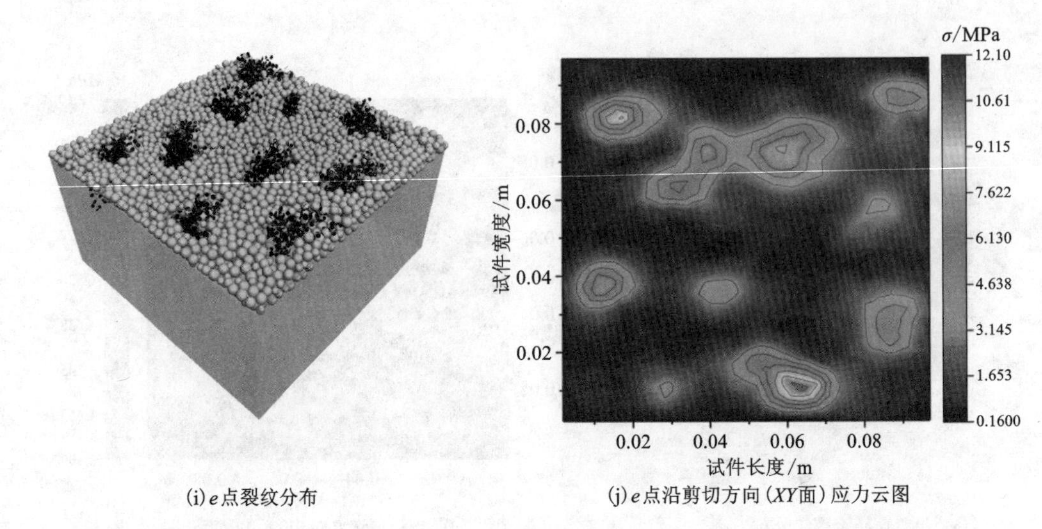

(i) e点裂纹分布

(j) e点沿剪切方向（XY面）应力云图

图 2-82　试样 S-1-K4 不同加载状态下裂纹发育状态和应力云图(扫章首码查看彩图)

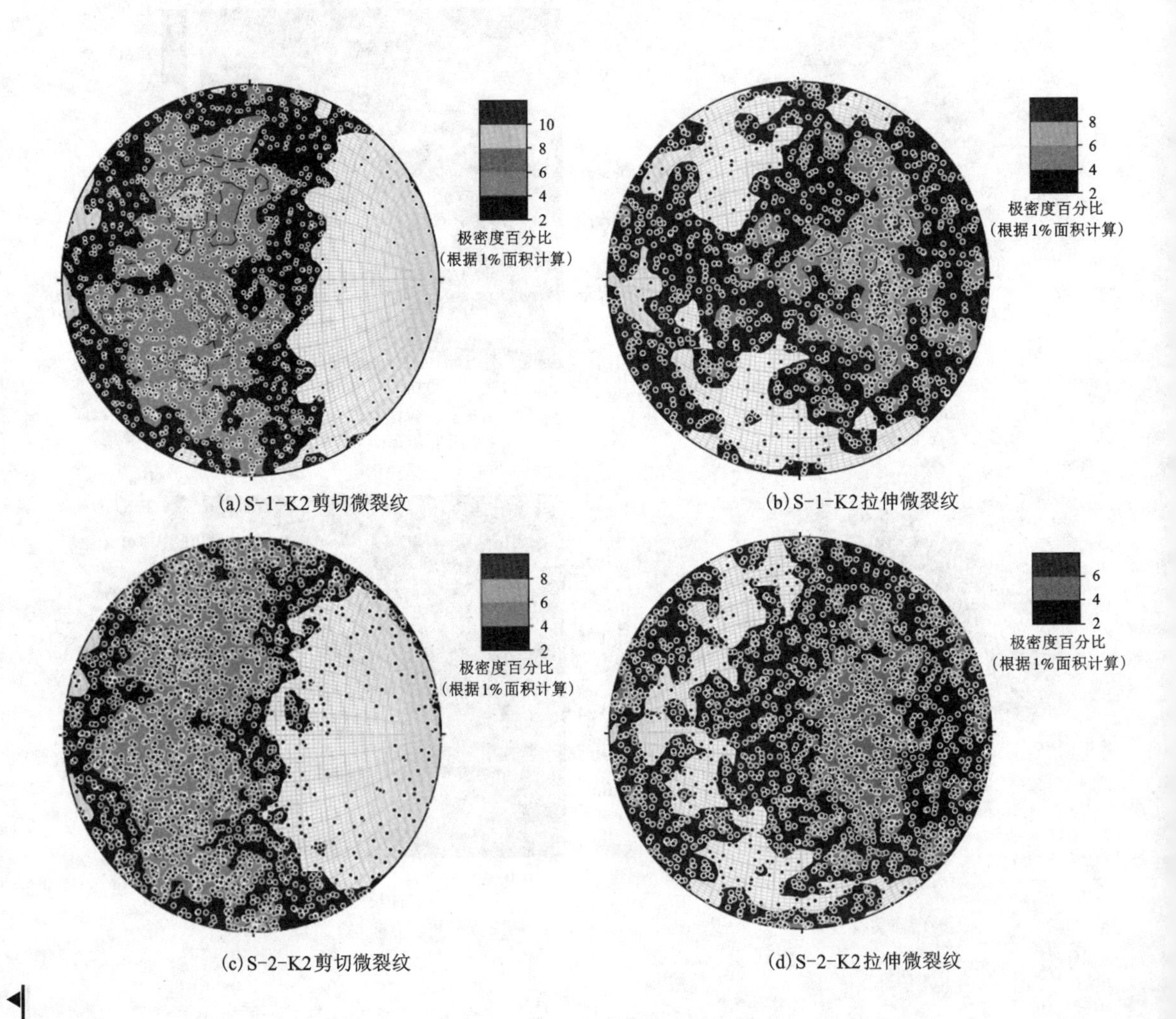

(a) S-1-K2 剪切微裂纹

(b) S-1-K2 拉伸微裂纹

(c) S-2-K2 剪切微裂纹

(d) S-2-K2 拉伸微裂纹

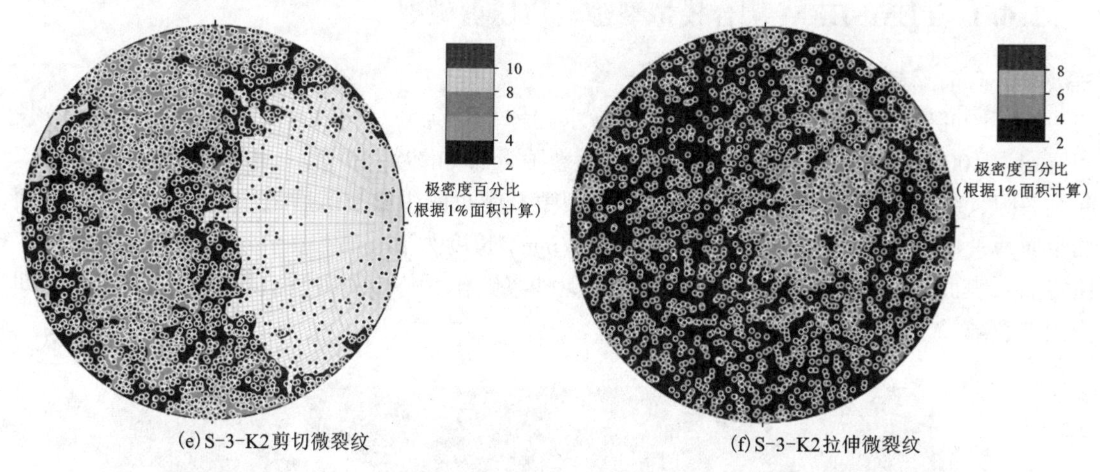

图 2-83 不同法向应力作用的典型试样剪切破坏后微裂纹分布密度图(扫章首码查看彩图)

2.6 压剪条件下裂隙岩体断裂特性数值模拟

在节理边坡及巷道开挖等大型岩石工程的设计与支护当中，常需要面对含有大量节理的自然岩体，而在岩石边坡及巷道拱肩位置的岩体多数处于压剪应力综合作用下。在压剪应力环境中，节理尖端裂纹的起裂和贯通过程与压缩加载下的破坏特征存在明显的区别。如图 2-84 所示的节理边坡滑移示意图中，边坡岩体内部的原生节理在压剪加载下实现贯通。压剪作用下裂隙尖端的起裂及贯通方式与直剪及压缩测试下存在较大差别。因此，研究压剪综合作用下的破坏特性也有助于我们理解更为复杂的岩体力学行为。本节将基于室内试验与 PFC 数值模拟方法对压剪作用下的裂隙岩体断裂行为进行研究与分析。本节中的压剪数值模拟分为两部分，第一部分为基于 FEM-DEM 耦合实现的裂隙岩体压剪破裂，裂隙岩体采用 PFC 进行建模，而加载装置在另一软件中实现，之后通过耦合计算来模拟裂隙岩体的压剪加载；第二部分为利用颗粒簇剪切盒实现的层状裂隙岩体压剪断裂，即压剪加载装置同样采用颗粒构建，只是将其处理成一整体来实现压剪加载。

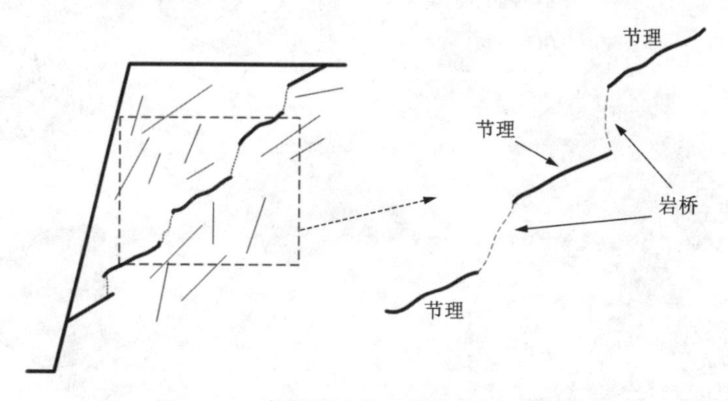

图 2-84 岩质边坡节理贯通破坏示意图

2.6.1 FEM-DEM耦合模拟裂隙岩体压剪破裂

2.6.1.1 试样制作与测试

本节研究中的水泥砂浆中水泥、细砂与水的体积比为3∶3∶2。试样断面为正方形，长和宽均为100 mm，厚度为30 mm。试样内部裂隙分布如图2-85所示，试样内部的裂隙属于断续裂隙，裂隙组合由靠近试样两侧的边界裂隙及中央的中心裂隙所组成。预制裂隙通过预插金属薄片的方式制作完成，金属片厚度为2 mm，长度为20 mm。在浇筑试样时在裂隙预定位置插入表面涂油的金属片，24 h之后待水泥砂浆硬化后将金属片垂直拔出，留下的孔隙即为预制裂隙。

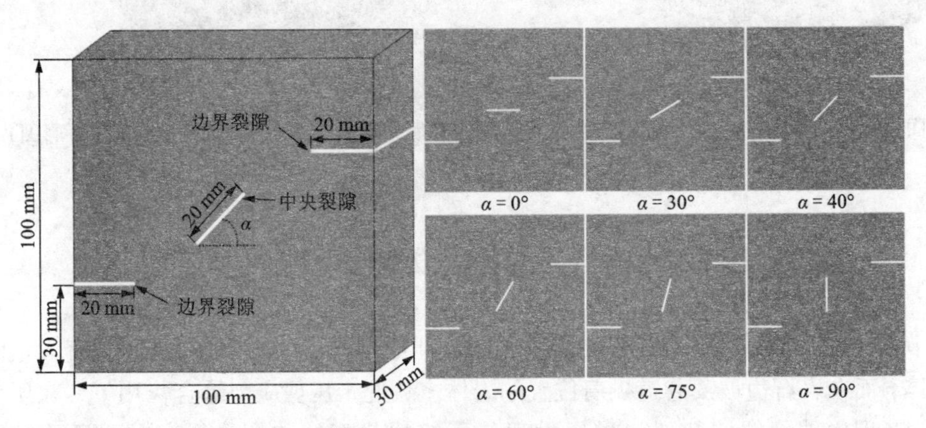

图2-85 试样内部断续裂隙分布形式

如图2-86所示为压剪试验加载装置，试样置于压剪模具中心，而压剪盒置于刚性试验机的上下压盘中间。在刚性伺服试验机的轴向加载下，压剪盒会将轴向加载力转化为压、剪力同时作用于试样的边界。试验机全程采用位移加载，且加载速率为0.2 mm/min，试样在压剪加载下直至破坏。

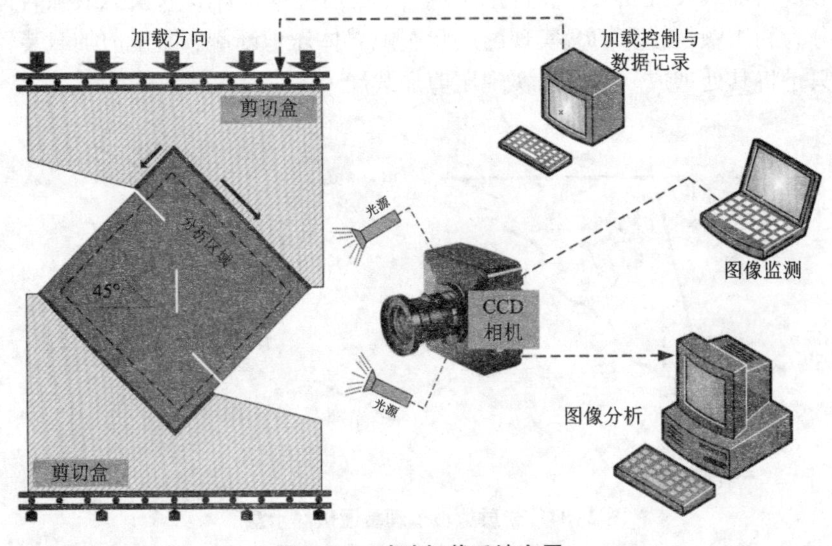

图2-86 试验加载系统布置

2.6.1.2　耦合计算原理及数值模型建立

为了研究断续裂隙压剪加载下的力学响应及损伤演化过程，本节同样采用PFC颗粒流算法对其进行数值分析。相比于前面章节中的单轴加载，本节中的压剪在PFC中较难实现，尤其是在上下部的压剪盒的建立上存在一定的困难。如果压剪盒也在PFC中建立，则会造成模型内的颗粒过多，这样限制了试样内部的颗粒尺寸，对模型的计算精度造成极大的影响。此外，若是模型中的颗粒过多也会使得计算效率大大降低。因此，需要将数值模拟方案进行调整和改进，从而使得在保证计算精度的基础上将计算效率最大化。为了达到该目的，本节采用了FEM-DEM耦合的方法来模拟压剪加载下的断续裂隙间的贯通行为。具体而言，断续裂隙试样在PFC中完成，而压剪盒则在FLAC中完成。之后，通过自编FISH程序实现两个计算软件的连接，实现应力和位移的传递，从而使压剪数值模拟得以完成。如图2-87所示为离散元和有限元通过I/O接口传输数据的示意图，在计算时离散元颗粒通过该接口向有限元传递力和力矩，通过计算后有限元将更新墙体的位移。之后，有限元将新的位移值和更新后的速度通过该接口传递至离散元中，从而实现信息的反馈和循环。

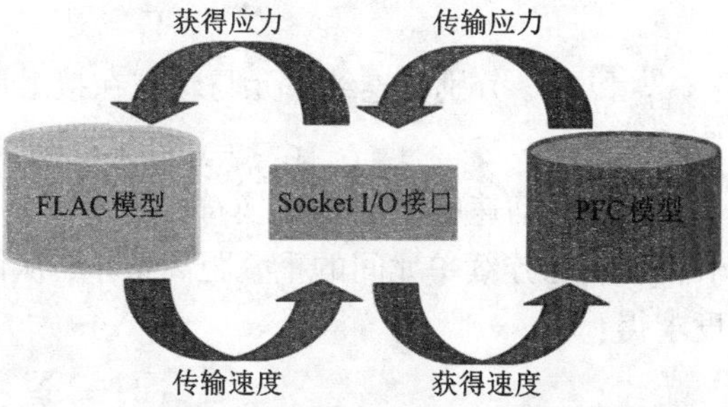

获得应力　传输应力

FLAC模型　Socket I/O接口　PFC模型

传输速度　获得速度

图2-87　离散元与有限元之间信息数据传递过程

如图2-88和图2-89所示，为离散元与有限元耦合原理示意图，图2-88所示为离散元内颗粒与有限元接触示意图。当颗粒与单元之间产生接触时，其可以描述为接触点 $x_i^{[C]}$ 位于由单位矢量 $\boldsymbol{n}_i$ 所定义的接触面上。单位矢量的方向在沿着颗粒中心与单元最短距离的连线上。图中的 U^n 为重叠长度，其也代表了接触位置的法向位移：

$$U^n = R_i^{[B]} - d \tag{2-51}$$

式中：$R_i^{[B]}$ 为颗粒 B 的半径。

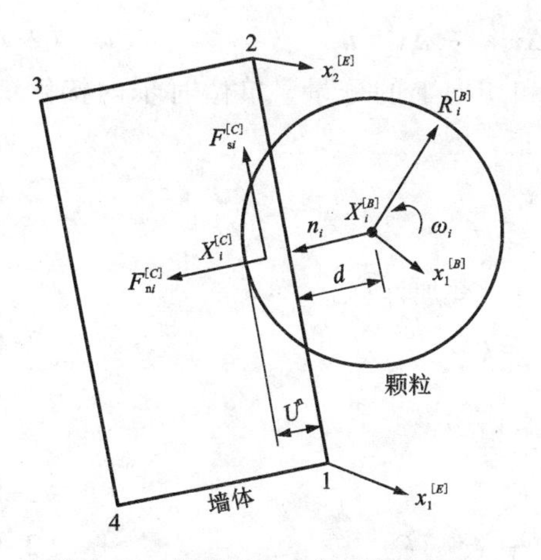

图2-88　离散元与有限元耦合原理

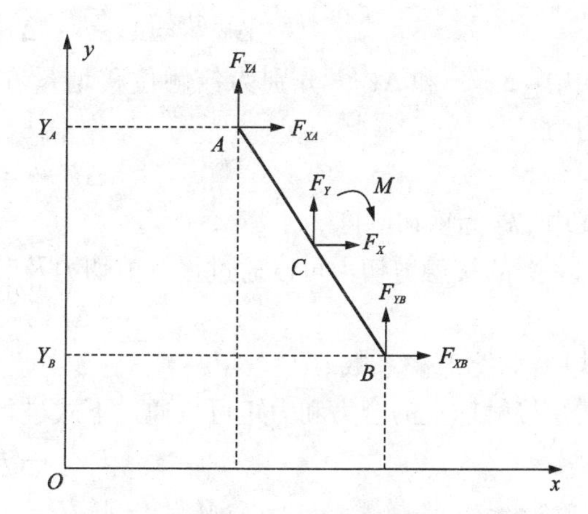

图2-89　离散元与有限元耦合受力分析

接触点的位置可以通过下式进行计算：

$$x_i^{[C]} = x_i^{[B]} + [R_i^{[B]} - (R_i^{[B]} - d)/2] n_i \tag{2-52}$$

而接触面上的接触力则可以通过法向力和沿着接触面上的切向力进行计算：

$$F_i^{[C]} = F_{ni}^{[C]} + F_{si}^{[C]} \tag{2-53}$$

法向接触力的大小可以通过下式获得：

$$F_{ni}^{[C]} = k_n U^n \boldsymbol{n}_i \tag{2-54}$$

式中：k_n 为法向接触刚度。

剪切接触力由每一时步内相应的剪切力增量计算求得，它可以通过相应的剪切位移进行计算。接触点的移动可以通过监测和更新法向向量 $\boldsymbol{n}_i$ 及接触点 $x_i^{[C]}$ 在每一时步内的位置获取。接触面上的相对接触速度 V_i 可以表示为

$$V_i = x_{i,E}^{[C]} - x_{i,B}^{[C]} \tag{2-55}$$

式中：$x_{i,E}^{[C]}$ 和 $x_{i,B}^{[C]}$ 分别为连续单元与颗粒在接触面上的速度，且 $x_{i,B}^{[C]}$ 可以由下式进行定义：

$$x_{i,B}^{[C]} = \dot{x}_{i,B}^{[C]} + \mathrm{e}_{ijk}\boldsymbol{\omega}_3^{[B]}(x_i^{[C]} - x_i^{[B]}) \tag{2-56}$$

式中：$\boldsymbol{\omega}_3^{[B]}$ 为转动速度；e_{ijk} 为置换符。

假设颗粒与连续单元间的重叠距离很小，从而接触点位置连续单元的速率就可以通过节点速度求得：

$$\dot{x}_{i,E}^{[C]} = \sum N_j \dot{x}_{i,E}^j \tag{2-57}$$

式中：$\dot{x}_{i,E}^j$ 是连续单元 j 的节点速度，而函数 N_j 可以表示为

$$N_j = \frac{L - \sqrt{(x - x_i)^2 + (y - y_i)^2}}{L} \tag{2-58}$$

$$L = \sqrt{(x_1 - x_2)^2 + (y_1 - y_2)^2} \tag{2-59}$$

每一计算时步内接触面上的接触位移增量可以表示为

$$\Delta x_i^{[C]} = V_i \Delta t = \Delta x_{ni}^{[C]} + \Delta x_{si}^{[C]} \tag{2-60}$$

$$\Delta x_{ni}^{[C]} = \Delta x_i^{[C]} \boldsymbol{n}_i \tag{2-61}$$

因此，

$$\Delta x_{si}^{[C]} = \Delta x_i^{[C]} - \Delta x_{ni}^{[C]} = \Delta x_i^{[C]} - \Delta x_i^{[C]} \boldsymbol{n}_i \tag{2-62}$$

式中：$\Delta x_{ni}^{[C]}$ 和 $\Delta x_{si}^{[C]}$ 分别为接触位移增量在法向和切向上的分量。单位时步内接触剪切力为

$$\Delta F_{si}^{[C]} = -k_s \Delta x_{si}^{[C]} \tag{2-63}$$

式中：k_s 为剪切刚度。

新的接触剪切力可以通过接触剪切力及其增量进行叠加计算：

$$F_{si}^{[C]} \leftarrow \Delta F_{si}^{[C]} + F_{si}^{[C]} \leqslant \mu \Delta F_{ni}^{[C]} \tag{2-64}$$

式中：μ 为摩擦系数。

接触球上的合力和力矩可以通过下式进行计算求得：

$$F_i^{[B]} \leftarrow F_i^{[B]} - F_i^{[C]} \tag{2-65}$$

$$M_i^{[B]} \leftarrow M_i^{[B]} - \mathrm{e}_{ijk}(x_j^{[C]} - x_j^{[B]}) F_i^{[C]} \tag{2-66}$$

式中：$F_i^{[B]}$ 和 $M_i^{[B]}$ 分别为接触颗粒上接触力和力矩的叠加值；$x_j^{[C]}$ 和 $x_j^{[B]}$ 分别为接触点的坐标值和接触球中心的坐标值。

由于接触面单元仅仅接受颗粒作用在其节点上的力，因此，颗粒向连续单元内节点传输力和力矩可以通过图 2-89 进行说明。图中 F_{XA}、F_{YA}、F_{XB} 和 F_{YB} 为传输至节点处的力，F_X 和 F_Y 则为颗粒所施加的力，且 M 为颗粒所施加的力矩。其中，考虑到在 X 和 Y 方向上力的平衡，F_X 和 F_Y 可以表示为

$$F_X = F_{XA} + F_{XB} \tag{2-67}$$

$$F_Y = F_{YA} + F_{YB} \tag{2-68}$$

与此同时，墙体中心位置的力矩平衡可以表示为

$$M = F_{YA}(X_A - X_C) + F_{YB}(X_B - X_C) - F_{YA}(Y_A - Y_C) - F_{YB}(Y_B - Y_C) \tag{2-69}$$

上式(2-67)和式(2-68)可以表示为

$$F_X = F_{XA} + F_{XB} = \Theta \times F_X + (1 - \Theta) \times F_X \tag{2-70}$$

$$F_Y = F_{YA} + F_{YB} = \Theta \times F_Y + (1 - \Theta) \times F_Y \tag{2-71}$$

其中，

$$F_{XA} = \Theta \times F_X \qquad F_{YA} = \Theta \times F_Y \tag{2-72}$$

$$F_{XB} = (1 - \Theta) \times F_X \qquad F_{YB} = (1 - \Theta) \times F_Y \tag{2-73}$$

将式(2-70)和式(2-71)代入式(2-72)后可以得到

$$\begin{aligned} M = \Theta \times F_Y(X_A - X_C) + (1 - \Theta)F_Y(X_B - X_C) - \\ \Theta \times F_X \times (Y_A - Y_C) - (1 - \Theta) \times F_X(Y_B - Y_C) \end{aligned} \tag{2-74}$$

或者

$$\Theta = \frac{M - F_Y \times (X_B - X_C) + F_X \times (Y_B - Y_C)}{F_Y \times (X_A - X_B) - F_X \times (Y_A - Y_B)} \tag{2-75}$$

如图 2-90 所示为所建立的压剪测试数值模型，断续裂隙试样处于模型的中心位置，试样整体倾斜角度为 45°。模型上下部分的块体即为 FLAC 中的块体模型，在数值计算过程中，FLAC 中的压剪块体单元的模型采用弹性模型，而强度和刚度设为无限大，这样就可以保证计算过程中上下压剪盒不产生变形。模型各个不同部分的数值强度参数如表 2-19 所示。

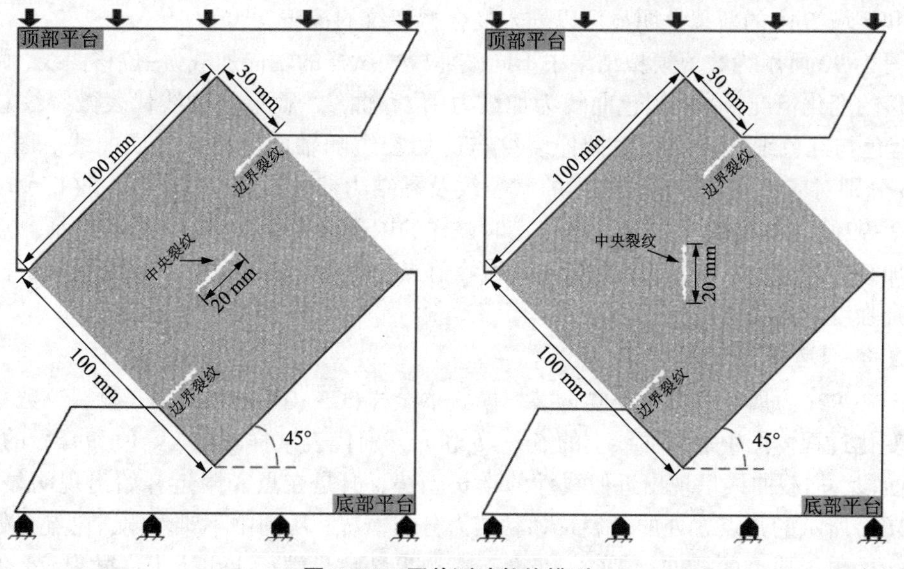

图 2-90　压剪测试数值模型

表 2-19 压剪台模型单元强度参数

计算参数	数值
弹性模量/GPa	206
泊松比	0.26
密度/($kg \cdot m^{-3}$)	7900

2.6.1.3 断续裂隙岩体压剪加载断裂机制

PFC 模型中的试样均由颗粒组成，在加载下试样内部的颗粒间黏结键会发生断裂从而产生微裂纹。微裂纹只是细观层面的破坏，而试样内部的宏观破坏类型需要借助其余手段进行区分。为了区分和识别数值模拟结果中预制裂隙间的裂纹类型，本节将采用位移场分量来进行分析。图 2-91 所示的即为学者们提出的两种用于区分裂纹类型的位移场矢量图。本书将采用分类标准对不同裂隙参数下的模型开裂和贯通类型进行分析。如图 2-91(a)所示为中央裂隙倾角 α 为 0°的最终破裂情况。预制裂隙间通过宏观裂纹进行连接，将两岩桥区域框选出来后，得到了图中所示的 A、B 区域。在图右侧的两特征区域位移矢量中可以发现，宏观裂纹两侧的位移矢量属于复合型，从而可以证明区域 A 和 B 内裂纹属于复合型裂纹。

图 2-91(b)中所示为中央裂隙倾角 α 为 45°的试样的破裂模式，这一试样也是第二类破坏模式的典型试样。与图 2-91(a)类似，在图 2-91(b)中同样将预制裂隙间的贯通区域进行框选后得到图右侧的位移矢量图。从位移矢量图中不难发现，区域 A 和 B 内裂纹两侧的位移矢量方向均一致，只是相比于裂纹上部的位移矢量，裂纹下部位移矢量明显较小，从而使得裂纹两侧的位移存在一定的速度差。在此种位移矢量下，裂纹上部的运动方向与下部一致但是较下部要快，从而导致剪切裂纹的产生。图 2-91(c)中所示为第三类破坏模式典型试样的破坏情况，与前两种模式一样，该模式内的新裂纹周边位移矢量图也被用于分析预制裂隙间的贯通类型。从右侧的位移矢量图中可以发现，裂纹上部位移明显要大于下部的位移矢量，且在位移矢量方向上，两者并未呈现出相互排斥和相反的趋势，参考图 2-90 中的分类标准，区域 A 和区域 B 内的新裂纹明显可以划入复合型裂纹的范畴。

如图 2-92 所示为数值模拟结果中不同破坏模式试样的轴向加载力-位移曲线、微裂纹随轴向位移的变化情况，图中黑色曲线为加载力-位移曲线，而绿色细线代表微裂纹总数累积情况，蓝色与红色细线分别代表拉伸裂纹与剪切裂纹随轴向位移的发展曲线。图 2-93 至图 2-95 分别对应不同破坏模式试样的微裂纹及黏结力演化过程，其中(a)、(b)和(c)分别代表图 2-92 中加载曲线上的 a、b 和 c 点时试样的内部微裂纹和黏结力分布特征。点 a 代表试样在加载力峰前的状态，点 b 即为加载力峰值点，而点 c 则表征的是断续裂隙试样破坏后趋于残余强度时的状态。

1. 复合-Ⅰ型贯通过程

如图 2-92(a)所示为第一类复合破坏模式下试样(GS-0#)的加载力、微裂纹数量随加载位移的变化过程。图中加载曲线上的点 a、b 和 c 分别代表试样峰前、峰值和峰后的特征点。在峰前阶段，加载曲线呈现出近似线性的增长趋势，但是在点 a 附近开始出现明显的波动。图 2-93(a)所示的是点 a 处的微裂纹和黏结力分布情况，从图中不难看出，在点 a 处预制裂隙尖端衍生出了典型的拉伸型裂纹。此外，在边界裂隙尖端衍生出了少许微裂纹，但未形成

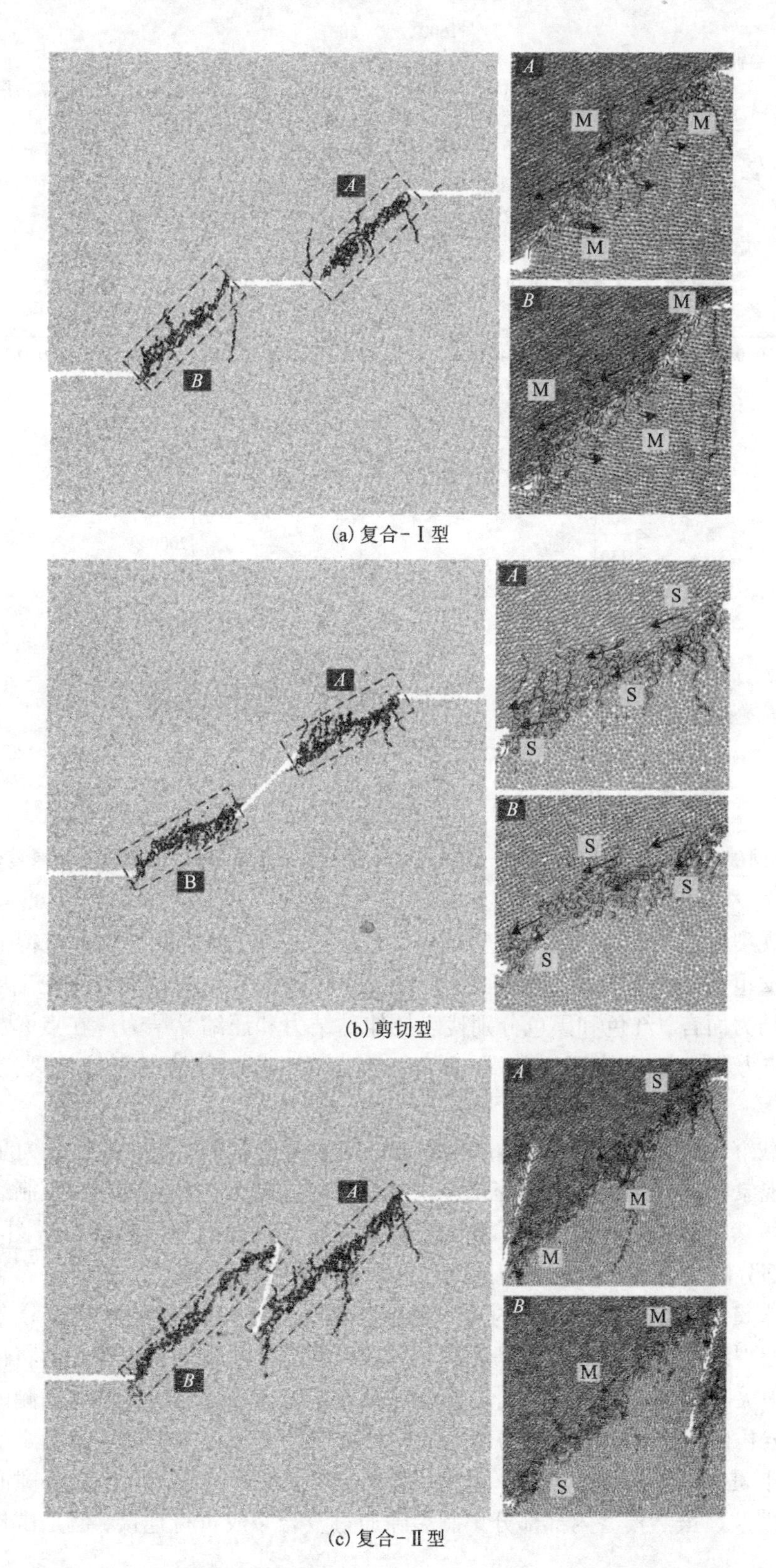

(a) 复合-Ⅰ型

(b) 剪切型

(c) 复合-Ⅱ型

图 2-91　不同倾角试样残余阶段的位移场分布情况(扫章首码查看彩图)

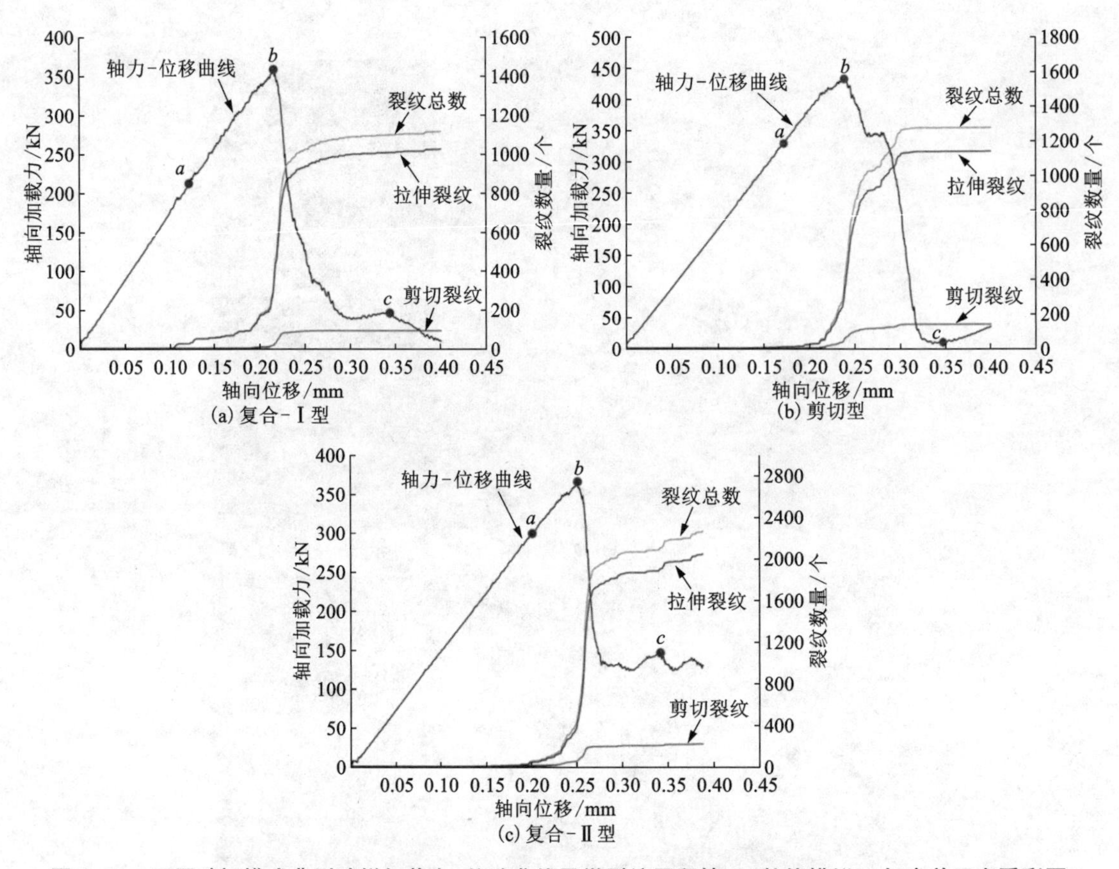

图 2-92　不同破坏模式典型试样加载力-位移曲线及微裂纹累积情况(数值模拟)(扫章首码查看彩图)

可辨别的宏观裂纹。对比微裂纹分布特征后发现，图 2-93(a)中的裂纹分布特征与试验测试结果类似。这也从侧面证明在压剪加载下，中央裂隙倾角为 0°时拉伸裂纹先于剪切型裂纹产生。对于黏结力而言，红色和黑色分别代表拉伸黏结力和压缩黏结力。在点 a 处，平行黏结破坏后，拉应力集中于拉伸裂纹尖端[图 2-93(a)]，在此种情况下拉伸裂纹还会进一步扩展。

随着加载继续进行，微裂纹持续产生和宏观裂纹持续扩展，试样的加载力呈现出明显的波动，这一现象与试验测试曲线的变化规律类似。在加载力达到峰值后，预制裂隙尖端衍生的拉伸裂纹虽然得到了一定程度的扩展，但是并未导致试样的整体破坏。从图 2-93 中可以发现，右侧部分的边界裂隙与中央裂隙间已经形成了贯通，而模型左侧的边界裂隙与中央裂隙间虽然并未贯通但是出现了明显的宏观裂隙。从图 2-93(b)中的黏结力分布情况可以看出，此时拉伸裂纹尖端的拉伸应力已经得到释放，可以推断拉伸裂纹在此后将停止扩展。与此同时，在中央裂隙与边界裂隙间的岩桥内积聚着压剪应力，尤其是模型左侧的边界裂隙与中央裂隙，岩桥内的宏观裂纹在压剪应力的驱动下进行进一步的扩展。由于之前采用位移矢量对该模式下贯通裂纹的类型进行了识别，研究结果证明边界裂隙与中央裂隙间的贯通裂纹属于复合型裂纹。虽然模型内部部分预制裂隙通过复合裂纹进行连接，但是试样依然保持着整体稳定。

数值模拟结果均表明，中央裂隙与边界裂隙的起裂和破坏并非单纯地从裂隙尖端开始，

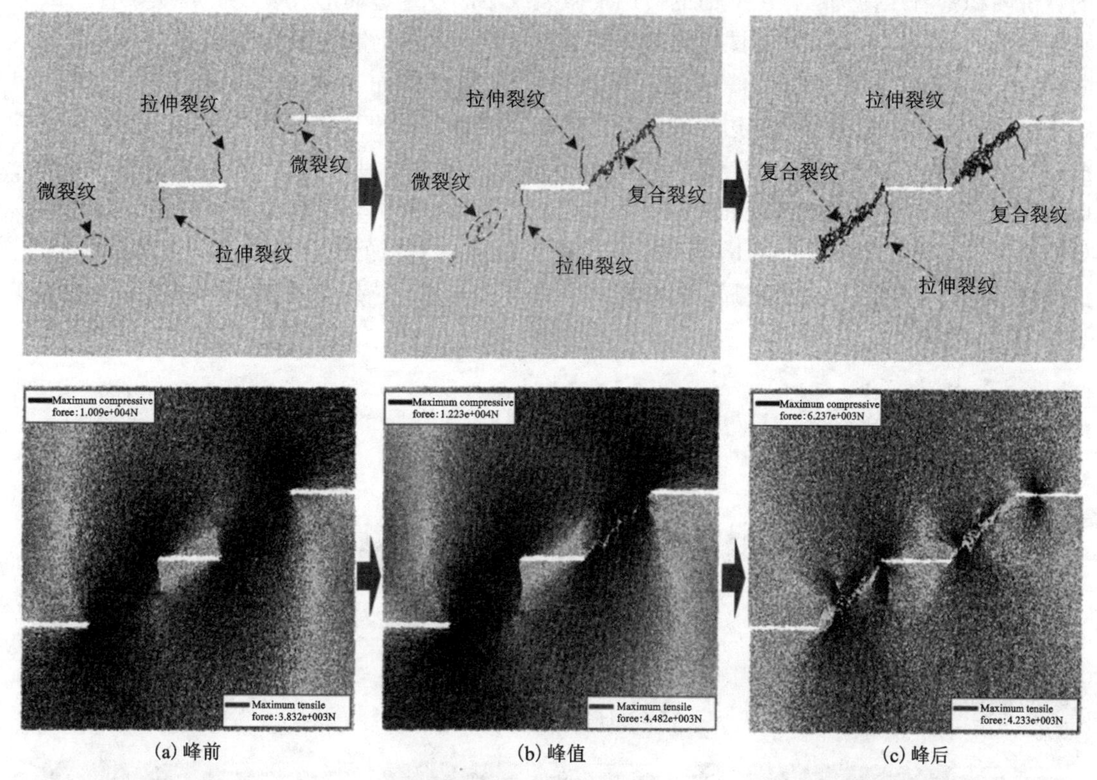

(a) 峰前　　(b) 峰值　　(c) 峰后

图 2-93　复合-I 型破坏典型试样微裂纹扩展过程及黏结力演化情况(扫章首码查看彩图)

岩桥的贯通破坏同样始于岩桥的中间。峰值点 b 后试样即进入破坏后阶段，加载力也急剧下降直至 0。加载力下降的趋势与试验测试曲线变化规律基本一致。这也表明试样在极短的时间内就发生破坏，从而导致加载力断崖式下降。在点 c 时，试样内部的预制裂隙均通过复合式裂纹形成连接，试样内部的黏结力基本得到释放。这也表明试样已经失去抵抗加载破坏的能力，在加载下产生移动。图 2-93(c) 中的复合型裂纹附近依然存在一定的应力集中现象。且图中的黏结力均呈现黑色，这也表明在这一区域主要分布压应力。在试样破坏后，在破坏面上存在压应力导致摩擦现象的产生，因此在一定强度内试样加载曲线出现了一段较为平缓的变化阶段。值得注意的是，残余阶段内试样内部的拉伸裂纹并未出现明显的扩展，较之前峰值点时的拉伸裂纹分布状态基本无差异。

2. 剪切破断过程

如图 2-92(b) 所示的是第二类破坏模式的轴向加载力-位移曲线，与第一类破坏加载力-位移曲线类似，在剪切破坏模式下试样的加载力-位移曲线上的不同阶段同样选取了 3 个特征点。如图 2-94 中所示的是 3 个特征点处的试样微裂纹及黏结力演化过程，从图 2-92(b) 中不难发现，随着加载位移的不断增加，试样的加载力持续增长，同时拉伸裂纹和剪切裂纹也持续增长。点 a 即为试样压剪加载下的起裂点，从图 2-94(a) 中可以发现，在此处试样内部的边界裂隙尖端出现了微裂纹。与前一破坏模式相比，该种破坏模式下试样内部的中央裂纹尖端并未衍生出明显的拉伸型裂纹，反而在试样内部的边界裂隙尖端衍生出了拉伸型裂纹。点 a 处的黏结力分布状况如图 2-94(a) 所示，从图中不难发现在边界裂隙和中央裂隙间的岩桥内积聚着压应力，在压应力的作用下微裂纹不断产生进而形成裂纹扩展现象直至试样破坏。从点 a 至点 b 过程中，试样内部的微裂纹增长迅速，预制裂隙尖端衍生出的裂纹也不断扩展。当试样加载力达到峰值时，预制裂隙尖端发展而来的裂纹已经非常清晰。如图 2-94(b)所示，中央裂隙与边界裂隙虽然并未形成最终的贯通，但是岩桥间已经呈现出了潜在的破坏面。此时岩桥内的拉伸黏结力和压缩黏结力也达到最大值，压应力占主导作用，剪切裂纹在这一应力区内扩展和传播。由于阶段-Ⅱ内加载力非常接近加载峰值，因此将该处的试样破坏情况与图 2-94(b)对比，发现两者也保持着良好的一致性。对于峰后的点 c，试样内部的预制裂隙形成了贯通，而据前文中的位移矢量分析结果可知，预制裂隙间的宏观裂纹为剪切裂纹。

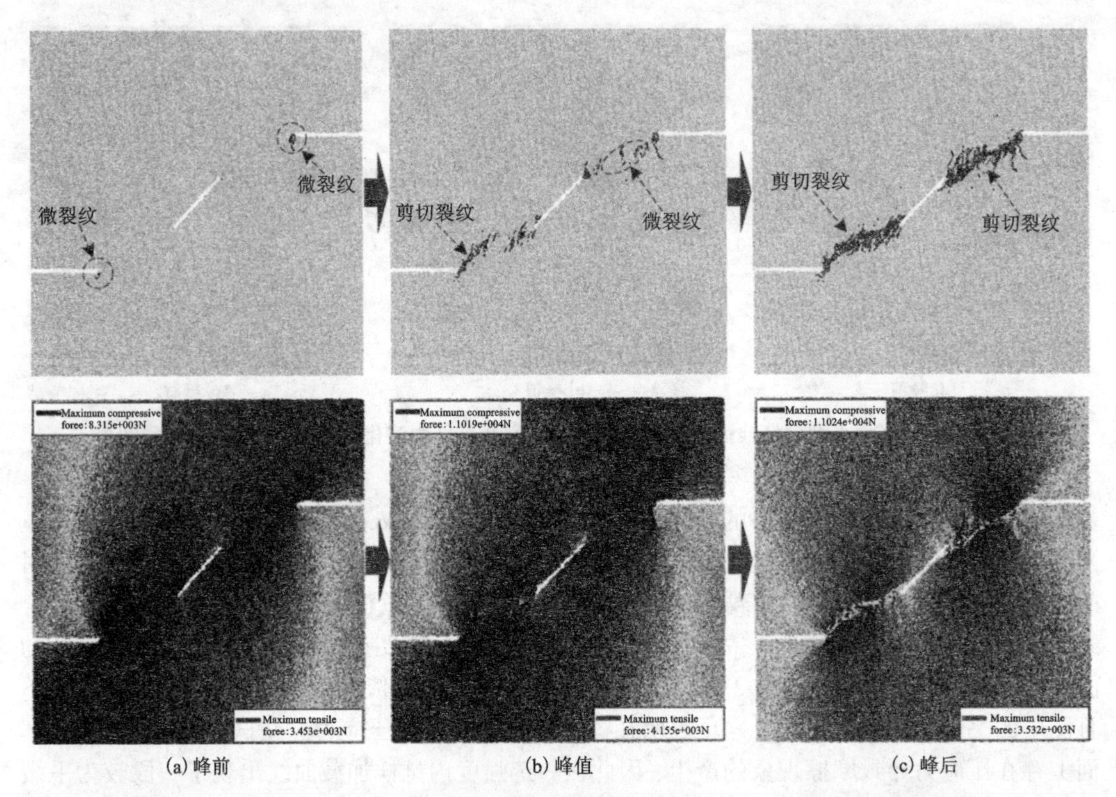

图 2-94　剪切型破坏典型试样微裂纹扩展过程及黏结力演化情况(扫章首码查看彩图)

从图 2-94(c)中的黏结力分布来看，试样破坏后岩桥发生了贯通，上一阶段中所示的拉伸应力已经得到释放，取而代之的全是压应力，压应力的存在导致破坏面上下相互接触并在加载下产生明显的剪切效应。值得提出的是，PFC 中的宏观裂纹是由微裂纹的积聚而形成的。对于拉伸裂纹而言，全是由颗粒两侧受拉而产生的；而对于剪切裂纹，其破坏面的细观破坏不仅仅只是剪切破坏，同时还伴随着颗粒受拉的情况。因此，在图 2-94 中的剪切裂纹中除了红色的剪切型微裂纹，还存在一定数量的拉伸型微裂纹。

3. 复合-Ⅱ型贯通过程

对于试样 GS-75#，其数值模拟结果中的加载力-位移曲线如图 2-92(c)所示，试样损伤演化过程如图 2-95 所示。在试样加载力达到峰值前，试样加载力随着加载位移的增加出现了类线性增长[图2-92(c)]。点 a 为模型起裂点，在图2-95(a)中可以看出，边界裂隙和中央裂隙尖端均有新裂纹产生。与上一模式相似，在中央裂隙尖端并未出现拉伸裂纹，而边界裂隙尖端则出现了明显的拉伸型裂纹。此时，黏结力主要集中于边界裂隙和中央裂隙间的岩桥区域。随着加载的继续进行，加载力不断增加，试样内部的微裂纹数量也急剧增长，试样开始产生明显的宏观破裂。点 b 同样作为试样的加载力峰值点，在此处试样内部的裂纹得到了较大程度的发展，但是试样并未产生整体破坏。如图2-95(b)所示，在试样内部边界裂隙尖端出现了十分明显的复合型裂纹，此外，在岩桥区域内出现了微裂纹聚集的现象。试样裂纹的传播都是从边界裂隙向中央裂隙尖端开展。点 b 处的黏结力分布规律如图2-95(b)所示，拉伸和压缩应力集中于岩桥所在区域。在以压应力为主的应力驱动下，复合裂纹不断进行扩展。在加载力峰值后试样进入破坏后阶段，从图2-92(c)中可以看出，从点 b 至点 c，这一阶段内微裂纹数量依然保持着一定速率的增长。点 c 时，试样内部边界裂隙和中央裂隙已经通过复合式裂纹形成贯通。前文位移矢量分析结果显示，从边界裂隙尖端衍生出的是剪切型裂纹，加载中期中央裂隙尖端衍生出复合型裂纹。随着加载的进行，剪切裂纹不断传播并与复合型裂纹连接而形成贯通。预制裂隙间的贯通模式属于复合型，此外，数值模拟结果与试验结果均显示，该类模式下的裂纹传播是始于边界裂隙尖端而终止于中央裂隙尖端。

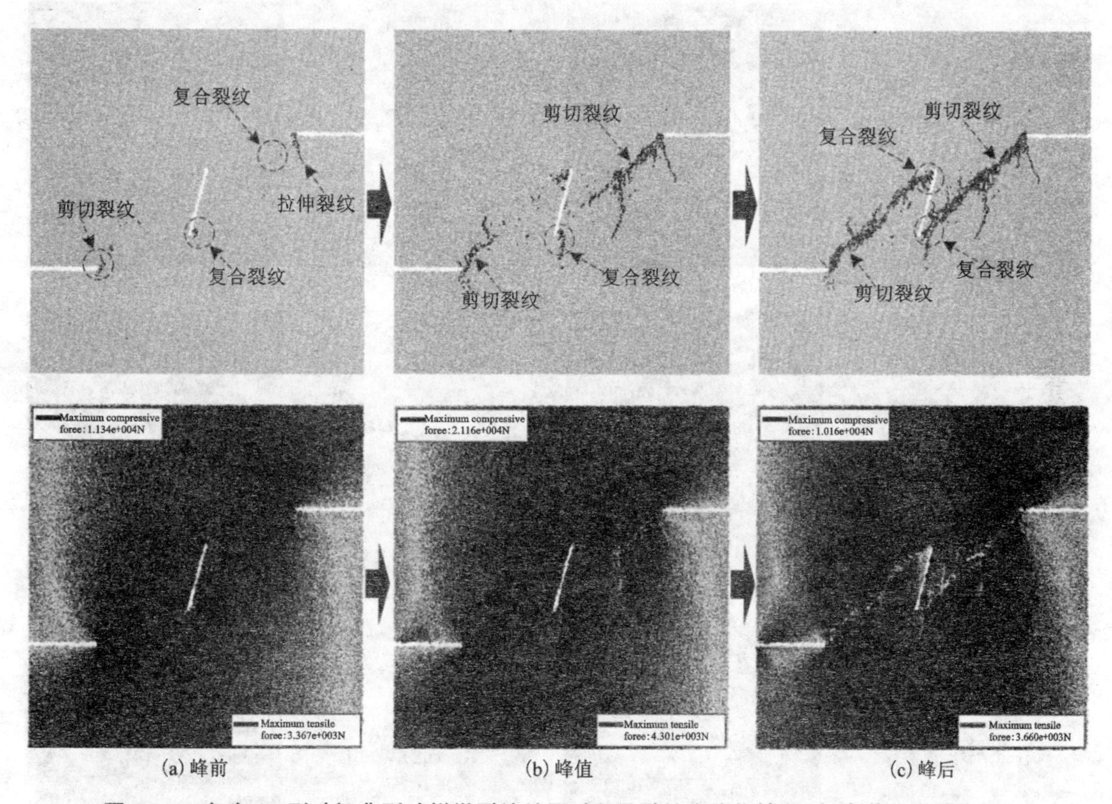

(a) 峰前　　(b) 峰值　　(c) 峰后

图2-95　复合-Ⅱ型破坏典型试样微裂纹扩展过程及黏结力演化情况(扫章首码查看彩图)

2.6.1.4　数值模拟与试验结果对比

如图2-96所示为数值模拟结果中不同中央裂隙倾角下试样的破坏模式与试验测试结果的比较图。从图中不难发现，数值模拟结果与试验结果保持高度的一致性。图2-96(a)为

$\alpha=0°$时试样的破坏模式，从图中不难发现预制裂隙间通过复合式裂纹形成连接。数值模拟结果中中央裂隙尖端存在拉伸裂纹，而试验结果中同样存在，只是需要进行一定程度的放大才可以清晰识别。对于试样内部中央裂隙倾角 $\alpha=30°$ 和 45°的试样而言，试样属于剪切破坏模式，试样内部的预制裂隙均是通过剪切裂纹连接。总体而言，数值计算结果与试验测试结果中的破坏特征保持高度的一致性。只是相比于试验结果，PFC2D 作为一种二维数值方法无法模拟一些三维物理现象，比如试验结果中表现出的表面剥落现象。如图 2-96(d)所示为 $\alpha=60°$的断续裂隙试样破坏模式对比结果，如前文所述，在该试样中存在明显的表面剥落现象，因此数值模拟结果与试验结果存在无法避免的差异。但是就裂纹贯通模式而言，数值模拟结果还是和试验结果较为吻合。图 2-96(e)和(f)为 $\alpha=75°$和 90°的试样破坏特征，从图中可以看出两种研究手段所获得的结果吻合良好。值得提出的是，在前文中对中央裂隙尖端的裂纹起裂角进行了测定，而数值模拟中的裂纹是由微裂隙积聚组合而成，数值模拟中的裂纹并非是一条细线，因此无法像试验结果中一样对起裂角进行精确的测定。不过观察和对比数值模拟结果和试验测试结果后，可以看出裂纹起裂方向和扩展途径同样保持着高度的一致性。

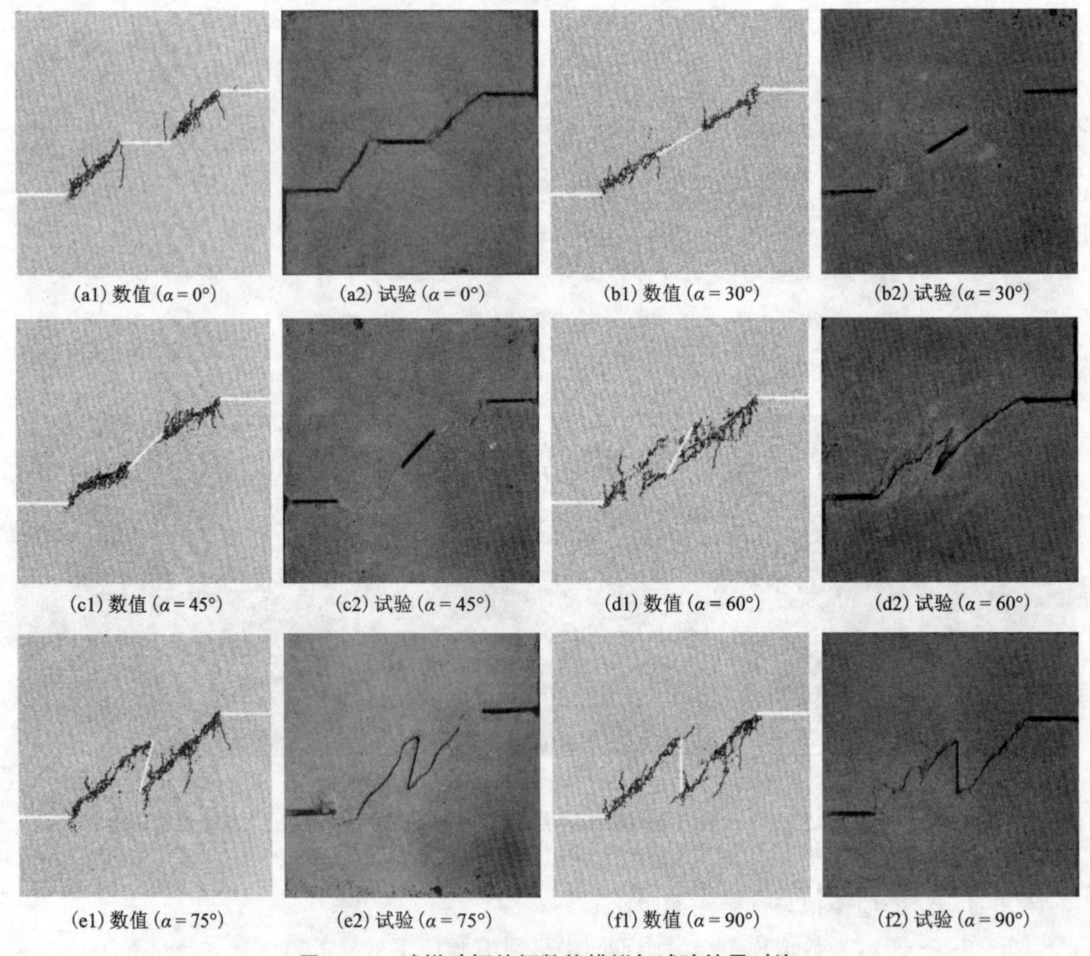
(a1) 数值 ($\alpha=0°$) (a2) 试验 ($\alpha=0°$) (b1) 数值 ($\alpha=30°$) (b2) 试验 ($\alpha=30°$)
(c1) 数值 ($\alpha=45°$) (c2) 试验 ($\alpha=45°$) (d1) 数值 ($\alpha=60°$) (d2) 试验 ($\alpha=60°$)
(e1) 数值 ($\alpha=75°$) (e2) 试验 ($\alpha=75°$) (f1) 数值 ($\alpha=90°$) (f2) 试验 ($\alpha=90°$)

图 2-96 试样破坏特征数值模拟与试验结果对比

2.6.2　利用颗粒簇剪切盒实现的层状裂隙岩体压剪断裂

2.6.2.1　室内测试与结果

本小节使用的试样为层状岩体，如图2-97(a)所示为具有明显各向异性层面的立方体试样。试样为双缺口试样，其由高速切割机制作而成，外部轮廓尺寸(高度×宽度×厚度)为70 mm×70 mm×70 mm。试样两侧的预制裂缝位于试样高度的中线上，所有预制裂缝的深度和宽度分别控制在18 mm和2 mm。此外，为了研究层面倾角对横观各向同性岩石剪切破坏力学行为的影响，本小节考虑了六种倾角：0°、30°、45°、60°、75°和90°。如图2-97(b)所示为倾角$\beta=45°$的试样。

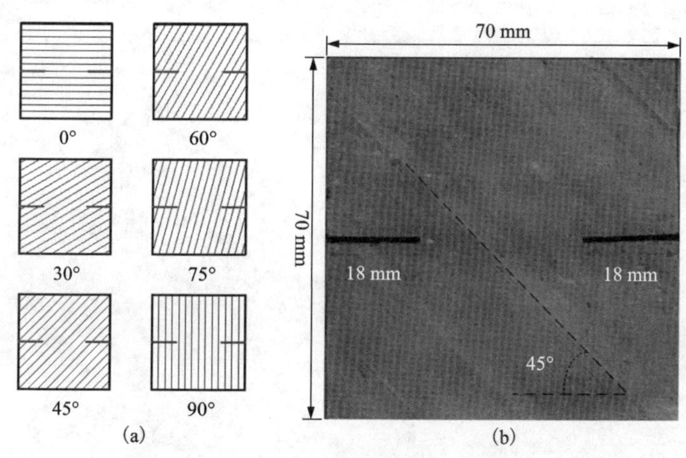

图2-97　层状岩体双裂隙试样示意图

图2-98为压剪试验示意图，压剪试验在电液刚性伺服试验机上完成，剪切盒布置在上部和下部加载平台之间，顶部和底部边界在水平方向上为自由边界。从图2-98中不难看出，所有双切口试样均位于两个斜面模具(剪切盒)之间，与水平方向成固定角度α。随着α的增大，$K_{\mathrm{II\,max}}/K_{\mathrm{I\,max}}$值减小，$\alpha$值过大或过小都会导致压剪荷载下的拉伸破坏。因而，为了保证清晰的剪切断裂(模式Ⅱ)，本小节将α设置为65°。在加载过程中，通过数据采集系统同时记录应力、垂直位移和声发射事件。加载模式设置为位移加载，加载速率为0.1 mm/min。加载时，双缺口试样边界应力分布如图2-98所示。

试样在试验机上加载直至破裂，层状试样在压剪试验下的破坏模式几乎是二维的，因此仅显示一个面。如图2-99所示，是破坏后具有不同层理面倾角的试样的代表性断裂模式。对于倾角$\beta=0°$的试样，主断裂面沿层理面方向，试样内部几乎没有分支裂纹。在压缩剪切荷载下，剪切裂纹从缺口裂纹尖端萌生，然后，扩展并与另一个缺口裂纹合并，形成主破坏面。

对于$\beta=30°$、45°和60°的试样，混合断裂模式占主导地位(图2-99)，表明缺口裂纹之间的主断裂面并不总是直的，可能是拉伸裂纹和复合剪切裂纹的组合。实际上，当拉应力超过岩石基质的抗拉强度，或剪应力超过层理面的剪切强度时，在缺口裂纹尖端裂纹开始之前，将在层理面处或层理面之间发生破坏。特别是对于$\beta=30°$和45°的试样，层理面上的剪切破坏和层理面之间的拉伸裂纹更为明显(图2-99)。对于$\beta=75°$和90°的试样，主断裂面粗糙，但几乎平行于试样的中线。主断裂面是拉伸和剪切裂纹段的组合，但层间拉伸裂纹占主导地位。应注意的是，除了主断裂面外，试样中也存在少量远场裂纹。

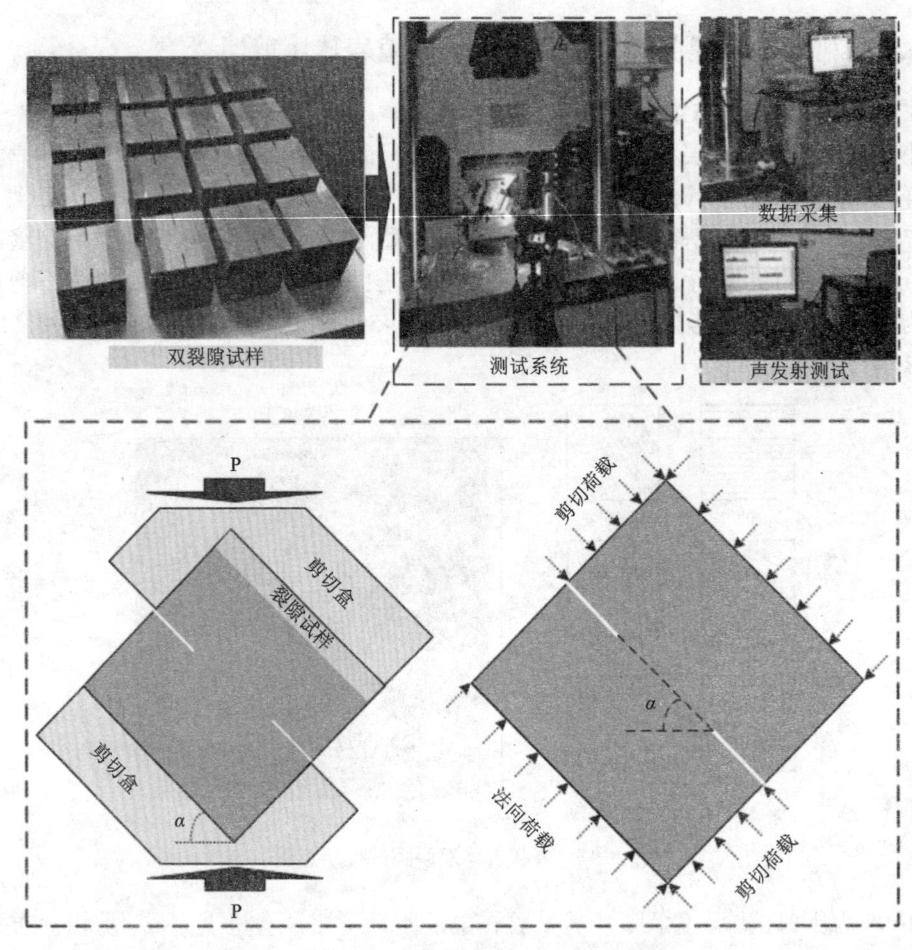

图 2-98　层状岩体双裂隙压剪试验示意图

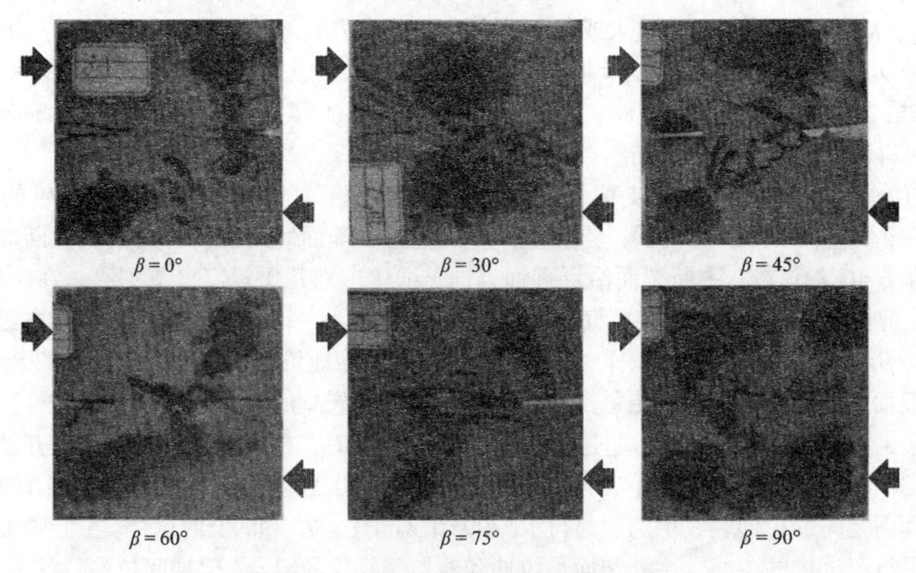

图 2-99　层状岩体双裂隙试样压剪破裂情况

2.6.2.2　数值模型构建与细观参数标定

如图 2-100 所示为压剪加载的数值模型，数值模型的尺寸与试验样品一致(高度×宽度=70 mm×70 mm)。同时，在数值模拟中考虑了六种倾角(0°、30°、45°、60°、75°和 90°)。为了在数值模拟中更好地再现横观各向同性岩石压剪加载下的力学响应，本次模拟采用了两种接触模式：将平面节理模型(FJM)用于模拟岩石基质，利用光滑节理模型(SJM)模拟节理面特性。

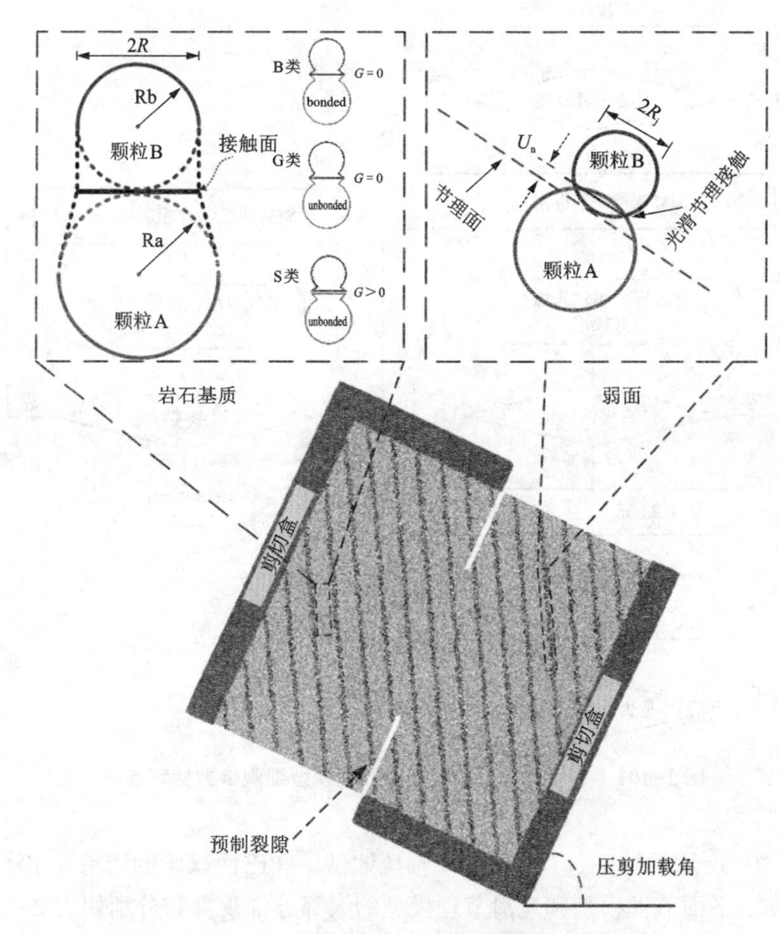

图 2-100　层状岩体双裂隙压剪数值模型

模型细观参数标定流程如图 2-101 所示，该程序也广泛用于横观各向同性岩石。整个过程可进一步分为 4 个步骤：

步骤 1：当层面倾角 $\beta=90°$时，SJC 的刚度对试样的变形模量影响不大。然后，基于数值单轴加载试验，调整 FJM 的变形参数以匹配 E90($\beta=90°$试样的单轴压缩试验结果)。

步骤 2：对于 $\beta=0°$ 的试样，变形模量取决于 SJC 的刚度。然后，基于 E0 校准 SJC 的刚度。

步骤 3：根据巴西试验的试验结果确定 FJC 和 SJC 的强度参数，因为 SJC 的强度对倾角 $\beta=90°$的试样强度的影响最小。然后，通过巴西试验调整 FJC 的强度进行匹配。

步骤 4：根据不同倾角试样的巴西试验结果，校准 SJC 的强度参数。

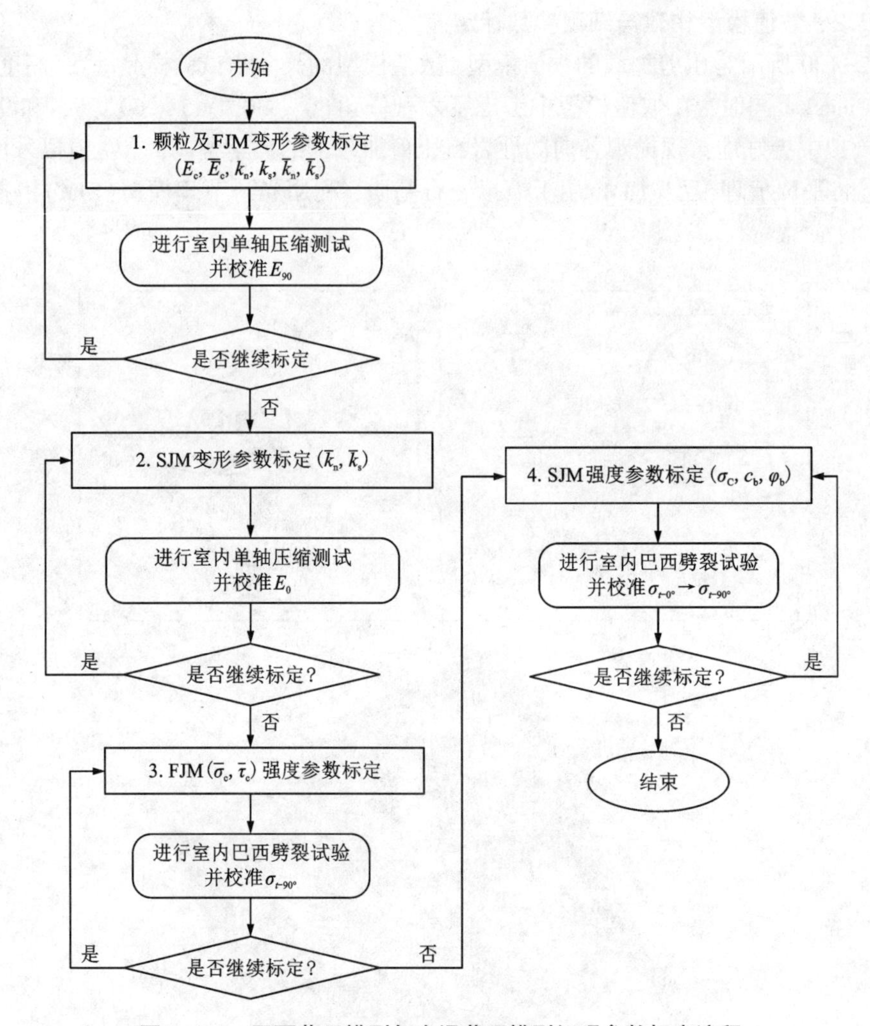

图 2-101　平面节理模型与光滑节理模型细观参数标定流程

按照图 2-101 所示的标定过程，根据单轴压缩试验和巴西试验的结果标定了岩石基质和弱面的细观参数，平面节理模型和光滑节理模型的大部分细观参数分别如表 2-20 和表 2-21 所示。

表 2-20　平面节理模型细观参数标定结果

颗粒参数		黏结参数	
参数	数值	参数	数值
接触模量 E_c/GPa	30	黏结模量 $\overline{E}_c$/GPa	30
最小半径 R_{min}/mm	0.15	黏结刚度比 $\overline{k}_n/\overline{k}_s$	2.5
粒径比 R_{max}/R_{min}	1.66	黏结法向强度 $\overline{\sigma}_c$/MPa	56±11
摩擦系数 μ	0.5	黏结切向强度 $\overline{\tau}_c$/MPa	56±11

续表2-20

颗粒参数		黏结参数	
刚度比 k_n/k_s	2.5	间隙比 g_{ratio}	0.3
颗粒密度 $\rho/(kg \cdot m^{-3})$	2800	非接触占比 φ_s	0.1
		内摩擦角 $\varphi_r/(°)$	30

表 2-21　光滑节理模型(SJM)细观参数标定结果

参数	数值
法向刚度 $\bar{k}_n/(GPa \cdot m^{-1})$	8000
切向刚度 $\bar{k}_s/(GPa \cdot m^{-1})$	8000
摩擦系数 μ	0.5
剪胀角 Ψ	0
抗拉强度 σ_c/MPa	9
黏聚力 τ_c/MPa	18
摩擦角 $\varphi_b/(°)$	10

对于具有不同倾角的横观各向同性岩石试样的单轴抗压强度和抗拉强度，试验结果和数值模拟结果之间的比较如图 2-102 所示。基于图 2-102 所示数据对比不难发现，数值模拟结果与试验测试结果保持良好的一致性。

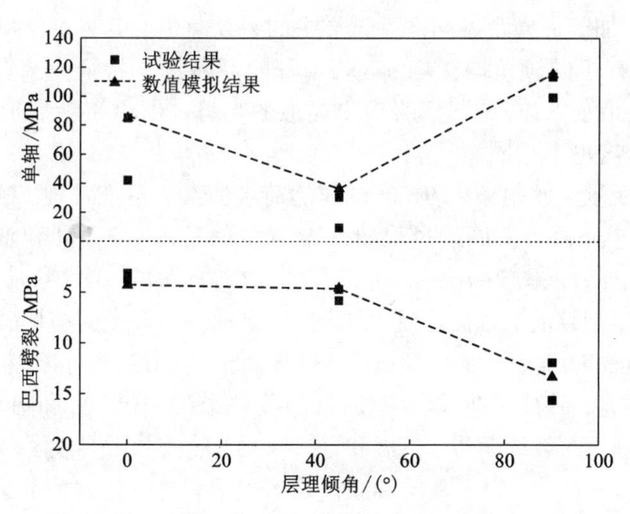

图 2-102　所标定试样强度数值模拟与试验结果对比

2.6.2.3　断裂荷载与断裂特性

断裂荷载的数值模拟结果与试验结果如图 2-103 所示，为了方便两者进行对比，图 2-103

中将数值模拟结果也根据 70 mm 的厚度进行转换。总的来说，数值模拟结果中所呈现的峰值断裂荷载变化趋势与试验结果相一致。对于峰值断裂荷载，其试验和数值模拟结果均在 30°和 60°时分别获得了最大值和最小值。值得提出的是，试验值和数值解之间仍然存在一些差异，导致这一现象的原因一个是横观各向同性岩石中的复杂层理面，另一个可能是横观各向同性试样的非均匀性。

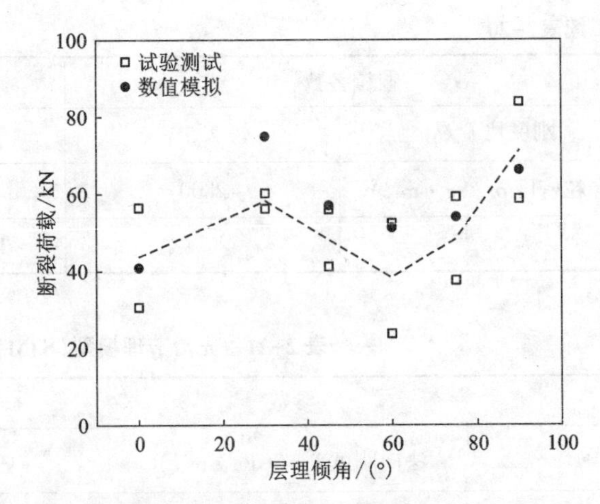

图 2-103　峰值断裂荷载对比(厚度均换算为 70 mm)

图 2-104 是数值结果和试验结果中的断裂模式比较，当倾角为 0°时，试样因沿层理面的裂纹扩展而破裂[图 2-104(a)]，该种破裂模式下数值模拟结果与试验结果吻合较好。对于倾角=30°的试样，其呈现出沿倾斜层理面剪切滑动的破坏模式，同时平行层面之间出现拉伸裂缝[图 2-104(b)]。在中等倾角(45°~60°)下，数值模拟结果与试验结果中的破坏特征几乎一样，岩桥中沿层理面没有纯剪切或滑动破坏[图 2-104(c)~(d)]。主断裂面是曲折的，也是宏观剪切和拉伸裂纹组合而成。与倾角低于 75°的试样不同，倾角为 75°和 90°的试样在平行层理面之间发生劈裂或剪切破裂[图 2-104(e)~(f)]。综上所述，在断裂模式方面，数值模拟结果与试验结果吻合较好，这也表明数值模拟能够很好地模拟压剪荷载作用下横观各向同性岩体的断裂过程。

图 2-105 显示了具有不同倾角的横观各向同性试样的断裂荷载和垂直位移之间的关系。同时，图 2-105 还显示了微拉伸和剪切裂纹的演变。绿色和红色细线条分别表示 FJM 模型中的拉伸裂纹和剪切裂纹，粉红色和青绿色虚线分别代表 SJM 模型中的拉伸裂纹和剪切裂纹。图 2-106 显示了压剪加载下横观各向同性试样中的裂纹萌生、扩展和合并过程。对于每个横观各向同性试样，针对不同倾角均在峰前、峰值和峰后各选一特征点来分析裂纹扩展情况。对于断裂荷载-位移曲线，所有试样都表现出类似的趋势。但由于断裂形态的不同，峰前阶段加载曲线的波动程度也不相同。

如图 2-105(a)所示为倾斜角度 $\beta=0°$ 试样的荷载曲线，不难发现，断裂荷载-位移曲线相对平滑，峰值后突然下降。其断裂过程如图 2-106(a)所示，Ⅰ、Ⅱ和Ⅲ分别代表峰前、峰值和峰值后阶段的试样。从图 2-106(a)可以看出，在峰前阶段，微裂纹从缺口裂纹尖端萌生。随着断裂荷载的增加，裂纹沿层理面扩展，在峰值处出现一个潜在的剪切破坏面。峰值断裂荷载后，层面上的裂缝段相互连接，形成穿透剪切破坏面，从而导致整体断裂[图 2-106(a)]。

对于 $\beta=30°$ 的试样，其荷载曲线和破裂过程分别如图 2-105(b)和图 2-106(b)所示。实际上，从图 2-106(b)中的裂纹萌生、扩展和合并来看，数值结果再现了试样的断裂过程。在峰前阶段[图 2-106(b-Ⅰ)]，岩石基质和层面均出现微裂缝。随着荷载的继续，试样的内部断裂集中在主要层理表面，大部分破坏发生在破坏面上，并且出现了几个潜在的剪切破坏面[图 2-106(b-Ⅱ)]。断裂后，虽然原始层面之间发生拉伸破坏，但沿原始层面的剪切破坏占主导地位[图 2-106(b-Ⅲ)]。如上所述，$\beta=45°$ 和 60°的试样表现出类似的破裂特征。图 2-105(c)和图 2-105(d)分别显示了倾角 $\beta=45°$ 和 60°的试样的荷载曲线。压剪破裂过程

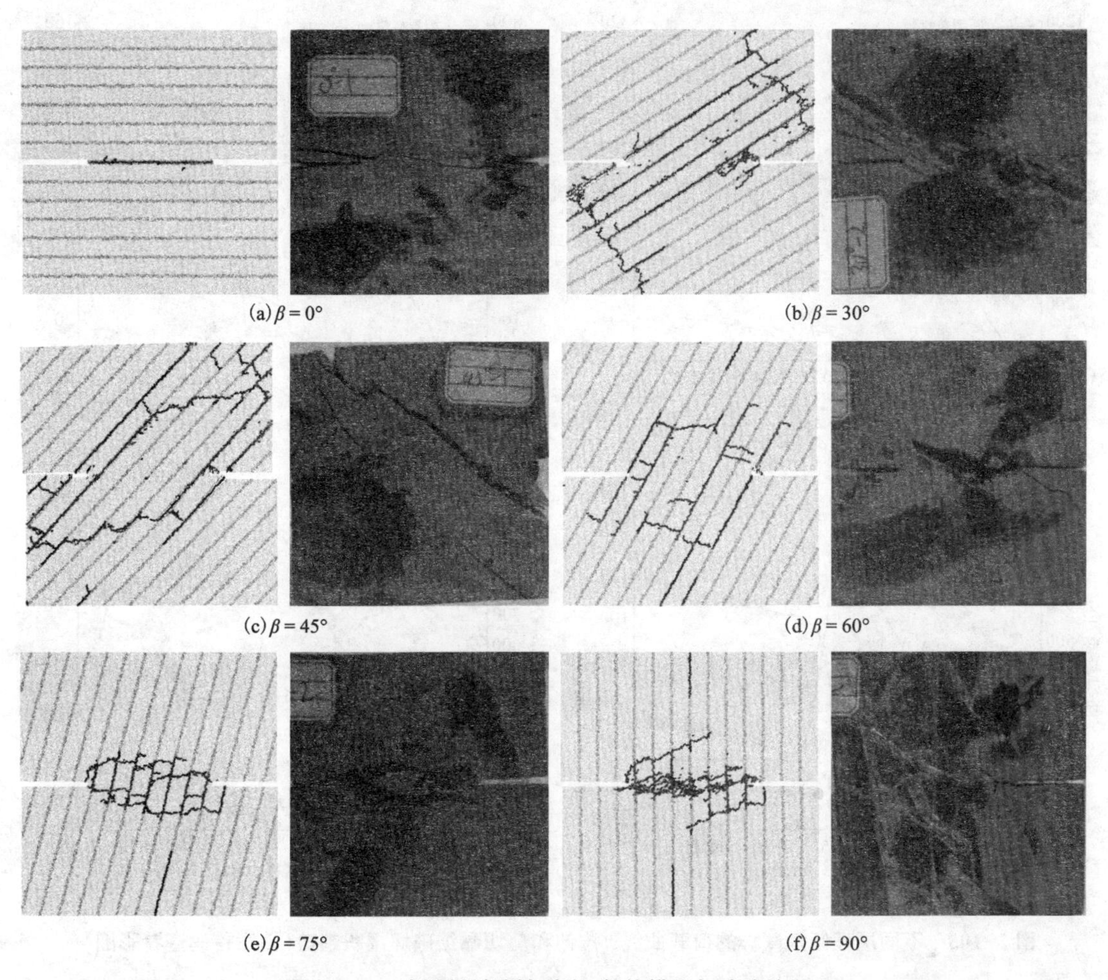

(a) $\beta=0°$ (b) $\beta=30°$

(c) $\beta=45°$ (d) $\beta=60°$

(e) $\beta=75°$ (f) $\beta=90°$

图 2-104 试样断裂特性对比(数值模拟与试验结果)

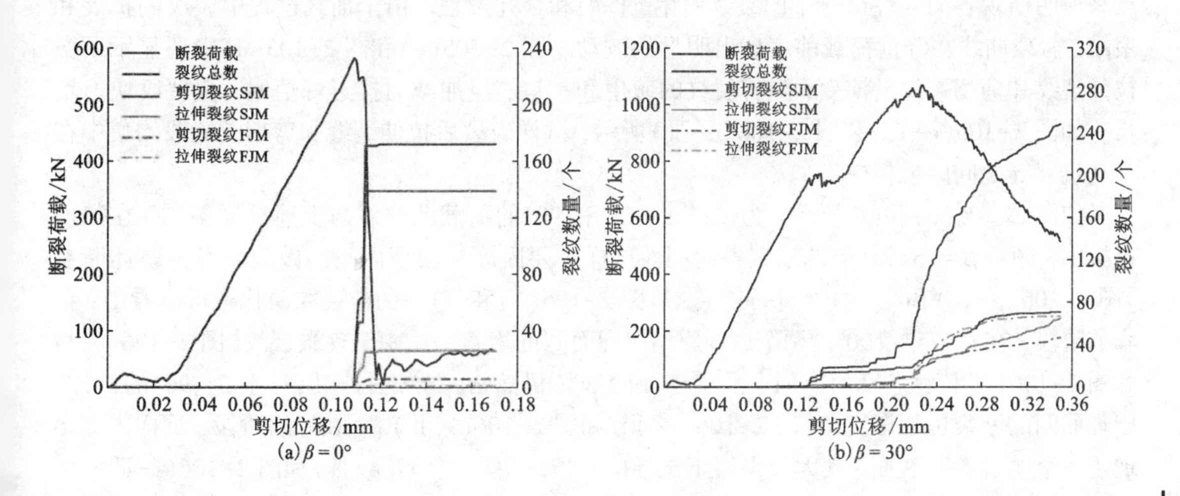

(a) $\beta=0°$ (b) $\beta=30°$

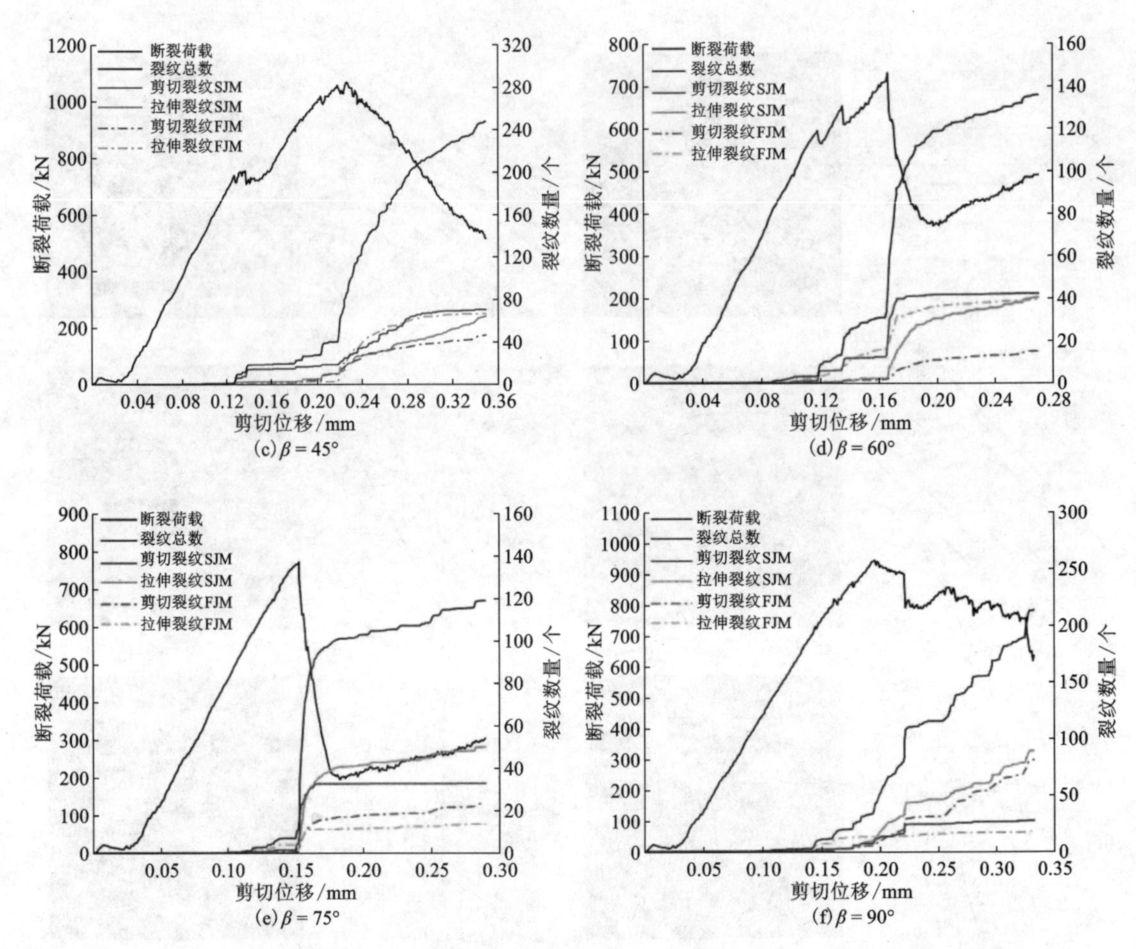

图 2-105 不同层理倾角试样的荷载曲线、拉伸和剪切黏结破坏累积趋势(扫章首码查看彩图)

也如图 2-106(c)和图 2-106(d)所示。与上述试样一样，选择峰前、峰值和峰后阶段的 3 个点来说明横观各向同性试样中的裂纹萌生、扩展和合并过程。由于加载过程中裂纹的扩展和聚结，荷载曲线在峰值荷载前表现出明显的波动。图 2-105(c)和图 2-105(d)中还显示了微拉伸裂纹和剪切裂纹的演变，随着裂纹的萌生和扩展，当加载力接近峰值时，微裂纹快速增长。如图 2-106(c-Ⅲ)和图 2-106(d-Ⅲ)所示，试样破裂后拉伸裂缝和剪切裂缝段均集中在双缺口裂缝之间的岩桥中。

如图 2-105(e)和(f)所示，为试样 $\beta=75°$ 和 90° 的荷载曲线。与上述试样不同，在数值模拟中，倾角 $\beta=75°$ 和 90° 的横观各向同性试样主要因原始层理面间的破裂而发生整体断裂[图 2-106(e-Ⅲ)和图 2-106(f-Ⅲ)]。从图 2-105(e)和(f)中的微裂纹演化也可以看出，在峰前阶段，在 $\beta=75°$ 和 90° 的两个试样原始层理面间的岩石基质中出现微裂纹[图 2-106(e-Ⅰ)和图 2-106(f-Ⅰ)]。峰值点时，沿层理面的破坏仍然占主导地位。但对于 $\beta=90°$ 的试样，层理面间的断裂也逐渐突出[图 2-106(e-Ⅱ)和图 2-106(f-Ⅱ)]。在峰后阶段，试样内部出现了一个明显的断裂面，其大致平行于试样的中位线[图 2-106(e-Ⅲ)和图 2-106(f-Ⅲ)]。

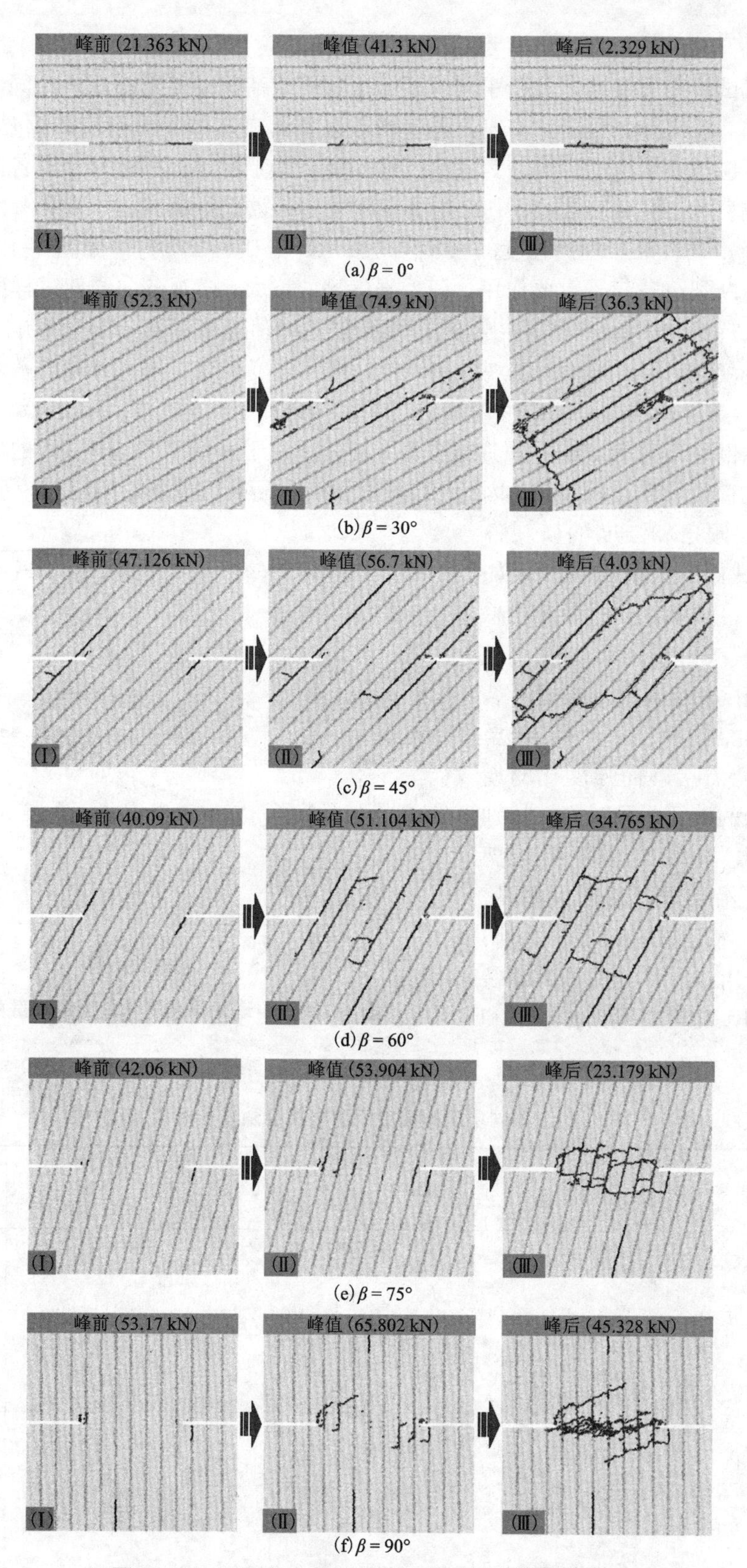

图 2-106　不同倾角横观各向同性试样的微裂纹演化

2.6.2.4 节理面强度的影响

前文通过试验和数值模拟分析了层理面倾角对压剪荷载条件下横观各向同性岩石试样断裂行为的影响。在实际工程中，层理面强度参数也是影响岩体断裂行为的重要因素。因此，本部分考虑了层理面强度的影响。为了分析在压剪试验下层理面强度对横观各向同性岩石破坏行为的影响，同比例对表 2-21 中的光滑节理强度参数进行折减，本节共考虑了 4 种梯度(即为表 2-21 所列校准层理面强度的 0.5、0.75、1.0 倍和 1.25 倍)。如图 2-107 所示，层理面强度对峰值断裂荷载起着重要作用。随着强度比的增大，横观各向同性试样的断裂荷载呈现明显的增大趋势。因此，可以得出，层理面强度对峰值断裂荷载有显著影响。同时，随着层理面强度的变化，不同倾角的横观各向同性试样的强度衰减有很大差异。随着强度比的增大，$\beta=0°\sim60°$试样的强度近似线性增加。对于$\beta=75°$和 90°的试样，从模拟结果来看，层理面强度对峰值断裂荷载的影响不如其他倾角下的大。由于$\beta=75°$和 90°试样的破坏主要是平行层面之间的微裂纹连接所造成，因此，层理面强度对断裂荷载的影响相对较小。

具有不同倾角和强度的横观各向同性岩石试样的数值断裂模式如表 2-22 所示。倾角$\beta=0°$的试样总是由于剪切裂纹沿层理面扩展而破坏，层理面强度的变化似乎对其断裂模式影响不大。然而，对于$\beta=30°$至 90°的试样，随着层理面强度比的增大，沿层理面的破坏明显减少。特别是对于强度比为 0.5 的试样，在压剪荷载作用下，沿层理面的断裂明显，大部分断裂面靠近试样边界。此外，随着强度比的增大，试样的内部断裂范围明显减小，尤其是倾角$\beta=75°$和 90°的试样。

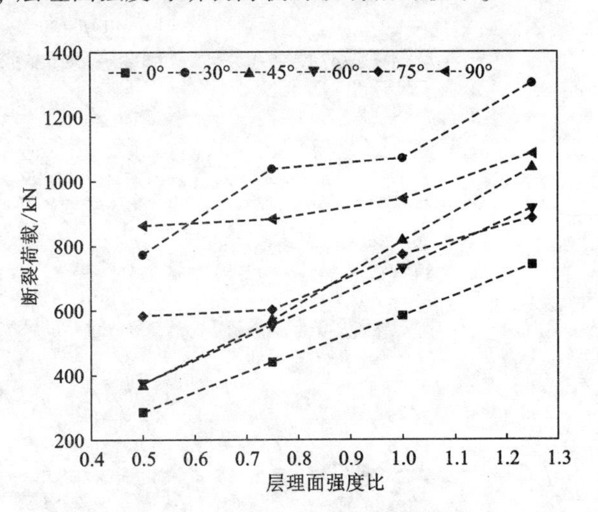

图 2-107 层理面强度对峰值断裂荷载的影响

表 2-22 不同层理面强度比的层状裂隙模型破裂特征

层理面强度比	0°	30°	45°	60°	75°	90°
0.5	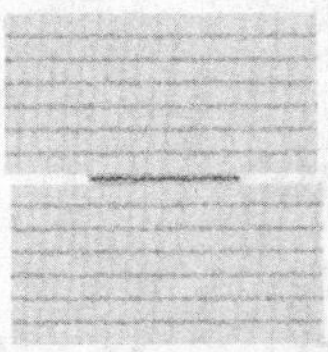	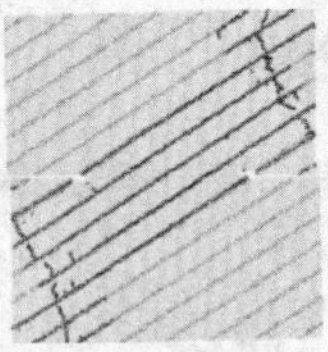	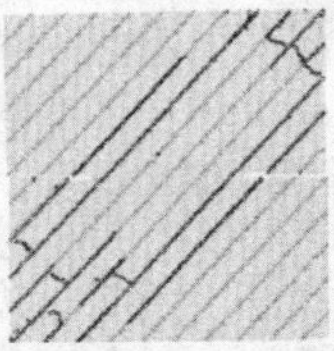	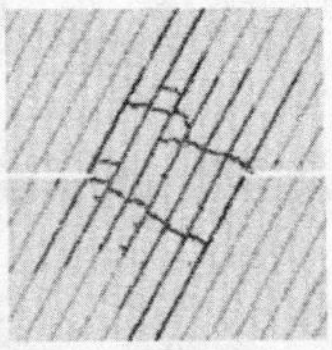	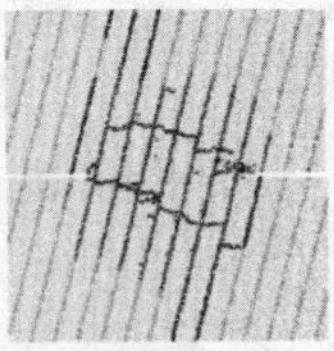	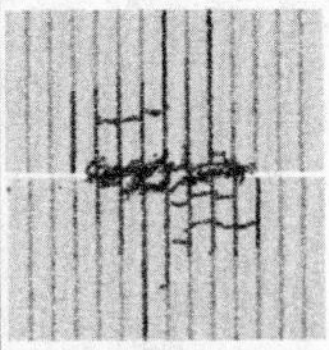
0.75	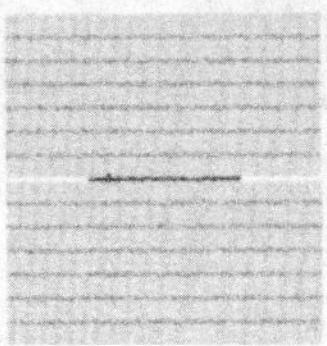	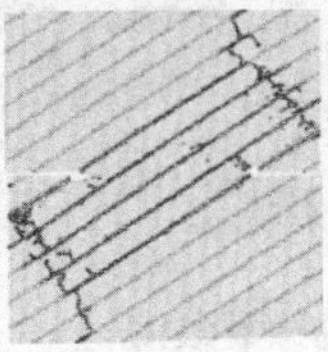	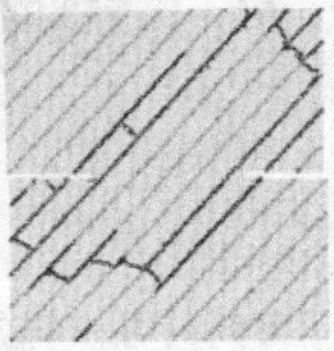	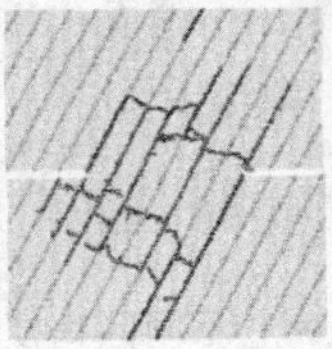	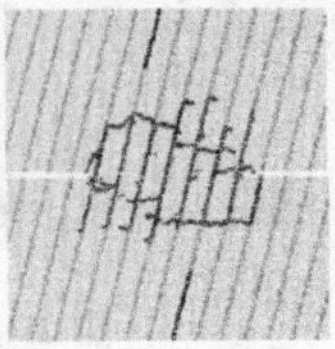	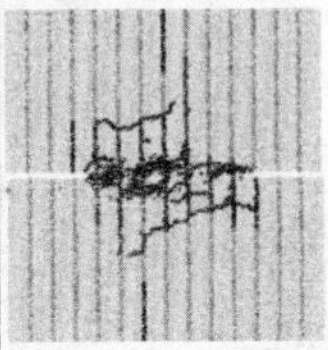

续表2-22

层理面强度比	0°	30°	45°	60°	75°	90°
1.0						
1.25						

本小节进一步研究了黏结强度比对压剪下横观各向同性岩石试样断裂模式和特征的影响，对不同接触模型(平接头和光滑接头模型)的拉伸和剪切裂纹百分比进行了分析，如图2-108所示。结果表明，层理面强度比的增大导致试样中拉伸裂纹的百分比增大。特别是对于平面节理模型上的拉伸裂纹，岩石基质内部的拉伸断裂随着层理面强度比的增大而增加。根据表2-22，随着强度比的增大，层面上的破坏路径长度减小，光滑节理模型上的剪切裂缝呈现出明显的减少趋势，如图2-108所示。

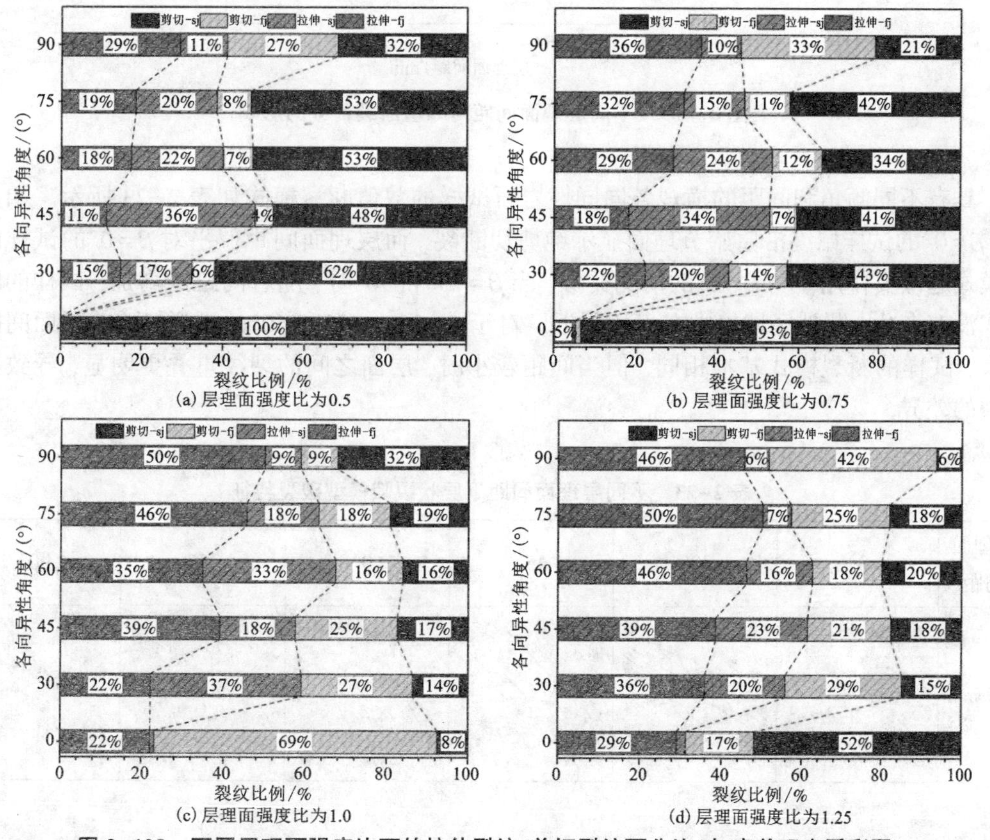

(a) 层理面强度比为0.5　(b) 层理面强度比为0.75

(c) 层理面强度比为1.0　(d) 层理面强度比为1.25

图2-108　不同层理面强度比下的拉伸裂纹/剪切裂纹百分比(扫章首码查看彩图)

2.6.2.5 层理面间距的影响

在之前的数值模拟中，我们将层理面间距固定为5 mm。实际上，层理面间距直接决定了试样中层理面的数量，它必然对试样的力学性能产生潜在影响。然后，为了研究层理面间距对压剪试验下横观各向同性岩石破坏行为的影响，本部分考虑了四种层理面间距(2.5 mm、5.0 mm、6.0 mm和7.5 mm)。如图2-109所示，随着间距值的增大，$\beta=0°$的横观各向同性试样的断裂荷载基本稳定(约550 kN)。由于$\beta=0°$的试样沿原始节理面呈现纯剪切断裂，因此断裂荷载随间距的增加没有明显变化。然而，随着层理面间距的增大，$\beta=30°\sim90°$的横观各向同性试样的断裂荷载呈现明显的增大趋势。随着间距的增加，层面之间的岩石基质更难破碎，因此断裂荷载增加。

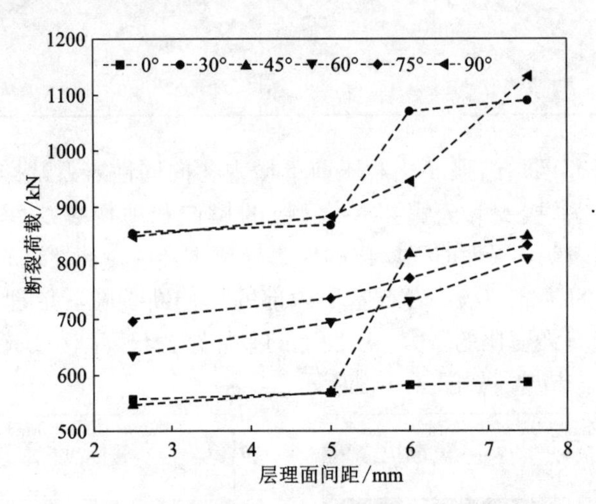

图2-109 不同层理面间距对峰值断裂荷载的影响

具有不同倾角和间距的横观各向同性岩石试样的数值断裂模式如表2-23所示。如上所述，$\beta=0°$的试样始终沿原始节理面显示纯剪切断裂，而层理面间距似乎对$\beta=0°$的试样的断裂模式起次要作用。与$\beta=0°$的情况类似，当$\beta=75°$和90°时，随着间距的增加，试样的断裂模式没有变化，断裂区域集中在岩桥附近。对于$\beta=30°$、45°和60°的试样，随着层面间距的增大，试样的断裂模式基本相同，但当间距较小时，层面之间的裂纹重叠更明显，导致局部断裂的差异。

表2-23 不同层理面间距下层状裂隙模型破裂特征

层理面间距	0°	30°	45°	60°	75°	90°
2.5 mm	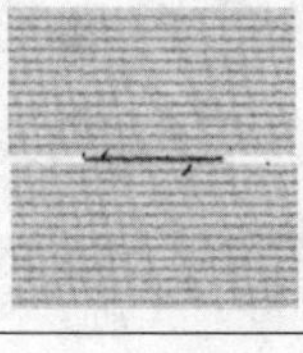	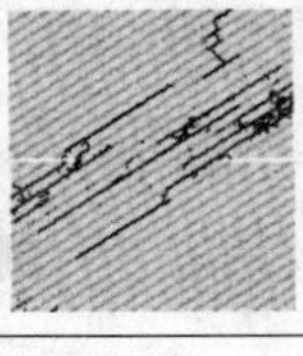	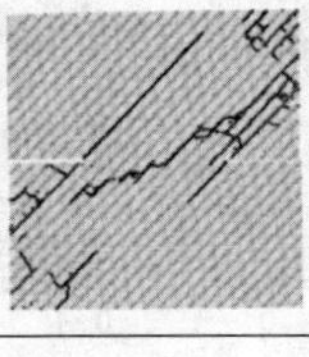	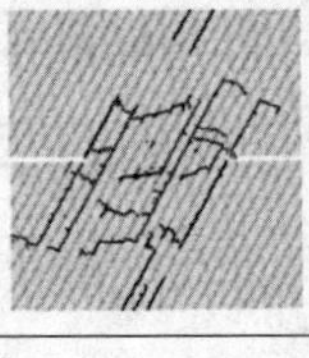	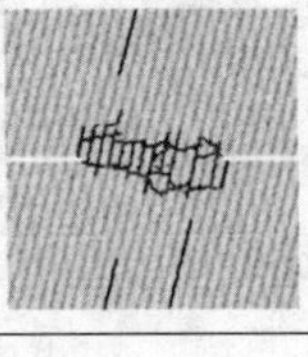	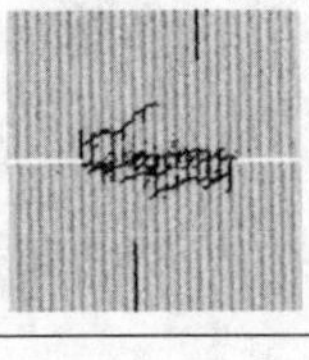

续表2-23

层理面间距	0°	30°	45°	60°	75°	90°
5 mm	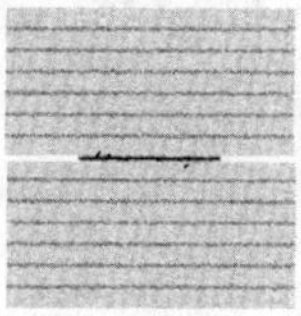	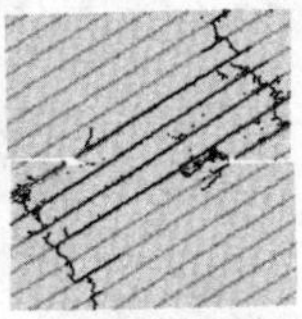	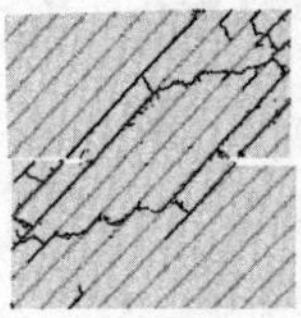		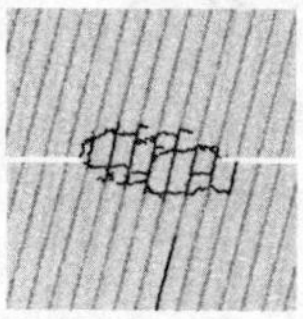	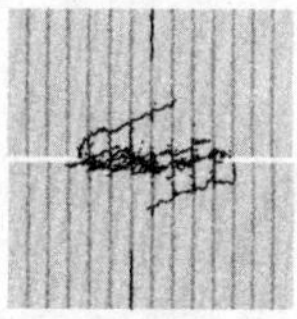
6 mm	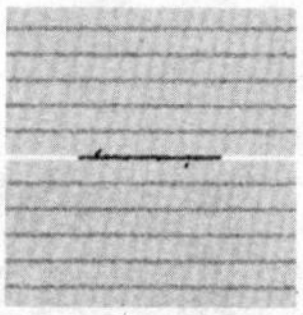	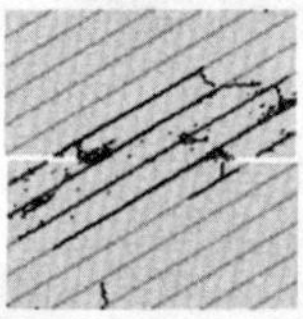	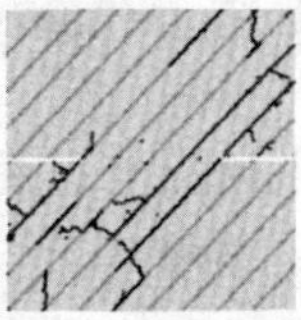	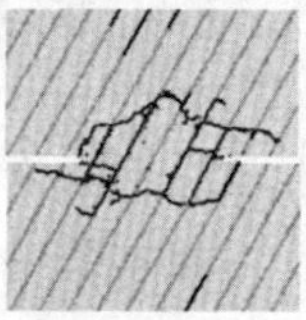	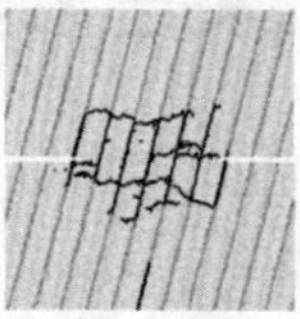	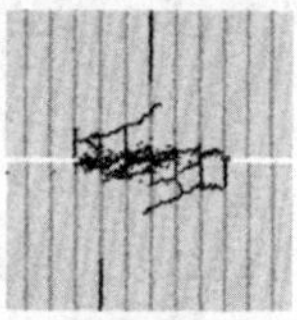
7.5 mm	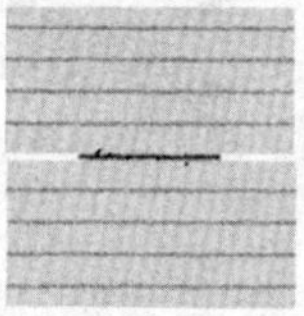	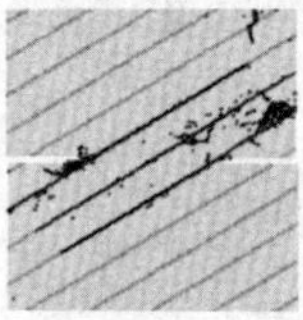	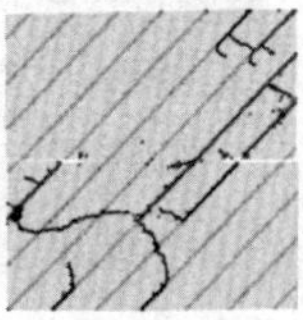	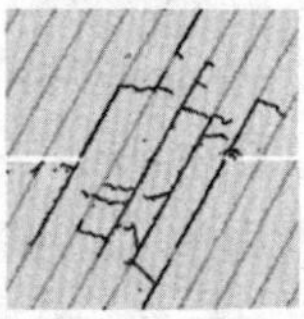	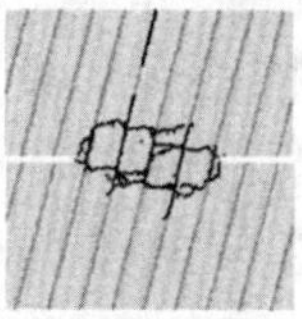	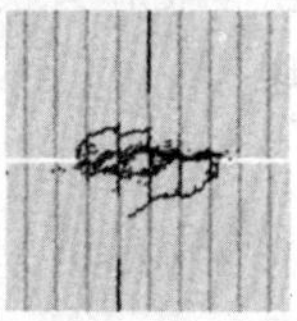

第3章　数值分析在边坡工程中的应用

3.1　边坡安全系数定义及其抗剪强度机理

扫码查看本章彩图

一般认为，边坡体的破坏现象是指岩土体沿滑裂面发生快速滑落或坍塌的现象，其属于破坏力学范畴。当滑动面上每点都达到极限应力状态时，滑体进入破坏，这就是破坏力学中的破坏准则，如岩土材料中采用的莫尔-库仑破坏准则，当前滑坡工程计算中，经典极限平衡理论中常以此为破坏条件。如果滑动面上的力不以每点的应力表示，而以内力表示，那么当滑动面上总的下滑力大于或等于抗滑力时，滑动面就发生破坏。由此可见，破坏时整个滑动面上都达到力的极限平衡状态，此时滑动面上每点的岩土强度也都得到充分发挥。

对于不同的工程要求，设计人员采用不同的安全系数定义形式，但都要符合规范中规定的安全系数要求，边(滑)坡工程也不例外。边(滑)坡工程与结构工程不同，增大荷载并不一定能充分体现增大安全系数[13]。因为随着荷载的增大，下滑力增大，但抗滑力也会增大，导致边(滑)坡工程设计中出现多种安全系数定义。目前采用的安全系数主要有三种：一是基于强度储备的安全系数，即通过降低岩土体强度来体现安全系数；二是超载储备安全系数，即通过增大荷载来体现安全系数；三是下滑力超载储备安全系数，即通过增大下滑力但不增大抗滑力来计算滑坡推力设计值。当前，不同的计算方法中体现的安全系数定义是不同的，例如，传递系数法显式解中采用的安全系数为下滑力超载储备安全系数；但是，传递系数法隐式解中及国际上各种条分法都采用的是强度储备安全系数。对不同的安全系数定义采用同样的安全系数值会得出抗滑桩上完全不同的推力设计值，导致抗滑桩的设计完全不同。又如，目前在边坡设计中采用荷载分项系数，即采用了超载储备安全系数，当采用有限元增量超载法计算安全系数时，必然导致其安全系数与强度储备安全系数数值的不同。因此，有必要对这些安全系数的定义方式进行讨论。

另外，目前边坡稳定安全系数的计算主要基于莫尔-库仑准则，该准则认为影响岩土体破坏情况的强度参数主要是黏结力 c 和内摩擦角 φ。但是，两者对于安全系数的贡献是否相同，在什么情况下黏结力的作用大于内摩擦角的作用，什么情况下内摩擦角的作用大于黏结力的作用，以及什么情况下两者对稳定性的影响作用相同，尚不明确。目前，这方面的相关文献还较少，其中 Taylor[14] 认为滑动面上的抵抗力包括摩擦力和黏结力两部分，在边坡发生滑动时，滑动面上摩擦力首先得到充分发挥，然后才由黏结力补充。但在实际边坡发生滑动时，并不是黏结力和摩擦力绝对一方充分发挥作用后，才由另一方发挥作用；滑动面上摩擦力与黏结力可能同时发挥作用，只是它们发挥程度不同而已，因此，有必要探讨 c 和 φ 对稳定性安全系数的影响程度。

3.1.1 强度折减法的基本原理

强度折减法将安全系数定义为使边坡刚好达到临界破坏状态时，对其强度参数进行折减的程度。若边坡采用莫尔-库仑准则描述，影响其稳定性的强度参数是黏结力 c 和内摩擦角 φ，将坡体原始黏结力 c^0 和内摩擦角 φ^0 同时除以一折减系数 K，然后进行数值分析。通过不断增大 K，反复分析直至边坡达到临界破坏状态。假设此时黏结力和内摩擦角为 c^{cr} 和 φ^{cr}，由于边坡处于临界状态，所对应的安全系数 $K^{cr}=1$，可得原始边坡对应的安全系数为

$$F=\frac{K}{K^{cr}}=K=\frac{c^0}{c^{cr}}=\frac{\tan\varphi^0}{\tan\varphi^{cr}} \tag{3-1}$$

由强度折减法的基本原理可见，其对安全系数的定义类似 F_{s1} 的定义方式，但也存在不同：强度折减法是对整个边坡岩土体的折减，而 Bishop 法只是对滑动面上的岩土参数进行折减。强度折减法认为边坡达到临界失稳状态时，对应的折减系数为安全系数，对应的临界滑动面为边坡的真实滑动面，其无须事先假定滑动面位置；Bishop 法需事先假定滑动面，通过不断搜索，找到最小安全系数对应的滑动面，从而得到边坡的安全系数和真实滑动面。从这一点看，强度折减法优于极限平衡法。但两者计算得到的滑动面和安全系数应是相同的，这是因为 Bishop 法计算得到的最危险滑动面为边坡原始状态的潜在滑动面，此面是所有滑动面中抗滑能力最小的；而当整个边坡的参数同时折减的时候，潜在滑动面的抗滑能力在整个边坡中仍是最小的。因此，两种方法得到的滑动面是相同的，另外可通过以下推导加以说明：

$$\alpha=\frac{1}{2}\arccos\left[\frac{(\sigma_1-\sigma_3)\tan\varphi^0/K_s}{2c^0/K_s+(\sigma_1+\sigma_3)\tan\varphi^0/K_s}\right]=\frac{1}{2}\arccos\left[\frac{(\sigma_1-\sigma_3)\tan\varphi^{cr}}{2c^{cr}+(\sigma_1+\sigma_3)\tan\varphi^{cr}}\right] \tag{3-2}$$

从中可以看出，对强度参数的折减并不会引起单元潜在滑动面的变化，也不引起边坡潜在滑动面的变化，即边坡临界状态的滑动面与原始状态的潜在滑动面相同。强度折减法和 Bishop 法所得到的滑动面相同，当外力不变的情况下，两种方法均采用 F_{s1} 来计算安全系数，因此，得到的结果也相同[15]。

3.1.2 稳定性的抗剪强度影响效应

通过 FLAC3D 建立边坡数值模型，利用强度折减法计算安全系数，探讨边坡在不同坡角下，c 和 φ 对稳定性的影响程度，以揭示不同抗剪强度参数对于边坡稳定性的影响机理。

3.1.2.1 计算模型

选取均质边坡作为分析对象，坡高 20 m，坡角 45°。按照平面应变建立计算模型，FLAC3D 计算边坡安全系数时，网格大小对结果有一定影响。通过多次试算，并权衡计算时间和计算精度(误差小于 3%)，建立模型共 816 个单元，1176 个节点。整个模型分三个部分建立，第Ⅰ部分水平、竖直方向网格为 12×8；第Ⅱ部分水平、竖直方向网格为 40×8；第Ⅲ部分水平、竖直方向网格为 40×10。由于模型尺寸对结果有一定影响，取坡脚到左侧边界距离为 30 m，坡顶到右侧边界距离为 55 m，坡脚向下边界延伸 1 个坡高距离即 20 m，具体模型尺寸如图 3-1。岩土体参数为：重度 γ 为 25 kN/m^3，弹性模量 E 为 10 MPa，泊松比 μ 为 0.3，黏结力 c 为 42 kPa，内摩擦角 φ 为 17°，抗拉强度 σ_t 为 10 kPa。边界条件为下部固定，左右两侧水平约束，上部为自由边界。采用莫尔-库仑非关联流动准则，初始应力场按自重应力

场考虑；计算收敛准则为不平衡力比率(节点平均内力与最大不平衡力的比值)满足 10^{-5} 的求解要求，计算时步上限为30000 steps；采用强度折减法单一折减系数法计算整体安全系数；当边坡达到破坏状态时，滑体上的位移将发生突变，产生很大的且无限制的塑性流动，程序无法找到一个既能满足静力平衡，又能满足应力-应变关系和强度准则的解，此时，不管是从力的收敛标准，还是从位移的收敛标准来判断，计算都不收敛。因此，本书以静力平衡方程组是否有解、计算是否收敛作为边坡失稳的判据。

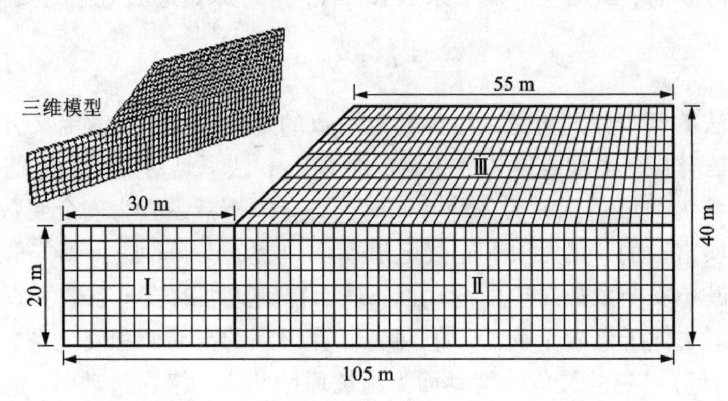

图 3-1　计算模型

3.1.2.2　计算方案设计

以图 3-1 模型为标准，对于不同坡角(25°~75°)，分别改变 c、φ，得到改变后的黏结力和内摩擦角分别为

$$c_n = K_c c_0 \tag{3-3}$$

$$\tan \varphi_n = K_\varphi \tan \varphi_0 \tag{3-4}$$

式中：K_c 为黏结力变化系数；K_φ 为内摩擦角变化系数。K_c、K_φ 的变化范围为0.1~6.4，变化梯度为2.0。

3.1.2.3　不同坡角下 c 的影响

图 3-2 为 K_c 与 F(边坡整体安全系数)的关系，从图中可知，随着 K_c 的增大，F 也逐渐增大。其中，每条曲线代表一个边坡角对应的 K_c-F 关系，随着边坡角 β 的增大，F 逐渐减小。并且所有曲线组成的曲线簇具有发散的特点，随着 K_c 的增大，各个曲线间相同 K_c 对应的 F 的差别逐渐增大，即在坡角降低的梯度相同(10°)的情况下，坡角越小，F 增加的梯度越大，具体数值见表 3-1。其中，$\Delta F_1 = F_{25} - F_{35}$，$\Delta F_2 = F_{35} - F_{45}$，以此类推。

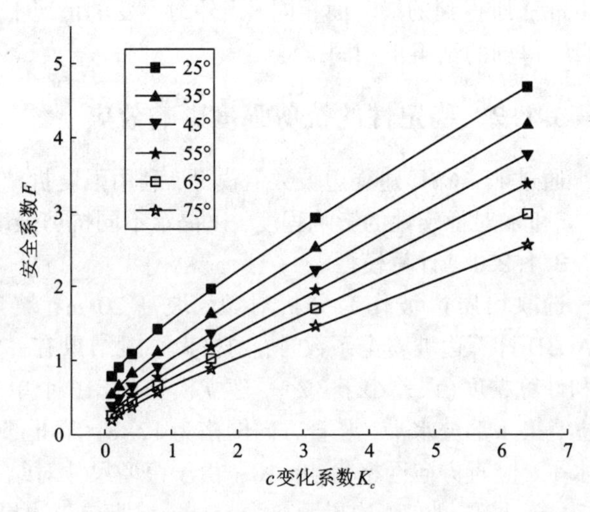

图 3-2　K_c 与 F 的关系

表 3-1 K_c 与 ΔF 的关系

K_c	ΔF_1	ΔF_2	ΔF_3	ΔF_4	ΔF_5
0.1	0.25	0.14	0.10	0.05	0.04
0.2	0.25	0.16	0.11	0.07	0.04
0.4	0.27	0.17	0.12	0.09	0.06
0.8	0.31	0.20	0.14	0.11	0.10
1.6	0.34	0.25	0.19	0.15	0.15
3.2	0.41	0.30	0.27	0.24	0.24
6.4	0.50	0.40	0.39	0.41	0.42

3.1.2.4 不同坡角下 φ 的影响

图 3-3 为 K_φ 与 F(边坡整体安全系数)的关系，从图中可知，随着 K_φ 的增大，F 也逐渐增大。其中，每条曲线代表一个边坡角对应的 K_φ-F 关系，随着边坡角 β 的增大，F 逐渐减小。并且所有曲线组成的曲线簇具有发散的特点，随着 K_φ 的增大，各个曲线间相同 K_φ 对应的 ΔF 逐渐增大，即在坡角降低的梯度相同(10°)的情况下，坡角越小，F 增加的梯度越大，具体数值见表 3-2。与图 3-2 相比，图 3-3 有相同的变化趋势，但各个曲线间的差别更大。

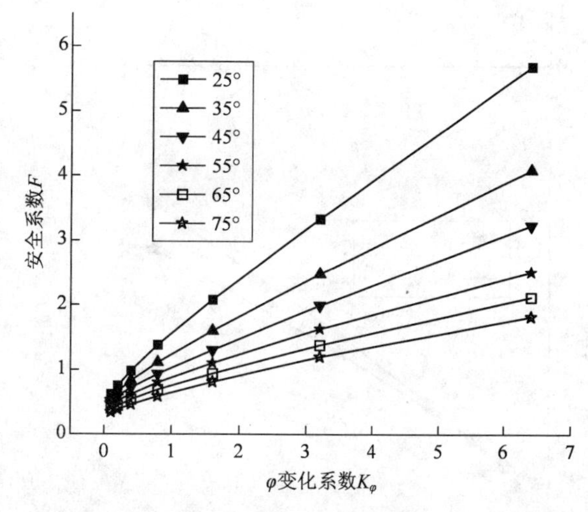

图 3-3 K_φ 与 F 的关系

表 3-2 K_φ 与 ΔF 的关系

K_φ	ΔF_1	ΔF_2	ΔF_3	ΔF_4	ΔF_5
0.1	0.06	0.05	0.05	0.06	0.06
0.2	0.09	0.07	0.07	0.08	0.06
0.4	0.15	0.11	0.10	0.08	0.08
0.8	0.27	0.18	0.13	0.11	0.10
1.6	0.48	0.30	0.20	0.16	0.13
3.2	0.85	0.49	0.36	0.25	0.18
6.4	1.6	0.85	0.72	0.39	0.30

3.1.2.5 不同坡角下 c 和 φ 的影响对比

对于 25°~75°坡角的情况，分别改变模型中的 c 和 φ 值，得到相应的安全系数与变化系数的关系如图 3-4 所示。从图中可见，c 和 φ 曲线均相交于横坐标 $K=K_c=K_\varphi=1$ 处，这是因为此时原始强度参数未发生变化，通过强度折减法计算得到的安全系数相等。当 $\beta=25°$ 时，φ 曲线的斜率大于 c 曲线的斜率，说明此时内摩擦角发挥的作用大于黏结力发挥的作用。当

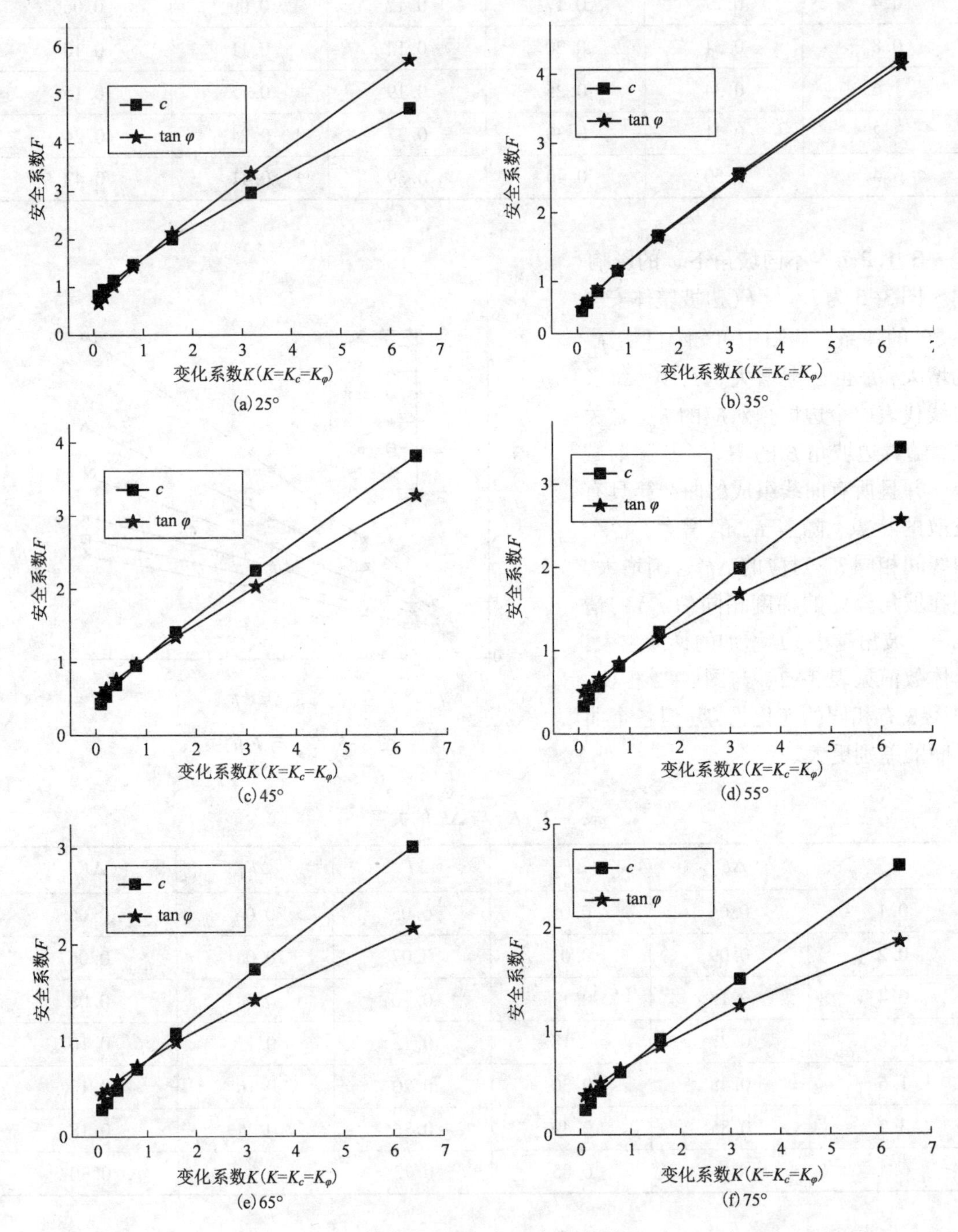

图 3-4 $K(K=K_c=K_\varphi)$ 与 F 的关系

$\beta=35°$，对于 $K=K_c=K_\varphi$ 较小的情况，两条曲线基本重合；当 $K=K_c=K_\varphi$ 达到一较大值时，两条曲线存在一定差别。可见，坡角为35°左右时，c 和 φ 对稳定性的影响程度相同。当 $\beta=45°\sim75°$时，c 曲线的斜率大于 φ 曲线的斜率，并且 β 值越大，两条曲线斜率的差别越大，说明随着坡角的增大，c 对稳定性的影响程度大于 φ 对稳定性的影响程度。

另外，计算分析得到的结论从莫尔-库仑理论中也可以得到很好的解释：坡高相同的情况下，坡角越大的边坡，其潜在滑动面越陡，此时滑动面上的法向力就越小，摩擦力分量 $\sigma\tan\varphi$ 肯定就越小，此时黏结力对稳定性的影响就大于内摩擦角；反之，若坡角小，滑动面就平缓，滑动面上的法向力就大，摩擦力分量 $\sigma\tan\varphi$ 肯定就大，此时内摩擦角对稳定性的影响就大于黏结力。

3.1.2.6 边坡等效影响角 θ_e

记录不同变化系数下，安全系数 F 与坡角的关系，如图3-5。从图中可见，随着坡角的增大，模型的安全系数逐渐减小。并且在相同的变化系数下，c 曲线和 φ 曲线均存在一个交点，如图中的矩形框 I。将矩形框 I 放大后，得到曲线交点对应的坡角值分别为33.4°、34.4°、34.2°、35.0°、33.6°、34.3°、34.2°，其平均值为34.1°。可见，影响程度相同的坡角值变化不大，从而可以推得在误差允许范围内，对于任意的变化系数，当 β 为34.1°左右时，c 和 φ 对稳定性的影响程度相同，本书定义此角度为等效影响角 θ_e。

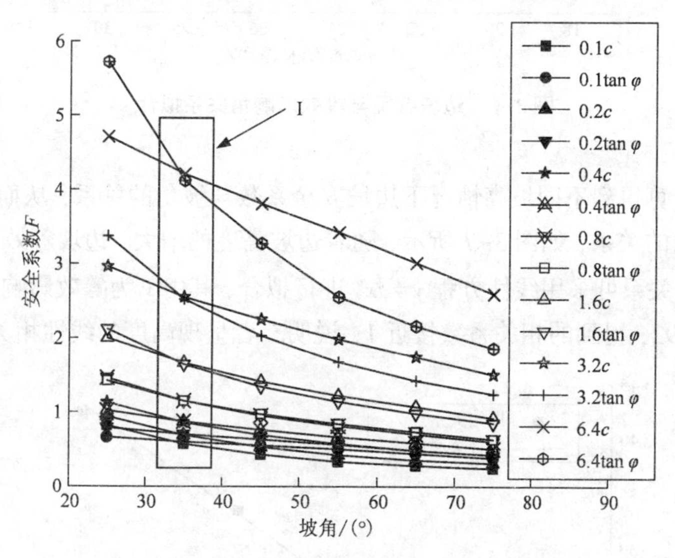

图3-5 不同变化系数下 F 与坡角的关系

进一步探讨等效影响角 θ_e 是否适用于其他边坡，是否具有普遍性。根据莫尔-库仑准则，影响边坡稳定性的强度参数为 c 和 φ，因此不同的边坡，可采用不同的初始 c 和 φ 来表征。假设原始模型为模型1，其他模型为模型2，模型2的 c 值为模型1的 n 倍，则模型2变化系数等于 K_{2c} 的曲线与模型1变化系数等于 K_{1c} 的曲线相同，并且 $K_{2c}=K_{1c}/n$，从而可见，模型2中所有的曲线均可转化为模型1中的曲线，而等效影响角 θ_e 对于模型1中所有曲线均适合，因此，其同样适用于模型2。以此类推，等效影响角 θ_e 也适用于不同 φ 对应的边坡。本节得到的等效影响角 θ_e 适用于不同均质边坡，具有普遍性。

进一步讨论不同容重情况下的等效影响角，对容重不同的边坡，均存在一等效影响角，改变容重为18~27 kN/m³，可得到不同容重情况下 τ/τ_0 与坡角的关系，进一步得到不同容重下对应的等效影响角如图3-6所示。从图中可以看出，随着边坡岩土材料容重的增大，边坡的等效影响角 θ_e 也不断增大，并且二者的关系可采用线性方程 $y=ax^{b}$ 进行拟合，其中 y 为等效影响角，x 为边坡容重，系数 $a=2.99$，得到的相关系数接近1，说明二者呈现高度的线性相关性。

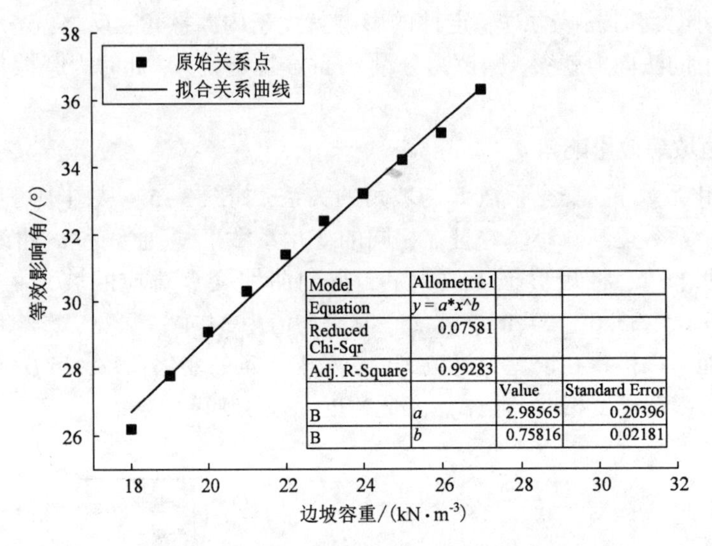

图3-6　边坡容重与等效影响角关系拟合

同样可通过计算得到不同坡高情况下边坡安全系数与坡角的关系，从而进一步确定边坡高度与等效影响角的关系，如图3-7所示，随着边坡高度的增大，边坡等效影响角 θ_e 也不断增大，并且二者的关系可采用线性方程 $y=ax^{b}$ 进行拟合，其中 y 为等效影响角，x 为坡高，系数 $a=1.79$、$b=0.92$，得到的相关系数接近1，说明二者呈现高度的线性相关性。

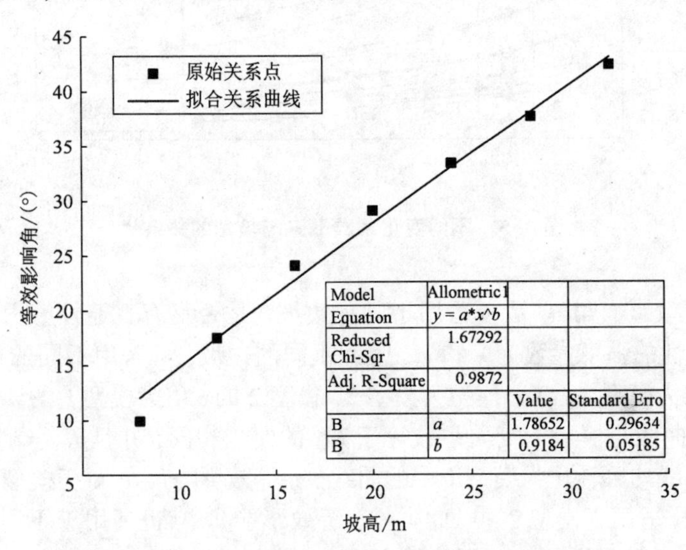

图3-7　坡高与等效影响角关系拟合

3.2　边坡临界失稳状态的判定标准

边坡稳定分析的强度折减法通过不断降低岩土体强度，使边坡达到极限破坏状态，从而直接求出滑动面位置与边坡强度储备安全系数，使数值方法进入实用阶段。强度折减法分析边坡稳定性的一个关键问题是如何根据计算结果来判别边坡是否达到临界失稳状态。目前一般存在三种判据：(1)塑性区的贯通情况；(2)求解过程中计算的不收敛；(3)坡体内某些监测点的位移突变特征。目前已有一些研究对三种判据进行对比分析，但三种判据得到的安全系数是否一致，哪种判据的精度最高、实施过程最为简便合理尚不明确。基于以上考虑，本书对同一算例建立三种失稳判据，通过 FLAC3D 进行边坡稳定分析，将得到的安全系数进行比较，讨论各种判据的合理性及实用性；并且，由于弹性参数 μ 对计算结果存在一定影响，在判据实施之前，本书首先推导了泊松比和内摩擦角之间的关系，并阐述了弹性参数的折减方法。

3.2.1　计算方法与模型

为便于讨论，选用图 3-1 的模型(坡角为 45°)进行分析，探讨三种数值失稳判据下边坡的塑性区响应、不平衡力响应和位移响应。采用莫尔-库仑准则，应力场按自重应力考虑；计算收敛准则为不平衡力比率 r_a(节点平均内力与最大不平衡力的比值)，满足 10^{-5} 的求解要求。另外，由于本节主要对比讨论各种判据的实施情况，因此，未对模型的网格大小进行严格界定，但这并不会引起本节所得结论的差别，这是因为三种判据是对同一模型的计算结果实施的。

3.2.2　塑性区贯通判据

边坡失稳破坏可以看作是塑性区逐渐发展、扩大直至贯通而进入完全塑流状态，无法继续承受荷载的过程。此判据认为随着折减系数的增大，坡体内部分区域将产生不同程度的塑性变形，若发生塑性变形的区域相互贯通，则表明边坡发生整体失稳。通过数值计算，得到塑性区贯通情况与折减系数的关系如图 3-8，其中折减系数 K 增加的梯度为 0.005。从图中可以看出，随着 K 的增大，剪切塑性区从坡脚往坡体上缘延伸，拉伸塑性区的面积逐渐增大。当 $K<1.075$ 时边坡塑性区尚未贯通，此后 $K\geqslant1.075$ 时边坡内的塑性区全部贯通并迅速扩展；但在 1.075~1.095 范围内，塑性区贯通，r_a 仍能满足 10^{-5} 的 FLAC3D 默认求解要求，只是计算的迭代次数逐渐增加；并且当 $K<1.095$ 时，系统不平衡力逐渐减小，最终均趋近于 0；当 $K=1.095$ 时，最终系统不平衡力略微增大，但仍能满足边坡的求解要求，并且存在继续减小的趋势；直到 $K=1.100$ 时，系统不平衡力明显增大，并且不断振荡，边坡求解无法达到计算精度，表征系统失效，具体如图 3-9 所示。

按照以上折减梯度，本模型塑性区判据得到的安全系数为 $F_{塑性区贯通}=1.075$。从该判据的实施过程中可以看出，其能够直观反映边坡的破坏过程，但是它的两个缺点限制了其进一步的推广：(1)在判断塑性区是否贯通时需人为进行观察，“自动化”程度不高；(2)若要进一步提高判据的计算精度则需调整 K 增加的梯度值。

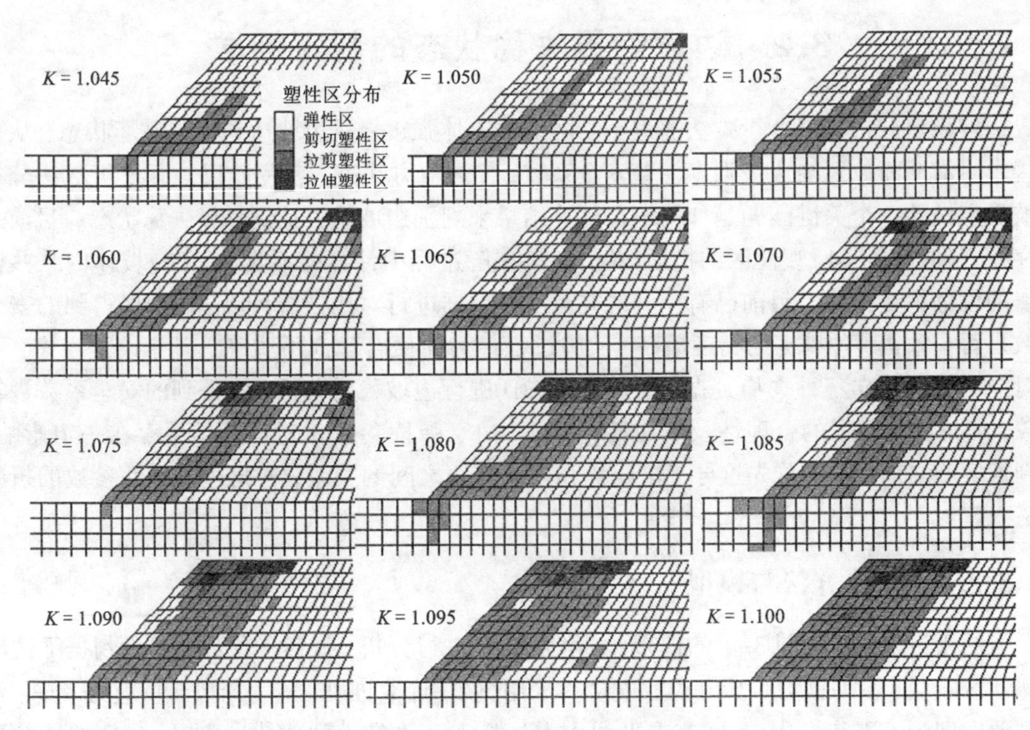

图 3-8 塑性区分布(扫章首码查看彩图)

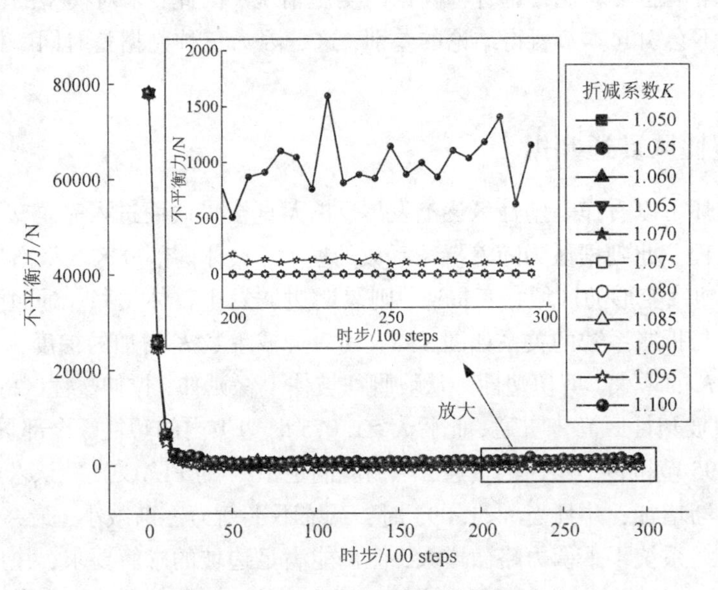

图 3-9 不平衡力与计算时步的关系

3.2.3 计算不收敛判据

边坡失稳，滑体滑出，滑体由稳定静止状态变为运动状态，同时产生很大的且无限发展的位移，这就是边坡破坏的特征。数值方法通过强度折减使边坡达到极限破坏状态，滑动面上的位移和塑性应变将产生突变，且此位移和塑性应变的大小不再是一个定值，程序无法从数值方程组中找到一个既能满足静力平衡又能满足应力-应变关系和强度准则的解，此时，不管是从力的收敛标准还是从位移的收敛标准来判断数值计算都不收敛。此判据认为，在边坡破坏之前计算收敛，破坏之后计算不收敛，表征滑动面上岩土体无限流动，因此可把静力平衡方程组是否有解、数值计算是否收敛作为边坡破坏的依据。判据实施过程中，对给定的抗剪强度参数 c 和 $\tan\varphi$ 按照二分法进行折减，以 $r_a<10^{-5}$ 表征收敛状态，直到折减系数满足精度要求，具体求解流程如图3-10。在确定 K_1、K_2 时，先设 $K=1$：(1)若计算收敛，$K_1=1$，$K_2=K_c$，K_c 为试算得到的某一较大值；(2)若计算不收敛，$K_1=0$，$K_2=1$。二分法计算安全系数过程中，各折减时步所对应的 K 值如表3-3。计算得到的安全系数为 $F_{二分法}=(K_1+K_2)/2=1.0986$。从判据的实施过程可以看出，若折减系数的上下限取值不同，将导致最终结果的不同，但若系统给定的误差精度 η 足够小，同样能得到十分接近的结果。

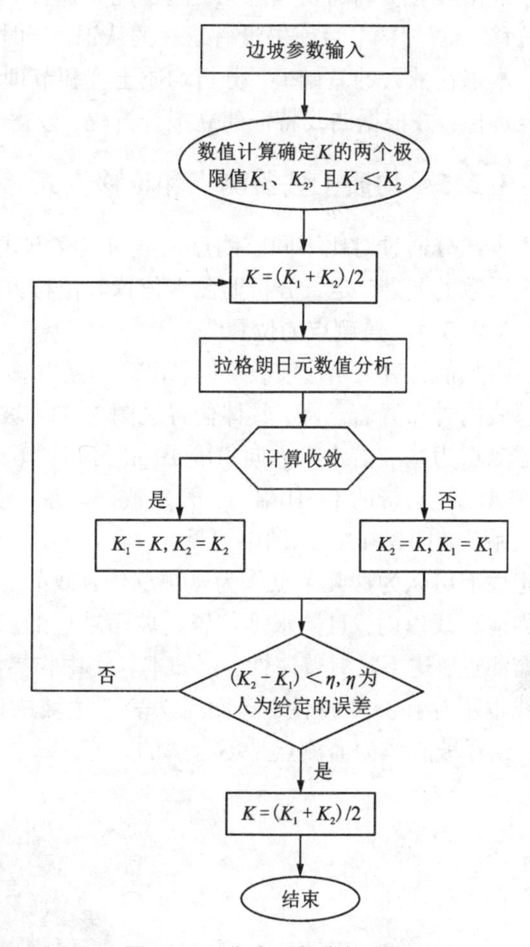

图3-10　安全系数求解流程

表3-3　各折减时步对应的折减系数

折减时步	1	2	3	4	5	6
K	1.0000	2.0000	1.5000	1.2500	1.1250	1.0625
折减时步	7	8	9	10	11	12
K	1.0938	1.1094	1.1016	1.0977	1.0996	1.0986

3.2.4　位移突变判据

由理想弹塑性材料构成的边坡进入极限状态时，必然是其中一部分岩土材料相对于另一部分发生无限制的滑移。随着折减系数的增大，滑坡内的岩土体有明显的位移增量，而稳定区的位移增量几乎为零。这就清楚地显示了体系的一部分相对于另一部分的滑移。通过在坡体内布置若干监测点，可发现这些点的位移随折减系数的增大而存在突变现象，以此作为失稳判据可反映边坡的变形过程。虽然以坡体内某监测点位移与折减系数曲线的突变特征作为失稳判据具有明确的物理意义，但是究竟选择哪个监测点以及哪种位移方式(水平位移、竖直位移、总位移)，目前仍没有统一的认识，同时如何从曲线上给出安全系数也没有明确的方法。本书在前人的基础上，分析均质土坡和节理岩质边坡中各个监测点位置及位移方式选取的合理性，并根据曲线特征建立拟合方程，以得到安全系数。

3.2.5 均质土坡监测点和位移方式

本部分通过对比不同监测点在不同位移方式下的曲线，并由方程拟合得到它们所反映的安全系数的差别，定量分析监测点位置和位移方式选取的合理性。

3.2.5.1 监测点的位置

由数值计算，当边坡破坏时，出现一条滑移线，如图 3-11，本书称其为临界滑移线。在滑移线内外布置若干点，具体位置见图 3-11：坡面上、中、下处分别布置 3 个监测点，以此 3 个监测点为基准沿水平方向每隔 10 m 另布置 6 个监测点，整个坡体监测点数目为 9 个。通过 FLAC3D 自带的 FISH 语言，开发数据记录工具，记录不同监测点的水平位移与折减系数的关系，如图 3-12。从图中可见，只有点 $P01$、$P02$、$P04$、$P05$ 的位移曲线存在突变特征，所以定性上可认为这几个点作为监测点是有效的。对照图 3-11 中的位置可见，这些点均位于临界滑移线以内，且同水平位置离坡面越近的点，曲线的斜率越大。一些文献中选取坡脚作为监测点，这不具有普遍性，例如本算例中临界滑移线不通过坡脚(见图 3-11)，坡脚的位移曲线也不存在突变特性，从而无法表征边坡的破坏与否，因此在滑移线位置未确定的情况下，选择坡脚作为监测点是不合适的。

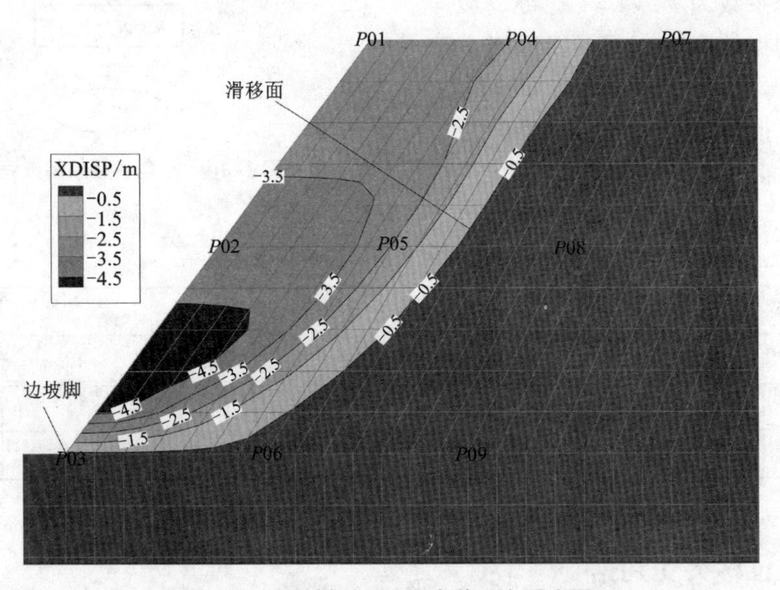

图 3-11 监测点布置(扫章首码查看彩图)

3.2.5.2 拟合方程的建立

为反映位移突变特征与边坡稳定形态的定量关系，需对位移曲线进行拟合，且所建立的拟合方程需满足：(1)能够反映位移和折减系数的关系，并得到边坡的安全系数；(2)在折减过程中位移发生突变后，边坡局部出现破坏，破坏区域迅速发展，位移不断增大，坡体发生持续滑动。

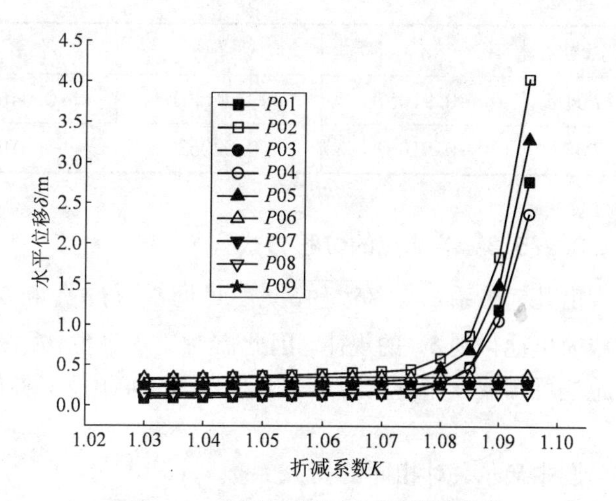

图 3-12 水平位移和折减系数的关系

本书根据曲线的突变特征，假设位移与折减系数的关系满足双曲线方程，采用的拟合方法为最小二乘法。选择双曲线方程的形式如下：

$$\delta = \frac{b + cK}{1 + aK} \tag{3-5}$$

式中：a、b、c 为待定系数；δ 为位移值；K 为折减系数。

当 $b+cK\neq 0$ 且 $1+aK=0$ 时，$\delta\to\infty$，边坡发生破坏，从而确定

$$K = -\frac{1}{a} \tag{3-6}$$

由拟合方程满足的条件可知：此时的折减系数即为边坡整体的安全系数 F，且对于不同位移方式下的监测点曲线，可得到不同的安全系数。

拟合的相关系数为

$$R = \left| \frac{\sum_{i=1}^{n}(K_i - \bar{K})(\delta_i - \bar{\delta})}{\sqrt{\sum_{i=1}^{n}(K_i^2 - n\bar{K}^2)} \cdot \sqrt{\sum_{i=1}^{n}(\delta_i^2 - n\bar{\delta}^2)}} \right| \tag{3-7}$$

式中：n 为折减时步；K_i、δ_i 为第 i 折减时步对应的 K 和 δ；$\bar{K}$、$\bar{\delta}$ 为 K、δ 的平均值。

计算结果见表 3-4：R^2 接近 1，可见上述确定的方程对数据拟合的效果较好；水平位移方式下斜率越大的曲线得到的安全系数越小，但所得安全系数的相对差值为 $(F_{max}-F_{min})/F_{min}\times 100\%=0.010\%$，变化幅度十分微小，因此在实际使用中可认为是相等的，从而定量上说明了点 $P01$、$P02$、$P04$、$P05$ 均可作为监测点。考虑到坡顶的位置较易确定，且必在滑移线之内，本书建议一般边坡选坡顶作为监测点。

表 3-4 不同监测点在水平位移方式下 δ-K 曲线拟合结果

点号	a	b	c	相关系数 R^2	安全系数 F
$P01$	−0.91063	−0.10062	0.09918	0.98729	1.09814
$P02$	−0.91066	0.07485	−0.05787	0.98843	1.09810

续表3-4

点号	a	b	c	相关系数 R^2	安全系数 F
$P04$	-0.91057	-0.04401	0.04658	0.98777	1.09821
$P05$	-0.91062	0.02062	-1.01015	0.98839	1.09815

3.2.5.3 监测点的位移方式

由几何关系 $\delta_{总}=\sqrt{\delta_{水平}^2+\delta_{竖直}^2}$，可见 $\delta_{总}$ 与 $\delta_{水平}$ 和 $\delta_{竖直}$ 存在非线性关系，无法由 $\delta_{水平}$ 和 $\delta_{竖直}$ 曲线简单地得到 $\delta_{总}$ 的规律，因此需对比水平位移、竖直位移和总位移曲线的异同。通过以上论述可知坡顶作为监测点的合理性，将坡顶的三种位移曲线进行对比，得到曲线如图 3-13 所示。

图中显示，对相同的折减系数，总位移和竖直位移在突变前的数值基本相等，水平位移接近零；当 K 达到一定值时，三种位移曲线均发生突变，且总位移曲线的斜率最大，即其对 K 值反应最灵敏。运用方程(3-5)对位移-折减系数关系进行拟合，结果见表 3-5。计算表明总位移方式得到的安全系数最小，竖直位移得到的安全系数最大，它们的差别十分微小，为 $(F_{max}-F_{min})/F_{min}\times100\%=0.026\%$，同样可认为三种位移方式所得到的 F 相等，都为 1.10。

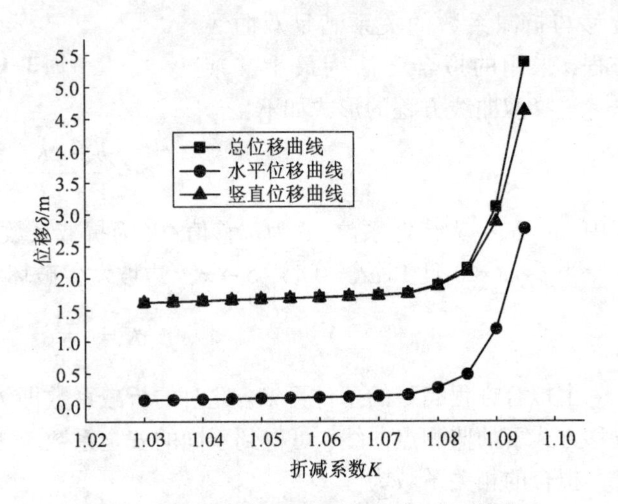

图 3-13　不同位移方式的位移-折减系数关系

表 3-5　点 $P01$ 在不同位移方式下 δ-K 曲线拟合结果

位移方式	a	b	c	相关系数 R^2	安全系数 F
总位移	-0.91077	1.39188	-1.25779	0.98959	1.09797
水平位移	-0.91063	-0.10062	0.09918	0.98729	1.09814
竖直位移	-0.91053	1.42654	-1.29021	0.98981	1.09826

3.3　滑动面确定方法及稳定性影响因素研究

使用强度折减法计算边坡达到临界状态时，存在多个特征量来表征滑动面，如可根据临界破坏状态的塑性区、剪应变分布云图等可视化技术来大致估计潜在滑动面。但滑动面上的点可能产生剪切破坏也可能产生拉伸破坏，因此，剪应变小的点也可能因为发生拉伸破坏而位于滑动面上，采用剪应变增量的方法进行滑动面确定可能无法得到滑动面上缘的位置，且只能大致估计滑动面位置，却无法对其进行量化。本书在已有的研究成果基础上，提出了基于边坡失稳变形机理的滑动面量化确定方法，并且对边坡安全系数和滑动面的影响因素进行分析，分析的思路为固定其他参数，只改变其中一个参数，分析这个参数的变化对边坡安全系数和滑动面的影响。

3.3.1　滑动面确定方法

对于给定滑动面的边坡，稳定性计算方法已十分完善，或用极限平衡法，或用有限元计算结果沿滑动面进行积分。而实际情况往往是滑动面的形状事先是不知道的。当潜在滑动面被假定为圆弧状时，临界滑动面可以不借助复杂的优化技术就能搜索出满意的结果。当滑动面形状是任意时，问题就变得复杂了。目前还没有普遍有效的方法可以很好地解决任意形状滑动面的确定问题。本书在分析滑动现象本质的基础上，提出了一种基于变形分析的滑动面确定方法，可以利用强度折减法的计算结果直接确定滑动面，而不需要再使用其他优化方法，从而减少了工作量。

众多的试验研究及工程实践表明，当边坡失稳时，会产生明显的局部化剪切变形，如图3-14所示(计算模型为图3-1模型)。这种局部化现象一旦发生，变形将会相对地集中在局部化变形区域内，而区域外的变形相当于卸载后的刚体运动，滑体将沿某一滑动面滑出。滑动面两侧沿滑动面方向的位移相差明显，存在较大的变形梯度，如图3-15所示。

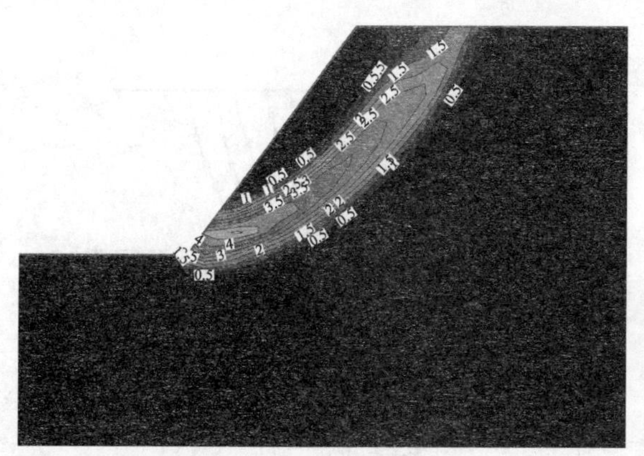

图3-14　剪应变增量云图

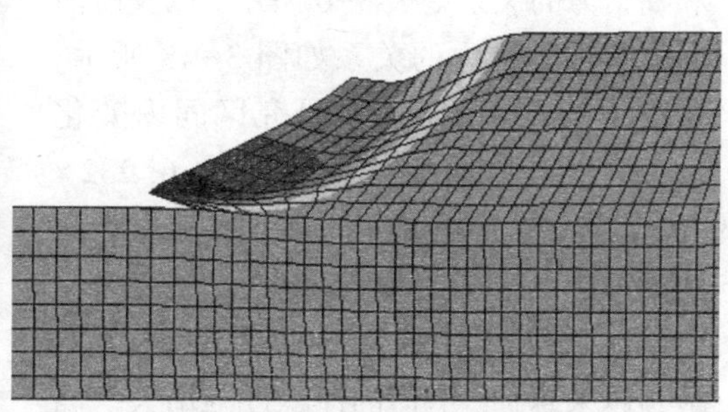

图3-15　边坡破坏示意图

当边坡达到临界失稳状态时，必然是其一部分岩土体相对于另一部分发生无限制的滑移，并且由强度折减法得到的边坡临界状态的位移图(图3-16)显示，滑体上各点的位移包括两个部分：单元的变形和潜在滑体的滑动。当边坡处于临界破坏状态时，第二部分引起的节点位移远大于第一部分，如图3-15所示。

因此，可采用边坡的位移等值线对滑动面进行判断。如图3-16所示，此边坡体以位移值为0.5的等值线为界，被明显地分为两部分：滑体和稳定体。在滑动面附近，等值线最为密集，且越往临空面靠近位移值越大，说明该处发生滑动；而滑体以外的稳定体上，位移值均相同，且无其他等值线分布，从而表征该部分相对于滑体部分处于稳定状态。因此，可将两部分之间的分界线定义为滑动面，并利用自编FISH程序将该曲线和边坡线数据取出，得到图 3-17，从而将滑动面上各点的位置量化。

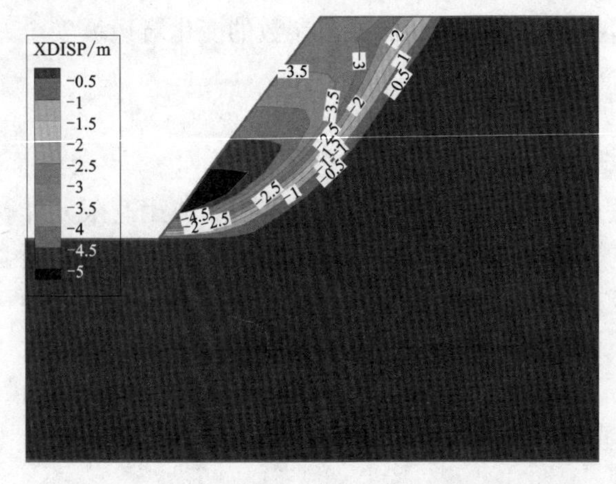

图 3-16　位移等值线云图(扫章首码查看彩图)

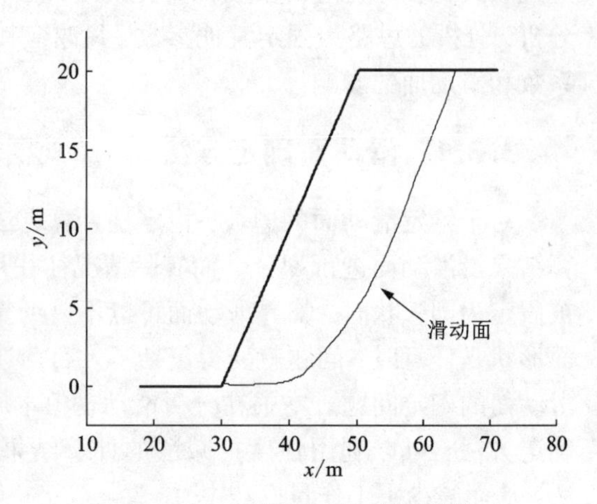

图 3-17　边坡单一滑动面位置

3.3.2　黏结力的影响

将黏结力 c 变化于区间[4.2 kPa, 268.8 kPa]，变化梯度为 K_c，即 $c^i=K_c c^{i-1}$，其中，c^i 和 c^{i-1} 为第 i 步变化对应的黏结力和第 $i-1$ 步变化对应的黏结力，得到边坡安全系数和黏结力的关系如表 3-6 所示，以及滑动面位置和黏结力的关系如图 3-18 所示。从表 3-6 中可知，c 在研究区间内变化时，安全系数的变化百分比为 6.232×100%；从图 3-18 中可以看出，随着黏结力的增大，边坡滑动由浅层滑动转变为深层滑动，滑动面越来越缓，滑动面上缘离坡顶越来越远，滑体的体积逐渐增大。当黏结力变化于 4.2~67.2 kPa 时，滑动面剪出口位于坡脚以上的倾斜坡面；当黏结力变化于 133.4~268.8 kPa 时，滑动面穿出坡脚左侧的水平地面。

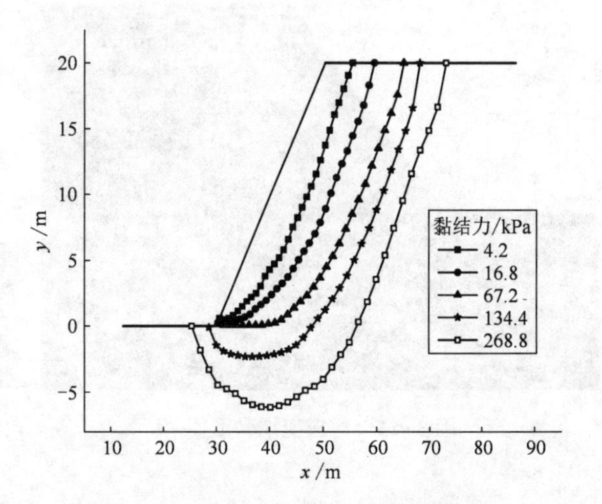

图 3-18　黏结力对滑动面位置的影响

表 3-6　黏结力与安全系数的关系

黏结力/kPa	4.2	8.4	16.8	33.6	67.2	134.4	268.8
安全系数	0.4268	0.5264	0.6865	0.9473	1.4121	2.2510	3.0866

3.3.3　内摩擦角的影响

将内摩擦角 φ 变化于区间[1.75°, 44.37°]，变化梯度为 K_φ，即 $\varphi^i=\arctan K_\varphi\tan(\varphi^{i-1})$，其中，$\varphi^i$ 和 φ^{i-1} 为第 i 步变化对应的内摩擦角和第 $i-1$ 步变化对应的内摩擦角，得到边坡安全系数和内摩擦角的关系如表3-7所列，从表中可知，φ 在研究区间内变化时，安全系数的变化百分比为4.922×100%。滑动面位置和内摩擦角的关系如图3-19所示，从图中可以看出，当内摩擦角变化于1.75°~3.49°时，滑动面穿出坡脚左侧的水平地面；当内摩擦角变化于6.97°~44.37°时，滑动面剪出口位于坡脚以上的倾斜坡面。随着内摩擦角的增大，边坡滑动由深层滑动转变为浅层滑动，滑动面越来越陡，滑动面上缘越来越靠近坡顶，滑体的体积逐渐减小，此规律和黏结力与滑动面位置的关系正好相反。为了找到两者之间的关系，进行如下推导。

表3-7　内摩擦角与安全系数的关系

内摩擦角/(°)	1.75	3.49	6.97	13.74	26.07	44.37	62.93
安全系数	0.5518	0.6279	0.7568	0.9746	1.3418	2.0283	3.2676

在几何形状、容重不变的情况下，边坡临界状态对应的黏结力 c_{cr}、内摩擦角 φ_{cr} 相同时，其对应的滑动面可以被唯一地确定下来，因此若要判断任意黏结力 c_i、内摩擦角 φ_i 对应边坡的滑动面是否相同，只需判断两者临界状态的黏结力、内摩擦角是否相同。

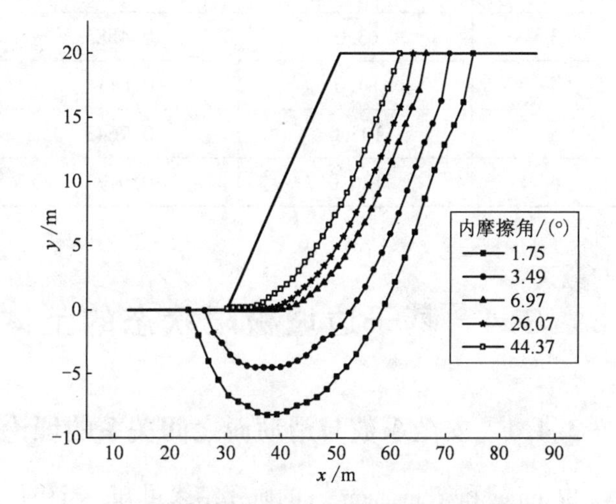

图3-19　内摩擦角对滑动面位置的影响

假设 c_{cr}、φ_{cr} 均为定值，总可找到 F_{c1} 和 $F_{\varphi1}$ 使下式成立：

$$c_{cr}=c_i/F_{c1} \tag{3-8}$$

$$\tan\varphi_{cr}=\tan\varphi_i/F_{\varphi1} \tag{3-9}$$

联立式(3-8)、式(3-9)，可得

$$\frac{F_{c1}}{F_{\varphi1}}=\frac{c_i}{\tan\varphi_i}\cdot\frac{\tan\varphi_{cr}}{c_{cr}} \tag{3-10}$$

借鉴 Taylor[16] 对安全系数的定义，令 $\lambda_{c\varphi}=c_{cr}/(\gamma h\tan\varphi_{cr})$，代入式(3-10)可得

$$\frac{F_{c1}}{F_{\varphi1}}=\frac{c_i}{\tan\varphi_i}\cdot\frac{1}{\gamma h\lambda_{c\varphi}} \tag{3-11}$$

当 $F_{c1}/F_{\varphi1}=1$ 时，即表征任意黏结力 c_i、内摩擦角 φ_i 对应的滑动面均相同，此时，

$$\frac{c_i}{\gamma h\tan\varphi_i}=\lambda_{c\varphi} \tag{3-12}$$

可见，对于任意边坡，其黏结力 c_i 和内摩擦角 φ_i 只需满足式(3-12)，其对应的滑动面

均相同。将 c 和 $\tan\varphi$ 变化于[21.0 kPa, 126.0 kPa]、[0.1529, 0.9171]，得到安全系数 F 与 $\lambda_{c\varphi}$(表 3-8)，以及对应的滑动面(图 3-20)。从中可以看出，黏结力和内摩擦角变化过程中，安全系数不断增大，而 $\lambda_{c\varphi}$ 保持不变，边坡滑动面位置不发生变化，与理论分析的结果相同。另外，从图 3-18 和图 3-19 中可以看出，随着 $\lambda_{c\varphi}$ 的增大，边坡破坏模式由浅层破坏转变为深层破坏，边坡滑动面越来越缓，其上缘逐渐远离坡顶，滑体的体积逐渐增大。

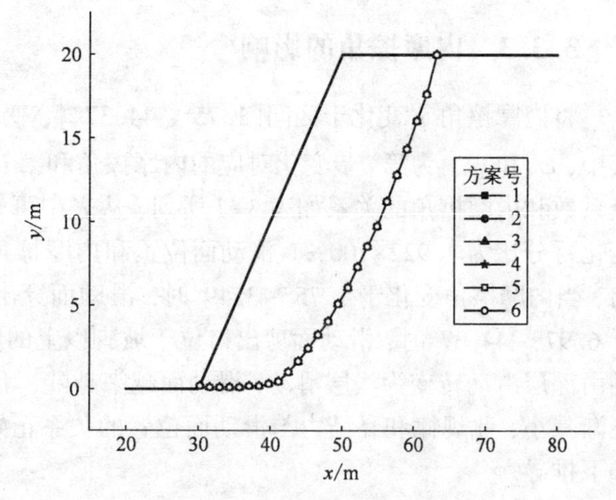

图 3-20 $\lambda_{c\varphi}$ 相等时滑动面位置

表 3-8 安全系数 F 和 $\lambda_{c\varphi}$ 的变化情况

方案	c/kPa	$\tan\varphi$	$\lambda_{c\varphi}$	F
1	21.0	0.1529	0.27475	0.54
2	42.0	0.3057	0.27475	1.09
3	63.0	0.4585	0.27475	1.63
4	84.0	0.6114	0.27475	2.17
5	105.0	0.7643	0.27475	2.72
6	126.0	0.9171	0.27475	3.26

3.4 基于边坡极限状态的土体抗剪强度参数反分析

3.4.1 安全系数与滑动面之间关系的理论推导

由 Jiang 和 Yamagami[17] 的研究结果可知，当在几何形状、容重不变的情况下，边坡临界状态对应的黏结力 c_{cr}、内摩擦角 φ_{cr} 相同时，其对应的滑动面可以被唯一地确定下来，因此若要判断任意黏结力 c_i、内摩擦角 φ_i 对应边坡的滑动面是否相同，只需判断两者临界状态的黏结力、内摩擦角是否相同。

假设 c_{cr}、φ_{cr} 均为定值，总可找到 F_{c1} 和 $F_{\varphi1}$ 使下式成立：

$$c_{cr} = c_i/F_{c1} \tag{3-13}$$

$$\tan\varphi_{cr} = \tan\varphi_i/F_{\varphi1} \tag{3-14}$$

联立式(3-13)、式(3-14)，可得

$$\frac{F_{c1}}{F_{\varphi1}} = \frac{c_i}{\tan\varphi_i}\cdot\frac{\tan\varphi_{cr}}{c_{cr}} \tag{3-15}$$

令 $\lambda_{c\varphi}=\dfrac{c_{cr}}{\gamma h\tan\varphi_{cr}}$，代入式(3-15)，可得

$$\frac{F_{c1}}{F_{\varphi 1}}=\frac{c_i}{\tan\varphi_i}\cdot\frac{1}{\gamma h\lambda_{c\varphi}} \tag{3-16}$$

式中：h 为边坡高度。

当 $\dfrac{F_{c1}}{F_{\varphi 1}}=1$ 时，即表征任意黏结力 c_i、内摩擦角 φ_i 对应的滑动面均相同，此时，

$$\frac{c_i}{\gamma h\tan\varphi_i}=\lambda_{c\varphi} \tag{3-17}$$

可见，对于任意边坡，其黏结力 c_i 和内摩擦角 φ_i 只需满足式(3-17)时，其对应的滑动面均相同。

3.4.2　滑动面影响参数分析

计算模型如图 3-21，共包含 7200 个单元和 14802 个节点。分别改变黏结力和内摩擦角，得到不同的计算方案，讨论 $\lambda_{c\varphi}$ 为定值及值增大和减小情况下，边坡安全系数和滑动面的变化情况，令

$$c_i=K_c c_0 \tag{3-18}$$

$$\tan\varphi_i=K_\varphi\tan\varphi_0 \tag{3-19}$$

式中：c_i、φ_i 为第 i 个方案对应的黏结力和内摩擦角；K_c、K_φ 为 c 和 φ 的变化系数。

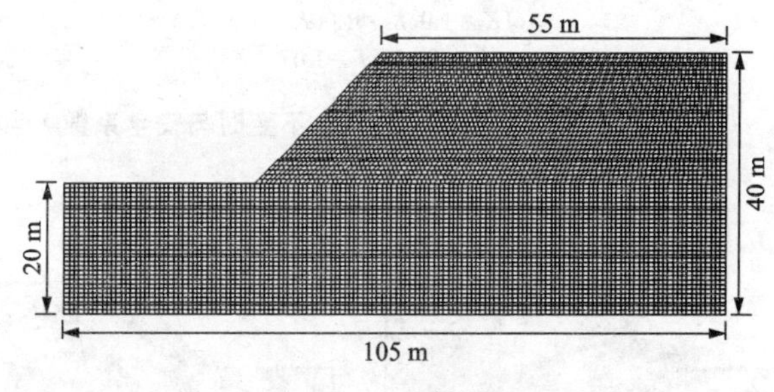

图 3-21　计算模型

3.4.2.1　$\lambda_{c\varphi}$ 不变的情况

可通过改变 K_c、K_φ 和 K_γ 使得 $\lambda_{c\varphi}$ 保持为定值，如 K_γ 不变，K_c/K_φ = 定值；K_φ 不变，K_c/K_γ = 定值；$K_c/(K_\varphi\cdot K_\gamma)$ = 定值，分别得到 $\lambda_{c\varphi}$ 与安全系数 F 和滑动面的关系(图 3-22、

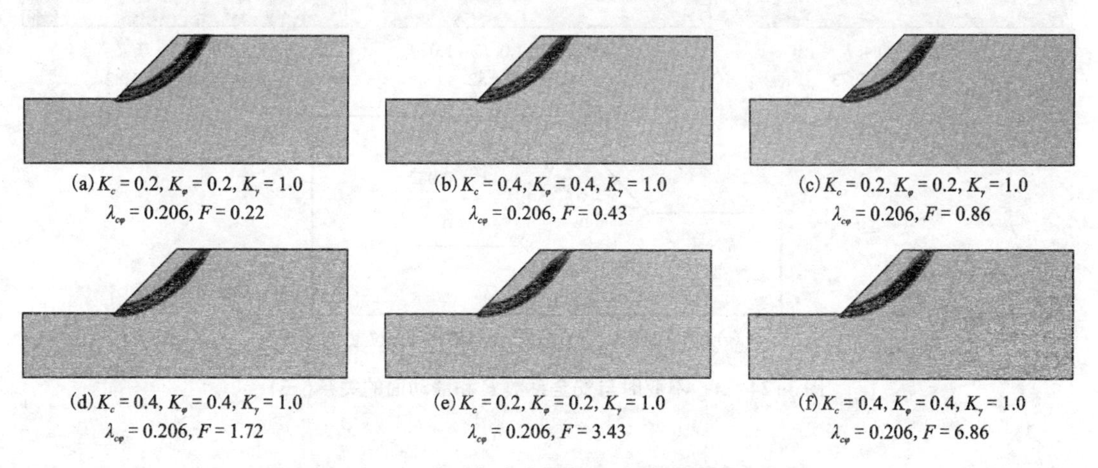

图 3-22　$\lambda_{c\varphi}$ 不变时与安全系数 F 和滑动面的关系(一)

图 3-23 和图 3-24）。从中可以看出，在容重、黏结力、内摩擦角变化过程中，安全系数也随之变化，但只要保持 $\lambda_{c\varphi}$ 不变，边坡滑动面位置不发生变化，与理论分析的结果相同。从得到的安全系数（表 3-9、表 3-10）可以看出，不同的构造方案可以得到相同的安全系数，也可以得到不同的安全系数，但是，只要保持 $\lambda_{c\varphi}$ 不变，边坡滑动面位置即为确定的。

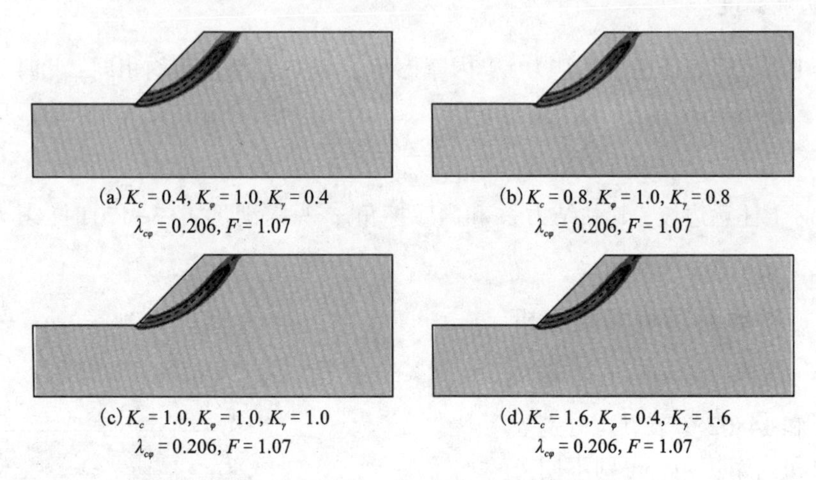

(a) $K_c = 0.4, K_\varphi = 1.0, K_\gamma = 0.4$
$\lambda_{c\varphi} = 0.206, F = 1.07$

(b) $K_c = 0.8, K_\varphi = 1.0, K_\gamma = 0.8$
$\lambda_{c\varphi} = 0.206, F = 1.07$

(c) $K_c = 1.0, K_\varphi = 1.0, K_\gamma = 1.0$
$\lambda_{c\varphi} = 0.206, F = 1.07$

(d) $K_c = 1.6, K_\varphi = 0.4, K_\gamma = 1.6$
$\lambda_{c\varphi} = 0.206, F = 1.07$

图 3-23　$\lambda_{c\varphi}$ 不变时与安全系数 F 和滑动面的关系（二）

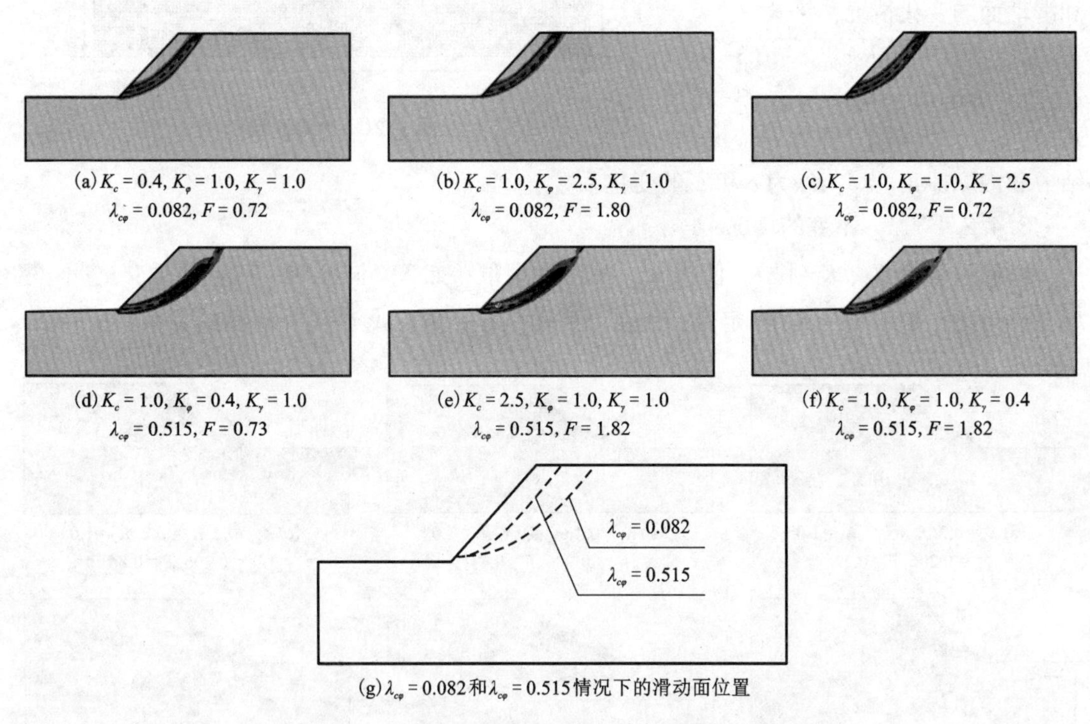

(a) $K_c = 0.4, K_\varphi = 1.0, K_\gamma = 1.0$
$\lambda_{c\varphi} = 0.082, F = 0.72$

(b) $K_c = 1.0, K_\varphi = 2.5, K_\gamma = 1.0$
$\lambda_{c\varphi} = 0.082, F = 1.80$

(c) $K_c = 1.0, K_\varphi = 1.0, K_\gamma = 2.5$
$\lambda_{c\varphi} = 0.082, F = 0.72$

(d) $K_c = 1.0, K_\varphi = 0.4, K_\gamma = 1.0$
$\lambda_{c\varphi} = 0.515, F = 0.73$

(e) $K_c = 2.5, K_\varphi = 1.0, K_\gamma = 1.0$
$\lambda_{c\varphi} = 0.515, F = 1.82$

(f) $K_c = 1.0, K_\varphi = 1.0, K_\gamma = 0.4$
$\lambda_{c\varphi} = 0.515, F = 1.82$

(g) $\lambda_{c\varphi} = 0.082$ 和 $\lambda_{c\varphi} = 0.515$ 情况下的滑动面位置

图 3-24　$\lambda_{c\varphi}$ 不变时与安全系数 F 和滑动面的关系（三）

表 3-9　$\lambda_{c\varphi}$ 不变时的安全系数 F

方案	K_c	K_φ	K_γ	$\lambda_{c\varphi}$	F
1	0.4	1.0	0.4	0.206	1.07
2	0.8	1.0	0.8	0.206	1.07
3	1.0	1.0	1.0	0.206	1.07
4	1.6	1.0	1.6	0.206	1.07

表 3-10　$\lambda_{c\varphi}$($\lambda_{c\varphi}$ 分别为 0.082、0.515)不变时的安全系数 F

方案	K_c	K_φ	K_γ	$\lambda_{c\varphi}$	F
1	0.4	1.0	1.0	0.082	0.72
2	1.0	2.5	1.0	0.082	1.80
3	1.0	1.0	2.5	0.082	0.72
4	1.0	0.4	1.0	0.515	0.73
5	2.5	1.0	1.0	0.515	1.82
6	1.0	1.0	0.4	0.515	1.82

3.4.2.2　$\lambda_{c\varphi}$ 增大的情况

分别改变 K_c、K_φ 和 K_γ，构造不同的 K_c、K_φ、K_γ 组合，使得 $\lambda_{c\varphi}$ 不断增大，得到 $\lambda_{c\varphi}$ 与安全系数 F 和滑动面的关系(图 3-25 和图 3-26，表 3-11 和表 3-12)。从中可以看出，当保持 K_φ 不变，不断增大 K_c，或者减小 K_γ 时，$\lambda_{c\varphi}$ 不断增大，F 发生相应变化，此时安全系数不断增大；边坡破坏模式由浅层破坏滑动变为深层滑动，滑动面越来越缓，其上缘逐渐远离坡顶，滑体的体积逐渐增大。

表 3-11　$\lambda_{c\varphi}$ 增大情况下的安全系数 F(一)

方案	K_c	K_φ	K_γ	$\lambda_{c\varphi}$	F
1	0.2	1.0	1.0	0.041	0.57
2	0.4	1.0	1.0	0.082	0.72
3	0.8	1.0	1.0	0.165	0.96
4	1.6	1.0	1.0	0.330	1.38
5	3.2	1.0	1.0	0.659	2.15
6	6.4	1.0	1.0	1.319	3.55

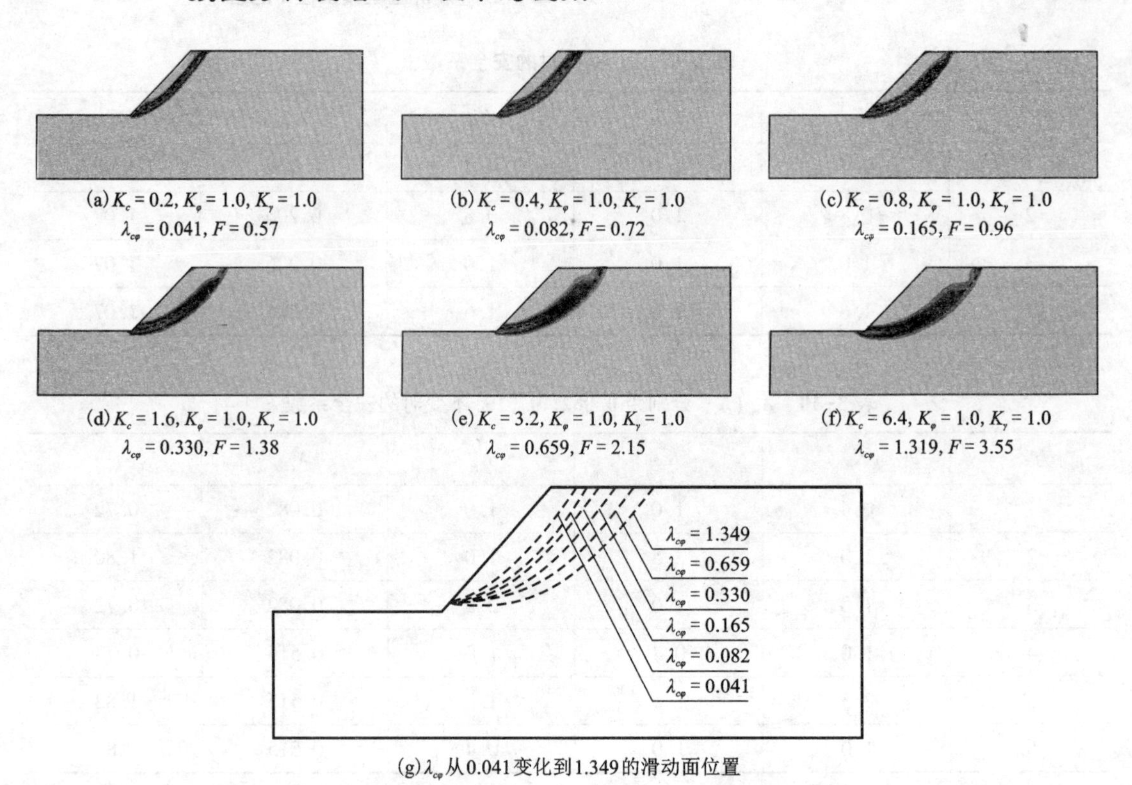
(a) $K_c = 0.2, K_\varphi = 1.0, K_\gamma = 1.0$
$\lambda_{c\varphi} = 0.041, F = 0.57$
(b) $K_c = 0.4, K_\varphi = 1.0, K_\gamma = 1.0$
$\lambda_{c\varphi} = 0.082, F = 0.72$
(c) $K_c = 0.8, K_\varphi = 1.0, K_\gamma = 1.0$
$\lambda_{c\varphi} = 0.165, F = 0.96$
(d) $K_c = 1.6, K_\varphi = 1.0, K_\gamma = 1.0$
$\lambda_{c\varphi} = 0.330, F = 1.38$
(e) $K_c = 3.2, K_\varphi = 1.0, K_\gamma = 1.0$
$\lambda_{c\varphi} = 0.659, F = 2.15$
(f) $K_c = 6.4, K_\varphi = 1.0, K_\gamma = 1.0$
$\lambda_{c\varphi} = 1.319, F = 3.55$
$\lambda_{c\varphi} = 1.349$
$\lambda_{c\varphi} = 0.659$
$\lambda_{c\varphi} = 0.330$
$\lambda_{c\varphi} = 0.165$
$\lambda_{c\varphi} = 0.082$
$\lambda_{c\varphi} = 0.041$
(g) $\lambda_{c\varphi}$从0.041变化到1.349的滑动面位置

图 3-25　$\lambda_{c\varphi}$ 增大时与安全系数 F 和滑动面的关系(一)

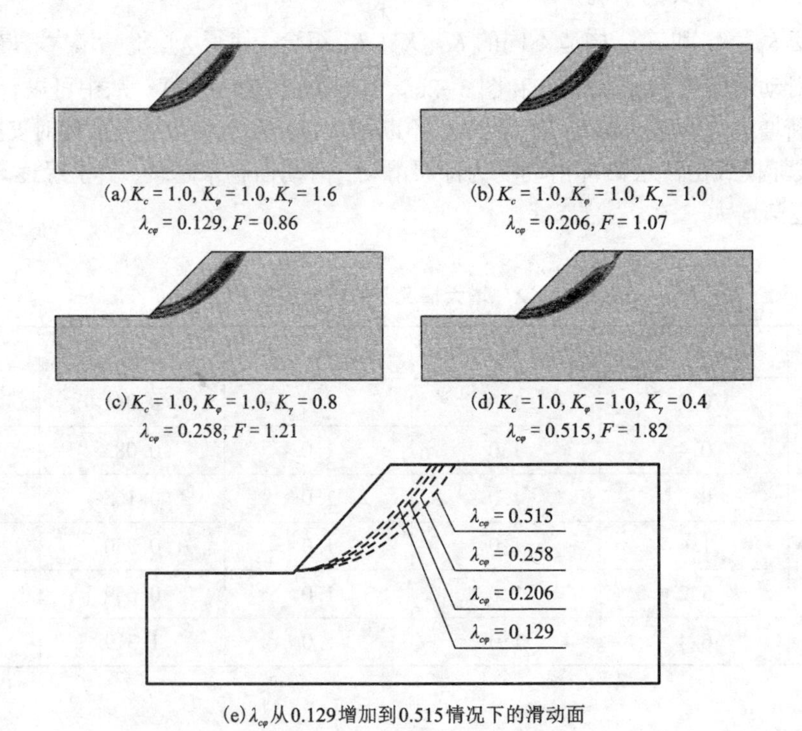
(a) $K_c = 1.0, K_\varphi = 1.0, K_\gamma = 1.6$
$\lambda_{c\varphi} = 0.129, F = 0.86$
(b) $K_c = 1.0, K_\varphi = 1.0, K_\gamma = 1.0$
$\lambda_{c\varphi} = 0.206, F = 1.07$
(c) $K_c = 1.0, K_\varphi = 1.0, K_\gamma = 0.8$
$\lambda_{c\varphi} = 0.258, F = 1.21$
(d) $K_c = 1.0, K_\varphi = 1.0, K_\gamma = 0.4$
$\lambda_{c\varphi} = 0.515, F = 1.82$
$\lambda_{c\varphi} = 0.515$
$\lambda_{c\varphi} = 0.258$
$\lambda_{c\varphi} = 0.206$
$\lambda_{c\varphi} = 0.129$
(e) $\lambda_{c\varphi}$从0.129增加到0.515情况下的滑动面

图 3-26　$\lambda_{c\varphi}$ 增大时与安全系数 F 和滑动面的关系(二)

表 3-12 $\lambda_{c\varphi}$ 增大情况下的安全系数 F(二)

方案	K_c	K_φ	K_γ	$\lambda_{c\varphi}$	F
1	1.0	1.0	1.6	0.129	0.86
2	1.0	1.0	1.0	0.206	1.07
3	1.0	1.0	0.8	0.258	1.21
4	1.0	1.0	0.4	0.515	1.82

3.4.2.3 $\lambda_{c\varphi}$ 减小的情况

分别改变 K_c、K_φ 和 K_γ，构造不同的 K_c、K_φ、K_γ 组合，使得 $\lambda_{c\varphi}$ 不断减小，得到 $\lambda_{c\varphi}$ 与安全系数 F 和滑动面的关系(图 3-27 和表 3-13)。从中可看出，保持黏结力和容重不变，随着 φ 的增大，安全系数不断增大。边坡滑动由深层滑动转变为浅层滑动，滑动面越来越陡，其趋势与黏结力的变化情况正好相反，但此时 $\lambda_{c\varphi}$ 不断减小，因此，可以看出单一 c 或 φ 无法表征滑动面位置，其受到 c、φ、γ 三者组成的函数 $\lambda_{c\varphi}$ 的影响，并且 c 增大的程度、$\tan\varphi$ 减小的程度和 γ 减小的程度对边坡滑动面位置的影响是等效的。

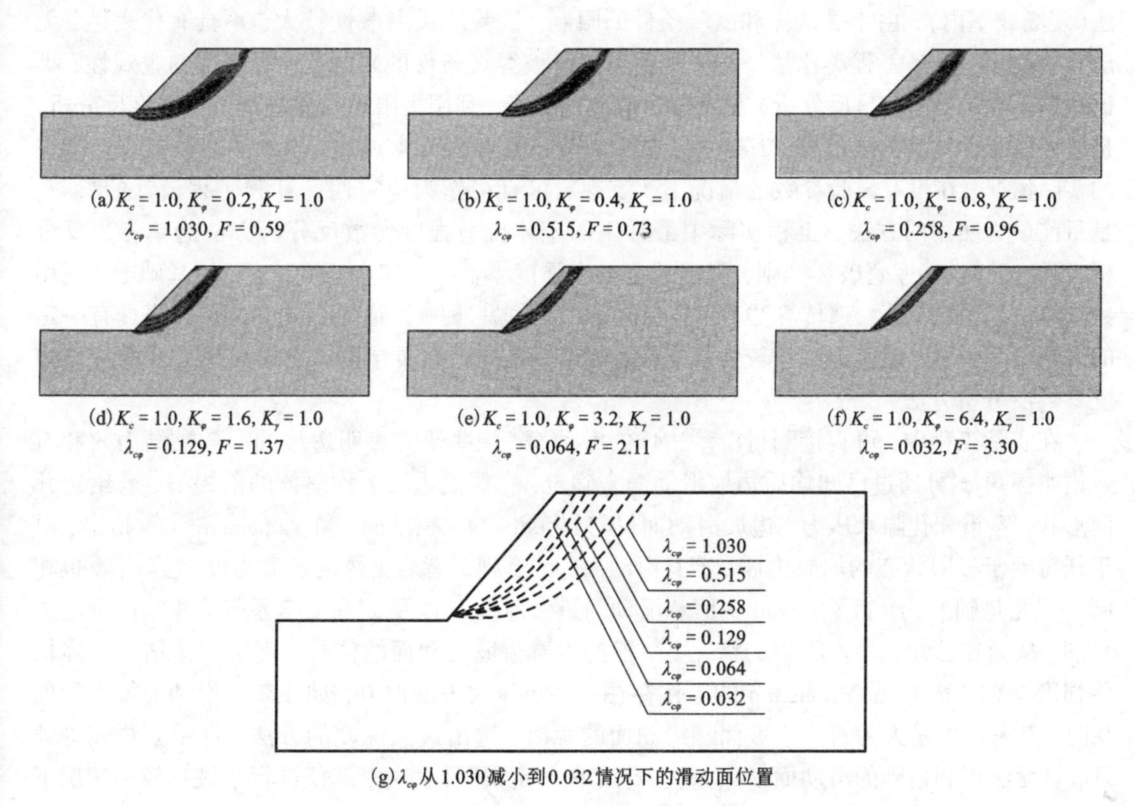

(a) $K_c=1.0, K_\varphi=0.2, K_\gamma=1.0$, $\lambda_{c\varphi}=1.030, F=0.59$
(b) $K_c=1.0, K_\varphi=0.4, K_\gamma=1.0$, $\lambda_{c\varphi}=0.515, F=0.73$
(c) $K_c=1.0, K_\varphi=0.8, K_\gamma=1.0$, $\lambda_{c\varphi}=0.258, F=0.96$
(d) $K_c=1.0, K_\varphi=1.6, K_\gamma=1.0$, $\lambda_{c\varphi}=0.129, F=1.37$
(e) $K_c=1.0, K_\varphi=3.2, K_\gamma=1.0$, $\lambda_{c\varphi}=0.064, F=2.11$
(f) $K_c=1.0, K_\varphi=6.4, K_\gamma=1.0$, $\lambda_{c\varphi}=0.032, F=3.30$
(g) $\lambda_{c\varphi}$ 从1.030减小到0.032情况下的滑动面位置

图 3-27 $\lambda_{c\varphi}$ 减小时与安全系数 F 和滑动面的关系

表 3-13 $\lambda_{c\varphi}$ 减小情况下的安全系数 F

方案	K_c	K_φ	K_γ	$\lambda_{c\varphi}$	F
1	1.0	0.2	1.0	1.030	0.59
2	1.0	0.4	1.0	0.515	0.73
3	1.0	0.8	1.0	0.258	0.96
4	1.0	1.6	1.0	0.129	1.37
5	1.0	3.2	1.0	0.064	2.11
6	1.0	6.4	1.0	0.032	3.30

3.5 土体抗剪强度参数反分析

在滑坡稳定性计算与工程设计中，土体抗剪强度参数 c(黏结力)和 φ(内摩擦角)是滑坡稳定性分析和防治工程设计中十分重要却又难于确定的，其取值方法大致有三类：一是试验法(现场或室内)，由于受试样和试验条件的限制，试验结果离散性较大，不具有代表性，无法直接使用；二是工程类比法，该法受到类比滑坡客观条件的限制，且有很强的主观性，类比数据不够准确；三是反分析方法，假定滑体的状态，利用极限平衡法进行抗剪强度反分析，是滑坡稳定性计算的逆过程，其避免了试验的复杂性和人为主观性，得到的参数更符合滑坡的实际情况，在没有试验参数的情况下，该参数可直接作为稳定性计算和工程设计的参数，是目前最为实用的方法。工程实际中最常用的土体抗剪强度参数反分析方法为单参数反分析，即基于莫尔-库仑破坏准则，假定其中一个强度参数，在安全系数 $F=1$ 的基础上，利用数学算法如模糊数学、遗传算法、模拟退火等，反演另外一个强度参数。这些方法具有一定的理论参考价值，但实施过程较为复杂，因此难以推广，亟须寻找一更加简单方便的边坡强度参数反分析方法。

在实际工程中，可直接测得滑动边坡的滑动面，一些研究表明边坡的有效黏结力 c' 和有效内摩擦角 φ' 可通过已知均质边坡滑动面来确定，在假设边坡为均质体的前提下，若给定几何形状、容重和孔隙水压力，边坡滑动面仅与 $c'/\tan\varphi'$ 有关，Jiang 和 Yamagami[17-18] 指出，对于任意处于极限状态的均质边坡，若其滑动面一致，则二者岩土体的抗剪强度参数 c、φ 也相同。在此基础上，绘制了 $c'/\tan\varphi'$ 值和滑动面最大深度 D 以及 φ' 在安全系数为 1 情况下的关系图，从而在已知孔隙水压力的情况下，根据均质边坡滑动面的位置，直接快速估算土体抗剪强度参数。Jiang 和 Yamagami 的工作存在一些可以改进的地方，如在获取滑动面最大深度 D 时，其采用的是人为对比边坡面和滑动面的距离，选出最大深度的方法，这种方法较为烦琐，且无法得到精确的滑动面最大深度 D，存在一定误差；另外，其仅进行了坡角较小情况下($\theta\leqslant30°$)的抗剪强度参数反分析研究，而实际边坡的坡角往往大于该值。基于此，本书推导了严格的滑动面最大深度 D 的计算公式，并绘制了大范围坡角($20°\leqslant\theta\leqslant80°$)下的 $c/\tan\varphi$ 与 D、φ 的关系图，使基于滑动面深度的边坡抗剪强度参数反分析方法得到更加广泛的应用。

3.5.1　边坡抗剪强度参数计算方法

在极限平衡方法中，按照强度储备的安全系数定义，可得边坡安全系数 F 如下：

$$F=\frac{c'}{c'_{\mathrm{m}}}=\frac{\tan\varphi'}{\tan\varphi'_{\mathrm{m}}} \tag{3-20}$$

式中：$c'_{\mathrm{m}}=c'/F$，$\varphi'_{\mathrm{m}}=\tan^{-1}(\tan\varphi'/F)$，分别为边坡极限状态下的黏结力和内摩擦角。

在均质边坡形状、容重、孔隙水压力给定的情况下，即使不同强度参数组合(c',φ')，只要 $c'/\tan\varphi'$ 为定值，滑动面位置不变。例如对强度参数同乘以一个常数 ω，$c'_2=\omega c'_1$，$\varphi'_2=\tan^{-1}(\omega\tan\varphi'_1)$，由式(3-20)得 $F_2=\omega F_1$，但边坡滑动面依然保持同一位置，且存在以下关系：

$$\frac{c'_1}{F_1}=\frac{c'_2}{F_2} \tag{3-21}$$

$$\frac{\tan\varphi'_1}{F_1}=\frac{\tan\varphi'_2}{F_2} \tag{3-22}$$

为了定性描绘圆弧滑动面位置，引入滑动面最大深度参数 D，如图3-28，其中，H_0 为边坡高度。对于圆弧滑动面，该值可确定滑动面的位置。

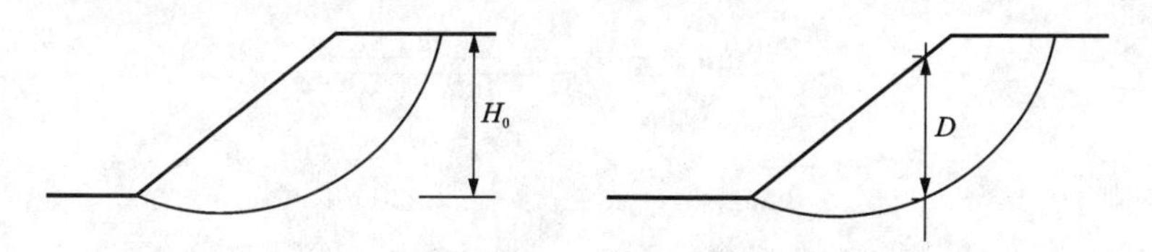

图3-28　滑动面最大深度参数 D 示意图

为了简化问题，本节暂不考虑孔隙水压力 u 的影响。假定 $u=0$，则有 $c'=c$，$\varphi'=\varphi$。为了便于绘制强度参数反分析关系图，对抗剪强度参数进行无量纲化，引入如下参数：

$$\lambda_{c\varphi}=\frac{c}{\gamma H_0\tan\varphi} \tag{3-23}$$

式中：γ 为土体容重。

由以上分析可知，滑动面位置仅与 $\lambda_{c\varphi}$ 有关，即 D 与 $\lambda_{c\varphi}$ 存在对应关系。为了建立 D 与 $\lambda_{c\varphi}$ 的关系，本书设置了4160组瑞典条分法计算方案，计算中恒定容重 γ 为19.8 kN/m^3，分别改变边坡高度 H_0(10~40 m)，梯度为10 m；坡角 θ 变化于20°~80°，梯度为5°；内摩擦角 φ 变化于5°~40°，梯度为5°；黏结力 c 变化于10~100 kPa，梯度为10 kPa，得到各边坡滑动面圆心坐标(x_0, y_0)、圆心半径 R、安全系数 F，并加以记录。

3.5.2　圆弧滑动面最大深度 D 值推导公式

采用瑞典条分法分析均质边坡的稳定性，建立计算模型如图3-29所示，其中，θ 为边坡角。考虑到计算范围对于安全系数计算结果的影响，设置边坡高度为 H_0，坡肩到右边界的距离为 $2H_0$，坡脚到左边界的距离为 $1.5H_0$，坡趾到下边界的距离为 $1.0H_0$。

假设边坡滑动面为圆弧，如图3-29，其滑动面方程为

$$(x-x_0)^2+(y-y_0)^2=R^2 \tag{3-24}$$

式中：x_0、y_0 为圆弧的圆心；R 为圆弧半径。

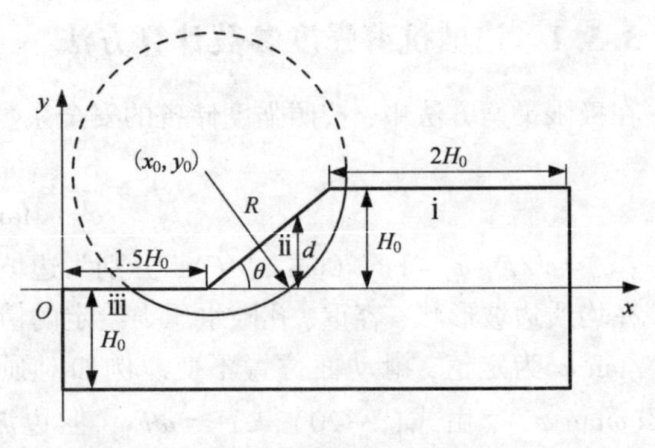

图 3-29　边坡计算模型及 D 值推导示意图

将本书计算得到的结果 y_0 与坡高 H_0 进行对比，发现绝大多数情况下 $y_0>H_0$，从而可得滑动面的纵坐标为

$$y_1=y_0-\sqrt{R^2-(x-x_0)^2},\quad x\in(x_0-R,\ x_0+R) \tag{3-25}$$

边坡面纵坐标为

$$y_2=x\tan\theta-1.5H_0\tan\theta,\ x\in(1.5H_0,\ H_0/\tan\theta+1.5H_0) \tag{3-26}$$

由边坡的圆弧滑动模式可知，滑动面与坡顶面ⅰ的最大距离，以及滑动面与坡脚面ⅲ的最大距离，均小于滑动面与边坡面ⅱ的最大距离，因此，只需寻找滑动面与边坡面ⅱ距离 d 的最大值，即为滑动面的最大深度 D，此时，

$$d=y_2-y_1=\tan\theta x-1.5H_0\tan\theta-\left[y_0-\sqrt{R^2-(x-x_0)^2}\right] \tag{3-27}$$

对 d 求偏导：

$$\frac{\partial d}{\partial x}=\tan\theta-\frac{x-x_0}{\sqrt{R^2-(x-x_0)^2}} \tag{3-28}$$

由$\frac{\partial d}{\partial x}=0$，解出

$$x_1=x_0+R\sin\theta,\ x_2=x_0-R\sin\theta \tag{3-29}$$

对 d 进行二次偏导，得

$$\frac{\partial^2 d}{\partial x^2}=-\left[R^2-(x-x_0)^2\right]^{-\frac{3}{2}}(x-x_0)^2-\left[R^2-(x-x_0)^2\right]^{-\frac{1}{2}}<0 \tag{3-30}$$

可知 d 在 x_1 和 x_2 处均取极大值。

而边坡中取极大值时 x 的范围为

$$x\in\left[\max(x_0-R,\ 1.5H_0),\ \min(H_0/\tan\theta+1.5H_0,\ x_0+R)\right] \tag{3-31}$$

将计算结果代入 $x_0+R\sin\theta$、$x_0-R\sin\theta$、$1.5H_0$、$H_0/\tan\theta+1.5H_0$ 和 x_0+R，可得

(1)当 $\theta\leqslant 40°$ 时，

$$0<x_0-R\sin\theta<1.5H_0<x_0+R\sin\theta<H_0/\tan\theta+1.5H_0<x_0+R \tag{3-32}$$

所以，d 在 $x=x_0+R\sin\theta$ 处取极大值，得

$$D=x_0\tan\theta+R\sin\theta\tan\theta-1.5H_0\tan\theta-y_0+R\cos\theta \tag{3-33}$$

(2)当 $40°<\theta<50°$ 时，存在两种情况：

①$0<x_0-R\sin\theta<1.5H_0<x_0+R\sin\theta<H_0/\tan\theta+1.5H_0<x_0+R$　(3-34)

此时，d 在 $x=x_0+R\sin\theta$ 处取极大值，得

$$D=x_0\tan\theta+R\sin\theta\tan\theta-1.5H_0\tan\theta-y_0+R\cos\theta \tag{3-35}$$

②$0<x_0-R\sin\theta<1.5H_0<H_0/\tan\theta+1.5H_0<x_0+R\sin\theta<x_0+R$　(3-36)

此时，d 在 $x=1.5H_0+H_0/\tan\theta$ 处取极大值，得

$$D = H_0 - y_0 + \sqrt{R^2 - (1.5H_0 + H_0/\tan\theta - x_0)^2} \quad (3-37)$$

(3)当 $\theta \geqslant 50°$ 时，

$$0 < x_0 - R\sin\theta < 1.5H_0 < H_0/\tan\theta + 1.5H_0 < x_0 + R\sin\theta < x_0 + R \quad (3-38)$$

因此，d 在 $x=1.5H_0+H_0/\tan\theta$ 处取极大值，得

$$D = H_0 - y_0 + \sqrt{R^2 - (1.5H_0 + H_0/\tan\theta - x_0)^2} \quad (3-39)$$

对上述推导，进行进一步分析和讨论如下：

(1)存在一上限临界角 50°，当坡角大于或等于上限临界角时，恒有 $1.5H_0+H_0/\tan\theta<x_0+R\sin\theta$，$d$ 在 $x=1.5H_0+H_0/\tan\theta$，即坡肩处取极大值；

(2)存在一下限临界角 40°，当坡度小于下限临界角时，恒有 $1.5H_0+H_0/\tan\theta>x_0+R\sin\theta$，$d$ 在 $x=x_0+R\sin\theta$，即坡面上取极大值；

(3)当坡角在上下临界角之间时，可能 d 在 $x=x_0+R\sin\theta$ 处取极大值，也可能在 $x=1.5H_0+H_0/\tan\theta$ 处取极大值。在坡角、高度、黏结力恒定条件下，内摩擦角越大，d 取最大值对应的 x 值越接近 $1.5H_0+H_0/\tan\theta$。

3.5.3 滑动面位置变化规律

利用上述计算结果以及式(3-21)、式(3-22)，将边坡黏结力 c 和内摩擦角 φ 变换为极限状态的黏结力和内摩擦角。以坡角 $\theta=30°$ 为例，绘制滑动面位置与无量纲 $\lambda_{c\varphi}$ 之间的关系图，如图 3-30~图 3-32，从中可以看出，随着 $\lambda_{c\varphi}$ 增大，边坡破坏模式从浅层滑动逐渐向深层滑动模式过渡，相应的滑动面最大深度 D 也逐渐增大。在计算误差允许的范围内，当 $\lambda_{c\varphi}$ 一定时，D/H_0 和 φ 均不发生变化，即 D/H_0 和 φ 可由 $\lambda_{c\varphi}$ 唯一确定，不随边坡高度而变化。

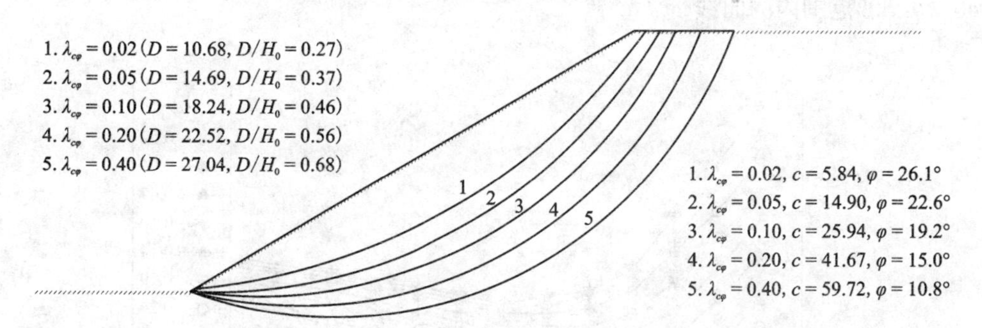

图 3-30 $H_0=40$ m 情况下不同 $\lambda_{c\varphi}$ 对应的滑动面位置

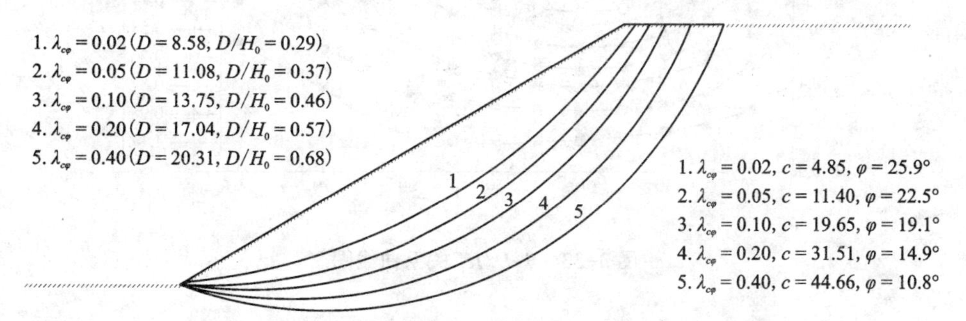

图 3-31 $H_0=30$ m 情况下不同 $\lambda_{c\varphi}$ 对应的滑动面位置

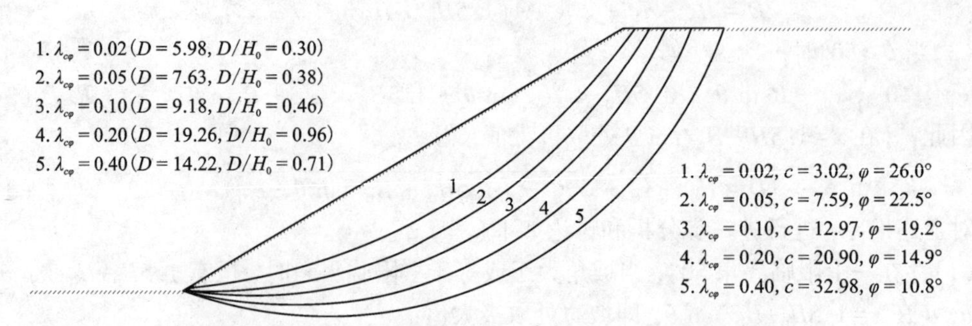

图 3-32　$H_0=20$ m 情况下不同 $\lambda_{c\varphi}$ 对应的滑动面位置

3.5.4　图表绘制与分析

绘制边坡极限状态下，不同 $\lambda_{c\varphi}$ 值对应的坡角 θ 与 D/H_0 关系图，如图 3-33 所示，从中可以看出，随着 θ 的增大，D/H_0 呈现先减小后增大的趋势，并且该趋势的变化发生在区间 $\theta\in(40°, 50°)$ 中，从而验证了上述关于存在上限坡角和下限坡角的讨论。因此，可将边坡角 θ 分为三个区域($\theta\leqslant40°$, $40°<\theta<50°$, $\theta\geqslant50°$)，绘制相应的 $\lambda_{c\varphi}-D/H_0$ 关系图，如图 3-34～图 3-37。从图中可以看出 $\lambda_{c\varphi}-D/H_0$ 关系图在坡角 $\theta\leqslant40°$ 和 $\theta\geqslant50°$ 时较为规则，可容易通过插值方法得到其他坡角对应的 $\lambda_{c\varphi}-D/H_0$ 关系，进而反分析计算边坡抗剪强度参数。而坡角 $40°<\theta<50°$ 时，由于 d 取极大值对应的横坐标位置存在两种情况，$\lambda_{c\varphi}-D/H_0$ 关系曲线出现重合交叉，无法进行插值分析，因此，建议采用平均值即坡角 $\theta=45°$ 对应的 $\lambda_{c\varphi}-D/H_0$ 关系曲线替代 $40°<\theta<50°$ 范围内的曲线。

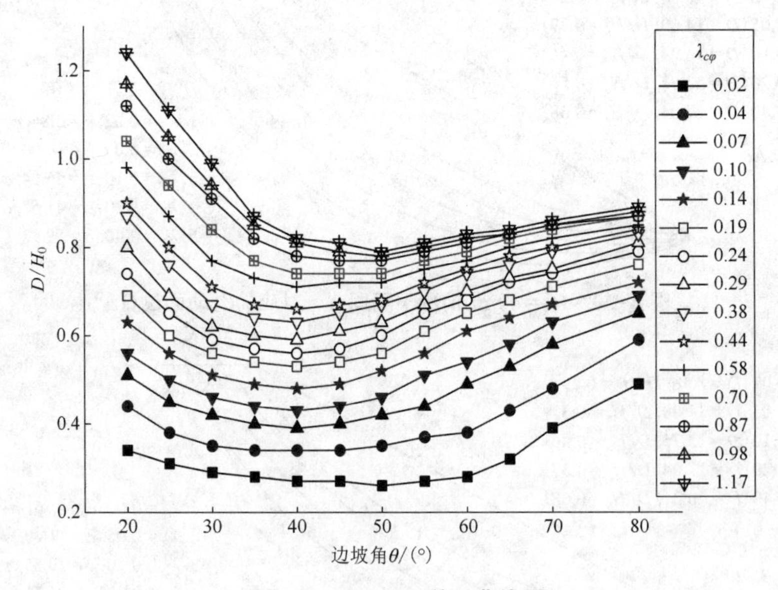

图 3-33　$\theta-D/H_0$ 关系曲线图

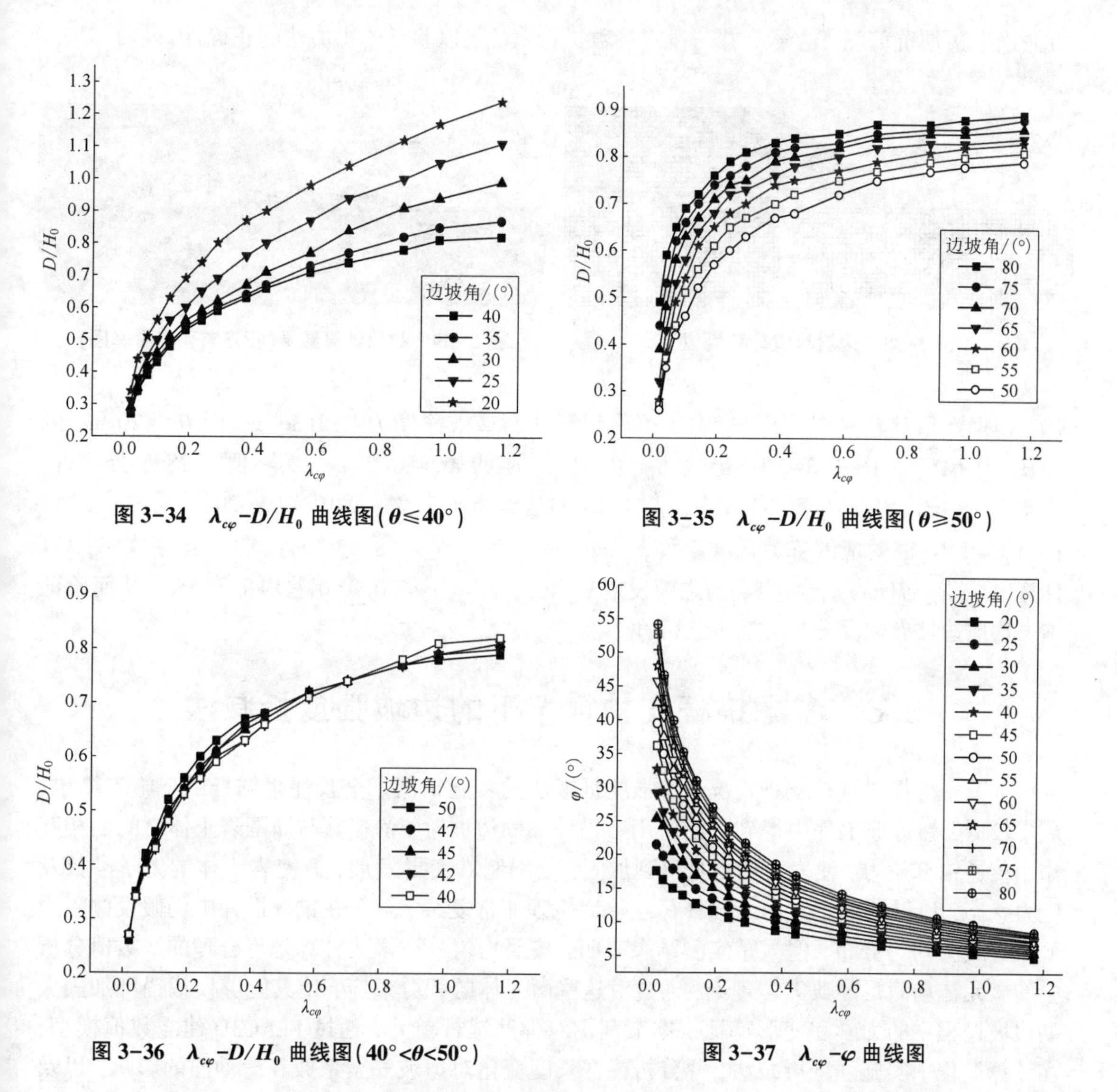

图 3-34 $\lambda_{c\varphi}$-D/H_0 曲线图($\theta \leqslant 40°$)

图 3-35 $\lambda_{c\varphi}$-D/H_0 曲线图($\theta \geqslant 50°$)

图 3-36 $\lambda_{c\varphi}$-D/H_0 曲线图($40° < \theta < 50°$)

图 3-37 $\lambda_{c\varphi}$-φ 曲线图

根据以上分析，便可进行均质边坡参数反分析。通过圆弧滑动面和边坡形状，找出滑动面圆心坐标，计算出滑动面最大深度 D 值，得到 D/H_0 值；利用图 3-34～图 3-36，查出对应的 $\lambda_{c\varphi}$，利用 $\lambda_{c\varphi}$ 与 φ 的关系图 3-37，查出对应边坡极限状态的内摩擦角 φ；然后，通过式(3-23)算出黏结力 c。当安全系数 F 不等于 1 时，可利用反分析得到的极限状态的强度参数，通过式(3-21)、式(3-24)求解出实际的内摩擦角 φ、黏聚力 c。

3.5.5 参数反分析方法的数值计算验证

为了验证本书上述的分析结果，建立均质边坡数值计算模型，如图 3-38，设定相关参数为：黏结力 $c=40.0$ kPa，内摩擦角 $\varphi=20°$，容重 $\gamma=19.8$ kN/m^3，孔隙水压力 $u=0$，计算得到 $\lambda_{c\varphi}=0.28$。运用强度折减法计算边坡安全系数 $F=1.68$，采用剪应变率作为边坡的滑动面，如图 3-39。然后，假定安全系数 $F=1.68$ 已知，边坡强度参数 c 和 φ 未知，运用上述反分析方法确定边坡抗剪强度参数，并与设定参数进行对比，以验证本书方法的正确性。

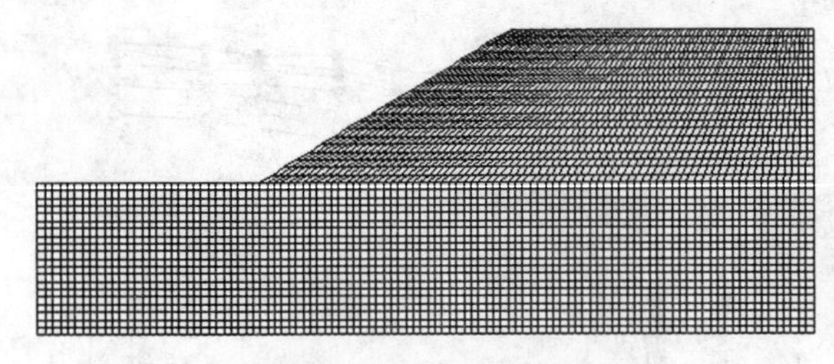

图 3-38 边坡数值计算模型

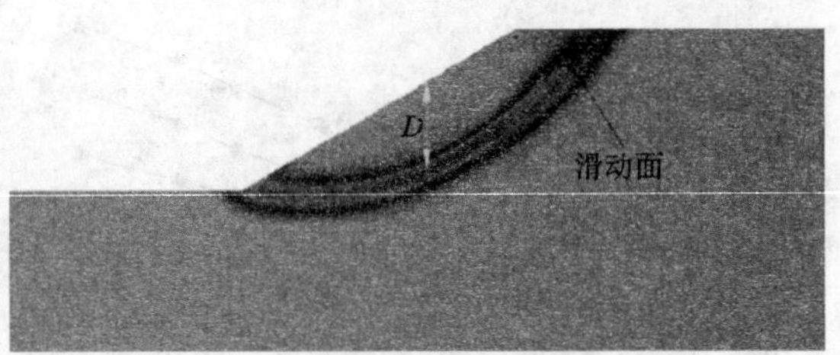

图 3-39 数值计算结果(扫章首码查看彩图)

根据数值计算结果(图 3-39)，可得到滑动面最大深度 $D=12.30$ m，而 $H_0=20$ m，则 $D/H_0=0.615$，从图 3-34 中读出 $D/H_0=0.615$ 对应的 $\lambda_{c\varphi}=0.27$，与实际值 0.28 十分接近；从图 3-37 中读出在 $\theta=30°$ 曲线中 $\lambda_{c\varphi}=0.27$ 对应的 $\varphi=12.8°$；运用式(3-20)、式(3-22)计算出 $F=1.68$ 时对应的抗剪强度参数 $\varphi=\tan^{-1}[\tan12.8°\times(1.68/1)]=20.88°$，运用式(3-23)计算出 $c=\lambda_{c\varphi}\gamma H_0\tan\varphi=40.8$，与之前设定 $c=40.0$ kPa、$\varphi=20.0°$相差均小于 5%，从而验证本书均质边坡参数反分析方法的正确性。

3.6 考虑锚杆支护情况下的边坡强度折减法

本节主要探讨锚杆支护情况下，强度折减法的实施情况。全长注浆锚杆由于施工简单、成本较低，在边坡工程中得到广泛应用。锚杆加固边坡时，依赖其与周围岩土体之间的相互作用传递锚杆拉力，使岩土体自身得到加固，并限制其变形发展，改变岩土体的力学参数及应力状态，以保持稳定。由于锚杆荷载传递机理非常复杂，至今在锚杆设计中仍假设侧阻力分布模式为均匀分布，但大量实测结果表明，按照均匀分布模式计算是不合理的。数值分析中的微元体均满足经典力学理论，通过对这些微元体的积分效应，使其能够模拟锚杆加固大型边坡过程中的力学和变形特征。本节利用双弹簧锚杆单元，通过 FLAC3D 建立数值模型，在计算过程中实施强度折减法，并分析锚杆长度变化对边坡安全系数和滑动面的影响，以及相同工程造价下，锚杆布设方式如倾角、布设位置和布设形式对边坡稳定性的影响，探讨边坡锚固机理以及锚杆的荷载传递机理。

3.6.1 数值模型与方法

某公路边坡高 10 m、倾角 45°，拟开挖成坡高 10 m、倾角为 75°的边坡，开挖采用分台阶开挖工艺，台阶高度 2 m。按照平面应变建立计算模型，模型共 1130 个单元，2412 个节点，如图 3-40。土体采用同时考虑拉伸和剪切破坏的莫尔-库仑准则，初始应力场按自重应力场考虑，参数见表 3-14。计算过程中，假设开挖完毕到锚杆施加的时间为锚杆加固到稳定阶段时间的 1/4，以模拟开挖完毕较短时间内即进行锚杆支护的工况。

锚杆参数为：弹性模量 200 GPa，泊松比 0.25，截面积 706.5 mm^2，周长 314 mm，内摩擦角 25°，黏结刚度 1.0×10^9 N/m^2，砂浆黏结力 15 kPa，锚杆倾角 10°。锚杆具体布置位置如图 3-40。边界条件为下部固定，左右两侧水平约束，上部为自由边界；计算收敛准则为不平

衡力比率满足 10^{-5} 的求解要求；采用强度折减法计算整体安全系数，由于锚杆是作为外力施加在岩土体上，因此在计算过程中对其参数不进行折减，只折减边坡岩土体的材料；以计算是否收敛作为边坡失稳的判据。

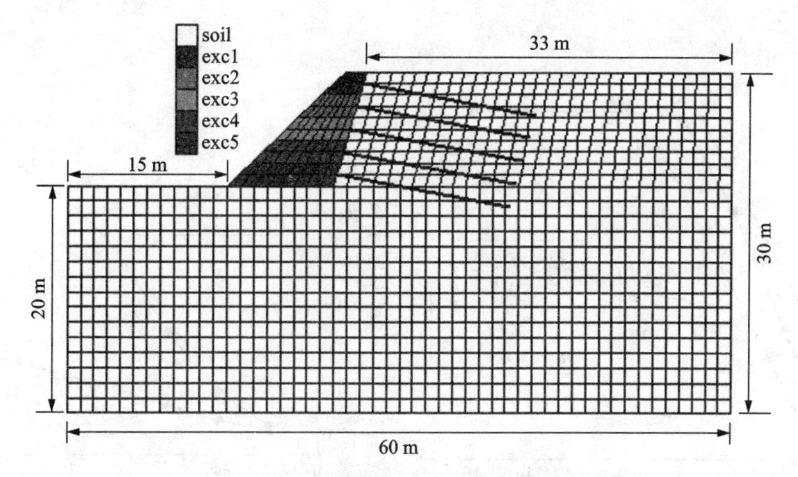

图 3-40 数值模型(扫章首码查看彩图)

表 3-14 边坡的物理力学参数

材料	厚度/m	容重/(kN·m^{-3})	弹性模量/MPa	泊松比	黏结力/kPa	摩擦角/(°)
填土	2	16	10	0.3	20	18
可塑状土	10	17	20	0.3	22	22
硬塑状土	8	19	40	0.3	32	24
强风化岩	10	22	200	0.2	200	30

3.6.2 锚杆长度的影响

3.6.2.1 锚杆长度与安全系数的关系

图 3-41 表示锚杆长度对边坡安全系数的影响，从图中可以看出，锚杆长度越长边坡越安全，但达到一定长度后，锚杆长度增加起不到明显的效果。这说明对于注浆锚杆加固边坡工程，存在一有效锚固长度 L_{eff}。本书计算的模型中，对应的有效长度为 8 m 左右。从图中可以看出，有效长度内边坡的安全系数和锚杆长度 L 之间的关系可用线性方程进行拟合，其相关系数为 0.99893，说明两者较好地符合线性关系。在各区间段中，L 位于 4~6 m 间时，曲线的斜率最大，说明该区间内相同的锚固长度增量 ΔL 能够最大幅度地提高边坡安全系数；另外，通过试算，分别改变锚杆倾角于[5°, 20°]，得到有效锚固长度均为 8 m，说明锚杆倾角对于有效锚固长度的影响较小。

一般认为，有效锚固长度取决于锚固体与孔壁间的表面摩阻力，平均表面摩阻力随着锚杆长度的增加而减小，因此，当锚杆长度达到有效锚固长度时，继续增加 L，整体锚固力并没有明显增加，边坡的整体安全系数也无法得到提高。本书通过数值计算，得到边坡在未受扰动原始状态下和由于外界扰动(如降雨、爆破等)岩土参数劣化达到临界状态时，整体锚固力和锚杆长度的关系，如图3-42所示。从图中可以看出，随着锚杆长度的增加，整体锚固力不断增大，并不似安全系数与锚杆长度的关系，因此，不适合采用整体锚固力解释有效锚固长度。

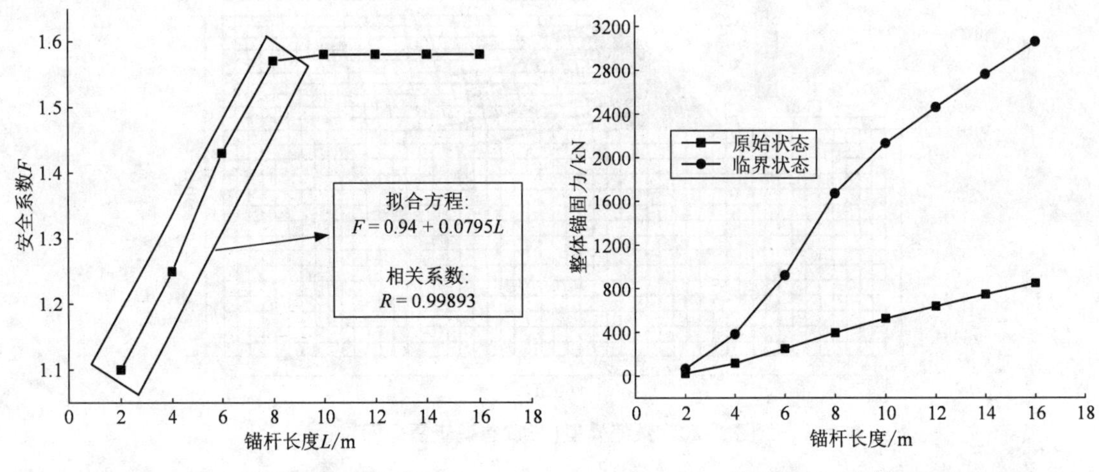

图3-41 安全系数和锚杆长度的关系

图3-42 整体锚固力和锚杆长度的关系

3.6.2.2 锚杆长度与滑动面的关系

图3-43显示锚杆长度对滑动面的影响，从图中可以看出，随着锚杆长度的增加，边坡潜在滑动面逐渐往坡内移动，破坏模式由浅层滑动变为深层滑动。当长度L较小时，相同的锚杆长度增量ΔL引起滑动面位置的变化较少，如$L=2$ m和$L=0$ m对应的滑动面基本相同。当L增大后，相同的ΔL引起滑动面位置的变化较大，如2 m、4 m、6 m锚杆；但$L=8$ m时，边坡的滑动面位置并不延续之前的趋势，而是发生突变，迅速靠近坡面，由原先的深层滑动面转变为浅层滑动面。这是由于锚杆加入土体时，与土体形成筋土复合结构，大大提高了土体的抗滑能力，因此，边坡的滑动面逐渐往坡内移动。但当锚杆长度达到一定程度时，复合体的范围较大，此时向内移动的滑动面安全系数大于临坡面的滑动面安全系数，从而使边坡的临界滑动面转移到临坡面位置。可见，有效锚固长度同时取决于锚杆受力情况和边坡岩土体的受力滑动机制。为了进一步探讨边坡的锚固机理，对加固过程中，锚杆轴力的分布情况进行分析。

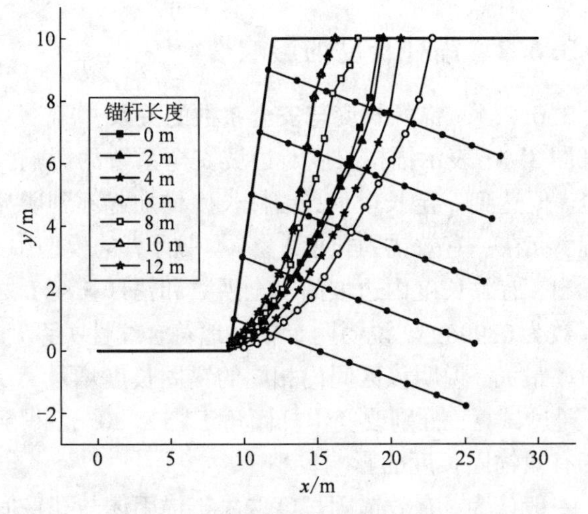

图3-43 锚杆长度与滑动面的关系

3.6.2.3　加固中锚杆受力分析

以第一层锚杆为例，分析轴力与锚杆长度之间的关系，如图3-44所示。当L=2 m时，轴力沿锚杆长度方向呈现不断增大的趋势；当L>2 m时，轴力沿锚杆长度方向呈现先增大后减小的趋势。随着锚杆长度的增加，锚杆轴力的最大值不断增大，但相同的锚杆长度增量ΔL引起的轴力增量ΔP逐渐减小，各曲线在峰前的部分基本重合。随着锚杆长度的增加，不同工况下锚杆轴力最大位置如表3-15所示，可见，轴力峰值对应的位置不断增加，并最终趋于距离锚头6 m处位置。

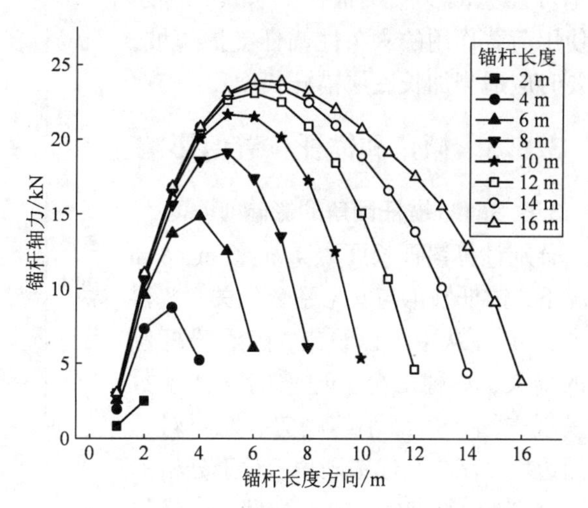

图3-44　第一层锚杆轴力与锚杆长度的关系

表3-15　锚杆轴力最大位置与锚杆长度的关系

锚杆长度/m	2	4	6	8	10	12	14	16
轴力最大位置/m	2	3	4	5	6	6	6	6

边坡开挖完毕，处于运作状态时，各层锚杆轴力沿长度的分布是不均匀的，如图3-45所示。另外，从实际工程中也容易发现，当边坡发生变形时，各个部分的变形量是不同的，从而引起锚杆相应部位的位移不一，因此，其轴力分布也不均匀；但在极限平衡法中，均假设锚杆轴力沿长度方向均匀分布，可见在实际工程中采用这种方法分析锚固的加固效果将带来一定误差。从图中还可看出，锚杆轴力一般表现为中间大而两边小的规律。第一~四层锚杆轴力的最大值差别不大，但位置逐渐靠近锚头，这是由于边坡的潜在滑动面靠近这些位置，潜在滑动面的剪切滑移使锚杆轴力达到最大值。

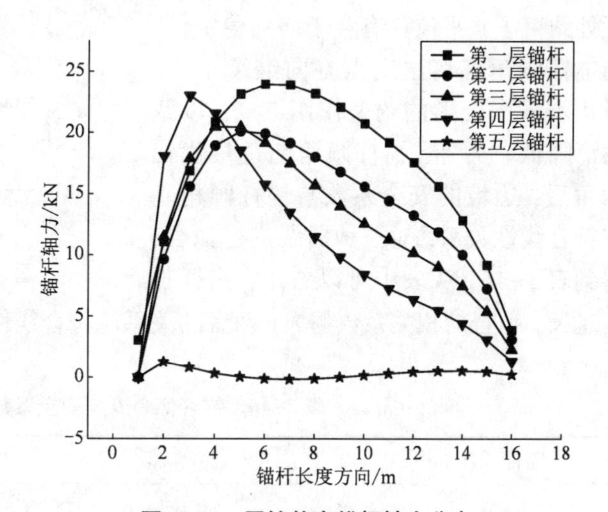

图3-45　原始状态锚杆轴力分布

对比边坡原始状态和临界状态（图3-46）锚杆的轴力分布图，可以看出原始状态锚杆受力变化较为平滑，而临界状态下锚杆不同部位受力存在较大差别，曲线存在明显尖点，这种情况下锚杆更容易被拉断。另外，临界状态下，最大轴力值出现在第四层锚杆，并且第五层锚杆轴力明显增大，说明边坡在外界扰动下，对底层锚杆受力的影响最大。因此，实际工程中不可任意减少底层锚杆的长度，对于有使用荷载作用的永久性锚杆支护边坡，必要时应适当加长底层锚杆长度。

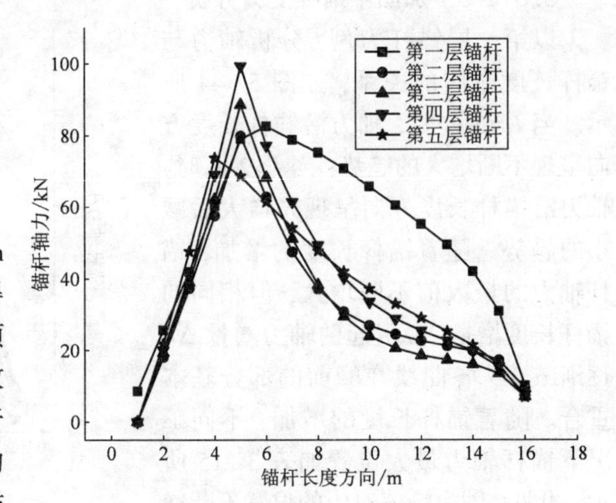

图 3-46 临界状态锚杆轴力分布

3.6.3 倾角和锚杆位置的影响

3.6.3.1 锚杆倾角的影响

分别计算锚杆长度为 4 m、6 m、8 m 情况下，锚杆倾角与安全系数的关系，得到图 3-47。从中可以看出，随着锚杆倾角的增大，三种工况下边坡的安全系数均呈现先增大后减小的趋势，说明对于锚固边坡，存在最优锚固角，对于分析的工况分别为 5°、8°、10°。可见，最优锚固角随锚杆长度的增加而逐渐增大，但幅度不大，因此一般边坡锚固工程中，可采用 10°左右的锚杆倾角。从 FLAC3D 计算结果中也可以看出，在边坡开挖后最小主应力方向与水平方向接近，产生的水平位移较大，不利于边坡的稳定性，所以锚杆设置在水平位置或者接近水平位置处约束了水平位移有利于增强稳定性。当锚杆倾角偏离主应力方向继续增大，对边坡横向变形的约束作用减弱，以致逐渐降低。另外，锚杆倾角超过最优锚固角后，边坡的安全系数与锚杆倾角基本符合线性关系，对三种曲线进行拟合，得到表 3-16，从表中可以看出，锚杆长度越长，拟合的相关系数越大，两者的关系越符合线性情况。

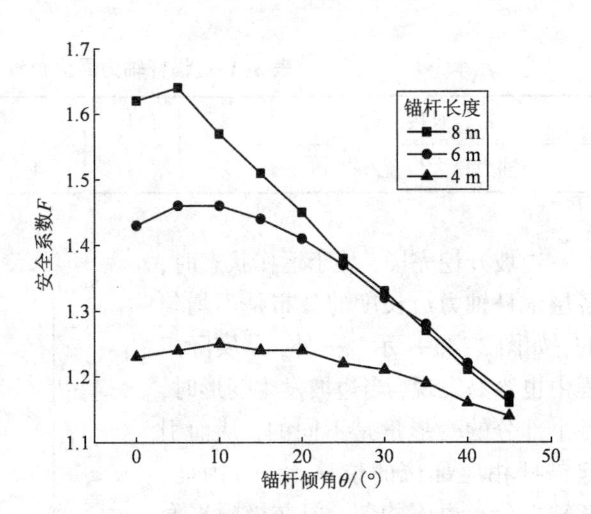

图 3-47 锚杆倾角与安全系数的关系

表 3-16 锚杆倾角 θ 与安全系数 F 的线性拟合

锚杆长度/m	拟合方程	相关系数 R
4	$F=1.27667-0.00267\theta$	0.93505
6	$F=1.5675-0.0085\theta$	0.99138
8	$F=1.69429-0.01219\theta$	0.99948

图 3-48 显示锚杆长度为 6 m 和 8 m 情况下，锚杆倾角与滑动面的关系，从中可以看出，对于 6 m 长锚杆，滑动面先向坡内移动，然后向坡面移动；对于 8 m 长锚杆，随着锚杆倾角的增大，边坡滑动面逐渐往坡面移动，滑动面逐渐变陡，不利于边坡稳定。另外，倾角变化过

程中，锚杆轴力与倾角之间的关系如图3-49所示，从中可以看出，锚杆轴力沿杆体呈现先增大后减小的趋势，最大值均出现在锚杆体中间；并且随着锚杆倾角的增大，锚杆轴力逐渐减小，对边坡的支护作用减小，因此对应的边坡安全系数也逐渐减小。

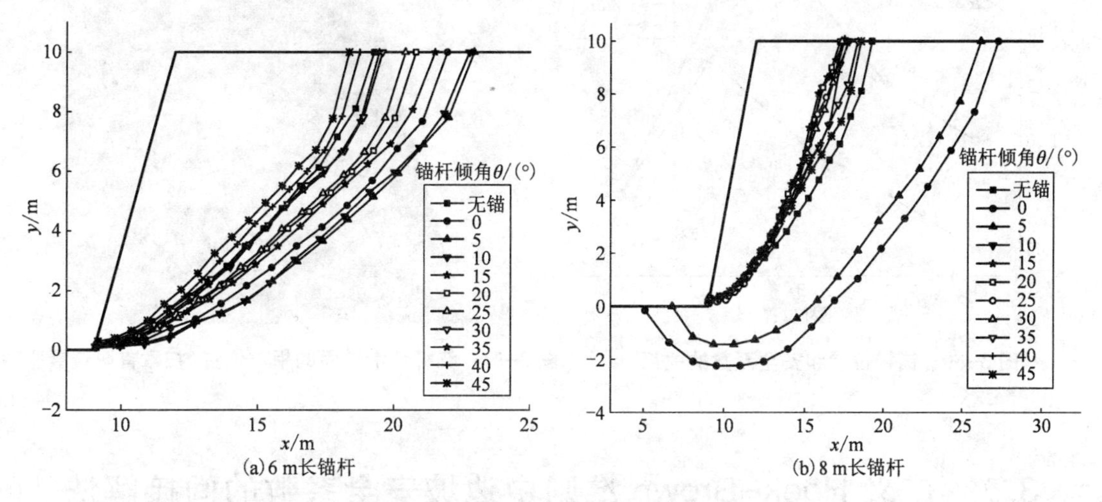

图3-48 锚杆倾角与滑动面的关系

3.6.3.2 锚杆位置的影响

在边坡中只布设一层锚杆，锚杆倾角取10°，变化锚杆长度于4~10 m，得到不同锚杆布设位置和安全系数的关系，如图3-50。从中可以看出，随着锚杆的下移，边坡的安全系数呈现先增大后减小的趋势，当锚杆布设在坡面中下部位置时得到的安全系数最大。但对于不同长度的锚杆系统，最大安全系数出现的位置并不相同，如6~10 m锚杆支护情况下最大安全系数出现在布设位置3处，而4 m锚杆支护情况下最大安全系数出现在布设位置4处。锚杆处于位置5时，4~10 m锚杆得到的安全系数均为1.08，这是由于此时锚杆位于滑动面的底部，如图3-51，4 m长度的锚杆即可穿过滑动面，增加锚杆长度并不能提高安全系数，因此，4 m锚杆和10 m锚杆的效果相同。

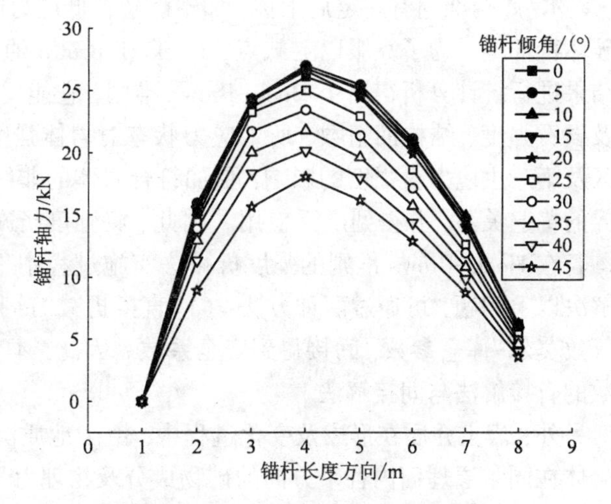

图3-49 不同倾角下锚杆轴力分布

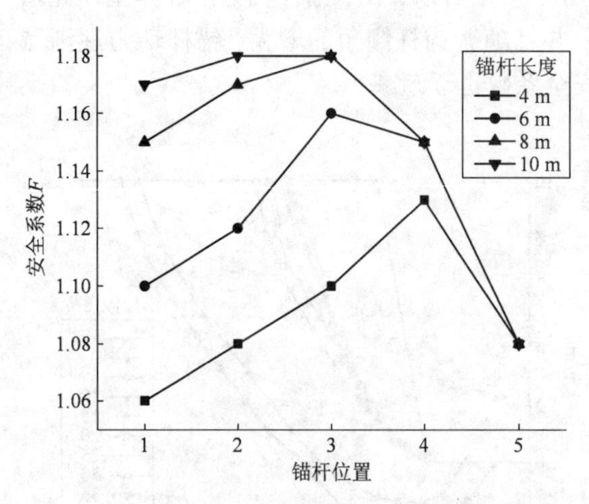

图 3-50　锚杆位置和安全系数的关系

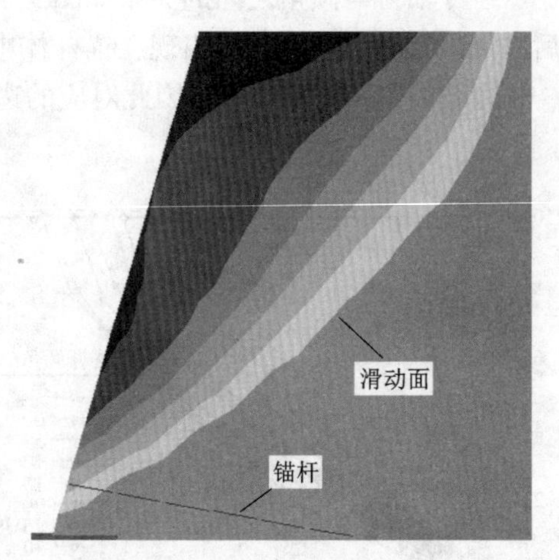

图 3-51　锚杆和滑动面的相对位置(扫章首码查看彩图)

3.7　广义 Hoek-Brown 准则中边坡安全系数的间接解法

目前，强度折减法分析边坡稳定性主要针对莫尔-库仑准则实施。但是，对于岩体的描述，莫尔-库仑准则有一定局限性，如不能解释低应力区对于岩体的影响，只能反映岩体的线性破坏特征等。为了克服以上缺点，Hoek 和 Brown 通过大量岩石试验资料和对岩体现场试验结果进行统计分析得出了 Hoek-Brown 准则，它能反映岩体的固有特点和非线性破坏特征，以及岩石强度、结构面组数、所处应力状态对岩体强度的影响，它能够解释低应力区、拉应力区及第三主应力对强度的影响，更加符合岩体的非线性破坏特征，提出后受到国际工程地质界的普遍关注，并得到广泛应用。因此，将强度折减法与 Hoek-Brown 准则相结合成为必要。若在 Hoek-Brown 准则的强度折减法实施过程中不考虑 s、a 的影响，将导致一些偏差。为解决以上问题，可通过两种方法：(1)直接折减 Hoek-Brown 参数来计算安全系数；(2)计算等效莫尔-库仑参数，间接得到安全系数。因此，本节探讨 Hoek-Brown 准则下，边坡安全系数的直接解法与间接解法。

另外，岩土介质在形成及变化过程中，由于地质沉积作用，层状岩体广泛存在。这些层状岩体在同一层理面内各个方向的矿物成分及物理力学性质是大体相同的，但在垂直层理方向上的力学性质却有很大差别。正是由于这些层理面的存在，给层状岩质边坡的稳定性分析带来了较大的困难。由于应力的作用，层状岩土体表现出来的力学行为比较复杂，目前广泛使用的各向同性模型不再适用，传统的基于莫尔-库仑模型的极限平衡法也不适合计算复杂层状岩质边坡的安全系数。因此，建立合理描述层状岩质边坡的力学模型成为必要。另外，由于岩体结构的复杂性，要建立完全反映岩体结构特征的模型是不现实的，因此对于具体工程而言，必须进行适当简化，但同时必须认识到岩体强度由结构面强度控制，边坡稳定性并非完全由结构面控制，而是由岩体强度和结构面强度共同控制，这与二者的物理力学性质及应力状态有关。因此，基于以上考虑，本书采用横观各向同性模型(Ubiquitous-Joint 模型)来描述层状岩质边坡的稳定性，进一步研究 Ubiquitous-Joint 模型与强度折减法结合来计算边坡安全系数的方法和过程，并探讨层理倾角与边坡稳定性之间的关系。

3.7.1 等效黏结力和内摩擦角

对强度折减法的计算公式进行等比变换，得

$$1=\frac{c^0+\sigma\tan\varphi^0}{c^{cr}+\sigma\tan\varphi^{cr}}\cdot\frac{1}{K}=\frac{\tau_s^0}{\tau_s^{cr}}\cdot\frac{1}{K} \tag{3-40}$$

式中：τ_s^0、τ_s^{cr} 分别为原始和临界状态的抗剪强度。

Hoek 和 Brown 认为，岩石破坏不仅要与试验结果相吻合，其数学表达式也应尽可能简单，并且，岩石破坏判据除了适用于结构完整且各向同性的均质岩石外，还应当适用于碎裂岩体及各向异性的非均质岩体等。Hoek 和 Brown 在对大量岩石破坏包络线的系统研究后，提出岩石 Hoek-Brown 破坏经验判据，其具体表达式为

$$\sigma_1=\sigma_3+\sigma_{ci}\left(m_b\frac{\sigma_3}{\sigma_{ci}}+s\right)^a \tag{3-41}$$

式中：σ_1 为岩体破坏时的最大主应力；σ_3 为作用在岩体上的最小主应力；σ_{ci} 为完整岩石单轴抗压强度；m_b 为岩体常数，与完整岩石的 m_i 有关；s、a 为取决于岩体特性的系数。这些参数均可表述为地质强度指标 GSI 的函数，具体形式如下：

$$m_b=m_i\exp\left(\frac{GSI-100}{28-14D}\right) \tag{3-42}$$

$$s=\exp\left(\frac{GSI-100}{9-3D}\right) \tag{3-43}$$

$$a=\frac{1}{2}+\frac{1}{6}\left(e^{-GSI/15}-e^{-20/3}\right) \tag{3-44}$$

式中：D 为岩体弱化因子，与岩体的开挖方式及扰动程度有关，取值为 0~1，0 代表未扰动状态。

对于脆性岩体材料，单轴抗拉强度 σ_t 等于双轴抗拉强度[19]，假设 $\sigma_1=\sigma_3=\sigma_t$，由式(3-41)可得

$$\sigma_t=-\frac{s\sigma_{ci}}{m_b} \tag{3-45}$$

为了与莫尔-库仑准则对应，首先，对式(3-41)两边求导：

$$\frac{d\sigma_1}{d\sigma_3}=1+am_b(m_b\sigma_3/\sigma_{ci}+s)^{a-1} \tag{3-46}$$

然后，用主应力表示抗剪强度和相应的正应力：

$$\tau_s=(\sigma_1-\sigma_3)\frac{\sqrt{d\sigma_1/d\sigma_3}}{d\sigma_1/d\sigma_3+1} \tag{3-47}$$

$$\sigma_n=\frac{\sigma_1+\sigma_3}{2}-\frac{(\sigma_1-\sigma_3)}{2}\cdot\frac{d\sigma_1/d\sigma_3-1}{d\sigma_1/d\sigma_3+1} \tag{3-48}$$

联立式(3-40)、式(3-46)、式(3-47)，得到用 Hoek-Brown 参数表示临界失稳状态的抗剪强度 τ_s^{cr}：

$$\tau_s^{cr}=(\sigma_1-\sigma_3)\cdot\frac{\sqrt{1+a^0m_b^0\left(m_b^0\frac{\sigma_3}{\sigma_{ci}}+s^0\right)^{a^0-1}}}{2+a^0m_b^0\left(m_b^0\frac{\sigma_3}{\sigma_{ci}}+s^0\right)^{a^0-1}}\cdot\frac{1}{K}$$

$$=(\sigma_1-\sigma_3)\cdot\frac{\sqrt{1+a^{cr}m_b^{cr}\left(m_b^{cr}\frac{\sigma_3}{\sigma_{ci}}+s^{cr}\right)^{a^{cr}-1}}}{2+a^{cr}m_b^{cr}\left(m_b^{cr}\frac{\sigma_3}{\sigma_{ci}}+s^{cr}\right)^{a^{cr}-1}} \tag{3-49}$$

式中：上角标 0 表示原始状态；cr 表示临界失稳状态。

强度折减法中，计算安全系数的关键是建立原始参数和临界参数之间的一一对应关系，这样才能得到相应的边坡安全系数。如对于莫尔-库仑准则，需建立 c^0、φ^0 和 c^{cr}、φ^{cr} 之间的关系，由式(3-40)，通过安全系数 F 建立 $c^0=Fc^{cr}$，$\tan\varphi^0=F\tan\varphi^{cr}$；但由式(3-49)可见，建立 m_b^0、a^0、s^0 与 m_b^{cr}、a^{cr}、s^{cr} 之间一一对应的直接关系较为困难。因此，寻找间接方法，即通过建立 m_b、a、s 和 c、φ 之间的关系，得到等效 c、φ 值，利用莫尔-库仑准则计算安全系数的方法得到 Hoek-Brown 准则下边坡的安全系数。

计算等效 c 和 φ 的方法为：利用式(3-41)生成一系列 σ_1 和 σ_3 的数据点，然后对得出的曲线进行拟合[19]（如图 3-44），最后，推导岩体等效内摩擦角和黏结力为

$$\varphi=\arcsin\left(\frac{f_b f_c}{2f_a+f_b f_c}\right) \tag{3-50}$$

$$c=\frac{\sigma_{ci}f_c[s(1+2a)+(1-a)m_b\sigma_{3n}]}{f_a\sqrt{1+\frac{f_b f_c}{f_a}}} \tag{3-51}$$

式中：$f_a=(1+a)(2+a)$；$f_b=6am_b$；$f_c=(s+m_b\sigma_{3n})^{a-1}$；$\sigma_{3n}=\frac{\sigma_{3max}}{\sigma_{ci}}$；$\sigma_{3max}=0.72\sigma_{cm}\left(\frac{\sigma_{cm}}{\gamma H}\right)^{-0.91}$，$\gamma$ 为岩体容重；H 为边坡高度；σ_{cm} 表征岩体强度，$\sigma_{cm}=\sigma_{ci}\frac{[m_b+4s-a(m_b-8s)(m_b/4+s)^{a-1}]}{2(1+a)(2+a)}$。

根据等效强度参数 c 和 φ，即可计算莫尔-库仑准则下边坡的安全系数。

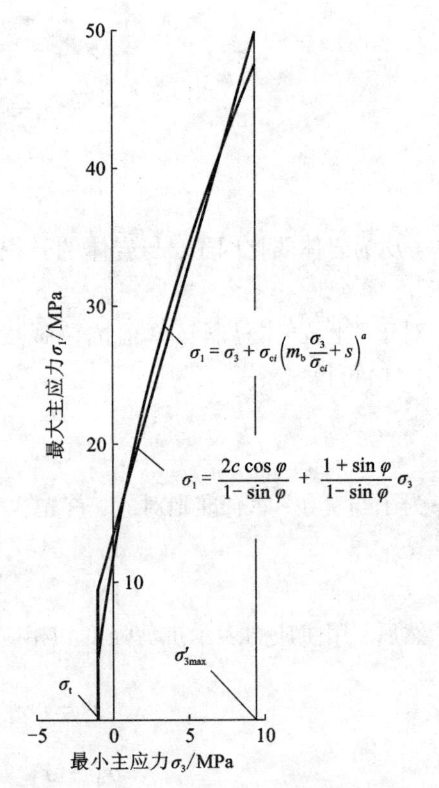

图 3-52　Hoek-Brown 准则和莫尔-库仑准则的最大主应力和最小主应力关系

3.7.2　间接解法

为便于讨论，选取均质岩坡作为分析对象，该边坡高 20 m，坡角为 45°，按照平面应变建立计算模型。单元划分原则是坡面附近网格划

分相对较密，周边部分较疏，具体如下：单元尺度在厚度和高度方向一致，长度方向呈坡面密外围疏的形状，疏密比例因子为1.02，模型共696个单元，1518个节点，计算尺寸如图3-53。岩体弹性模量$E=500$ MPa，泊松比$\mu=0.26$，$\sigma_{ci}=30$ MPa，$\gamma=25.0$ kN/m^3，$m_i=10$，$GSI=15$，$D=0$，通过式(3-50)、式(3-51)、式(3-45)参数计算得到，$a=0.561$，$m_b=0.48$，$s=7.91\times10^{-5}$，$\sigma_{ci}=30.0$ MPa，$\sigma_{cm}=2.01$ MPa，$\sigma_{3max}=0.41$ MPa，$\sigma_{3n}=0.0136$，$\sigma_t=4.94$ kPa，等效黏结力$c=95.482$ kPa，等效内摩擦角$\varphi=40.3°$。模型底面边界认为是静止不动的，采用固定铰支，两个侧面没有剪应力，采用滚动支座，竖直方向没有约束，可自由滑动，产生竖向位移。收敛准则为不平衡力比率满足10^{-5}的求解要求。

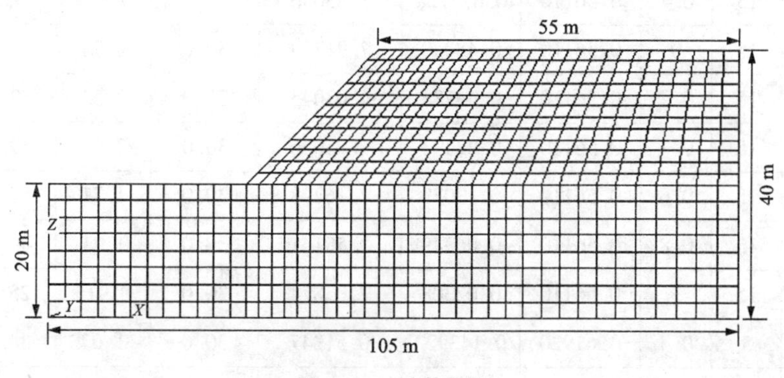

图3-53　计算模型

采用边坡临界失稳的位移突变判据，记录坡顶的水平位移与折减系数的关系，如图3-54。从图中可以看出，随着K不断增大，边坡局部出现破坏，破坏区域迅速发展，位移不断增大，当其发生突变时，滑坡形成，导致整体失稳。采用双曲线方程对图3-54的数据进行拟合，拟合方法为最小二乘法。

由拟合方程满足的条件可知，此时的折减系数即为边坡整体安全系数F。拟合结果见图3-54，R^2接近1；由$1+aK=0$得$F_{\text{Hoek-Brown}}=2.71$。

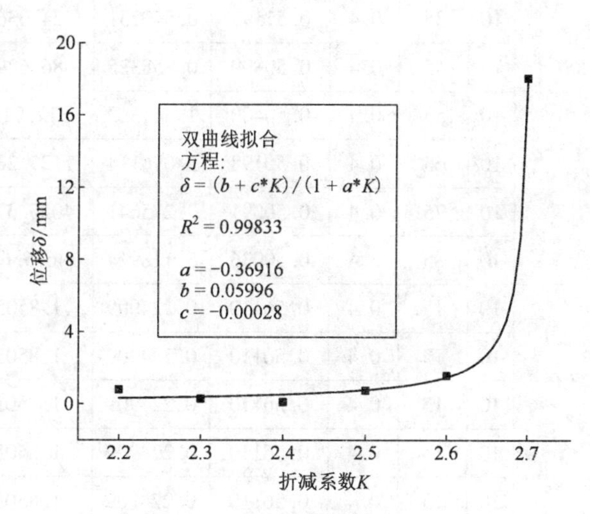

图3-54　水平位移和折减系数的关系

3.7.3　参数影响分析

由式(3-42)~式(3-44)可知，影响稳定性的主要参数为m_i、D、GSI和σ_{ci}，分别改变其值，分析它们对稳定性的影响。以模型参数$m_i=10$、$D=0.4$、$GSI=15$、$\sigma_{ci}=30$ MPa为标准，变化m_i于5~30，D于0~1，GSI于5~85，σ_{ci}于10~130 MPa得到各个影响因数变化后相应的计算参数值，如表3-17，以及各个影响因素与边坡安全系数的关系，如图3-55。

表 3-17 各个影响因数对应的计算参数

影响因数	m_i	GSI	D	a	m_b	$s(10^{-5})$	σ_{ci}/MPa	σ_t/kPa	c/kPa	φ/(°)
m_i	5	15	0.4	0.56110	0.112455	1.85056	30.0	4.94	53.771	27.1
	10	15	0.4	0.56110	0.224909	1.85056	30.0	2.47	69.354	33.3
	15	15	0.4	0.56110	0.337364	1.85056	30.0	1.65	80.530	37.1
	20	15	0.4	0.56110	0.449819	1.85056	30.0	1.23	89.476	39.8
	25	15	0.4	0.56110	0.562273	1.85056	30.0	0.987	97.039	41.8
	30	15	0.4	0.56110	0.674728	1.85056	30.0	0.823	103.648	43.5
D	10	15	0	0.56110	0.48040	7.91279	30.0	4.94	95.482	40.3
	10	15	0.2	0.56110	0.34286	4.03045	30.0	3.53	82.735	37.2
	10	15	0.4	0.56110	0.22491	1.85056	30.0	2.47	69.354	33.3
	10	15	0.6	0.56110	0.13079	7.46298	30.0	1.71	55.185	28.5
	10	15	0.8	0.56110	0.06349	2.55161	30.0	1.21	40.289	22.4
	10	15	1	0.56110	0.02308	7.03874	30.0	0.915	25.250	15.3
GSI	10	5	0.4	0.61920	0.143922	0.51347	30.0	1.07	34.972	24.4
	10	15	0.4	0.56110	0.224909	1.85056	30.0	2.47	69.354	33.3
	10	25	0.4	0.53127	0.351471	6.66947	30.0	5.69	105.302	39.6
	10	35	0.4	0.51595	0.549251	24.0369	30.0	13.1	144.985	44.3
	10	45	0.4	0.50809	0.858325	86.6298	30.0	30.3	199.332	48.1
	10	55	0.4	0.50400	1.341323	312.2158	30.0	69.8	294.048	51.1
	10	65	0.4	0.50198	2.096114	1125.2336	30.0	161.0	487.167	53.3
	10	75	0.4	0.50091	3.275641	4055.3702	30.0	371.0	904.312	54.3
	10	85	0.4	0.50036	5.118914	14615.6557	30.0	857.0	1803.170	54.2
σ_{ci}	10	15	0.4	0.56110	0.224909	1.85056	10.0	0.823	46.018	26.1
	10	15	0.4	0.56110	0.224909	1.85056	30.0	2.47	69.354	33.3
	10	15	0.4	0.56110	0.224909	1.85056	50.0	4.11	84.023	36.8
	10	15	0.4	0.56110	0.224909	1.85056	70.0	0.576	40.203	23.9
	10	15	0.4	0.56110	0.224909	1.85056	90.0	7.41	105.489	40.8
	10	15	0.4	0.56110	0.224909	1.85056	110.0	9.05	114.340	42.1
	10	15	0.4	0.56110	0.224909	1.85056	130.0	10.7	122.464	43.2

从图 3-55 中可见，随着 m_i 的增大，安全系数 F 以非线性形态逐渐增大，并且曲线的斜率逐渐减小，说明 m_i 取值较小时，对 F 的影响较大。D 与 F 的关系近似线性关系，由于 D 表征岩体的弱化程度，从图中可以看出，岩体弱化越严重边坡的安全系数越小，符合实际情况。

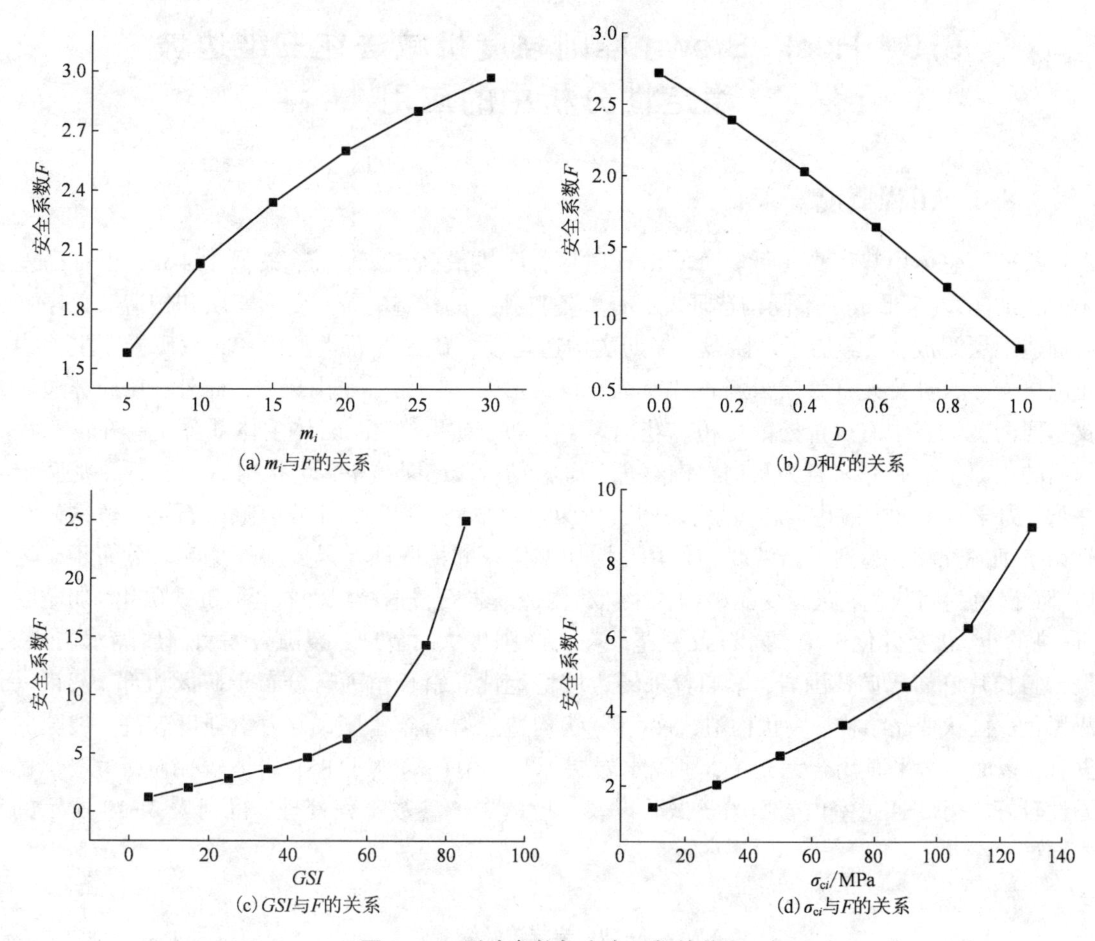

图3-55　影响参数与安全系数的关系

GSI和σ_{ci}与F的关系呈明显的非线性，并且随着影响参数的增大关系曲线的斜率越来越大，说明随GSI和σ_{ci}取值的逐渐增大，安全系数变化的灵敏度越高。综上对各影响因子与边坡安全系数之间的关系分析以及关系曲线的线性相关性，将所有的影响因子与安全系数之间的关系通过回归分析所得的相关分析结果如表3-18所示。其中，m_i-F符合2次抛物线分布，$D-F$符合线性关系，$GSI-F$符合双曲线关系，$\sigma_{ci}-F$符合双曲线关系，并且各个回归曲线的相关系数均接近1，说明回归方程对数据的拟合程度较高。

表3-18　各影响因素与安全系数的相关分析结果

关系	回归函数	相关系数 R^2
m_i-F	$F=1.138+0.09847m_i-0.00124m_i^2$	0.99831
$D-F$	$F=-1.93571(D-1.42903)$	0.99749
$GSI-F$	$F=(1.16284+0.03228GSI)/(1-0.00992GSI)$	0.99945
$\sigma_{ci}-F$	$F=(1.29702+0.14766\sigma_{ci})/(1-0.04923\sigma_{ci})$	0.99883

3.8 Hoek-Brown 准则强度折减法在三维边坡稳定性分析中的应用

3.8.1 工程概况

某矿区总体山势南高北低，属低山丘陵区，海拔最高 522.8 m、最低 154 m，相对高差 368.8 m，由多个形成于不同构造环境，有着各自独立的建造特征、变形变质和构造演化序列的构造地层组成，其经历了多阶段、多期次构造运动。矿区岩石类型简单，赋矿岩石主要为花岗斑岩，围岩及夹石为黑云斜长片麻岩、斜长角闪(片)岩、花岗斑岩，此外，在局部边坡及东西两侧沟谷中有少量松散堆积。花岗斑岩分布于矿区中部，岩体主体部分出露在汤家坪沟西的山梁上。新鲜岩石为灰白—肉红色，斑状结构、花岗结构，块状构造。岩石致密坚硬性脆，力学强度大，钻孔岩芯多呈长柱状，*RQD* 值(%)大于 90，部分裂隙由石英、黄铁矿和辉钼矿细脉充填，起到了新的联结作用，增加了岩石的稳固性。黑云斜长片麻岩分布于矿区边部，褐色—暗灰色，花岗变晶结构，片麻状构造。岩石普遍具绿泥石化、黄铁矿化、弱蒙脱石(高岭土)化及硅化现象，岩石致密坚硬，力学强度大，节理、裂隙较发育，属隔水岩层。黑云斜长片麻岩属矿体围岩，影响着采场边坡稳定性。斜长角闪岩分布于矿区边部，灰褐—灰黑色，粒状变晶结构、块状构造、片(麻)状构造。岩石致密坚硬，力学强度较高，裂隙弱发育，裂面一般平直闭合无充填，属隔水岩层；*RQD* 值(%)大于 85，岩体较完整—完整，稳固性较好—好。通过室内岩石力学试验以及相应的岩体参数工程处理，得到表 3-19 所示的岩样试验结果。

表 3-19 岩样试验结果

岩石名称	采样地点	块体密度 /($g \cdot cm^{-3}$)	弹性模量 /GPa	泊松比	黏结力 c /MPa	内摩擦角 φ/(°)	m	s
花岗斑岩	ZK804	2.61	44.7	0.17	0.757	48.96	8.6782	0.02389
斜长角闪岩	ZK1602	2.61	57.0	0.20	0.257	50.15	0.006688	0.000205
黑云斜长片麻岩	ZK1602	2.73	61.2	0.17	0.245	48.28	0.5648	0.0006237

3.8.2 数值模型

根据地质情况可知，F1～F8、F12 断裂远离矿体，不会影响到采场边坡的稳定性。F9、F10、F11 断裂均展布在 16 勘探线基点两侧 80 m 之内，长约 40 m，宽 2～3 m，产状分别为 5°∠75°、350°∠75°、10°∠75°。构造岩具角砾状结构，砾径 0.5～5 cm；胶结物为硅质或岩粉。岩石具硅化、高岭土化、褐铁矿化，F9、F10、F11 断裂虽然构成了矿体边界，但是由于它们都是高倾角断裂(75°)，结构面倾角大于未来采场边坡角，所以不会因此影响采场边坡稳定性。F13～F18 断裂展布在矿体之中。构造岩具角砾状结构，角砾成分为原岩，含量一般在 40%～70%，多为棱角状—次棱角状，砾径 0.5～3 cm，大小混杂，部分具微定向排列特征；

胶结物为硅质或岩粉。岩石具硅化、褐铁矿化，常见后期的石英细脉、方解石细脉穿插其间，稳固性较好。可看出存在的几个断层对边坡的稳定性影响较小，并且在岩体参数的工程处理中也已考虑这些因素，因此模型建立过程中不对断层进行特别处理。

通过 ANSYS 建立三维边坡实体模型，利用自编的 ANSYS-FLAC3D 接口程序，导入 FLAC3D 建立计算模型，模型共 43457 个单元，8569 个节点。模型长 1680 m，高 900 m，宽 1000 m，开挖边坡高 385 m，具体计算模型和开挖顺序如图 3-56 所示。本构模型采用 Hoek-Brown 准则。初始应力场按自重应力考虑，为了较真实地模拟边坡的开挖变形过程，分 2 步加载：第一步，仅考虑岩体自重情况；第二步，清除第一步产生的岩体位移，以模拟边坡开挖过程中的变形状态。对于三维边坡稳定性分析，边界条件对计算结果有较大的影响，模型侧面上的剪应力对安全系数的影响较大，当侧面只是约束法向位移时，侧面无法提供剪应力，与平面应变时的情况一样，无法反映三维效应，因此，本模型采用底面和侧面都固结的边界条件。

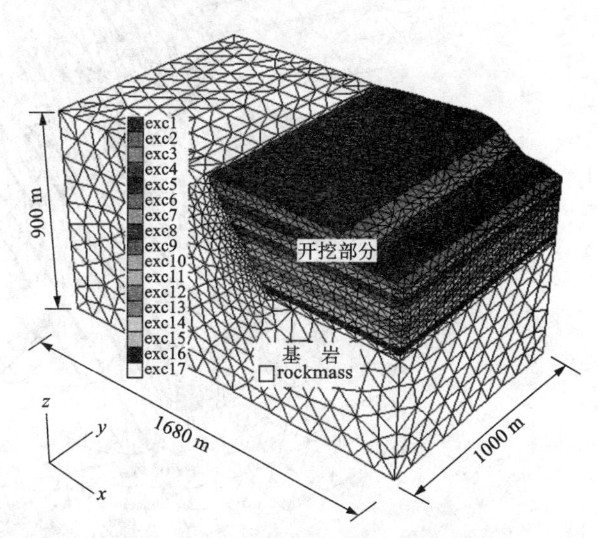

图 3-56　数值模型(扫章首码查看彩图)

3.8.3　监测点布置

岩体的变形破坏与其内在结构和所处的应力环境密切相关，由于应力路径不同，岩体的变形破坏也不同。边坡的开挖将使岩体产生位移扰动，这种扰动是一个非线性的力学过程，扰动过程中的位移本书称其为动态位移。扰动结束后，若边坡仍处于平衡状态，各个部位的位移趋于稳定，此时的位移本书称其为静态位移。为了揭示各个部位动、静态位移的变化情况，设置相应监测点，沿竖直方向均匀布置 $P01 \sim P05$，具体位置如图 3-57，并在每个监测点位置沿边坡走向每隔 50 m 布设一点，每条监测线共设 21 个监测点，动态位移监测点位于监测线的中点即 $y=500$ m 剖面上；静态位移监测点的设置考虑到三维边界效应，在监测线的 $y=100 \sim 900$ m 之间共 5×17 个监测点。

由图 3-57 可知，所布设的监测点可能不位于网格节点上，因此，本书通过 FLAC3D 自带的 FISH 语言编制位移插值程序，具体插值方法如下。

以四面体单元为例(图 3-58)，单元内任一点 $Q(x_Q, y_Q, z_Q)$ 的位移 d_{Qx}、d_{Qy} 和 d_{Qz} 值可通过单元节点位移插值得到。

$$\begin{Bmatrix} d_{Qx} \\ d_{Qx} \\ d_{Qx} \end{Bmatrix} = \begin{bmatrix} d_{1x} & d_{2x} & d_{3x} & d_{4x} \\ d_{1y} & d_{2y} & d_{3y} & d_{4y} \\ d_{1z} & d_{2z} & d_{3z} & d_{4z} \end{bmatrix} \cdot \begin{Bmatrix} \xi_1 \\ \xi_2 \\ \xi_3 \\ \xi_4 \end{Bmatrix} \tag{3-52}$$

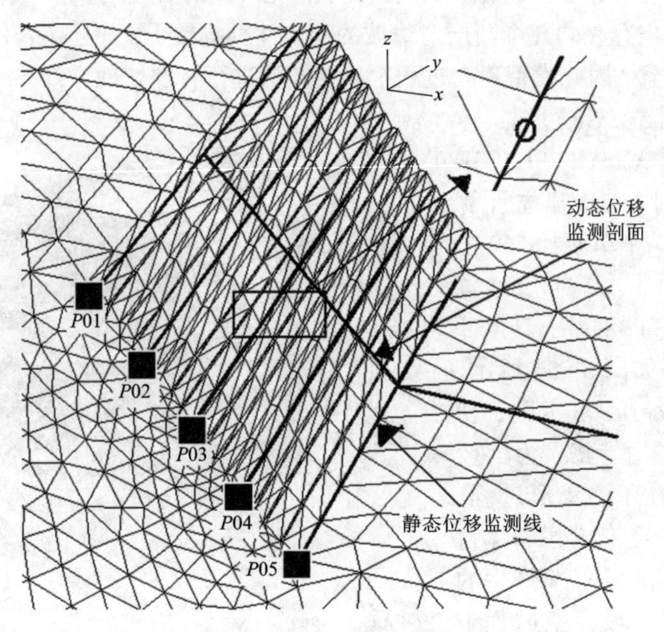

图 3-57 监测点位置

式中：d_{ij}(i=1, 2, 3; j=x, y, z)为第 i 个节点在 j 方向上的位移；ξ_i(i=1, 2, 3, 4)为各个节点所对应的体积权重，其值为 $\xi_1 = V_{Q234}/V_{1234}$，$\xi_2 = V_{Q134}/V_{1234}$，$\xi_3 = V_{Q124}/V_{1234}$，$\xi_4 = V_{Q123}/V_{1234}$，$V_{Q234}$、$V_{Q134}$、$V_{Q124}$、$V_{Q123}$、$V_{1234}$ 分别表示下标 4 个节点所组成单元的体积，以 V_{1234} 为例，其值为 $V_{1234} = \frac{1}{6}\begin{vmatrix} 1 & 1 & 1 & 1 \\ x_1 & x_2 & x_3 & x_4 \\ y_1 & y_2 & y_3 & y_4 \\ z_1 & z_2 & z_3 & z_4 \end{vmatrix}$，同理可得到 V_{Q234}，V_{Q134}，V_{Q124}，V_{Q123}。

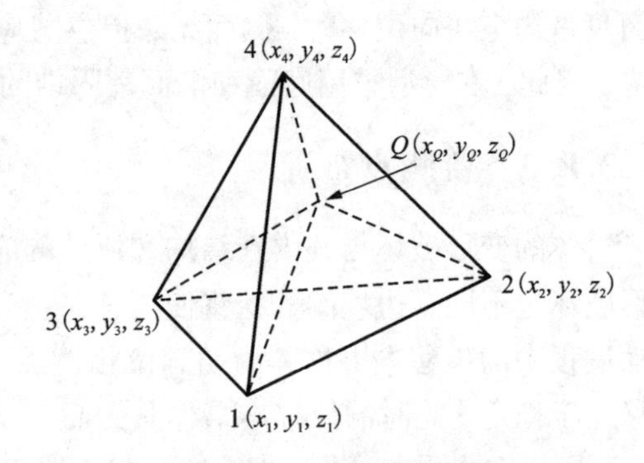

图 3-58 Q 点的插值位移

3.8.4 计算分析

3.8.4.1 动态监测位移

边坡共分 17 步开挖，从动态位移监测图(图 3-59)中可看出，位移值逐渐增大，在变化过程中共存在 17 个台阶，说明每次开挖都引起岩体的扰动，产生系统不平衡力，使边坡从平衡状态转为不平衡状态，随着时间的推移，不平衡力逐渐消散均化到岩体中去，岩体的扰动逐渐减小，最终位移趋于一定值(如图 3-60)，说明开挖扰动结束，边坡处于平衡状态。动态水平位移图中，各个监测点的位移均为正值，即位移向坡面外发展。P01 ~ P04 曲线按监测点位置从上到下先后出现突变现象，这是因为随着开挖的进行，各个监测点逐渐暴露出来，成为临空面上的点，失去右侧岩体的支挡作用，位移明显增大。P03 的最终位移值最大，为

9.12 mm，说明最大的水平位移不发生在坡顶而是在坡顶往下的某一部位。开挖前期，*P*01 的位移值和变化梯度均较大，当开挖到第 4 步时 *P*01 位移曲线的变化梯度减小，并逐渐趋于平稳，这是因为随着开挖的进行，开挖台阶逐渐远离 *P*01，因此扰动对其影响也逐渐减小。

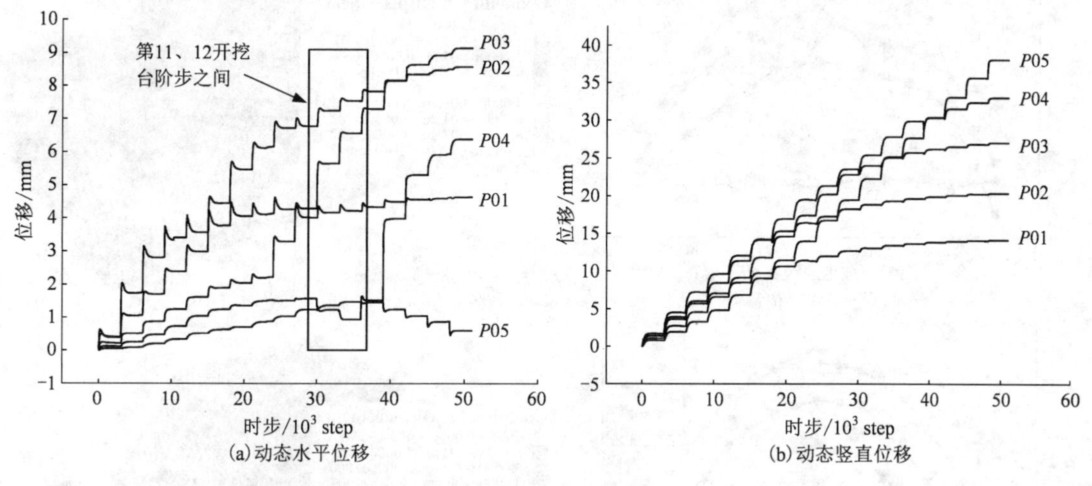

图 3-59　动态位移

如图中矩形框标识第 11、12 开挖台阶步之间，*P*02、*P*03、*P*05 曲线存在明显跳跃，但这些点并不位于此开挖台阶附近，说明此开挖台阶附近存在潜在滑动面剪出口，并且从图 3-60 中也可看出，该位置开挖引起的不平衡力最大。动态竖直位移图显示，各个位移值均为正，说明开挖引起边坡岩体的回弹。监测点越往下位移曲线的斜率越大，达到极限平衡时刻的极限位移值也按此顺序逐渐增大，最大回弹量为 38 mm。当未开挖到该监测点时，各个开挖步引起的回弹量基本相等，并且本开挖步之前暴露出来的监测点的回弹量逐渐减小。

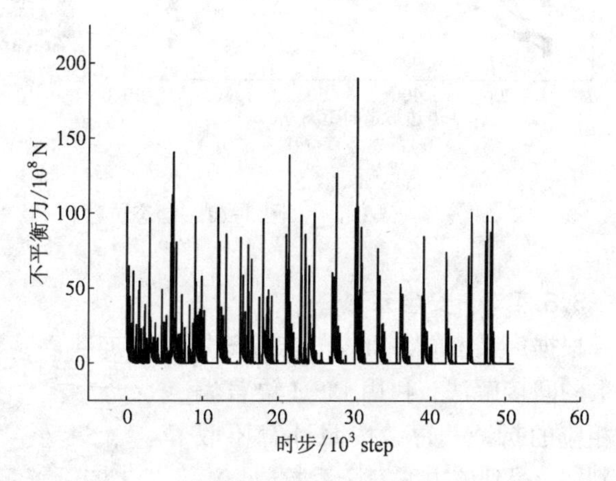

图 3-60　最大不平衡力

3.8.4.2　静态监测位移

由静态位移监测曲线(图 3-61)可见，位移最大值位于边坡表面监测线的中部，远离坡面的介质内水平位移数值很小。另外，水平位移方向都是指向临空面的。*P*05 监测线上各点的位移值大致相同，说明该点不在潜在滑体上。边坡上半部分的位移较大，最大值位于 *P*03 监测线的中部，为 9.12 mm。竖直位移图显示，各个监测线上的点均存在回弹现象，最大值同样位于各监测线的中部。开挖结束后，边坡介质内的竖直位移都是正值，说明重力产生的位移向下效应小于开挖扰动引起的回弹效应，并且随着深度的增加回弹量越来越大。

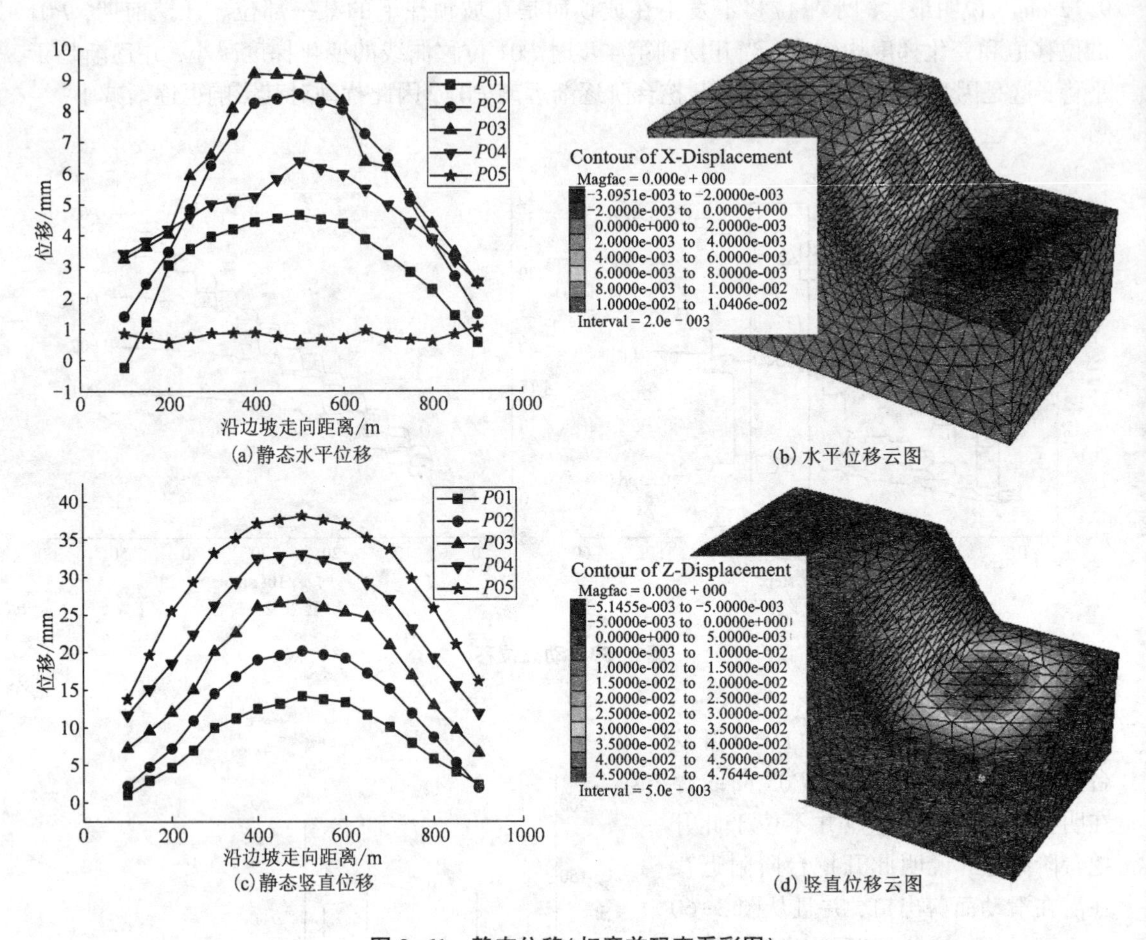

(a)静态水平位移 (b)水平位移云图 (c)静态竖直位移 (d)竖直位移云图

图 3-61 静态位移(扫章首码查看彩图)

3.8.4.3 安全系数

根据广义 Hoek-Brown 准则安全系数的间接解法，利用 FISH 语言编制相应的折减程序，按照计算不收敛判据，得到该边坡安全系数(1.88)与剪应变增量云图，如图 3-62。剪应变增量最大的位置在 P04 监测线附近，说明该处最可能发生剪切破坏，这与动态位移分析的结果相同。

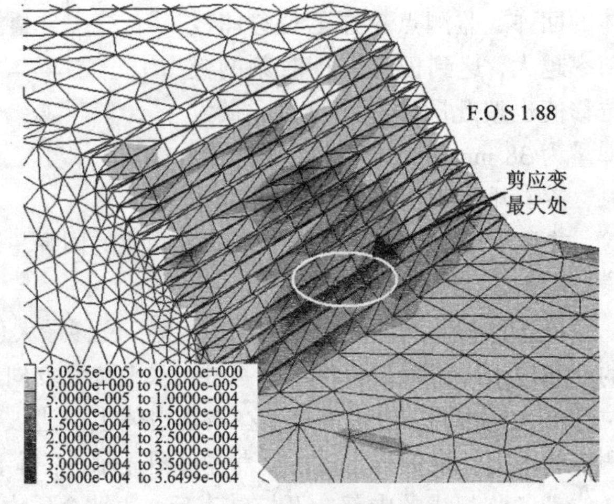

图 3-62 剪应变增量云图

3.9 层状边坡稳定性数值分析

层状岩质边坡的破坏与失稳是岩土工程重大灾害之一，研究其破坏类型、机理以及稳定性具有现实意义。本节首先运用 FLAC3D 对层状岩质边坡的破坏模式进行数值模拟；然后，采用强度折减法计算不同结构面倾角对边坡稳定性的影响。

3.9.1 地质概况

某公路地处云贵高原余脉武陵山脉，岩体层状结构明显。由于岩体的结构很大程度上影响着边坡的稳定性，当公路经过节理岩体地质结构层时，因公路开挖的影响，往往容易发生路堑边坡滑坡、崩塌、碎落等地质灾害，造成巨大经济以及人员损失。因此，应全面探讨岩体地质路堑边坡可能发生的灾害种类及其影响因素、产生原因和形成机理，在此基础上为路堑开挖设计边坡坡比提出合理化建议，并对该路层状岩体路堑边坡提出经济、适用、安全、美观的防护方案，预防岩体路堑大型滑坡灾害的形成和发生。公路沿线属于低山丘陵地貌，地形起伏较大，地面黄海高程一般为42~490 m。沿线路段地势陡峻，冲沟发育，地面自然坡度一般为15°~45°，最大坡度约80°，自然坡体较稳定。区内水网密集，河流、溪沟发育，主要为巫水河、三渡江及清溪，其次为小水沟及排水渠道，均经地下与地表迳流汇入巫水河后流入沅水。路线行经地区，植被发育，农作物茂盛，原生植被以草木为主，栽培植物多为果树等。区内地表水体属沅水流域，较大的主要有沅水的支流巫水，其次有三渡江及清溪，水量较小的小水沟、水渠分布较多，地表水发育，主要接受大气降水补给，水量随季节变化而变化，雨季较大，旱季较小；地下水主要为赋存于高(低)液限粉(黏)土、含砾黏性土层中的上层滞水、砂、卵石层中的孔隙潜水及基岩裂隙潜水与岩溶水，主要接受大气降水的补给。上层滞水及孔隙水与地表水体有直接的水力关系，相互形成互补关系；基岩裂隙水与岩溶水水量不大，富水不均匀，只在裂隙及岩溶较发育的位置含水较丰富。

3.9.2 数值计算方法

数值模型中存在一组优势结构面，将其看作软弱结构面，因此岩体和结构面均采用实体单元模拟，按照连续介质处理，只是材料参数不同而已。结构面倾角为β，厚度为2.0 m，结构面间距为8.0 m。利用自编的 ANSYS-FLAC3D 接口程序，按照平面应变建立计算模型，如图3-63，边坡角为50°，模型长260 m，坡高60 m。边界条件为下部固定约束，左右两侧法向约束，上部为自由边界。边坡计算参数见表3-20。

表3-20 计算参数

岩层	重度/(kN·m^{-3})	弹性模量/GPa	泊松比	黏结力/kPa	摩擦角/(°)	抗拉强度/MPa
岩体	25	16	0.21	800	36	1.41
结构面	20	2	0.30	100	20	0.01

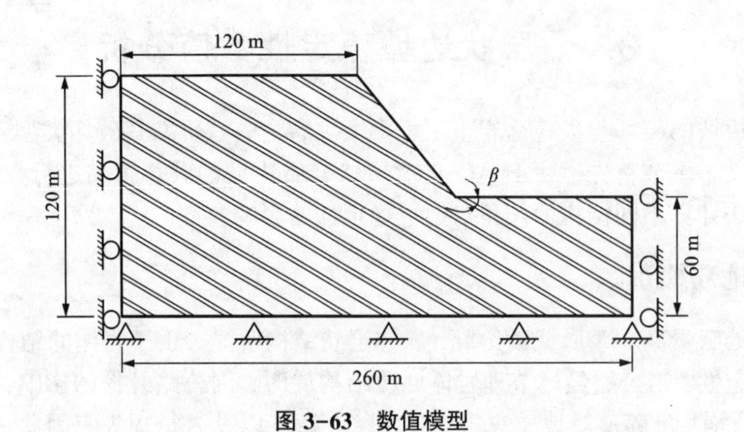

图 3-63　数值模型

3.9.3　分析与讨论

3.9.3.1　水平层状边坡

如图 3-64 所示，水平层状岩质边坡的优势结构面呈水平或近水平分布，其主要受岩体自重力影响而产生滑移力。坡顶变形破坏早于坡面和坡脚，坡顶变形破坏是由水平拉应力作用，形成上宽下窄的张裂隙，并逐渐扩展加深。张裂隙随坡高增大，坡角变陡，裂隙条数增多，深度加大。算例边坡中结构面通过坡脚，从而在重力沿临空面分力的作用下形成沿坡脚滑出的变形破坏，该类破坏属压剪性质。

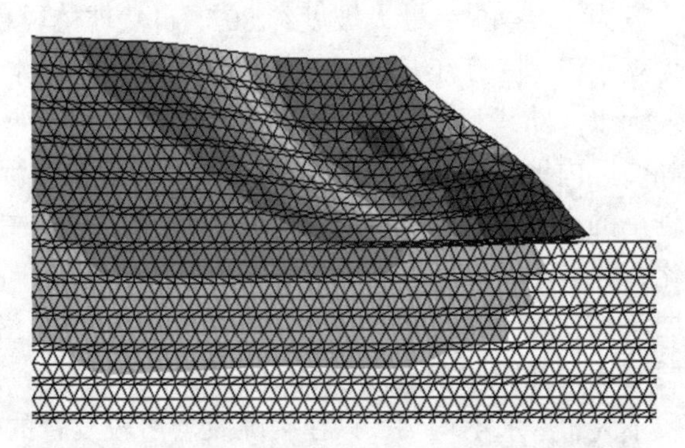

图 3-64　水平层状边坡破坏模式(扫章首码查看彩图)

3.9.3.2　顺倾向层状边坡

顺倾向层状边坡是指坡体内的优势结构面与边坡具有相同的倾向，如图 3-65 所示。其主要受自重而引起的顺层滑移力作用，稳定性受岩层走向、夹角大小、坡角与结构面倾角组合关系、结构面的发育程度及强度所控制。当结构面倾角 β 小于坡角 α 时，变形破坏多是沿层面的剪切滑移[如图 3-65(a)~(d)]，坡后缘出现向坡外偏移，前缘出现沿层面滑出及产生滑移-压致拉裂裂隙等现象。滑移-压致拉裂裂隙主要出现在结构面上缘与坡顶交切处。

当岩层倾角 β 大于临空面倾角 α 时，破坏形式除了沿层面的剪切滑移外，还包括坡脚处的应力集中导致的岩层溃曲变形[如图 3-65(e)~(h)]，这是由于层面倾角 β 远大于层面内摩擦角 φ(即 $\beta \gg \varphi$)，岩层面不具备临空条件，并长期受重力作用，边坡中下部结构面产生弯曲隆起，岩体沿结构面滑动。随着荷载的进一步作用及岩层的蠕变，在层状结构面比较密集、层状体较薄时，弯曲变形进一步加剧，形成类似褶曲的弯曲形态。浅表部岩层发生明显的层间差异错动，后缘拉裂，并在局部地段形成拉裂陷落带。溃曲程度取决于岩层倾角、岩层抗弯刚度、边坡坡角和岩层面抗剪强度等因素。

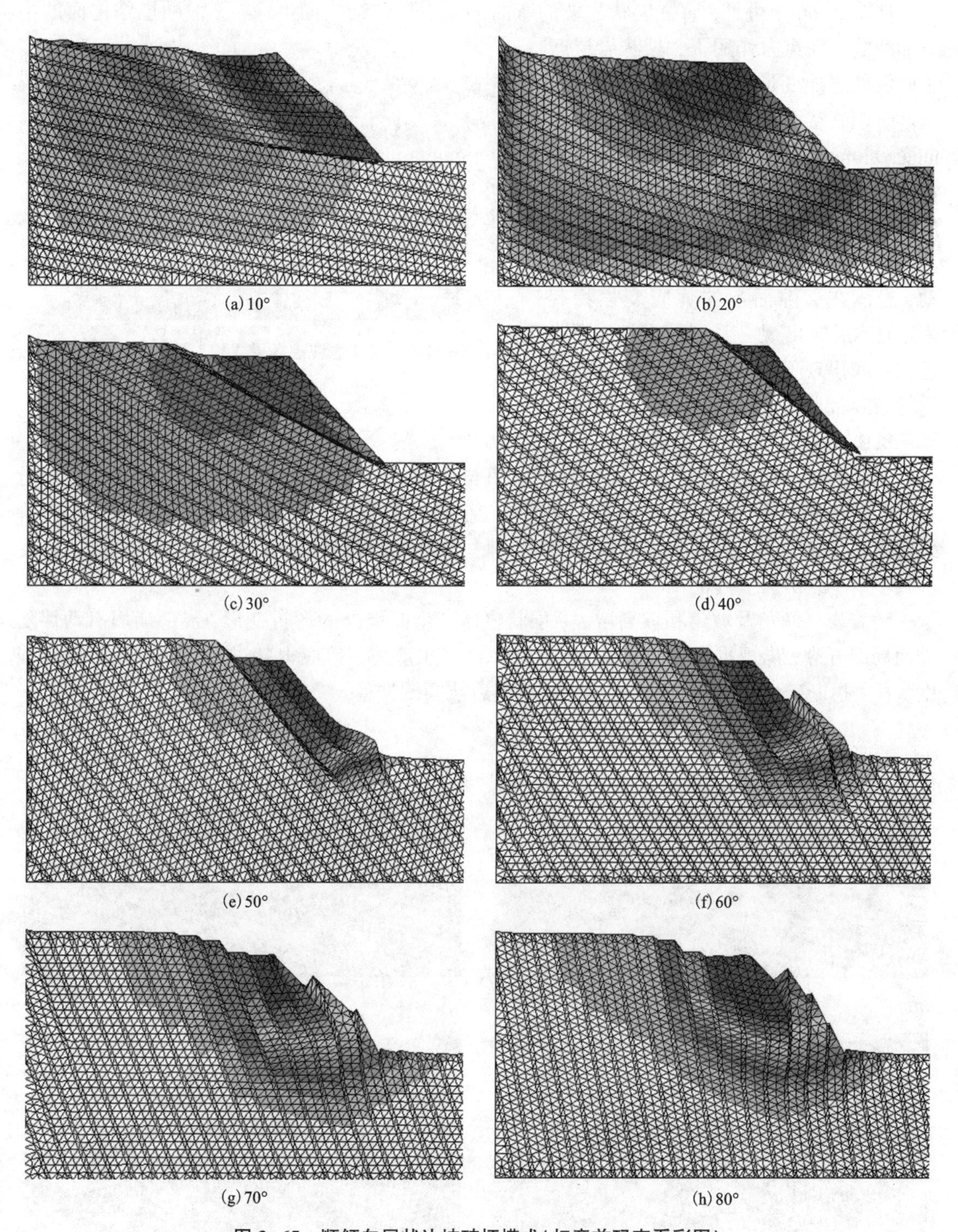

图 3-65　顺倾向层状边坡破坏模式(扫章首码查看彩图)

3.9.3.3 直立层状边坡

从图 3-66 中可见，直立层状边坡的弯曲部分主要在结构面上缘，不似顺层结构面的中下部溃曲。在重力作用下，板状岩层产生向坡外弯曲变形，板间拉裂，并逐渐塌落。距临空面较近的岩层主要发生弯曲变形，较远处除了发生弯曲变形外还伴随明显的溃曲破坏，薄板状的岩层沿层间挤压带启开，沿岩层方向发生轻微差异性层间错动。由于不均匀的层间错动，岩体在裂隙面上的剪应变累积起来，坡体后缘出现一系列拉裂缝，同时还在层间出现了局部的陷落带，前缘沿弯折破碎带剪出，形成崩塌。

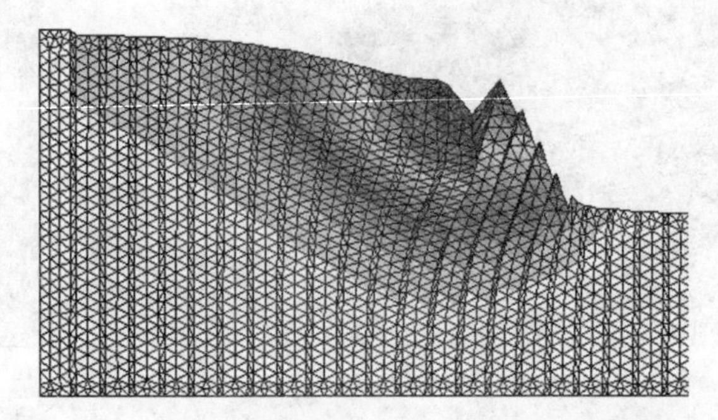

图 3-66 直立层状边坡破坏模式(扫章首码查看彩图)

3.9.3.4 逆倾向层状边坡

逆倾向层状边坡(图 3-67)稳定性受坡角与结构面倾角组合、岩层厚度、层间结合能力及反倾结构面发育与否所决定。当岩层倾角较小时，边坡的主要破坏形式为沿边坡底层台阶面滑出，但滑出位置并不在坡脚，而是距坡脚一定距离的台阶面上，坡顶和坡体岩层倾倒变形较小[图 3-67(a)~(d)]。

随着岩层倾角及坡角和坡高增大，层状岩体产生向坡外的弯折变形，局部崩塌滑动伴随坡面局部开裂，出现重力褶皱及重力错动带，最终主应力、剪应力超过结构面抗拉和抗折强度，发生折断破坏[图 3-67(e)~(h)]，引起边坡倾倒失稳。

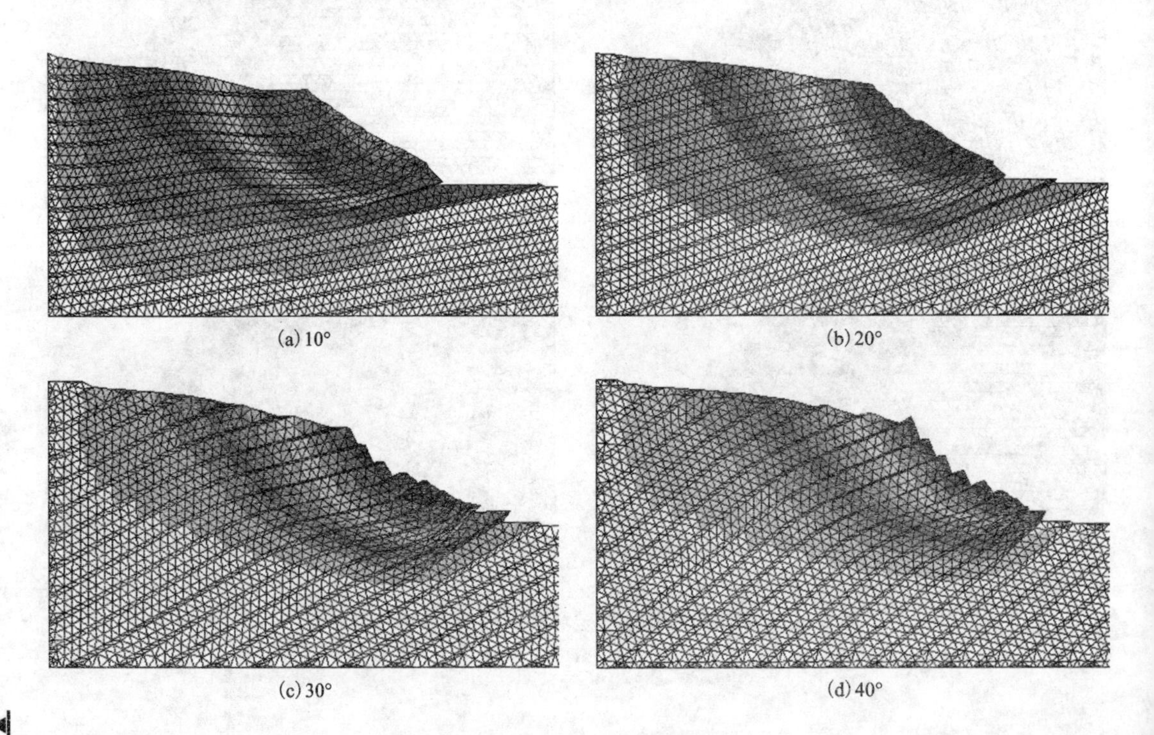

(a) 10°　(b) 20°

(c) 30°　(d) 40°

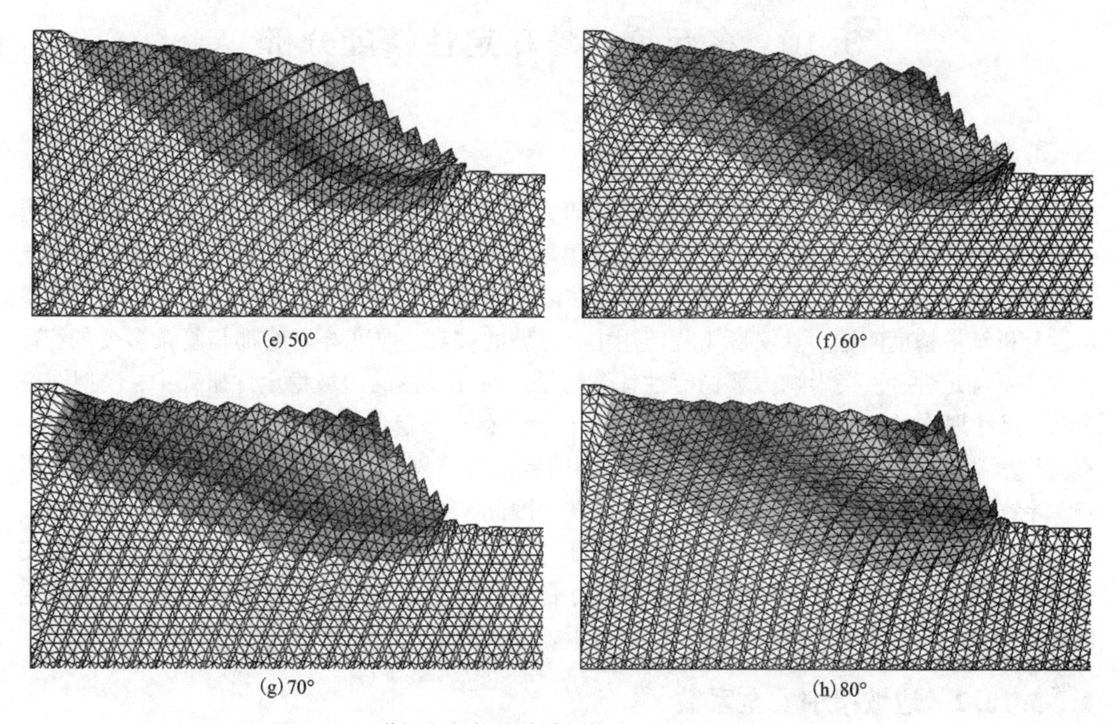

图 3-67　逆倾向层状边坡破坏模式(扫章首码查看彩图)

3.9.3.5　结构面倾角对稳定性的影响

采用强度折减法计算结构面倾角与边坡安全系数之间的关系，得到图 3-68。从图中可见：(1)对于顺倾向边坡，安全系数 F 随结构面倾角 β 先减小后增大，呈现两头高中间低的形态，在 $\beta=30°$ 时安全系数最小，且 $\beta=90°$ 的边坡安全系数大于 $\beta=0°$ 的安全系数；β 位于区间[10°~60°]时，曲线基本以 $\beta=30°$ 为轴呈对称分布；在此区域内 F 随 β 的变化梯度较大，当 $\beta>60°$ 时曲线的斜率逐渐减缓，并且 $90°>\beta>80°$ 时，曲线呈下降状态，此时边坡破坏形式从滑移-溃曲破坏转变为弯折-崩塌型破坏。(2)对于逆倾向边坡，曲线形式与顺倾向边坡有较大不同，呈现增大—减小—增大的态势，其拐点分别位于 $\beta=20°$ 和 $\beta=70°$ 位置，并且曲线大部分高于顺倾向边坡的曲线，说明逆倾向边坡的稳定性大于顺倾向边坡，符合实际情况。但当 $\beta>55°$ 时，顺倾向边坡的安全系数大于逆倾向边坡，这是因为此时顺倾向边坡发生下部岩层溃曲破坏，而逆倾向边坡发生上部岩层弯曲-倾倒破坏。下部岩层受到来自右侧岩体的支挡，而上部岩层为临空面，无岩体支挡作用。

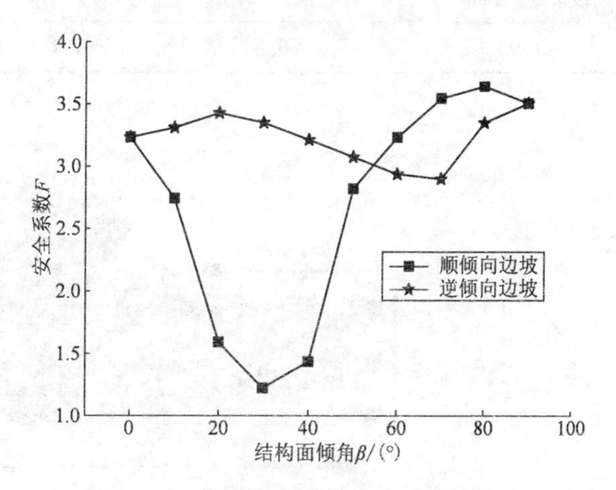

图 3-68　结构面倾角与安全系数的关系

3.10 多尺度边坡稳定性精度分析

3.10.1 边坡稳定性精度

边坡稳定性一直是岩土工程领域的热门研究方向，其分析方法众多，但目的都是得到用于评价稳定性状态的安全系数及滑动面。有限差分强度折减法是随着计算机性能提高而逐渐兴起的一种方法，但其在实际工程应用中存在诸多问题，其中一个关键问题是多尺度边坡稳定性分析结果精度问题。在实际工程应用中，边坡的坡高、坡度等尺度都是复杂多变的，存在诸多不确定性，直接影响边坡稳定性计算结果。而在以往的边坡稳定性研究中，模型网格形状、尺寸划分时，往往是主观的、人为的，因此，存在一定误差，并且精度难以保证。对于不同尺度边坡的稳定性分析，若模型采用相同数值计算网格，会对计算结果产生不同的影响，导致计算结果精度不同，使其不具可比性。因此，需针对不同尺度的边坡，给出不同尺寸的网格，从而保证不同尺度下的边坡稳定性分析结果具有等精度性，得到具有可比性的安全系数。减小、消除由模型网格形状及其尺寸带来的误差以及得到具有等精度性的边坡稳定性计算结果，是目前多尺度边坡稳定性分析亟须解决的难点问题。

3.10.2 边坡精细安全系数

本研究计算的边坡坡高 $H=40$ m，坡度为 38.4°，岩土体参数见表 3-21。模型的左端边界距离坡脚为 1.5H，右端边界距离坡顶为 2.5H，下部边界深度为 1.0H，采用平面应变模型进行分析，如图 3-69，本构模型采用莫尔-库仑弹塑性模型。边界条件：左右两侧面约束水平位移，前后两个面约束走向方向的位移，底面固定所有位移。收敛标准采用最大不平衡力，与节点力平均值之比小于 10^{-5}。所有边坡稳定性分析均使用 FLAC3D 及其内置的安全系数计算方法，即强度折减二分法，计算机采用 Intel i7-7700HQ 处理器。

表 3-21 岩土体力学参数

密度 $\rho/(\mathrm{g\cdot cm^{-3}})$	杨氏模量 E/MPa	泊松比 ν	黏结力 c/kPa	内摩擦角 φ/(°)
1.93	56.5	0.4	25	20

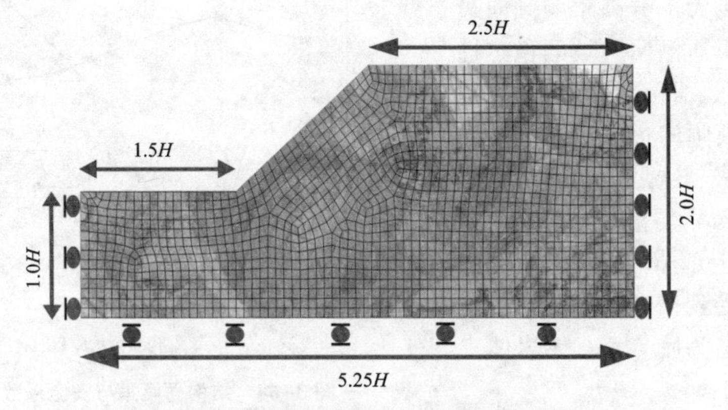

图 3-69 边坡模型及纯六面体单元划分图

单元的尺度和形状均会影响边坡稳定性的计算精度，其原因较多，如上、下限性质等，在传统数值分析中，为了节省计算时间，采用的单元尺度较大，导致了一定的误差。本节将边坡模型分为两组不同单元形状(六面体和四面体)进行稳定性分析，得到不同尺度因子(即相对坡高比：网格尺寸与边坡高度的比值)下的安全系数，如图 3-70 所示。

由图 3-70 易知，六面体和四面体单元的安全系数与尺度因子呈正相关关系。应当说明的是，尺度因子无法反映单元密度的实际变化，当尺度因子线性变化时，单元密度将呈指数变化，导致边坡安全系数拟合函数的斜率随着尺度因子的减小表现出了一个增大的趋势。当尺度因子趋于无穷小时，安全系数被定义为边坡的精细安全系数，也就是拟合曲线的截距；纯六面体单元与纯四面体单元的边坡精细安全系数值基本一致，表明在单元足够小的情况下单元形状对稳定性结果影响不大，进一步说明了精细安全系数的有效性和可靠性，其应用可以消除单元形状和尺寸所造成的不可避免的误差。

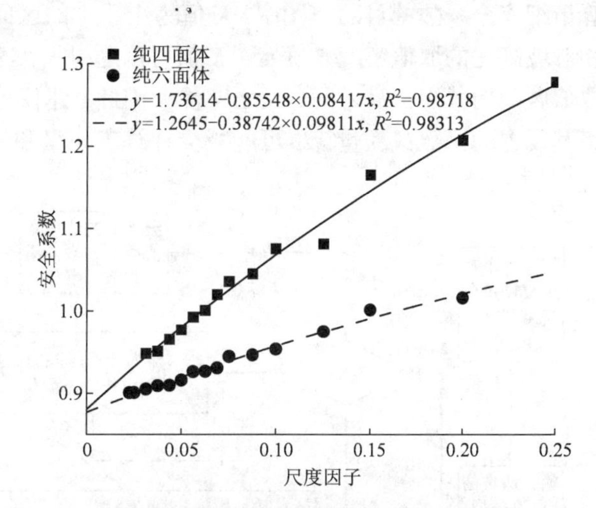

图 3-70　安全系数与尺度因子的关系

表 3-22 为本节所采用的不同软件的计算方法及其结果，结果表明精细安全系数与大多数传统极限平衡计算方法的结果基本一致。传统强度折减法计算结果一般略大于极限平衡法计算结果，对于实际工程而言，精细安全系数明显有利于更加准确地评价边坡稳定性，提高数值计算结果的可信度、可靠度。

表 3-22　不同软件的计算方法及其结果

Geostudio		理正岩土		库伦 GEO5		精细安全系数
计算方法	结果	计算方法	结果	计算方法	结果	
Morgenstern-Price	0.88			Bishop	0.88	
Spencer	0.88	Fellenius	0.83	Fellenius	0.83	
Corps of Engineers #1	0.89			Spencer	0.87	
Corps of Engineers #2	0.90			Janbu	0.87	
Lowe-Karafiath	0.89	Bishop	0.87	Morgenstern-Price	0.87	0.88
Janbu Generalized	0.88			Shachunyanc	0.81	
Bishop	0.89			隐式不平衡推力法	0.87	
Janbu	0.84	Janbu	0.89	显式不平衡推力法	0.86	
Ordinary	0.85					

然而，相较于传统计算方法，精细安全系数的计算量与计算时间增加数倍，计算结果数据较多，略显繁杂。针对这个问题，本节提出了一种加快精细安全系数计算的算法，如图 3-71 所示。FLAC3D 内置的强度折减法采用二分收敛法计算安全系数。图中所述算法的主要目的是改变二分搜索的上下限，并使用矩阵存储每次计算的结果，从而达到快速、自动计算精细安全系数的目的。图中，K 值为小于 1 的区间折减系数，可根据计算精细安全系数时相对坡高比的取值密度来确定。K 值可以通过增大来缩小计算间隔，从而在密集的尺度因子取值区间内减少计算时间，反之亦然。因此，建议根据需要或试算将 K 赋予合适的值，也可将其设置为函数或变量，尽可能减少计算工作量和工作时间。

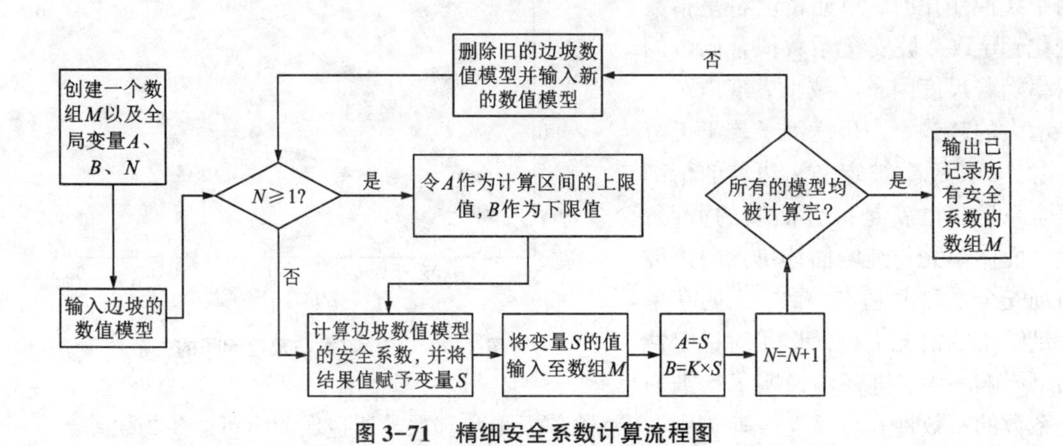

图 3-71　精细安全系数计算流程图

3.10.3　边坡高度与尺度因子的关系

在实际工程应用中，边坡高度、坡度总是不尽相同，不同尺度的边坡数值计算理应采用不同尺度的单元。若直接采用上文所述的方法，计算大量的数值模型从而得到边坡精细安全系数，虽然能得到一个较为精确的结果，但同时会耗费大量的时间与计算资源。若能仅达到相应的精度要求，而使不同尺度边坡具有近似精度，则其计算结果具有较高的等精度性、可比性，且可提高计算效率。

因此，为探讨不同坡高下边坡稳定性计算结果的等精度性，首先构建 208 个边坡数值计算模型(共 13 组，每组 16 个模型)，模型高度为 10~240 m，坡率为 1∶1.25。然后，设定计算结果与精细安全系数的相对误差分别为 1%、3%及 5%，得到等精度条件下所需的尺度因子，具体过程如下。

当采用的拟合函数为 $y=a-b\times c^x$ 时，令尺度因子 $x_0=0$，易得单元尺度趋于无穷小时的安全系数：

$$y_0 = a - b \tag{3-53}$$

令 $y_1=(1+l)y_0$，则

$$y_1 = (1 + l)y_0 = a - b \times c^{x_1} \tag{3-54}$$

易知

$$x_1 = \lg_c\left[\frac{a - (1 + l)y_0}{b}\right] \tag{3-55}$$

式中：a、b、c 为拟合函数的相关参数；x_1 为特定误差下的尺度因子；y_0 为精细安全系数；l 为预设定误差。

由图 3-72 可知，当边坡高度大于 40 m 时，任意精度所需尺度因子变化并不明显，尺度因子的引入可以有效降低边坡高度对单元尺度的选择干扰。因此，若要控制边坡稳定性计算结果的精度，将其数值计算模型的尺度因子取拟合函数在不同坡高下的函数值即可。

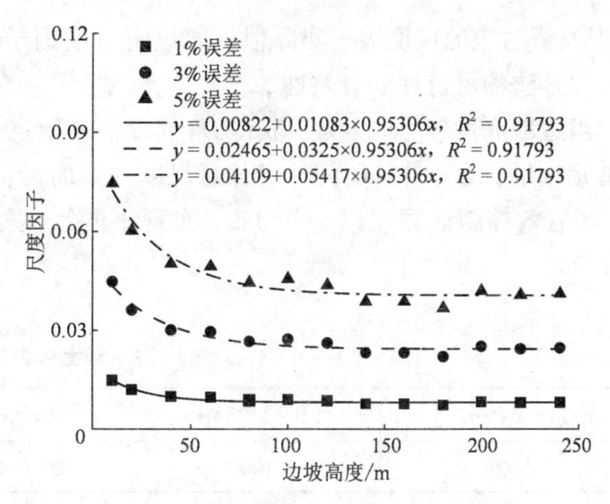

图 3-72 不同高度下的等精度尺度因子

3.10.4 边坡坡角与尺度因子的关系

上述为坡率为 1∶1.25 时的边坡的结果，对于不同坡度对边坡稳定性计算结果精度的影响，本节亦建立了 496 个不同坡度、不同单元尺度的边坡模型(共 31 组，每组 16 个模型)，边坡模型高度为 100 m，角度为 20°~80°，采用与上述相同的计算策略，计算结果见图 3-73。

从图 3-73 中可以看出，随着坡角的增大，任意预设定误差下所需尺度因子均逐渐下降，数值计算模型单元划分所需尺度亦逐渐下降。其中，坡度为 20°与 80°的边坡在 1%计算预设误差下所需尺度因子相差 3~4 倍，当容许误差增大到 5%时，其所需相对坡高比相差 4~5 倍。因此，坡度对多尺度边坡稳定性等精度对比分析评价影响较大。由此可知，对于不同坡度的边坡模型，应根据图 3-73 中所示划分不同尺度因子的单元，使得不同尺度的边坡得到近似精度的结果，为不同边坡稳定性分析评价提供可比性及相关依据。

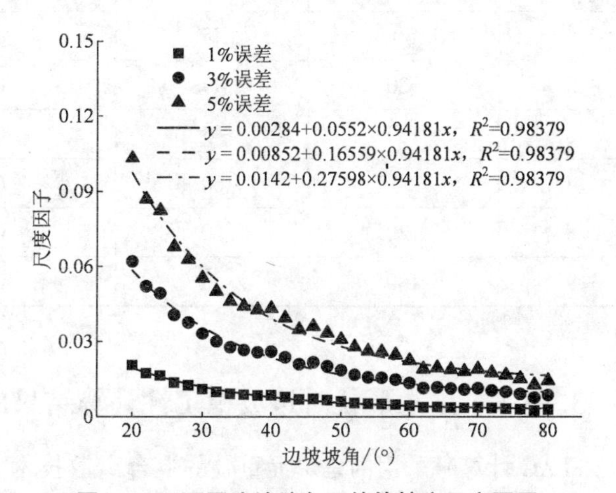

图 3-73 不同边坡坡角下的等精度尺度因子

边坡坡度和高度对边坡稳定性计算精度的影响不是独立的，而是复合的，从而形成一个相对复杂的二元问题。本节通过引入与边坡高度相关的尺度因子，有效消除了数值模拟中边坡高度对单元尺度选择的影响。因此，这个二元问题可以简化为只与坡度有关的问题，为获得所需的尺度因子，只需要将坡度代入不同精度水平下坡度与尺度因子的拟合函数中，下文是对这种简化方法的验证。

选取不同高度和坡度的边坡模型以及不同岩土体性质作为实例进行稳定性分析，如表 3-23。通过图 3-73 中的拟合函数，得到各坡度在 1%误差下的尺度因子参考值。同时计算各边坡在不同尺度因子下的精细安全系数，得到边坡尺度因子与安全系数的关系，得到

1%误差下对应的尺度因子实际值。通过将尺度因子的实际值与参考值进行比较，验证了简化处理方法的可行性和有效性。

当边坡高度较小时，为了获得1%误差下的稳定性计算结果，可以适当增大尺度因子，缩减单元数量，缩短计算时间。对任意尺度边坡而言，尺度因子的参考值非常接近或小于实际值，能有效控制计算误差小于1%，实现不同尺度边坡稳定性计算结果的等精度评价，如表3-24。

表3-23　岩土体力学参数

密度/($g\cdot cm^{-3}$)	杨氏模量/MPa	泊松比	黏结力/kPa	内摩擦角/(°)
2.0	100	0.3	42	17

表3-24　算例及其结果

序号	坡高/m	坡角/(°)	尺度因子参考值	尺度因子实际值
1	50	24	0.016	0.018
2	100	24	0.016	0.017
3	180	24	0.016	0.015
4	50	45	0.0072	0.0087
5	120	45	0.0072	0.0078
6	180	45	0.0072	0.0076
7	60	60	0.0045	0.0064
8	120	60	0.0045	0.0063
9	180	60	0.0045	0.0047

3.10.5　单元形状对边坡稳定性计算结果的影响

FLAC计算时采用的是单元重叠的混合离散技术，即将四边形单元分成两组重叠的4个三角形子单元，如图3-74。每个三角形单元的偏应力分量都是相互独立的，每个三角形单元都是常应变单元，体积应变由整个四边形计算，偏应变张量则由四边形离散成的两个三角形子单元分别计算，最后对两种离散方案混合取平均值。在FLAC3D中，则将六面体单元分成两组重叠的，共10个四面体子单元。显然，采用三角形单元或四面体单元计算时，由于无法对单元进行离散，在计算应变偏张量时不及四边形单元精准。故而，对于四边形单元或六面体单元组成的数值计算模型网格，FLAC/FLAC3D能更加准确地模拟塑性破坏和塑性流动。对于边坡稳定性计算，准确计算塑性区的发展是重要的；换言之，采用四边形单元或六面体单元能更加地准确计算边坡数值计算模型的塑性流动及塑性破坏，从而提高边坡稳定性计算的精度。

本书为研究不同网格形状对多尺度边坡稳定性分析计算的具体影响，采用上文的边坡计

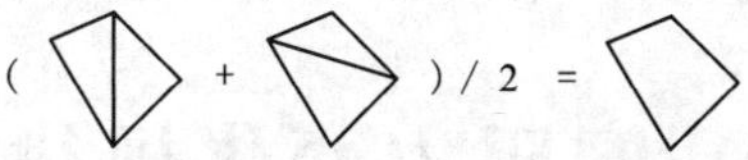

(+)/2 =

图 3-74　四边形单元重叠和混合离散示意图

算模型，模型划分为纯六面体、纯四面体及以六面体为主的网格，安全系数参照值采用精细安全系数。其中网格尺度取5%误差精度下相对坡高比的参考值，即网格尺度相对坡高比值为0.0502。而在以往一些学者的边坡稳定性相关的研究中，采用的相对坡高比远超此值，从而证明即使采用比以往研究中更细密的网格，依旧还存在较大误差的问题。

由表3-25可知，当网格形状为纯六面体或以六面体为主时，网格数量较少，计算时间较短，且安全系数较为精确，实际误差约为4.5%，与5%误差的参考精度较为接近。当模型为纯四面体网格时，边坡稳定性计算结果精度相较于纯六面体模型下降了约6.28%，计算时间增加了约181.7%。因此，在进行边坡稳定性分析时，纯六面体网格模型计算时间最少，计算结果最精确；适量引入四面体单元后，计算结果变化可忽略，但计算时间增加约7.94%；当边坡模型划分为纯四面体时，计算时间大幅度增加，安全系数误差加大。为了提高计算精准度及计算效率，应减少四面体单元的引入数量，尽可能划分为纯六面体网格。

表 3-25　不同形状的网格的计算结果

网格形状	网格数量	计算时间/s	安全系数	安全系数参照值
纯六面体	2790	197	0.9165	0.87708
纯四面体	18387	555	0.9741	0.87708
以六面体为主（四面体占0.001%）	2790	214	0.9165	0.87708

由表3-26可知，边坡稳定性分析中，若采用本书提供的相对坡高比参考值，边坡模型不应引入大量的四面体单元；否则，为保证计算结果具有足够的精度，需要减小相对坡高比参考值，使得计算量大幅提高。因此，在多尺度边坡稳定性分析中，划分网格时应仅引入辅助六面体单元划分的四面体单元，避免引入较多四面体单元对计算精度造成较大影响。

表 3-26　网格形状对相对坡高比参考值选取的影响

算例	1%误差对应相对坡高比	相对坡高比参考值	误差
纯四面体	0.00716	0.0085	-0.00134
以六面体为主（四面体占比小于0.5%）	0.00986	0.0085	0.00136
纯六面体	0.00986	0.0085	0.00136

第4章　桩基摩阻力变化规律的数值分析

4.1　引言

4.1.1　工程意义

桩基是一种常用的深基础形式，19世纪中叶欧洲桥梁、铁路和公路的大规模修建，推动了桩基础理论和施工方法的发展。研究表明，桩基有较好的整体性和较大的刚度，具有承载力高、沉降稳定快和变形小、对复杂地质条件的适应性强等特点，使桩基础能够在工程中得到广泛应用，如上海金茂大厦，其桩基入土深度超过80 m，上海环球金融中心也采用桩基础。

桩基础主要承受竖向荷载，其竖向承载力由桩侧摩阻力和桩端阻力提供。对桩基荷载传递规律的研究发现，在正常情况下，桩顶荷载的作用是桩相对于土体产生向下的位移，土对桩侧产生向上的摩擦力，这种摩擦力构成基桩承载力的一部分，称为正摩阻力(positive friction, PF)，对桩起支撑作用。然而在某些情况下，桩侧摩阻力并不一定有益于桩基承载力，当桩周土体由于某些原因下沉，且下沉量大于桩在该处的下沉量时，土对桩侧产生向下的摩擦力，称为负摩阻力(negative skin friction, NSF)，对桩产生下拽力，即在桩侧表面附加一个向下的荷载。正、负摩阻力分界处称为中性点(neutral point, NP)，该处摩阻力为零，桩土相对位移为零[20]。

负摩阻力对桩产生不利影响，不但降低了桩的承载力，导致桩身强度破坏或者桩端持力层破坏，还将导致桩产生过量的沉降，桩基功能失效。设计时未充分考虑负摩阻力引起的不均匀沉降或沉降过大导致建筑物开裂倾斜，在工程事故中屡见不鲜，如在矿井中，疏排水、卸压导致土体沉降固结，土体施加给井壁类似于负摩阻力的附加力，从而导致立井井壁破坏。

由于桩的极限承载力受桩施工工艺、周围土壤性质、桩材料的特性、桩顶荷载、表面堆载、桩的类型等因素的影响，目前，虽然通过几代学者的理论和试验的研究，得出一些相关的理论和计算方法，但并不能完全解决工程中遇到的问题，因此需要更加深入地研究产生负摩阻力的机理、影响负摩阻力分布规律的因素以及桩基摩阻力的计算方法，才能够有效地减小和避免负摩阻力，降低工程风险，其工程意义非常重大。

4.1.2　产生负摩阻力的机理

桩侧引起负摩阻力的必要条件是，桩在某个截面的沉降量小于桩周围土体在该截面处的沉降量，所以，桩-土间相对位移的存在是桩侧产生摩阻力最直接的原因。

荷载传递的基本理论：桩在竖向荷载作用下，构成桩身的材料产生弹性压缩变形，桩土之间产生相对位移，桩侧土对桩产生摩阻力，如果桩侧土提供的摩阻力不足以承载施加在桩上的竖向荷载，一部分竖向荷载会传递至桩端，桩端持力层产生压缩变形，桩端土对桩产生阻力，这样，通过桩侧摩阻力和桩端阻力，桩将荷载传递给土体。

桩-土相互作用问题，实质上是固体力学中不同介质的接触问题，表现为材料(混凝土、土)的非线性、接触非线性(桩土界面在受复杂荷载作用下有黏结、滑移、张开、闭合 4 种形态变化)等典型的非线性问题。研究桩土相互作用需要考虑的因素：土的变形特点；桩的变形特点；桩的入土深度；时间效应(由于土的固结和蠕变，桩侧负摩阻力值会随时间的增加而增大，最终稳定)；外部荷载的形式(动荷载或静荷载)；施工工艺及工序。

基桩支撑条件对负摩阻力分布的影响较大，桩端置于坚硬的持力层时，桩端沉降量较小，中性点的位置下移，桩侧负摩阻力的总和通常很大，在设计中起控制作用的主要是桩身的材料强度。摩擦桩的桩端沉降量大，中性点位置偏上，桩侧负摩阻力的总和相对较小，材料强度一般能够满足要求，但要考虑沉降量是否满足设计要求。

计算桩的负摩阻力大小就要确定负摩阻力的分布，即要确定中性点的位置。中性点的深度 l_n(从地面算起)与土的压缩性和变形条件以及桩和持力层土体的刚度有关，根据桩竖向位移和桩周地基内竖向位移相等，理论上可以确定中性点的位置，但由于桩在荷载作用下的沉降稳定历时、沉降速率等都与桩周土体沉降情况不同，所以很难确定中性点的位置。

4.2　单桩数值计算模型

采用 FLAC3D 建立数值计算模型，计算模型长 25 m、宽 25 m、高 20 m，模型共有 11520 个单元、13125 个节点，桩采用 FLAC3D 内置的 pile 单元，桩设置于模型中央，边界条件为：采用连杆约束侧面、底部法向位移，上部为自由边界。单桩所在位置如图 4-1 所示。

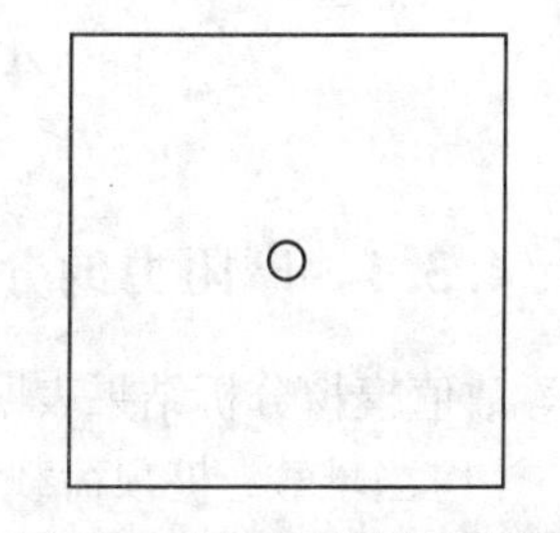

图 4-1　桩平面位置示意图

土体的计算参数如表 4-1 所示，设置的桩，直径为 0.8 m，长为 15 m，弹性模量为 25 GPa，泊松比为 0.2。模型建立过程中，先建立下部土体，土体本构关系为莫尔-库仑模型，然后计算自重作用下的平衡，再加入上部欠固结土体，同时采用 FLAC3D 内置的桩结构单元(桩结构单元通过几何参数、材料参数和耦合弹簧参数来模拟桩土相互作用)设置桩，如图 4-2，计算在自重和桩顶荷载、堆载作用下，桩侧的摩阻力分布情况、轴力分布情况以及中性点位置的变化。

表 4-1　土体的计算参数

土的类别	弹性模量/MPa	泊松比	摩擦角/(°)	黏结力/MPa	重度/($kN \cdot m^{-3}$)	厚度/m
上部欠固结土体	13.5	0.42	15.5	0.025	19.0	4
下部固结土体	30.0	0.39	19.0	0.040	19.3	—

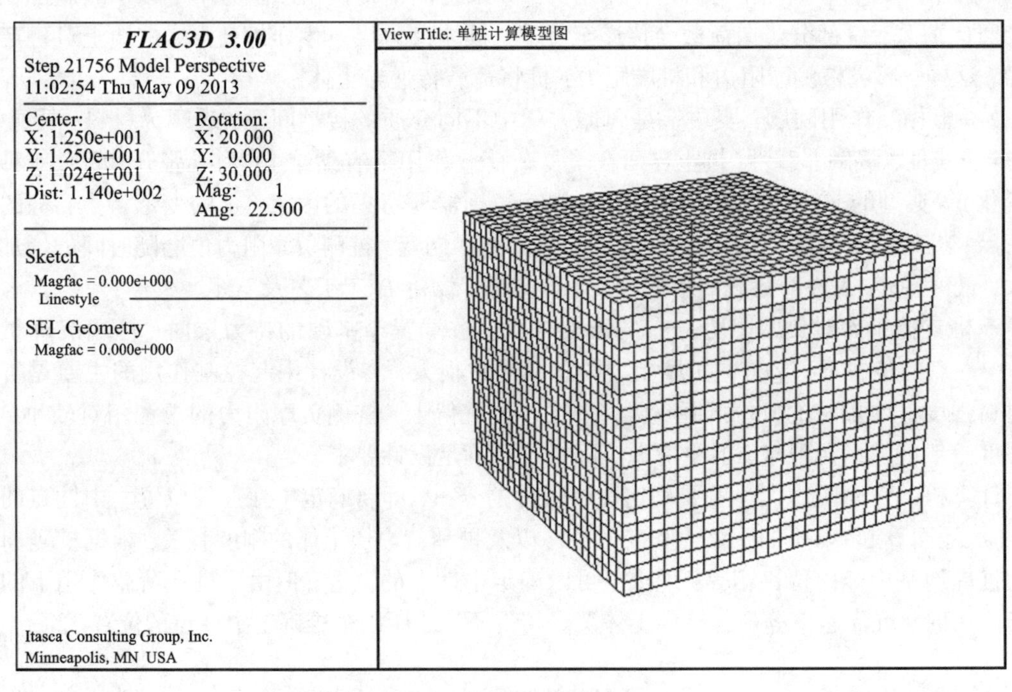

图 4-2 单桩计算模型图

4.3 单桩侧摩阻力数值分析

4.3.1 摩阻力的分布

数值模拟分析结果表明：

(1) 当堆载、桩顶荷载固定时，负摩阻力的绝对值沿桩身先增大后减小，这是因为上部欠固结土在初始阶段沉降较快，相对于桩向下的沉降量增大，负摩阻力增大，而沿深度向下发展时，在负摩阻力作用下，桩身压缩向下发生位移，减弱土体沉降，随着桩身下拽力的增大，桩身竖向压缩位移变大，桩土相对位移减小，因此负摩阻力在达到一定数值后开始逐渐减少至零，负摩阻力为零的位置即中性点，正摩阻力沿桩身逐渐增大。

(2) 堆载一定，不考虑桩顶荷载时，中性点的位置最低。这是由桩顶荷载对桩土相互作用的影响引起的，当桩顶荷载为零时，桩周土沉降是影响桩土相互作用的主要因素，桩周土沉降使得土体对桩产生负摩阻力，负摩阻力引起的下拽力使桩压缩变形、桩端产生沉降；当有桩顶荷载时，影响桩土相互作用的因素不仅有桩周土体变形，还有桩顶荷载，因为桩顶荷载的作用使桩压缩变形和桩端产生沉降，而且这个过程是在短时间内完成的，中性点的位置会高于无桩顶荷载时的情况。

(3) 当堆载不变，桩顶荷载改变时，随着桩顶荷载的增加，中性点位置上移，且最大负摩阻力绝对值减小，在同一截面处，桩顶荷载大的，其负摩阻力绝对值减小，这是因为桩顶荷载增大使桩身沉降量增大，在中性点以上位置，土体相对于桩向下运动，桩土相对位移减小，根据理论和试验的结论，负摩阻力的大小与桩土相对位移大小相关，负摩阻力绝对值减小。在同一截面处，桩顶荷载大的，正摩阻力增大，这是因为在中性点以下位置，土体相对于桩向上运动，桩土相对位移增大。

(4)从摩阻力的分布图 4-3 可以看出，桩侧摩阻力在桩端附近急剧增加，即桩端附近摩阻力的增强效应。很多学者对这种增强效应机理做出了不同的解释：①径向压力增强，地基土破坏机理与桩底土密实度有关，桩端土剪切面连续开展的桩身侧面，对桩身增加附加径向压力，极限侧阻随之增大；②挤密作用增强，当桩底土层强度相对较大时，随着桩体的挤入，桩端附近土体挤密程度增大，导致桩侧摩阻力增强；③挤密作用与径向应力共同增强，土体运动的结果使桩端土体挤密、作用与桩身底部的法向应力增强，引起桩侧摩阻力增加；④“位移论”，桩端土强度较高，上部荷载较大时，桩端以下土体压缩大，成拱区和塑变区向上发展，加大了桩端附近土体变形，土体应力增加，使桩端附近桩侧摩阻力增加。

(5)当桩顶荷载不变，堆载改变时，堆载对负摩阻力的影响主要由于两个原因，一是堆载使桩周土层压缩产生沉降，二是堆载使孔隙水排出，增加桩周土体有效应力，这使土体的固结沉降增大，改变了桩土相对位移。当桩周无堆载时，桩周土体产生的固结沉降明显较小，桩周土产生相对于桩身向上的位移，因此，桩在顶端产生正摩阻力，桩身出现负摩阻力的位置要比有堆载时低，且量值较小。从摩阻力的曲线分布图 4-4 可以看出，负摩阻力产生具有明显的波动，这是因为土体在固结沉降过程中，土体的某些物理性质可能发生改变，如孔隙水压力、含水量等，使负摩阻力在沿桩身发展的过程中出现波动。

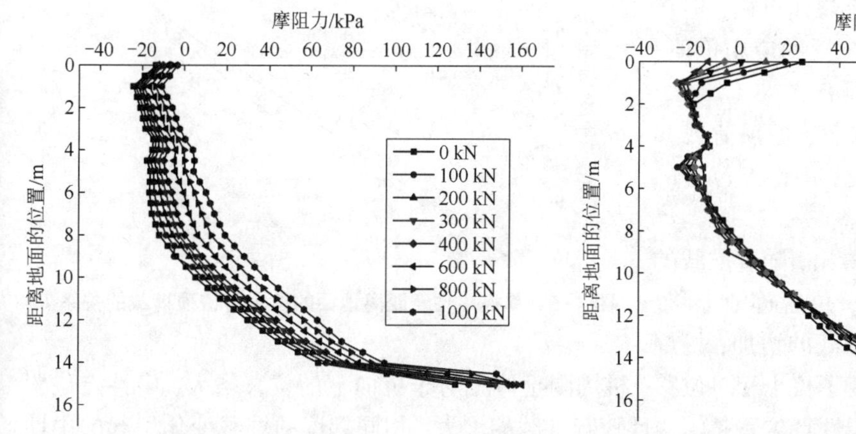

图 4-3　单桩在重力、堆载 50 kPa、桩顶荷载共同作用下改变桩顶荷载时的摩阻力分布

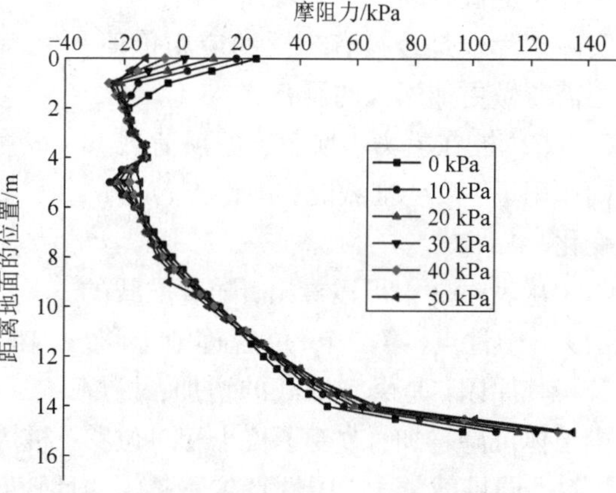

图 4-4　单桩在重力、堆载、桩顶荷载 100 kN 共同作用下改变桩顶荷载时的摩阻力分布

堆载较小时，由于桩顶荷载的作用，初始时桩沉降量大于该处桩周围土体的沉降量，摩阻力为正，正摩阻力逐渐减小，随着桩周围土体在自重、堆载作用下发展，土体下沉量大于桩的下沉量，摩阻力为负，负摩阻力的绝对值逐渐增大，这之间存在第一个摩阻力为零的点即第一个中性点，随着摩阻力沿桩身向下发展，还存在第二个中性点。随着堆载的增加，桩侧负摩阻力增加。同时，随着堆载的增加，第一个中性点位置上移，堆载增加到一定程度(30 kPa 左右)后，由于堆载增加了土体沉降，桩尖就开始出现负摩阻力，即不存在第一个中

性点。改变堆载时，在欠固结土和固结土交界(距离地面 4 m)附近，负摩阻力产生较明显的波动，出现两个负摩阻力峰值。

4.3.2 中性点位置

(1)桩在重力、堆载、桩顶荷载共同作用下，改变桩顶荷载时，中性点位置的变化。

从表 4-2 中可以看出，随着桩顶荷载的增大，中性点位置逐渐上移。分析其原因，是由于桩顶荷载的增加，桩身压缩沉降和桩端沉降增大，改变了桩土相对位移量，桩周围土体相对于桩向下的位移减小，中性点位置上移，而且随着桩顶荷载的增大，中性点位置上移的幅度增大。

表 4-2 单桩中性点的位置与桩顶荷载的关系

桩顶荷载/kN	0	100	200	300	400	600	800	1000
从地面算起中性点位置/m	9.490	9.257	9.014	8.669	8.261	7.373	6.115	4.335

从图 4-5 中可以看出，对计算值进行曲线拟合，$R^2=0.949>0.85$，在误差允许范围内，拟合曲线与计算结果有很好的拟合，说明桩顶荷载对负摩阻力及中性点的位置的影响有规律可循，但在实际工程中是否具有广泛的应用价值，还需要做更加深入的研究。

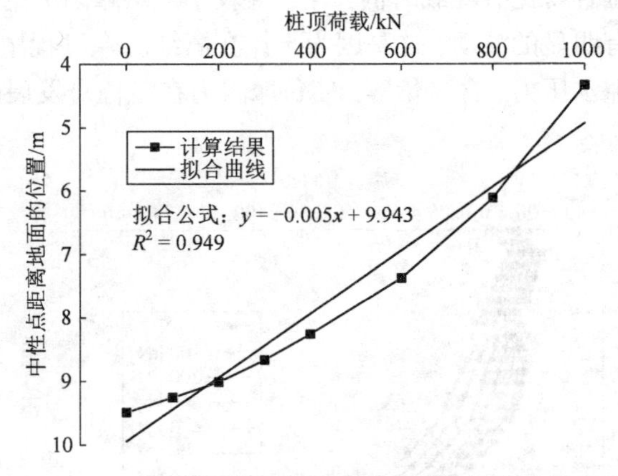

图 4-5 单桩中性点距离地面的位置与桩顶荷载的关系

(2)桩在重力、堆载、桩顶荷载共同作用下，改变堆载时，中性点位置的变化。

从表 4-3 中可以看出，随着堆载的增大，中性点(第二个)位置逐渐下移。分析其原因，是由于堆载的增加，桩周围土体沉降增加，改变了桩土相对位移，桩周围土体相对于桩向下的位移增大，中性点位置下移，即堆载越大，中性点位置越深，且随着堆载的增大，相同幅度的堆载变化引起的中性点位置下移幅度变大。

表 4-3 单桩中性点的位置与堆载的关系

堆载/kPa	第一个中性点距离地面的位置/m	第二个中性点距离地面的位置/m
0	0.835	8.464
10	0.534	8.467
20	0.329	8.650
30	0.033	8.717

续表4-3

堆载/kPa	第一个中性点距离地面的位置/m	第二个中性点距离地面的位置/m
40		8.841
50		9.257

从图4-6中可以看出，堆载较小或堆载较大时，采用直线拟合时 $R^2=0.837<0.85$，不在误差范围内，拟合程度并不是很好，但也可以看出，堆载对单桩中性点的影响也具有一定的规律性，至于是否能够广泛应用于实际，还有待进一步的研究，找出更加合理的拟合曲线或者通用的表达公式。

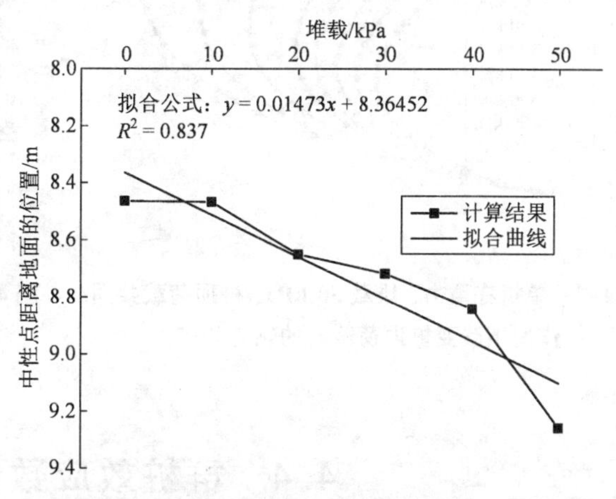

图4-6 单桩中性点距离地面的位置与堆载的关系

4.3.3 轴力分布

数值模拟分析结果(图4-7和图4-8)表明：

(1)当堆载、桩顶荷载固定时，轴力分布沿桩身呈现先增大后减小的趋势，在轴力最大值对应桩侧摩阻力为零的位置，即桩体中性点位置。在中性点以上部分，桩周围土体沉降量大于桩身沉降量，由于受到负摩阻力的影响，负摩阻力总和即下拉荷载逐渐增大，桩体轴力逐渐增大；在中性点以下部分，桩身沉降量大于桩周围土体沉降量，桩体承受周围土体的正摩阻力的影响，正摩阻力分担了一部分上部传来的荷载，因此轴力逐渐减小。

(2)当堆载不变，改变桩顶荷载时，随着桩顶荷载增加，桩身压缩和桩端沉降增大，桩周土体相对于桩身位移减小，负摩阻力的绝对值减小，下拉荷载减小，因此出现最大轴力的位置上移，也即中性点位置上移。

(3)在桩端附近轴力急剧衰减，这也说明了桩端附近摩阻力存在增强效应，正摩阻力急剧增大，承担的上部传来的荷载增多，轴力减小。

(4)当桩顶荷载不变，改变堆载时：堆载较小时，由于第一个中性点的存在，轴力存在一个减小的过程(主要是由于存在桩顶荷载，堆载相对较小时，在桩顶附近会出现正摩阻力)，在第一个中性点处轴力最小，但由于负摩阻力引起的附加荷载累积，之后轴力开始逐渐增大，在第二个中性点处达到最大，并且在这个变化范围内，随着堆载的增大，最小轴力增大，最大轴力也增大，而当堆载增大到一定程度后，曲线分布越来越密集，轴力的增大幅度逐渐减小，堆载对轴力的影响逐渐减小。

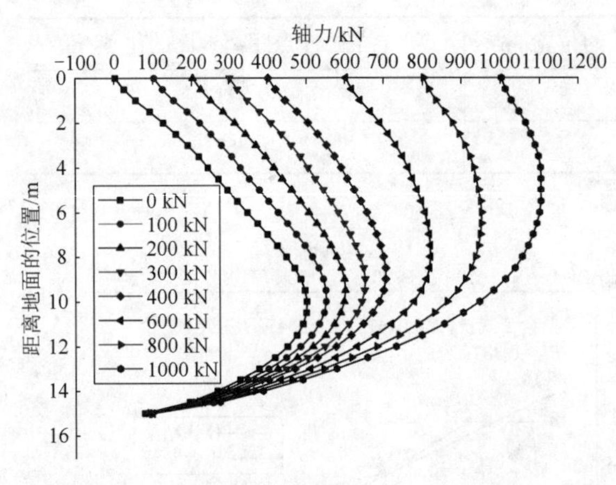

图 4-7　单桩在重力、堆载 50 kPa、桩顶荷载共同作用下改变桩顶荷载时的轴力分布

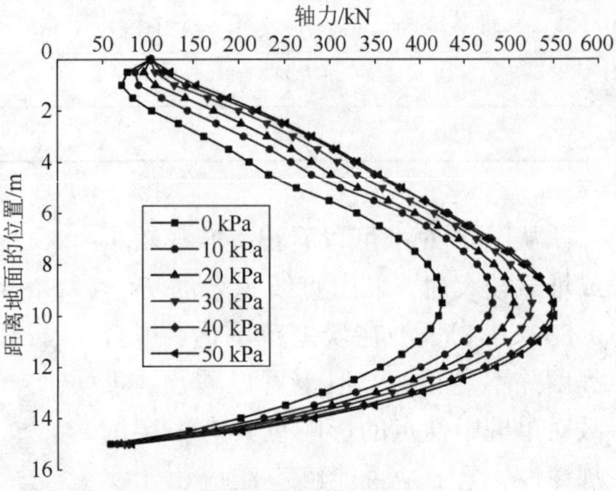

图 4-8　单桩在重力、堆载、桩顶荷载 100 kN 共同作用下改变堆载时的轴力分析

4.4　群桩效应数值模拟分析

工程中，除具有特别用途的大直径桩基础外，大多采用群桩基础，大量的理论研究和试验分析表明，群桩中基桩的工作状态与单桩不同，基桩的承载力、沉降性状与单桩有显著的差别，表现为基桩承载力之和小于单桩承载力之和，而沉降量大于单桩的沉降量，这种现象即群桩效应。

4.4.1　群桩效应机理浅析

群桩主要通过基桩桩侧摩阻力将上部荷载传递到桩周及桩端土层中，假定土中桩侧摩阻力引起的附加应力按一定角度(α)沿桩长向下扩散，桩端处压力分布如图 4-9 所示。当桩数量少，桩距较大，如桩距(s)大于 $6D$(D 为桩直径)时，桩端处压力重叠不多甚至互不重叠，基桩之间的影响很小，因此基桩与单桩工作状态基本一致，群桩效应对群桩的承载力、沉降量影响微弱；但当桩的数量多，桩距较小时，桩端处压力相互重叠，桩端处压力比单桩大，桩端以下土层压缩比单桩大，基桩工作状态与单桩明显不同，群桩的承载力小于相同数量单桩承载力的总和，而其沉降量大于单桩沉降量的总和，这种现象称为群桩效应。

群桩效应系数是用以衡量因群桩效应受到影响的群桩承载力各个分量降低或提高的幅度，包括侧阻群桩效应系数、端阻群桩效应系数、侧阻端阻综合群桩效应系数和承台底土阻力群桩效应系数。群桩效应系数虽然能说明群桩中基桩的工作状态与单桩不同，但由于群桩基础的沉降量只需满足基桩变形的允许值即可，而不用按照单桩的沉降量设计，同时基桩和单桩工作条件不同，它们的极限承载力也不同，因此采用单一的群桩效应系数并不能正确地反映群桩工作性能，要综合考虑很多的因素，如桩距、桩数、土特性、桩布置等。

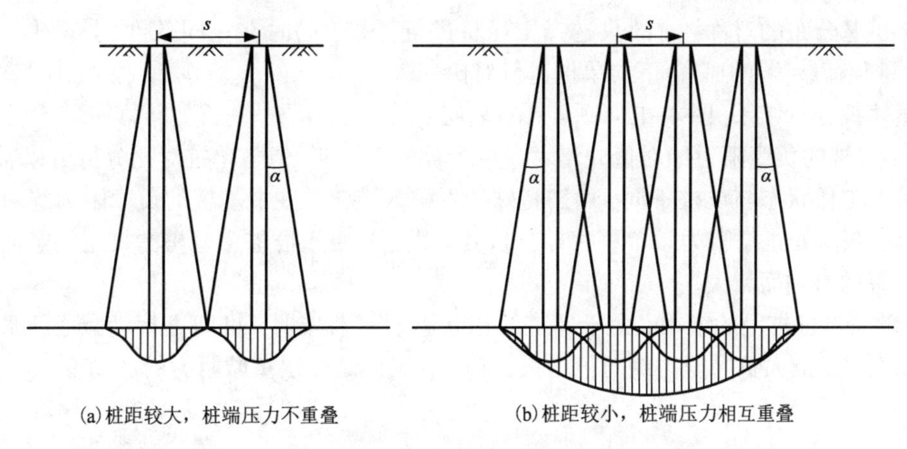

图 4-9　群桩桩端平面的压力分布

4.4.2　群桩 4 根桩摩阻力和轴力分布特性

4.4.2.1　桩模型

4 根群桩(2×2)采用与单桩相同的模型、计算参数和模拟方法，桩位置示意如图 4-10 所示(图中 2p_d1 为桩距)，计算模型如图 4-11 所示。

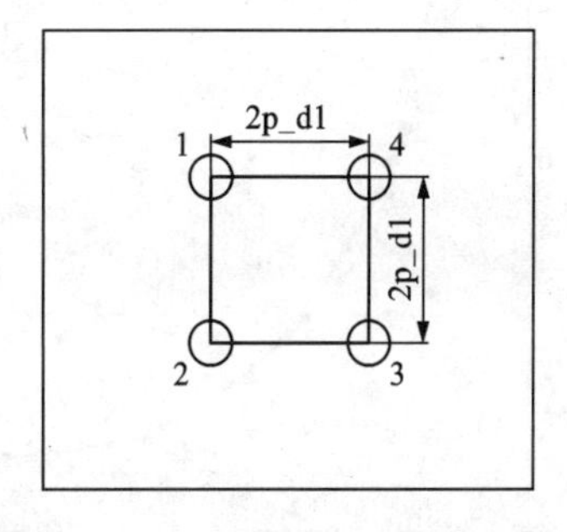

图 4-10　2×2 群桩平面位置示意图

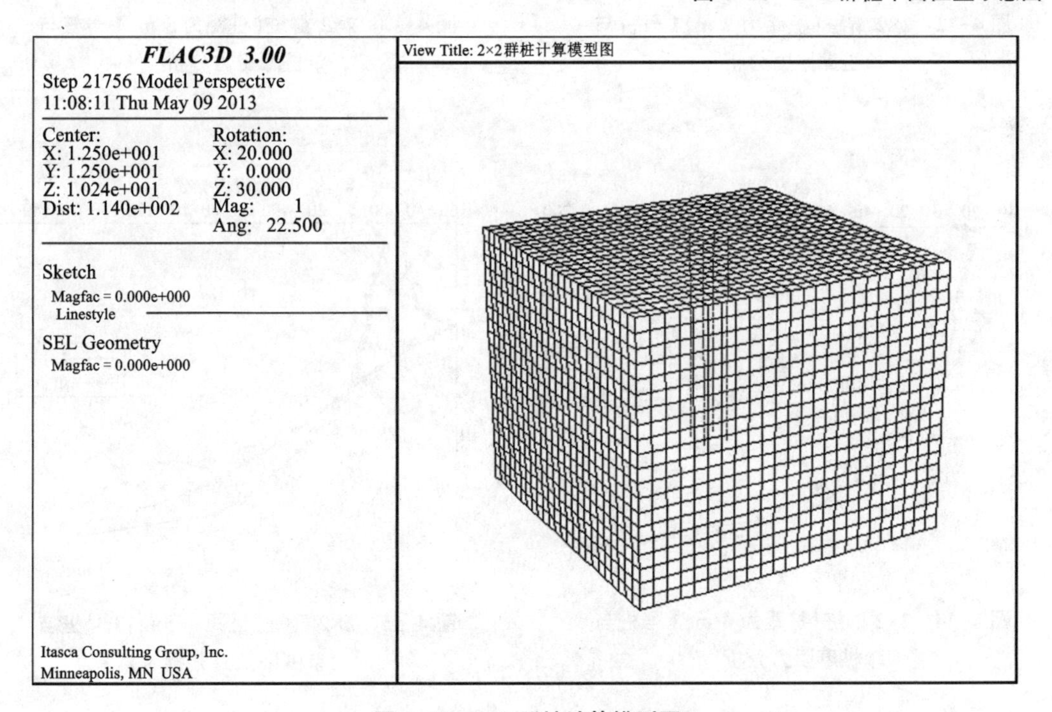

图 4-11　2×2 群桩计算模型图

4.4.2.2　摩阻力分布

由于桩基分布的对称性，故只选择 1 号桩进行分析，同时在相同条件(分析中，堆载为 50 kPa，桩顶荷载为 400 kN)下与单桩进行对比分析。

数值模拟分析结果(图 4-12~图 4-16)表明：

(1)1 号桩的负摩阻力绝对值先增大，并逐渐减小至零，但与单桩对比分析可以看出，群桩中基桩的工作状态与单桩不同，由于特殊的群桩效应，群桩中基桩的负摩阻力绝对值较单桩大，同一截面处正摩阻力较单桩大。分析其原因，是由于群桩中基桩的桩土间竖向相对位移受相邻桩的影响而增大。

(2)随着群桩桩距的增大，由于邻桩的相互影响逐渐减弱，桩间土扰动减小，摩阻力得到较好的发展，最大负摩阻力绝对值增大，而且在欠固结土层负摩阻力的波动变大。

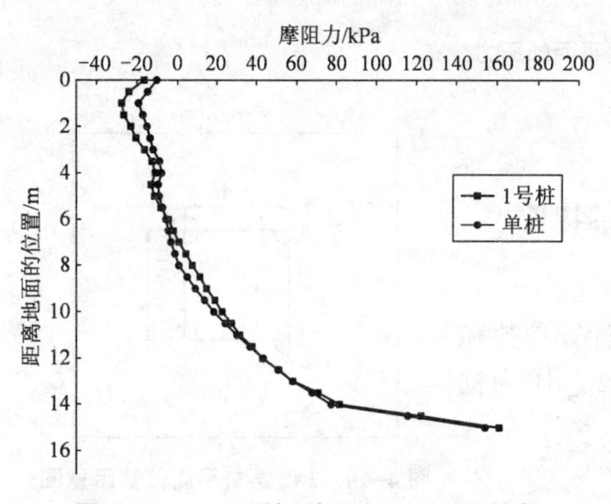

图 4-12　2×2 群桩(桩距为 2 m)1 号桩与单桩摩阻力分析

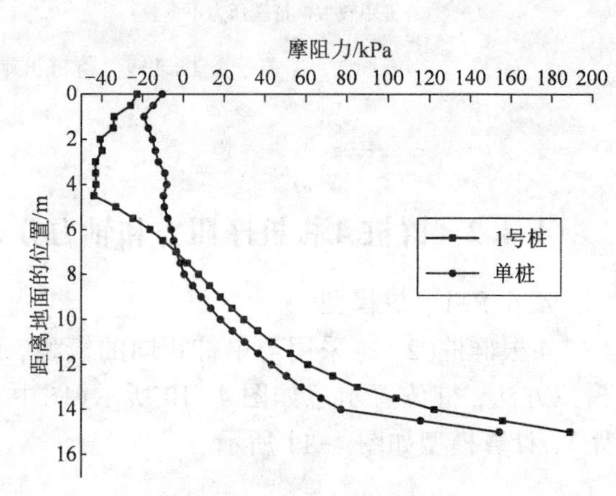

图 4-13　2×2 群桩(桩距为 3 m)1 号桩与单桩摩阻力分析

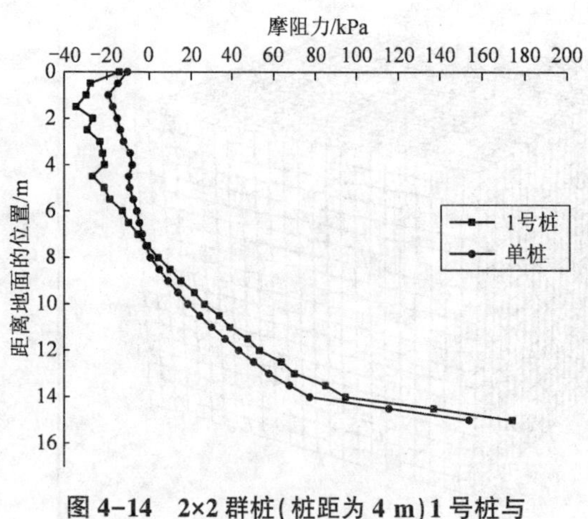

图 4-14　2×2 群桩(桩距为 4 m)1 号桩与单桩摩阻力分析

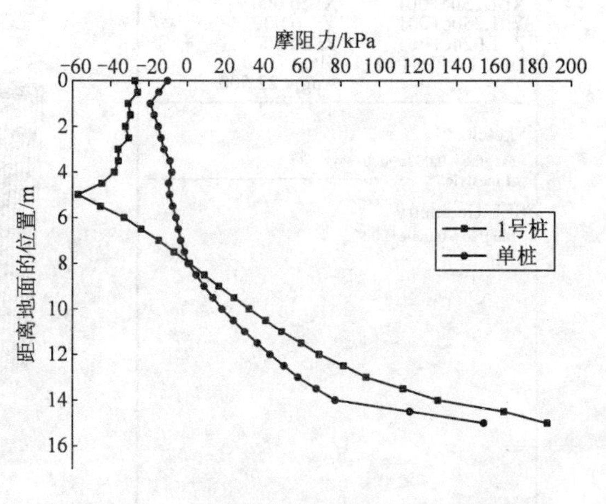

图 4-15　2×2 群桩(桩距为 5 m)1 号桩与单桩摩阻力分析

4.4.2.3　中性点位置

从表 4-4 和图 4-17 中可以看出：

(1) 1 号桩中性点的位置高于单桩中性点的位置，这是因为群桩中基桩受邻桩的影响，桩周土体扰动较单桩大，负摩阻力的发展程度小于单桩。随着桩距的增大，群桩中基桩中性点位置接近单桩，说明桩距增大到一定程度时，基桩的工作状态接近单桩。

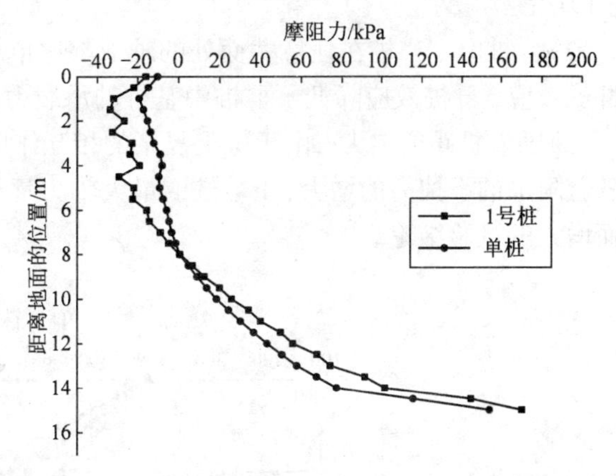

图 4-16　2×2 群桩(桩距为 6 m) 1 号桩与单桩摩阻力分析

(2) 随着桩距增大，中性点均逐渐下移，且当桩距较小时，邻桩的相互影响逐渐增大，桩周土体扰动较大，相同的间距变化幅度引起较大中性点位置的变化幅度，说明此时群桩效应显著；而随着桩距的增大，邻桩的相互影响逐渐减小，中性点位置的变化幅度逐渐减小，说明此时群桩效应逐渐消失。

表 4-4　2×2 群桩基桩中性点位置与桩距的关系

桩距/m	1 号桩中性点距离地面位置/m	单桩中性点距离地面的位置/m
2	6.889	8.261
3	7.313	8.261
4	7.576	8.261
5	7.798	8.261
6	7.934	8.261

由图 4-17 可以看出，对计算结果进行指数曲线拟合时，具有很高的拟合度，说明群桩中中性点位置随桩距变化具有一定规律性，但这个公式是否具有工程应用价值，指导实际工程施工，还需要进一步深入的研究。

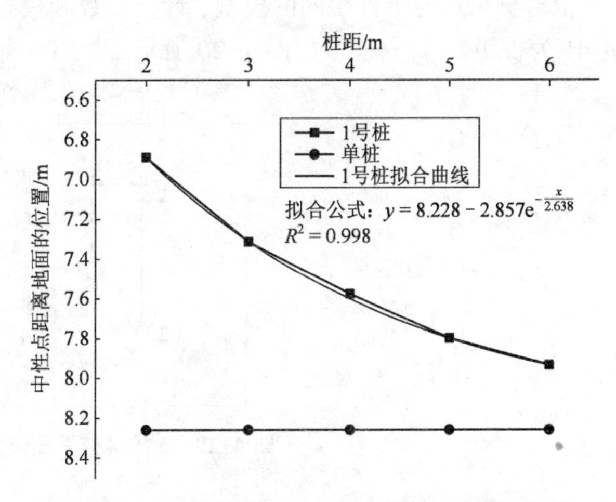

图 4-17　2×2 群桩基桩中性点位置与桩距的关系

4.4.2.4　轴力分析

数值模拟分析结果(如图 4-18)表明：

(1) 桩距一定时，群桩中 1 号桩的分布特点与单桩相似，都呈现出轴力逐渐增大的趋势，达到一个最大值时，逐渐减小。

(2)群桩中1号桩在任意截面处的轴力都比单桩在该处的轴力大，这说明群桩工作时存在群桩效应，群桩效应降低了群桩中基桩的承载力。

(3)随着桩距的增大，由于桩土复杂的相互作用，桩间土扰动减弱，负摩阻力值增大，因此随着附加的下拽力的增大，1号桩的最大轴力逐渐增大，验证了群桩效应系数随桩距的增大而增大的试验结论。

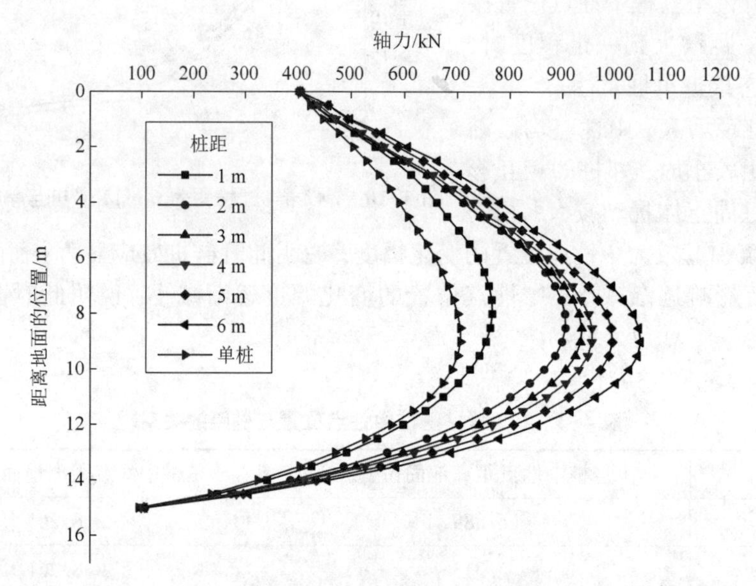

图 4-18　重力、堆载 50 kPa、桩顶荷载 400 kN 共同作用下改变桩距时 2×2 群桩 1 号桩轴力

4.4.3　群桩 5 根桩摩阻力和轴力分布特性

4.4.3.1　桩模型

5根群桩采用与单桩相同的模型、计算参数和模拟方法，桩位置示意如图4-19所示(图中p_d1为桩距)，计算模型如图4-20所示。

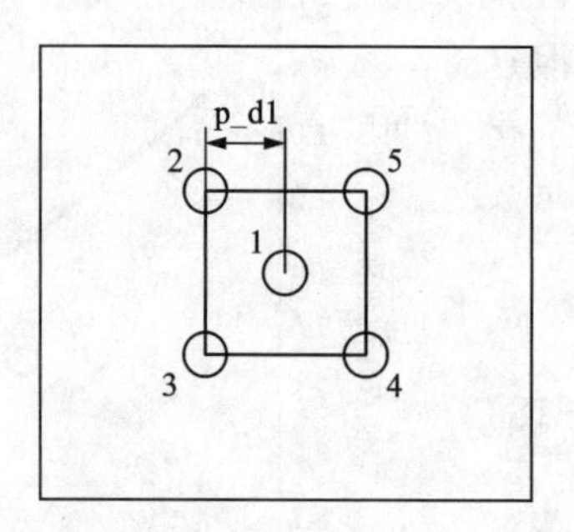

图 4-19　5 根群桩平面位置示意图

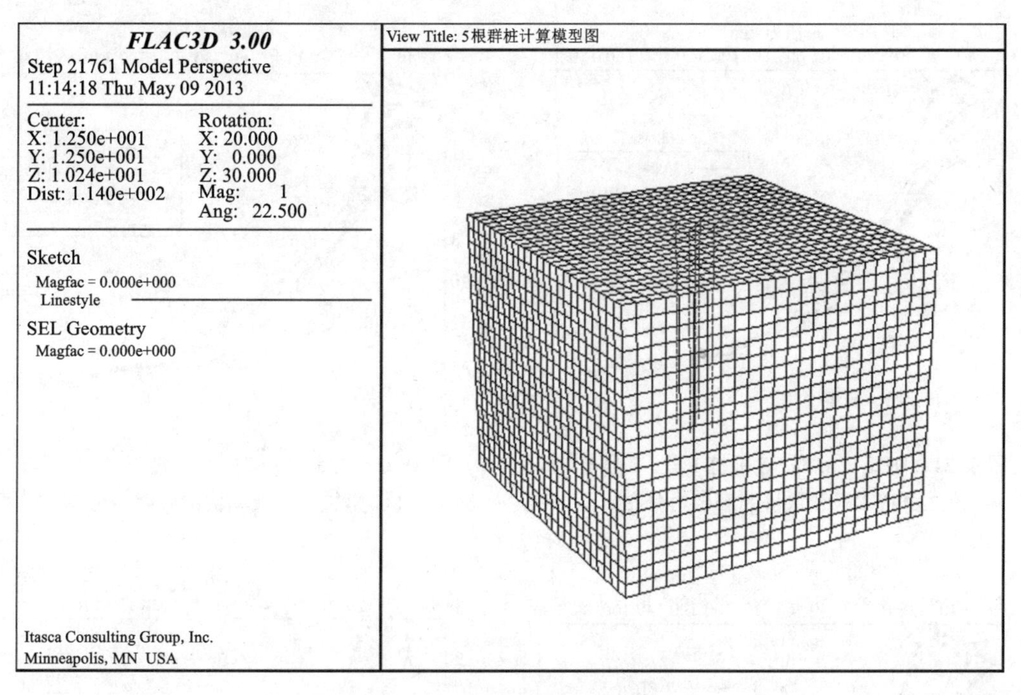

图 4-20　5 根群桩计算模型图

4.4.3.2　摩阻力分布

群桩在重力、堆载、桩顶荷载共同作用下的结果。

从图 4-19 桩的位置示意图可以看出，桩对称分布，因此只取 1 号和 2 号桩进行对比分析，同时与单桩和 4 根群桩在相同条件(重力、堆载 50 kPa、桩顶荷载 400 kN 共同作用)下进行比较。

数值模拟分析结果(如图 4-21~图 4-25)表明：

(1)桩距一定时，群桩中基桩的负摩阻力分布曲线与单桩的类似，负摩阻力都呈现出先减小后增大至零，正摩阻力沿桩身增大的趋势，在桩端附近出现摩阻力的增强效应。

(2)群桩的工作状态与单桩不同，承受正摩阻力和负摩阻力的桩都有其特殊的群桩效应，导致角桩负摩阻力的绝对值大于中央桩，这是由于桩-土相互作用，引起中央桩桩土相对位移减小，从而使桩侧的负摩阻力减小。

(3)具有 4 根基桩和 5 根基桩的群桩的摩阻力分布也不相同，相同条件下同一位置的桩(4 根桩的 1 号和 5 根桩的 2 号)，4 根桩的 1 号负摩阻力的绝对值要小于 5 根桩的 2 号桩，这说明，即使在相同条件下，桩的数量不同，其群桩效应也不相同，因为桩土间竖向相对位移受相邻桩的影响，桩数的增加改变了邻桩的相互作用，改变了桩土相互作用，导致土层扰动程度不同，摩阻力的发展不同。

(4)从摩阻力分布曲线可以观察得到，随着桩距的增大，1 号桩(即中央桩)桩侧负摩阻力的绝对值逐渐增大，这是因为随着桩距的增大，邻桩桩土相互作用的影响减弱，桩土间土层扰动减小，摩阻力得到更充分的发展。

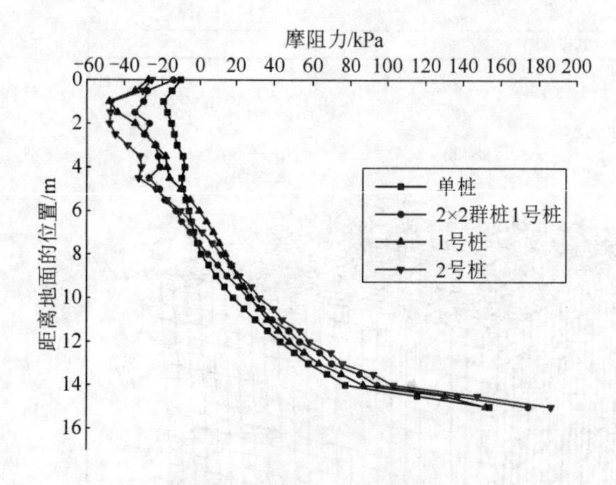

图 4-21　桩距 2 m 时，5 根桩 1 号、2 号与 2×2 群桩 1 号及单桩的摩阻力分布

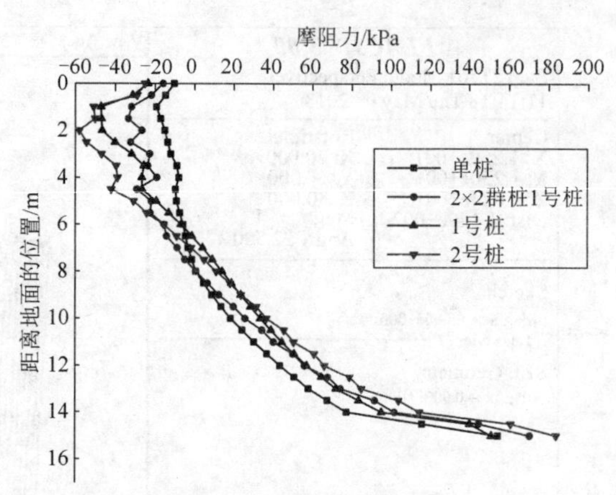

图 4-22　桩距 3 m 时，5 根桩 1 号、2 号与 2×2 群桩 1 号及单桩的摩阻力分布

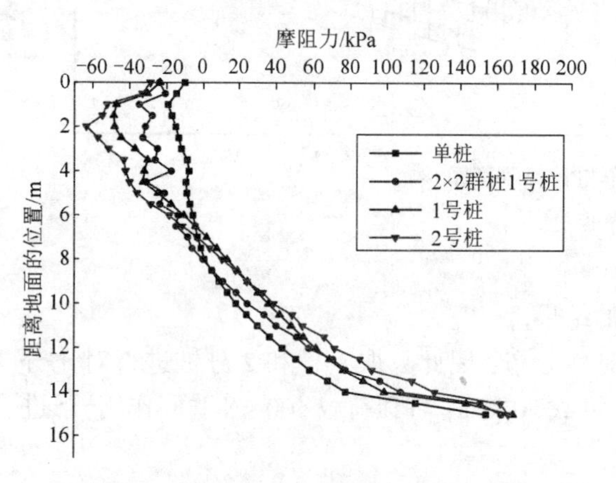

图 4-23　桩距 4 m 时，5 根桩 1 号、2 号与 2×2 群桩 1 号及单桩的摩阻力分布

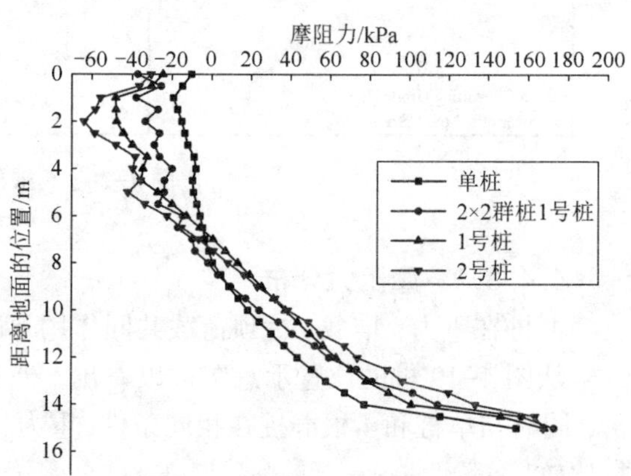

图 4-24　桩距 5 m 时，5 根桩 1 号、2 号与 2×2 群桩 1 号及单桩的摩阻力分布

4.4.3.3　中性点位置

从表 4-5 和图 4-26 中可以看出：

(1)桩距相同时，角桩中性点的位置低于中央桩中性点的位置，这是因为桩-土相互作用，引起中央桩桩土相对位移减小，其缩减幅度比边桩大，中央桩所处的位置使它受到邻桩的影响更加复杂，桩土间土层扰动大，负摩阻力得不到很好的发展。

(2)桩距相同时 5 根基桩的群桩中性点位置低于相同条件下 4 根基桩的群桩中性点位置，这是因为具有 5 根基

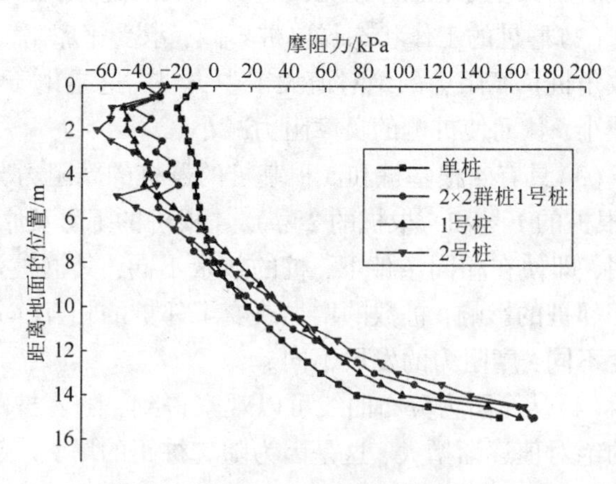

图 4-25　桩距 6 m 时，5 根桩 1 号、2 号与 2×2 群桩 1 号及单桩的摩阻力分布

桩的群桩邻桩的相互影响增大，约束了桩土相对位移的发展，使得其缩减增快。

(3)随着桩距增大，中央桩和角桩中性点位置均逐渐下移，且当桩距较小时，相同的间距变化幅度引起较大的中央桩中性点位置的变化幅度，说明此时群桩效应显著；而随着桩距的增大，由于邻桩的相互影响逐渐减小，相同的间距变化幅度引起中央桩中性点位置的变化幅度逐渐减小，说明此时群桩效应逐渐消失。

表 4-5　5 根桩 1 号、2 号与 2×2 群桩 1 号及单桩的中性点位置与桩距的关系

桩距/m	2×2 群桩 1 号桩中性点距离地面位置/m	单桩中性点距离地面位置/m	1 号桩中性点距离地面位置/m	2 号桩中性点距离地面位置/m
2.0	6.889	8.261	6.063	6.889
3.0	7.313	8.261	6.626	7.132
4.0	7.576	8.261	6.860	7.252
5.0	7.798	8.261	6.951	7.438
6.0	7.934	8.261	6.994	7.767

4.4.3.4　轴力分布

数值模拟分析结果(图 4-27～图 4-31)表明：

(1)桩距一定时，群桩中基桩的轴力分布曲线与单桩类似，都呈现出轴力沿桩身位置逐渐增大，达到最大值后逐渐减小的趋势，在桩端附近由于摩阻力的增强效应，轴力急剧减小。

(2)相同条件下，单桩在任意截面处的轴力都小于群桩中基桩的轴力，再一次验证了群桩效应减小了群桩中基桩的承载力。

(3)中央桩(1 号桩)的最大轴力明显小于角桩(2 号桩)，由于群桩桩-土体复杂的共同作用，中间桩桩土相对位移减小，从而使中央桩上的负摩阻力大大减弱甚至消除，因此中央桩的轴力大大减小。

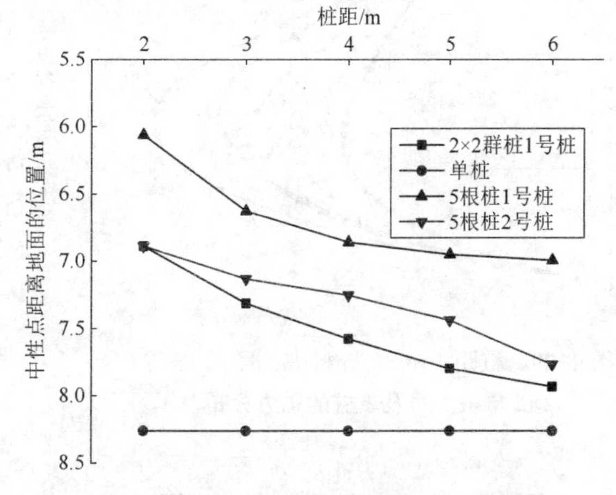

图 4-26　5 根桩 1 号、2 号与 2×2 群桩 1 号及单桩的中性点位置与桩距的关系

(4)相同条件下，角桩(2 号桩)与 4 根群桩的角桩相比，2 号桩的轴力大于 4 根桩的 1 号桩，说明群桩效应的发挥程度与桩的数量相关，这是因为桩土间竖向相对位移受相邻桩的影响，桩数的增加不仅改变了邻桩的相互作用，还改变了桩土相互作用，土层扰动程度不同。

(5)从图 4-32 可以看出，改变桩距时，随着桩距减小，邻桩的相互影响增强，由应力扩散引起的应力叠加区域增大，桩土间土层扰动增大，摩阻力发展较差，中央桩负摩阻力减小，桩体轴力减小，此时负摩阻力的群体效应增大；随着桩距的增大，邻桩的相互影响减弱，由应力扩散引起的应力叠加区域减小，桩土间土层扰动减弱，摩阻力发展较好，中央桩负摩阻力增大，桩体轴力增大，此时负摩阻力的群体效应减小。

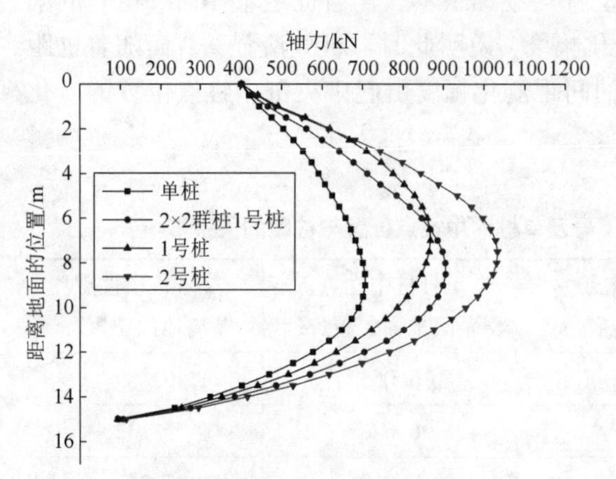

图 4-27　桩距 2 m 时，5 根桩 1 号、2 号与 2×2 群桩 1 号及单桩的轴力分布

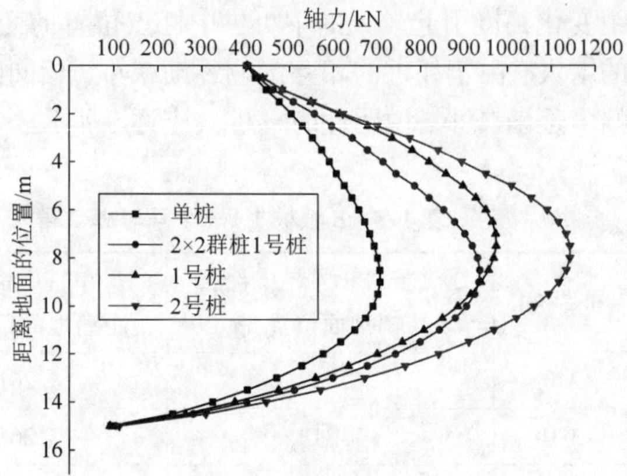

图 4-28　桩距 3 m 时，5 根桩 1 号、2 号与 2×2 群桩 1 号及单桩的轴力分布

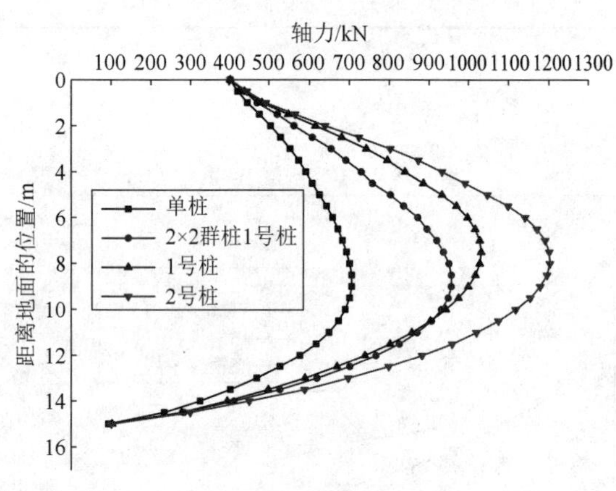

图 4-29　桩距 4 m 时，5 根桩 1 号、2 号与 2×2 群桩 1 号及单桩的轴力分布

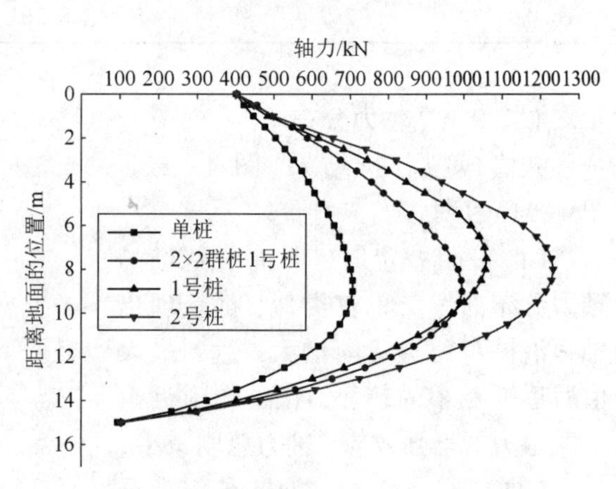

图 4-30　桩距 5 m 时，5 根桩 1 号、2 号与 2×2 群桩 1 号及单桩的轴力分布

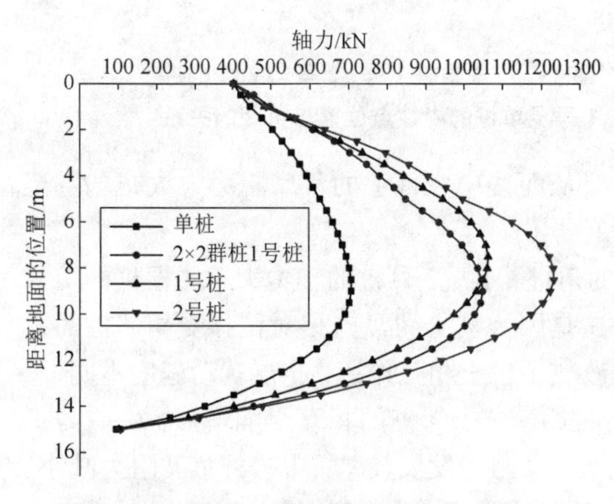

图 4-31　桩距 6 m 时，5 根桩 1 号、2 号与 2×2 群桩 1 号及单桩的轴力分布

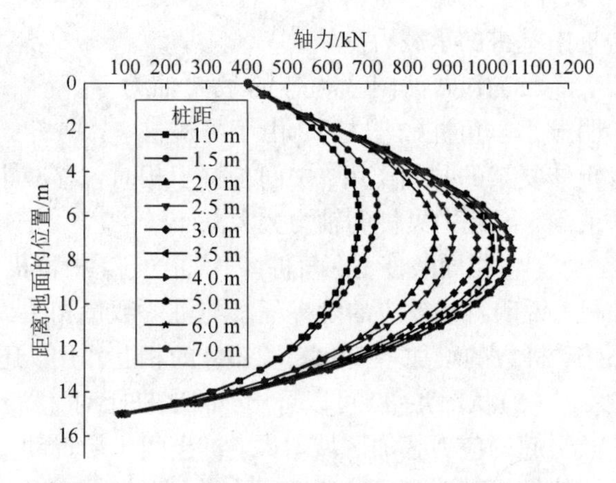

图 4-32　改变桩距时，5 根桩 1 号的轴力分布

但当桩距增大到一定的程度后(如图中5 m)，邻桩的相互影响很微弱，桩土间土层的扰动受邻桩影响变小，桩土相互作用类似于单桩，因此桩距继续增大，桩体轴力的变化很小，说明此时群桩效应逐渐减小甚至消失。

4.4.4　群桩9根桩摩阻力和轴力分布特性

4.4.4.1　桩模型

9根群桩(3×3)采用与单桩相同的模型、计算参数和模拟方法，桩位置示意如图4-33所示(图中p_d1为桩距)，计算模型如图4-34所示。

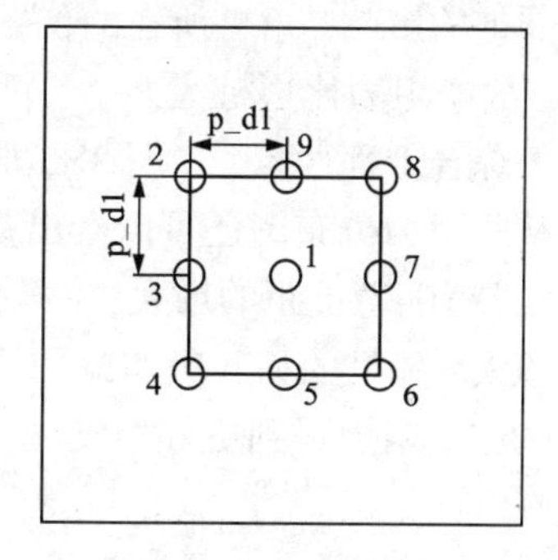

图4-33　3×3群桩平面位置示意图

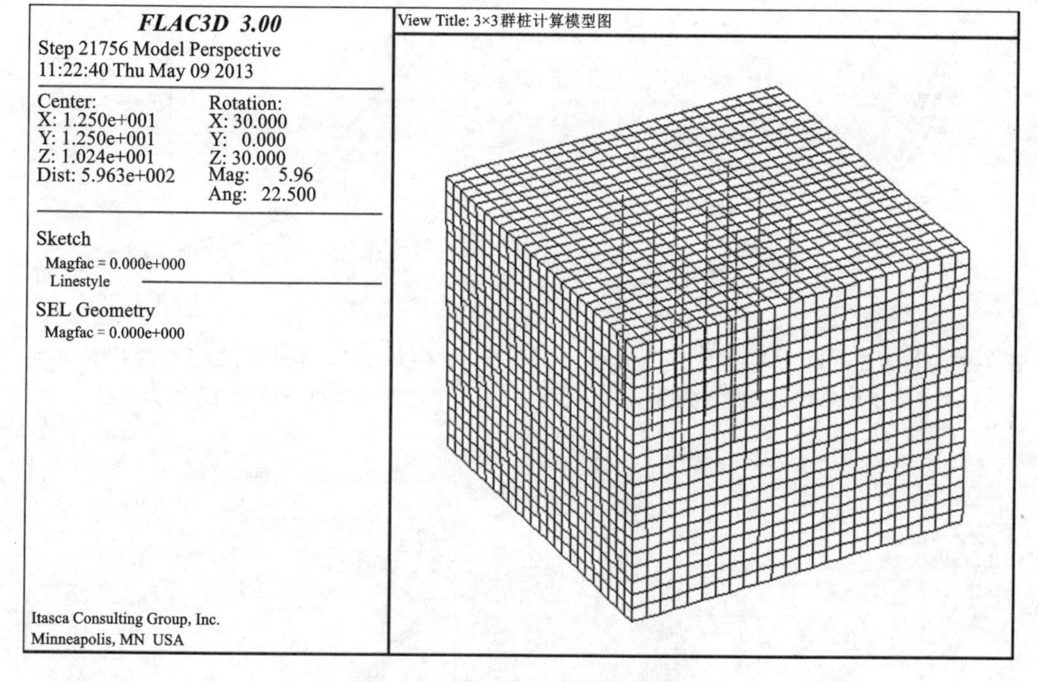

图4-34　3×3群桩计算模型图

4.4.4.2　摩阻力分布

从桩的位置示意图可以看出，桩对称分布，因此只取1号、3号、4号和5号桩进行对比，又因3号桩与5号桩所处的位置相同，取5号桩分析，同时在相同条件(分析中，堆载为50 kPa，桩顶荷载为400 kN)下与单桩进行对比分析。

数值模拟分析结果(图4-35~图4-39)表明：

(1)基桩负摩阻力变化的趋势线与单桩类似，都呈现出负摩阻力逐渐减小，达到最小值后，逐渐增大至零，正摩阻力沿桩身增大的趋势，在桩端附近表现出明显的增强效应，但群桩的工作状态与单桩不同，承受正摩阻力和负摩阻力的桩都有其特殊的群桩效应，导致角桩和边桩负摩阻力的绝对值大于中央桩，这是由于桩-土相互作用，桩间土扰动最大，引起中央桩桩土相对位移减小，从而使桩侧的负摩阻力减小。

(2)边桩与角桩工作状态存在一定的差异，说明基桩负摩阻力与其所处的位置有关，受其邻桩的影响，角桩所在的位置桩间土的扰动要比边桩小，桩侧摩阻力比边桩得到较好的发展，故摩阻力比边桩大。

综合上面两点，说明 3×3 群桩中，角桩的负摩阻力绝对值最大，边桩次之，中央桩最小，且从摩阻力分布图还可以看出基桩桩侧摩阻力在桩下部比上部得到更充分的发展。

(3)随着桩距的增大，1 号桩(即中央桩)桩侧负摩阻力的绝对值逐渐增大，这是因为桩距增大，邻桩的相互影响减弱，由应力扩散引起的应力叠加区域减小，桩间土的扰动减弱，中央桩摩阻力得到更好的发展。

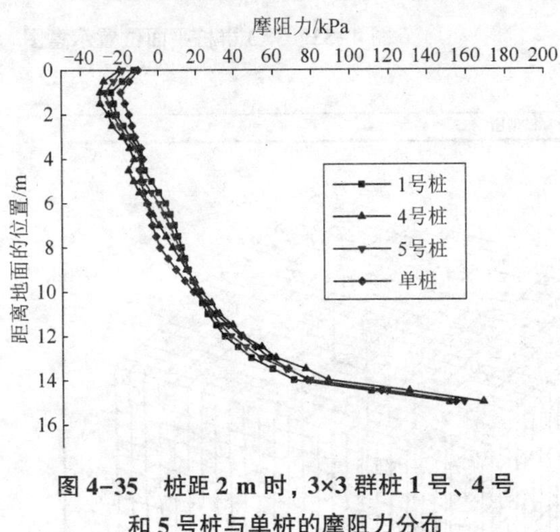

图 4-35　桩距 2 m 时，3×3 群桩 1 号、4 号和 5 号桩与单桩的摩阻力分布

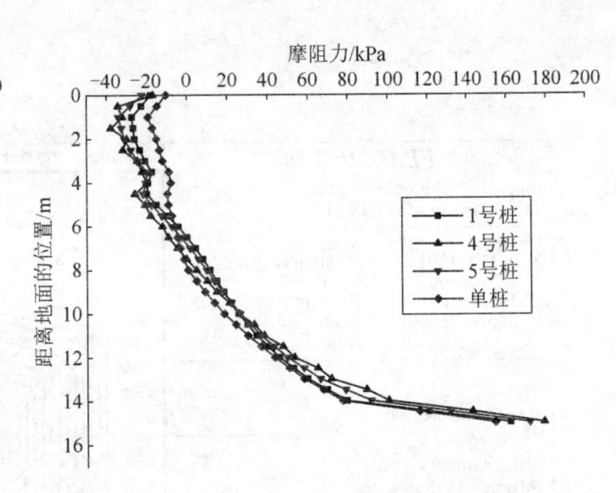

图 4-36　桩距 3 m 时，3×3 群桩 1 号、4 号和 5 号桩与单桩的摩阻力分布

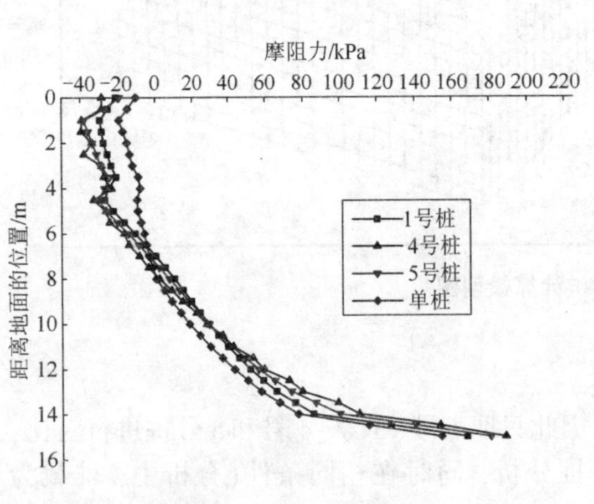

图 4-37　桩距 4 m 时，3×3 群桩 1 号、4 号和 5 号桩与单桩的摩阻力分布

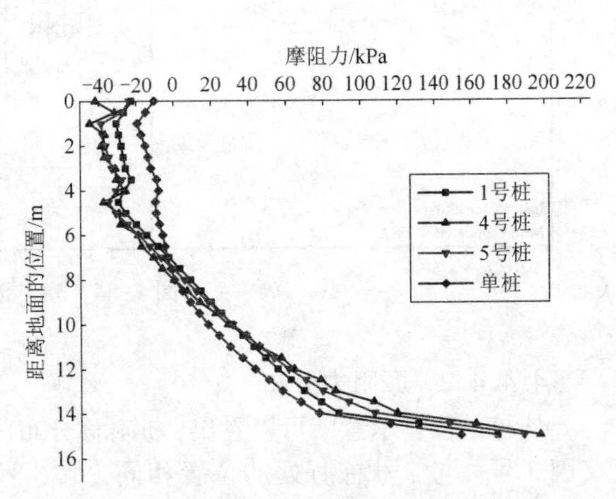

图 4-38　桩距 5 m 时，3×3 群桩 1 号、4 号和 5 号桩与单桩的摩阻力分布

4.4.4.3 中性点位置

从表4-6和图4-40中可以看出:

(1)3×3群桩各基桩中性点的位置高于单桩中性点位置，说明群桩中基桩的工作状态与单桩不同，表现出群桩具有的特殊效应，随着桩距的增大，基桩中性点的位置逐渐趋近于单桩，群桩效应逐渐减弱。

(2)桩距相同时，边桩和角桩中性点的位置低于中央桩中性点的位置，这是因为桩-土相互作用，引起中央桩桩土相对位移减小，其缩减幅度比边桩大。边桩的中性点位置低于角桩的中性点位置，因为受邻桩的影响，边桩所处的位置桩周土体扰动程度较低，负摩阻力得到较好的发展。

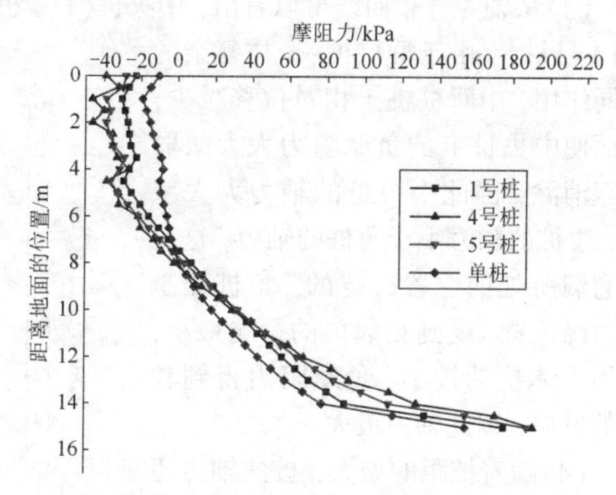

图4-39 桩距6 m时，3×3群桩1号、4号和5号桩与单桩的摩阻力分布

(3)随着桩距增大，中央桩和边桩中性点位置均逐渐下移，且当桩距较小时，相同的间距变化幅度引起较大中性点位置的变化幅度，说明此时群桩效应显著；而随着桩距的增大，相同的间距变化幅度引起中央桩中性点位置的变化幅度逐渐减小，说明此时群桩效应逐渐消失。

表4-6 3×3群桩各基桩中性点位置与桩距的关系

桩距/m	1号桩中性点距离地面位置/m	4号桩中性点距离地面位置/m	5号桩中性点距离地面位置/m
2.0	5.514	6.984	5.996
3.0	6.511	7.524	6.832
4.0	6.984	7.810	7.318
5.0	7.228	7.982	7.542
6.0	7.404	8.125	7.724

4.4.4.4 轴力分布

数值模拟分析结果(图4-41~图4-47)表明:

(1)桩距一定时，3×3群桩基桩的轴力分布曲线与单桩类似，轴力逐渐增大，达到最大值后，逐渐减小，在桩端附近由于摩阻力增强效应，轴力急剧减小。

(2)桩距较小(2 m)时，单桩在某些截面处的轴力都大于群桩中央桩的轴力，说明密集桩减小了群桩效应影响。

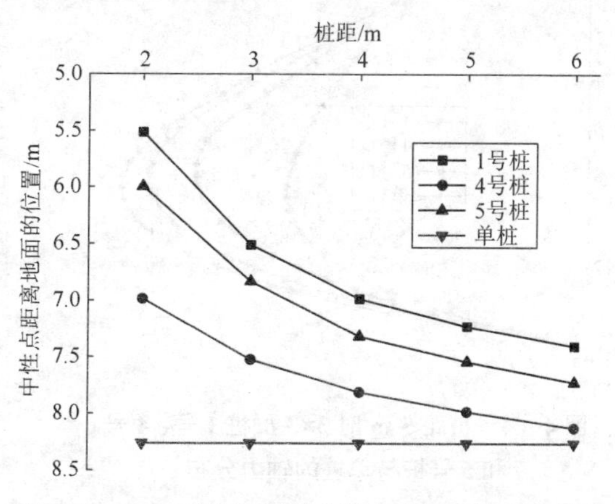

图4-40 3×3群桩各基桩中性点位置与桩距的关系

(3)从轴力分布曲线可以看出，中央桩(1号桩)的最大轴力明显小于边桩(5号桩)和角桩(4号桩)，由于群桩桩-土体复杂的共同作用，中间桩桩土相对位移减少，从而使中央桩上的负摩阻力大大减弱甚至消除，因此中央桩的轴力大大减小；边桩的轴力小于角桩的轴力，这是由它们所处的位置决定的，角桩处于最边缘位置，受到相邻桩的影响最小，桩周土体扰动较小，负摩阻力得到较好的发展，因此轴力最大。

(4)随着桩距的增大，桩的轴力逐渐增大，但增大的幅度逐渐减小，说明随着桩距的增大，群桩效应逐渐减弱。

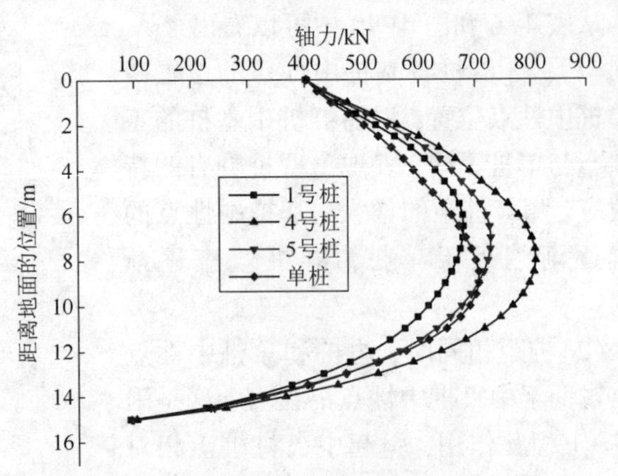

图4-41 桩距2 m时3×3群桩1号、4号和5号桩与单桩的轴力分布

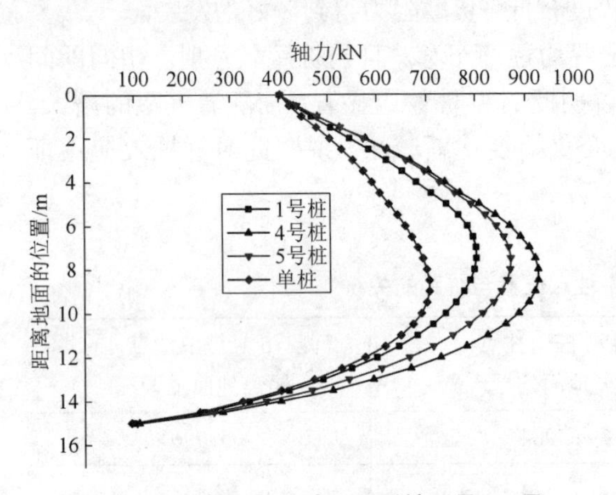

图4-42 桩距3 m时3×3群桩1号、4号和5号桩与单桩的轴力分布

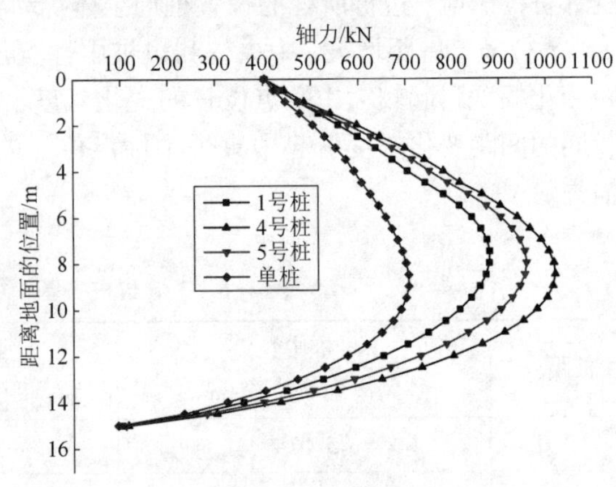

图4-43 桩距4 m时3×3群桩1号、4号和5号桩与单桩的轴力分布

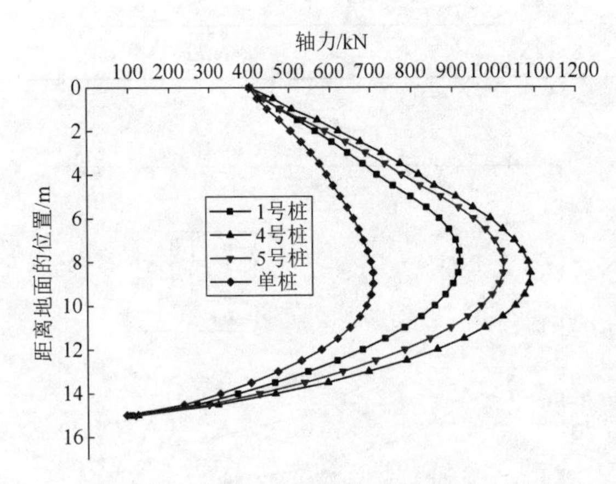

图4-44 桩距5 m时3×3群桩1号、4号和5号桩与单桩的轴力分布

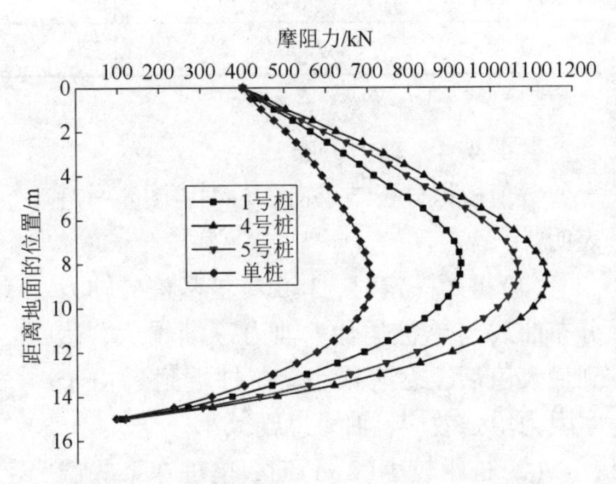

图4-45 桩距6 m时3×3群桩1号、4号和5号桩与单桩的轴力分布

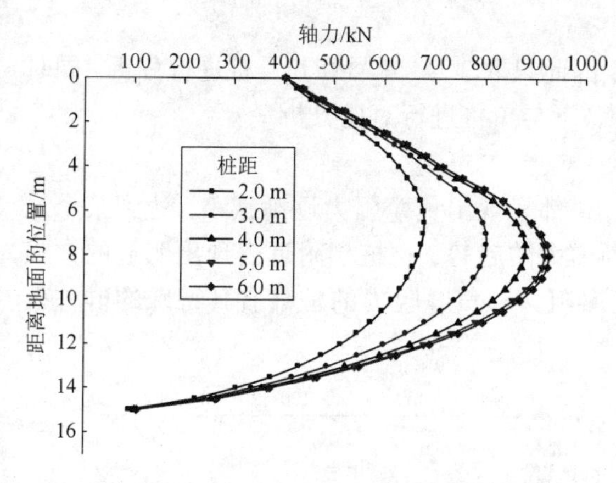

图 4-46　3×3 群桩改变桩距时 1 号桩轴力分布

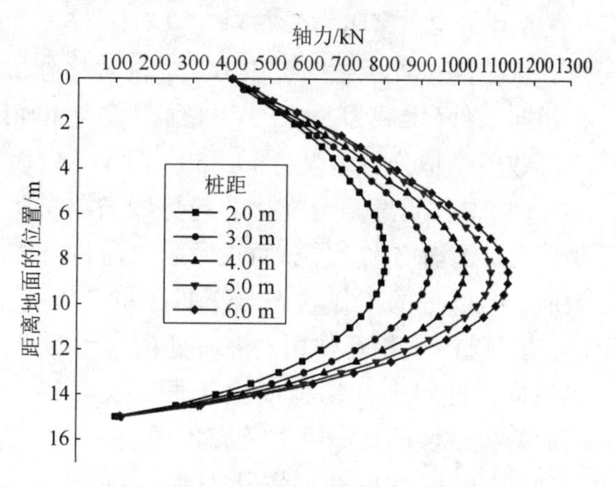

图 4-47　3×3 群桩改变桩距时 4 号桩轴力分布

4.4.5　群桩 16 根桩摩阻力和轴力分布特性

4.4.5.1　桩模型

16 根群桩(4×4)采用与单桩相同的模型、计算参数和模拟方法，桩位置示意如图 4-48 所示(图中 p_d1 为桩距)，计算模型如图 4-49 所示。

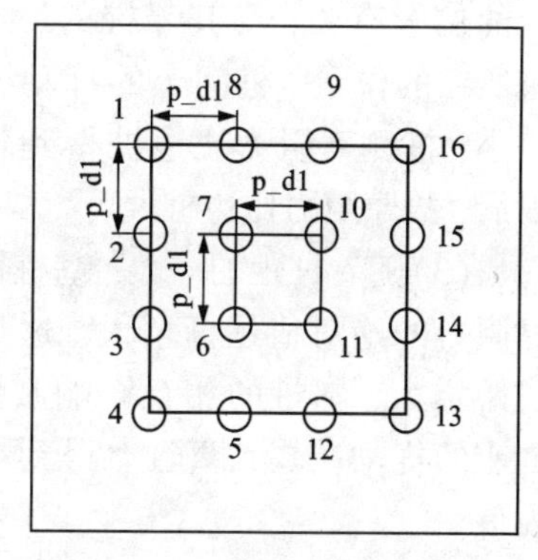

图 4-48　4×4 群桩平面位置示意图

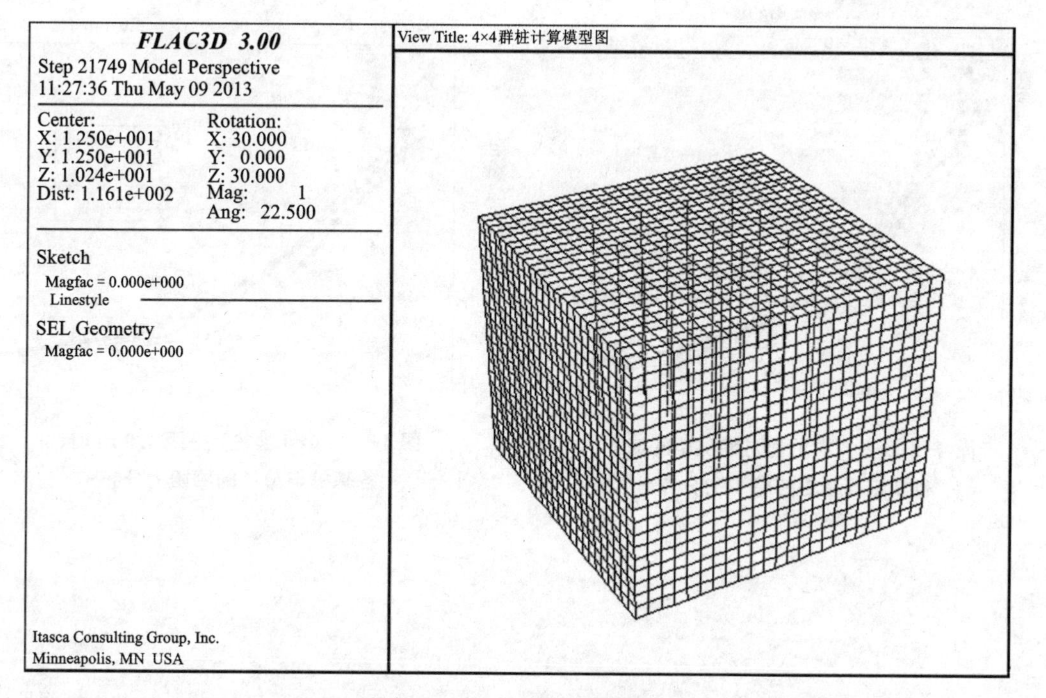

图 4-49　4×4 群桩计算模型图

4.4.5.2 摩阻力分布

从桩的位置示意图可以看出，桩对称分布，因此只取3号、4号和6号桩进行分析，同时在相同条件(堆载为50 kPa，桩顶荷载为400 kN)下与单桩进行对比分析。

数值模拟分析结果(图4-50~图4-54)表明：

(1)基桩负摩阻力变化的趋势线与单桩类似，都呈现出负摩阻力逐渐减小，达到某个最小值时，逐渐增大至零，而正摩阻力沿桩身逐渐增大的趋势，在桩端附近表现出明显的增强效应，但群桩的工作状态与单桩不同，承受正摩阻力和负摩阻力的桩都有其特殊的群桩效应，由于桩-土相互作用，桩所处的位置不同，桩间土扰动程度也不同，从而使基桩桩侧的负摩阻力分布不同。

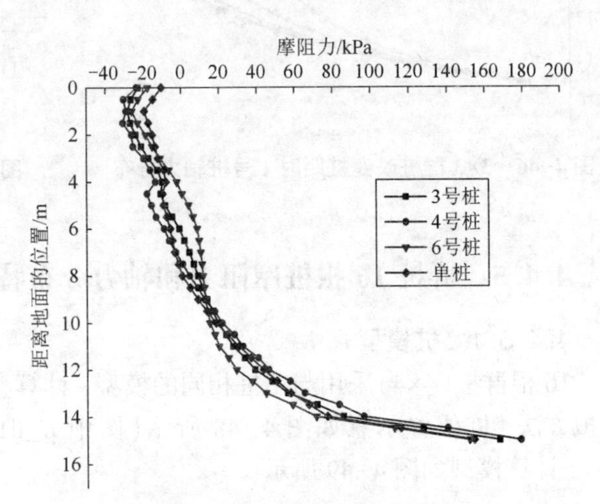

图4-50 4×4群桩，桩距2.0 m时，各基桩与单桩的摩阻力分布

(2)边桩与角桩工作状态存在一定的差异，说明基桩负摩阻力与其所处的位置有关，受其邻桩的影响，角桩所在的位置，桩间土的扰动要比边桩小，桩侧摩阻力比边桩得到较好的发展，故摩阻力比边桩大。

(3)随着桩距的增大，基桩桩侧负摩阻力的绝对值逐渐增大，这是因为桩距增大，邻桩的相互影响减弱，桩间土的扰动减弱，摩阻力得到更好的发展。

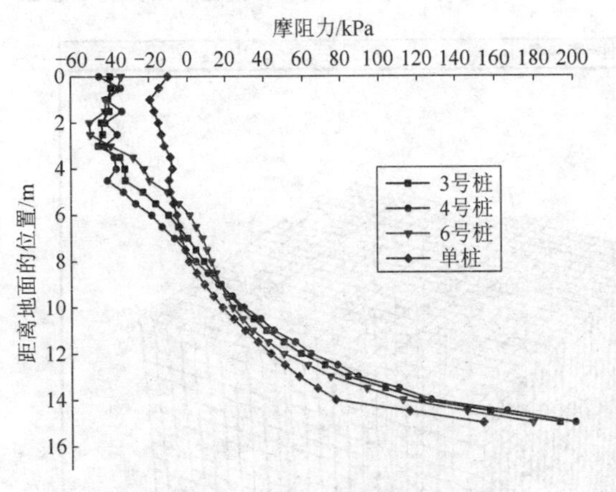

图4-51 4×4群桩，桩距3.0 m时，各基桩与单桩的摩阻力分布

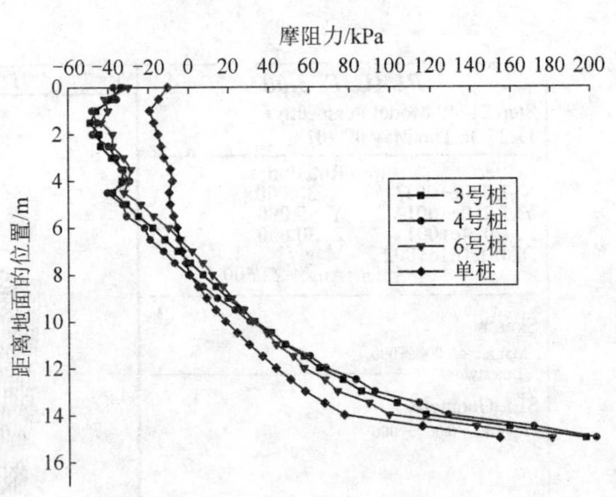

图4-52 4×4群桩，桩距4.0 m时，各基桩与单桩的摩阻力分布

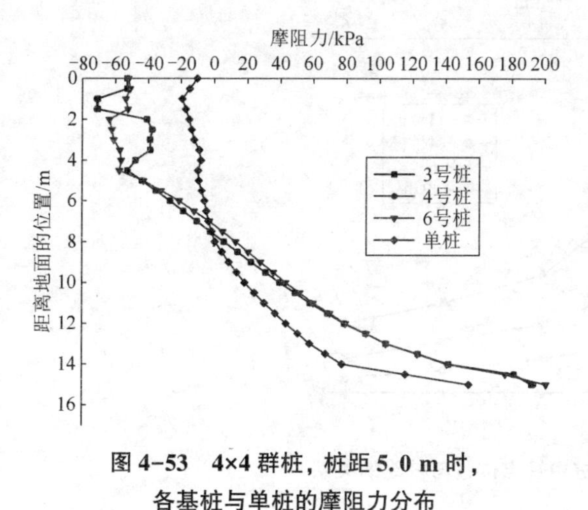

图 4-53　4×4 群桩，桩距 5.0 m 时，各基桩与单桩的摩阻力分布

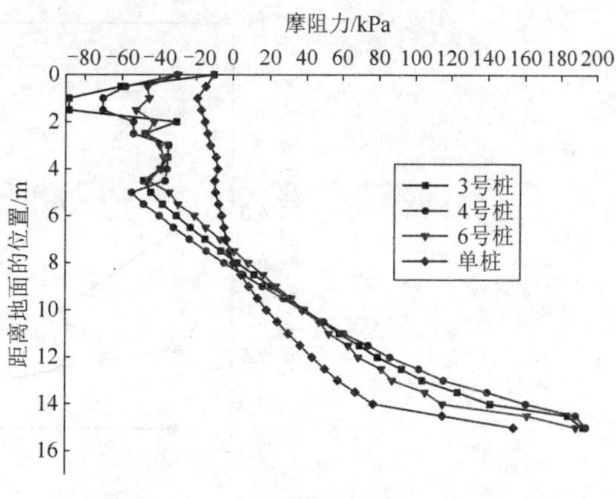

图 4-54　4×4 群桩，桩距 6.0 m 时，各基桩与单桩的摩阻力分布

4.4.5.3　中性点位置

从表 4-7 和图 4-55 中可以看出：

(1)4×4 群桩各基桩中性点位置都比单桩中性点的位置高，这是因为群桩效应的影响，群桩的桩周土体挤密程度大于单桩，且由于邻桩的影响，桩间土体受到扰动，负摩阻力得不到充分的发展；随着桩距的增大，邻桩的相互影响逐渐减弱，基桩中性点的位置趋近于单桩。

(2)桩距相同时，边桩(3 号桩)的中性点位置低于角桩(4 号桩)的中性点位置，因为桩土复杂的相互作用，以及受邻桩的影响，边桩所处的位置桩周土体扰动程度较低，负摩阻力得到较好的发展。

(3)桩距相同时，6 号桩中性点位置要低于边桩和角桩中性点的位置，这是由 6 号桩所处的位置决定的，桩间土扰动程度较大，摩阻力得不到很好的发展，并且随着桩距的增大，相同幅度的桩距变化，中央桩的缩减幅度大于边桩和角桩，这是因为中央桩受到邻桩的影响最大，而随桩距增大邻桩的相互影响逐渐减弱。

(4)随着桩距增大，桩中性点位置均逐渐下移，且当桩距较小时，相同的间距变化幅度引起较大中性点位置的变化幅度，说明此时群桩效应显著；而随着桩距的增大，相同的间距变化幅度引起中央桩中性点位置的变化幅度逐渐减小，说明此时群桩效应逐渐消失。

表 4-7　4×4 群桩各基桩中性点位置与桩距的关系

桩距/m	3 号桩中性点距离地面位置/m	4 号桩中性点距离地面位置/m	6 号桩中性点距离地面位置/m
2.0	6.177	7.404	4.435
3.0	7.003	7.638	5.915
4.0	7.428	7.858	6.846
5.0	7.643	7.997	7.180
6.0	7.848	8.083	7.428

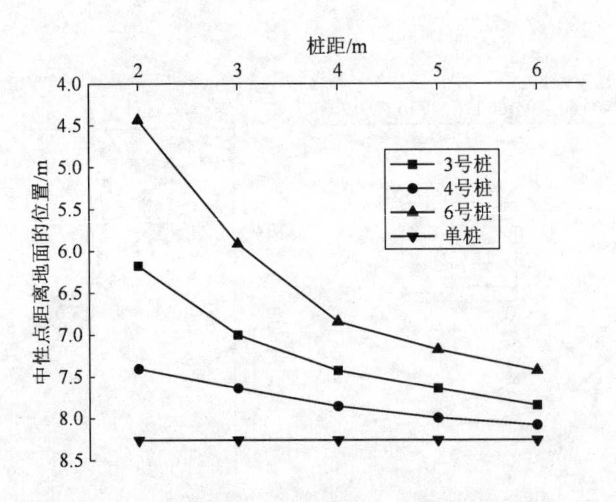

图 4-55　4×4 群桩各基桩中性点位置与桩距的关系

4.4.5.4　轴力分布

数值模拟分析结果(图 4-56~图 4-60)表明:

(1)桩距一定时, 4×4 群桩各基桩轴力分布曲线与单桩类似, 都呈现出轴力沿桩身先逐渐增大, 达到某个最大值后, 逐渐减小的趋势, 在桩端附近由于摩阻力的增强效应, 轴力急剧减小。

(2)桩距较小(2 m)时, 单桩在某些截面处的轴力都大于群桩 6 号桩的轴力, 说明密集桩减小了群桩效应影响。但当桩距增大时, 各基桩的轴力都比单桩的轴力大, 说明群桩效应降低了基桩的承载力。

(3)从轴力分布曲线可以看出, 6 号桩的最大轴力明显小于边桩(3 号桩)和角桩(4 号桩), 由于群桩桩-土体复杂的相互作用, 以及相邻桩的影响, 6 号桩桩间土扰动程度较大, 摩阻力得不到充分的发展, 因此 6 号桩的轴力大大减小; 边桩的轴力小于角桩的轴力, 这是由它们所处的位置决定的, 角桩处于最边缘位置, 受到相邻桩的影响最小, 桩周土体扰动较小, 负摩阻力得到较好的发展, 下拉荷载增大, 因此轴力最大。

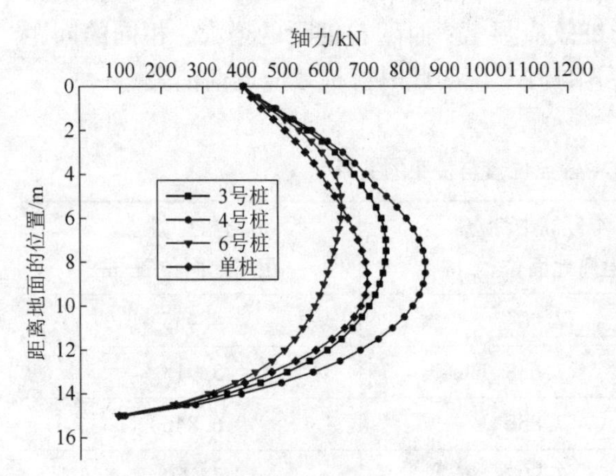

图 4-56　4×4 群桩, 桩距 2.0 m 时,
各基桩与单桩的轴力分布

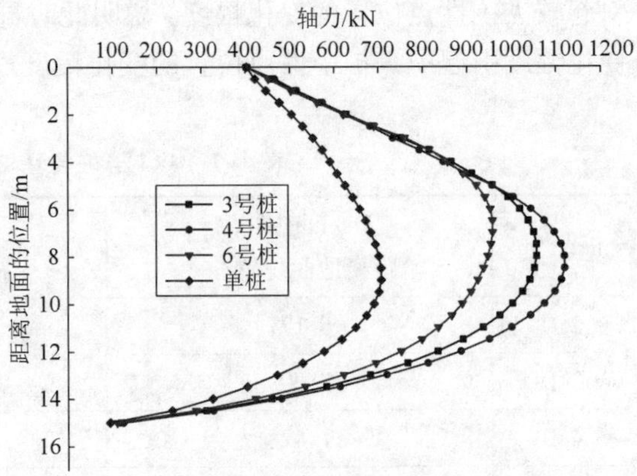

图 4-57　4×4 群桩, 桩距 3.0 m 时,
各基桩与单桩的轴力分布

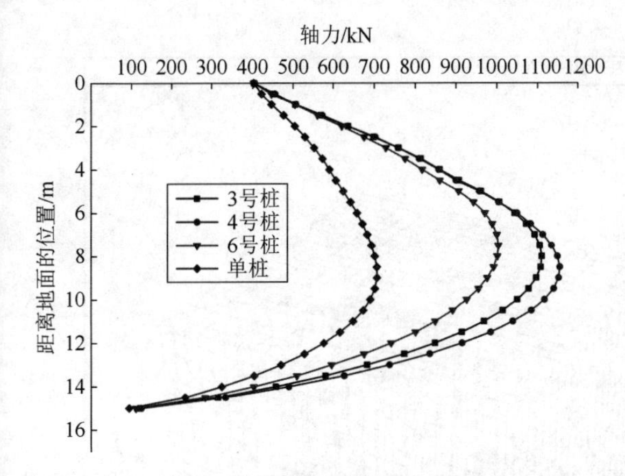

图 4-58　4×4 群桩，桩距 4.0 m 时，各基桩与单桩的轴力分布

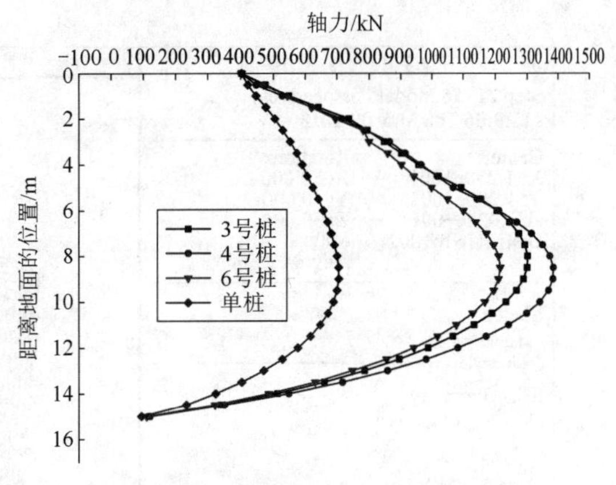

图 4-59　4×4 群桩，桩距 5.0 m 时，各基桩与单桩的轴力分布

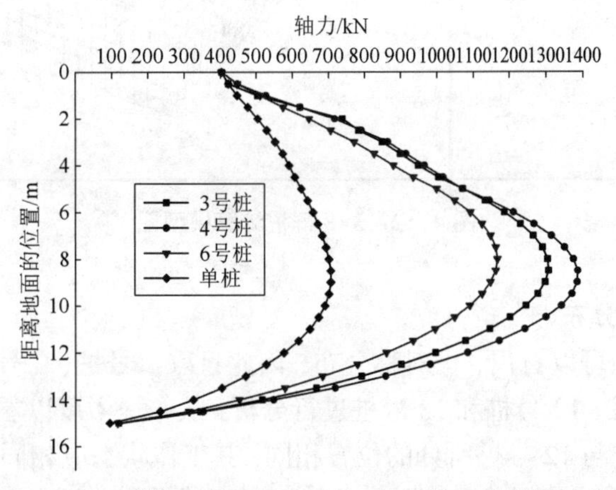

图 4-60　4×4 群桩，桩距 6.0 m 时，各基桩与单桩的轴力分布

4.4.6　群桩 25 根桩摩阻力和轴力分布特性

4.4.6.1　桩模型

25 根群桩(5×5)采用与单桩相同的模型、计算参数和模拟方法，桩位置示意如图 4-61 所示(图中 p_d1 为桩距)，计算模型如图 4-62 所示。

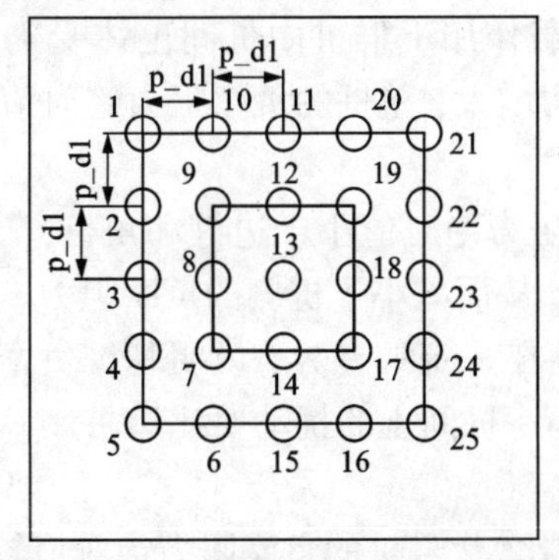

图 4-61　5×5 群桩平面位置示意图

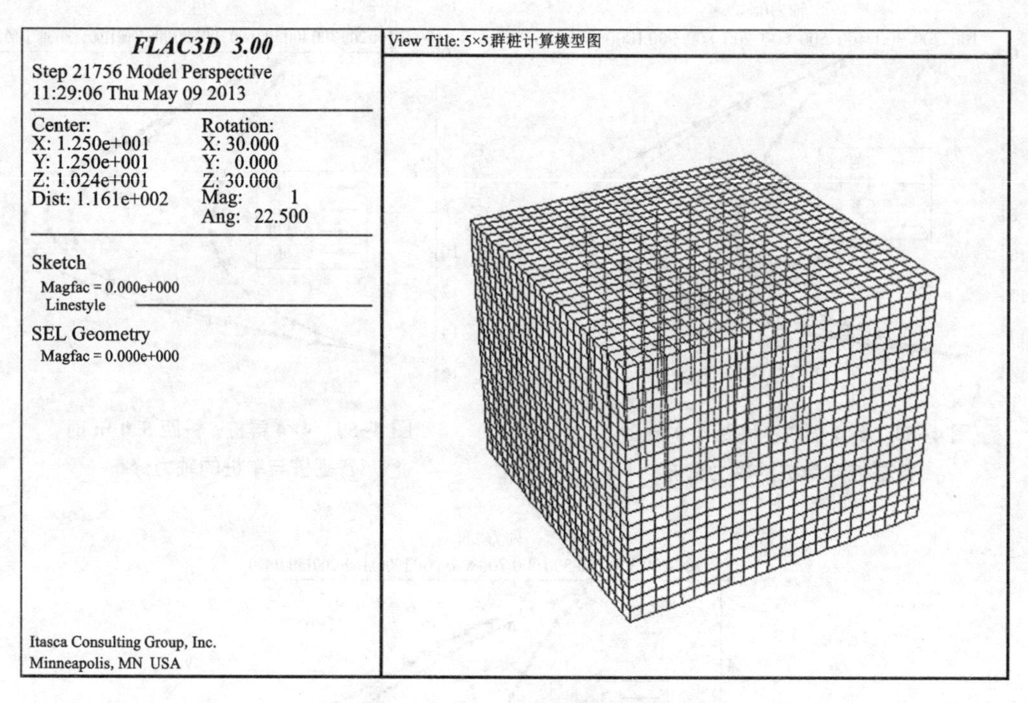

图 4-62　5×5 群桩计算模型图

4.4.6.2　摩阻力分布

从桩的位置示意图可以看出，桩对称分布，因此只取 1 号桩、2 号桩、3 号桩、8 号桩、9 号桩、10 号桩、11 号桩、12 号桩和 13 号桩进行分析，从布局中可以看出 2 号桩与 10 号桩、3 号桩与 11 号桩、8 号桩与 12 号桩所处的位置相同，其工作状态应相同，即摩阻力和轴力的分布特性相同，故取 2 号桩、3 号桩、8 号桩，同时在相同条件(分析中，堆载为 50 kPa，桩顶荷载为 400 kN)下与单桩进行对比分析。

数值模拟分析结果(图 4-63~图 4-66)表明：

(1)基桩负摩阻力变化的趋势线与单桩类似，都呈现出负摩阻力逐渐减小，达到某个最小值时，逐渐增大至零，而正摩阻力沿桩身逐渐增大的趋势，在桩端附近表现出明显的增强效应，但群桩的工作状态与单桩不同，承受正摩阻力和负摩阻力的桩都有其特殊的群桩效应，由于桩-土相互作用，桩所处的位置不同，桩间土扰动程度也不同，从而使基桩桩侧的负摩阻力分布不同。由于竖向荷载作用下群桩中桩间土体受到桩的阻碍，产生较大的法向应力，这个法向应力使桩侧摩阻力增大，单桩的负摩阻力绝对值较群桩中基桩的负摩阻力绝对值小。

(2)13 号桩(中央桩)负摩阻力绝对值小于边桩和角桩，这是因为桩土复杂的相互作用，使得中央桩桩土相对位移减小，从而减小了桩侧的负摩阻力。

(3)边桩与角桩工作状态存在一定的差异，说明基桩负摩阻力与其所处的位置有关，受其邻桩的影响，角桩所在的位置，桩间土的扰动要比边桩小，桩侧摩阻力比边桩得到较好的发展，故摩阻力比边桩大。

(4)2 号边桩与 3 号边桩相比，2 号桩的负摩阻力绝对值较 3 号桩大，正摩阻力也较 3 号桩大；9 号桩的负摩阻力绝对值较 8 号桩大，正摩阻力也较 8 号桩大。这说明，越靠近模型中间，桩受到邻桩的影响越大，桩侧摩阻力的发展程度越低。

(5)随着桩距的增大，基桩桩侧负摩阻力的绝对值逐渐增大，这是因为桩距增大，邻桩的相互影响减弱，桩间土的扰动减弱，摩阻力得到更好的发展。

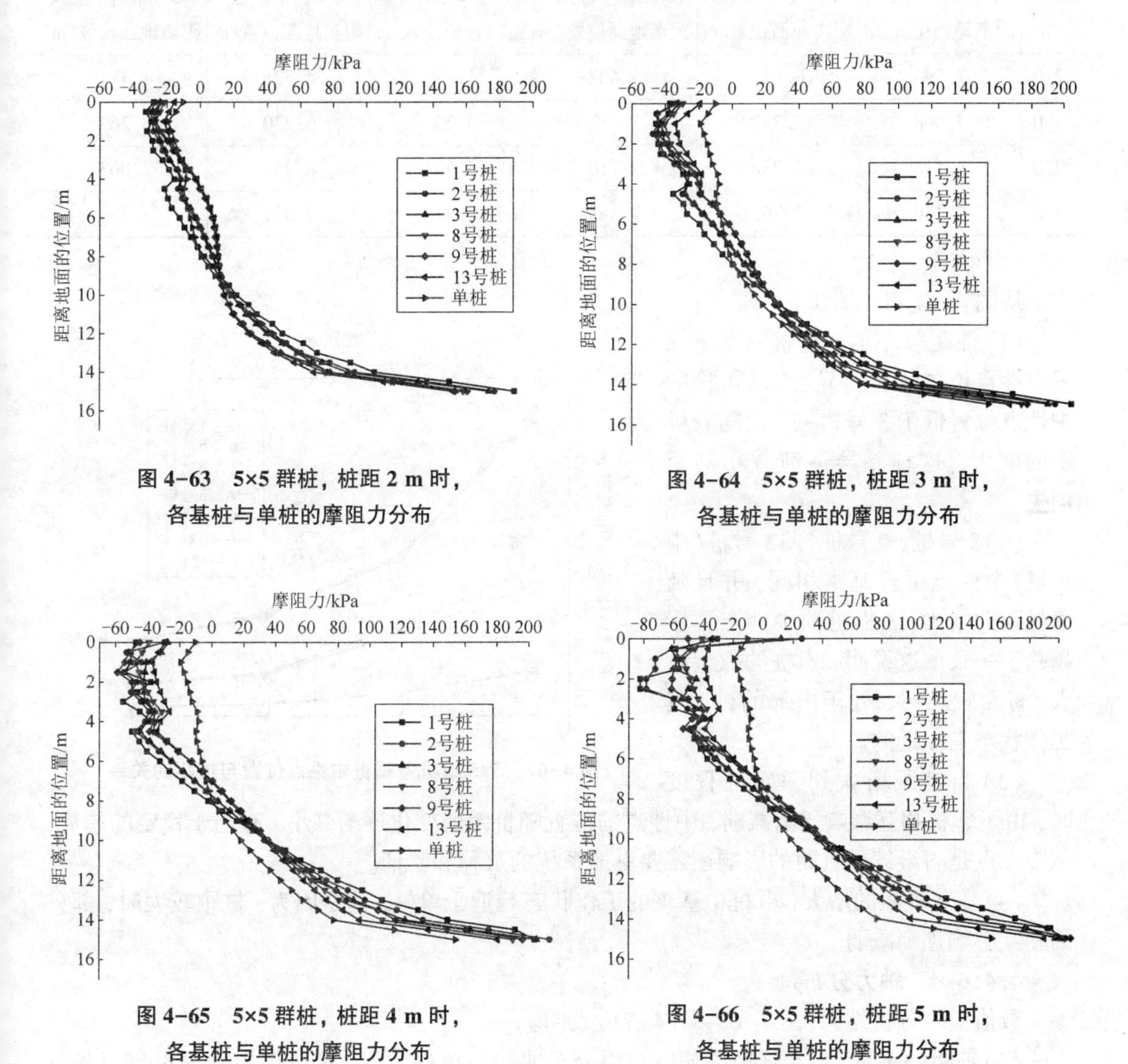

图 4-63　5×5 群桩，桩距 2 m 时，各基桩与单桩的摩阻力分布

图 4-64　5×5 群桩，桩距 3 m 时，各基桩与单桩的摩阻力分布

图 4-65　5×5 群桩，桩距 4 m 时，各基桩与单桩的摩阻力分布

图 4-66　5×5 群桩，桩距 5 m 时，各基桩与单桩的摩阻力分布

4.4.6.3　中性点位置

从表 4-8 中可以看出：

(1)桩距相同时，边桩和中央桩的中性点位置低于角桩的中性点位置，因为桩土复杂的相互作用，以及受邻桩的影响，边桩所处的位置桩周土体扰动程度较低，负摩阻力得到较好的发展。

(2)随着桩距增大，桩中性点位置均逐渐下移，且当桩距较小时，相同的间距变化幅度引起较大中性点位置的变化幅度，说明此时群桩效应显著；而随着桩距的增大，相同的间距变化幅度引起中央桩中性点位置的变化幅度逐渐减小，说明此时群桩效应逐渐消失。

表 4-8　5×5 群桩各基桩中性点位置与桩距的关系

桩距/m	1号桩中性点距离地面位置/m	2号桩中性点距离地面位置/m	3号桩中性点距离地面位置/m	8号桩中性点距离地面位置/m	9号桩中性点距离地面位置/m	13号桩中性点距离地面位置/m
2.0	7.695	6.617	6.402	4.459	4.525	4.373
3.0	7.968	7.232	7.137	6.263	6.230	6.263
4.0	8.116	7.738	7.710	6.993	6.951	7.003
5.0	8.144	7.867	7.853	7.318	7.337	7.313

从图 4-67 可以看出：

(1)桩距较小时，边桩 2 号和 3 号中性点位置略有差异，2 号边桩的中性点位置低于 3 号边桩，而随着桩距的增大，这种差异逐渐减小甚至消失。

(2)8 号桩、9 号桩与 13 号桩(中央桩)中性点位置基本相同，并且随着桩距的增大，3 根桩的中性点位置越趋于一致。这说明，当桩的数量较大、桩距较大时，处于内部的桩，其工作状态是相近的。

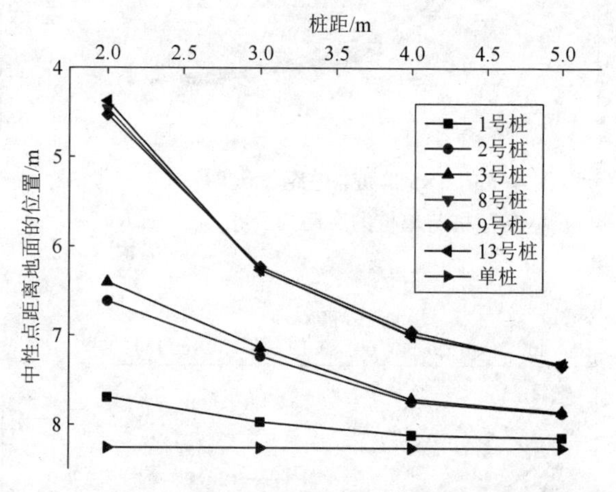

图 4-67　5×5 群桩各基桩中性点位置与桩距的关系

(3)当桩距增大到一定的程度时，由于邻桩相互影响逐渐减弱，中性点的位置随桩距的变化逐渐减小，有趋于稳定的趋势，但中性点是否继续受桩距的影响还需要更加系统的解释和验证。

(4)随着桩距的增大，群桩中基桩的工作状态趋近于单桩，这是因为，桩距较大时，邻桩的相互影响逐渐减弱。

4.4.6.4　轴力分布

数值模拟分析结果(图 4-68~图 4-71)表明：

(1)桩距一定时，5×5 群桩各基桩轴力分布曲线与单桩类似，都呈现出轴力沿桩身先逐渐增大，达到某个最大值后，逐渐减小的趋势，在桩端附近由于摩阻力的增强效应，轴力急剧减小。

(2)桩距较小(2 m)时，单桩的最大轴力都大于群桩 13 号桩(中央桩)的轴力，说明密集桩减小了群桩效应影响；但当桩距增大时，各基桩的轴力都比单桩的轴力大，说明群桩效应降低了基桩的承载力。

(3)从轴力分布曲线可以看出，13 号桩的最大轴力明显小于边桩和角桩，由于群桩桩-土体复杂的相互作用，以及相邻桩的影响，13 号桩桩间土扰动程度较大，摩阻力得不到充分的发展，因此 13 号桩的轴力大大减小；边桩的轴力小于角桩的轴力，这是由它们所处的位置决定的，角桩处于最边缘位置，受到相邻桩的影响最小，桩周土体扰动较小，负摩阻力得到较好的发展，因此轴力最大。

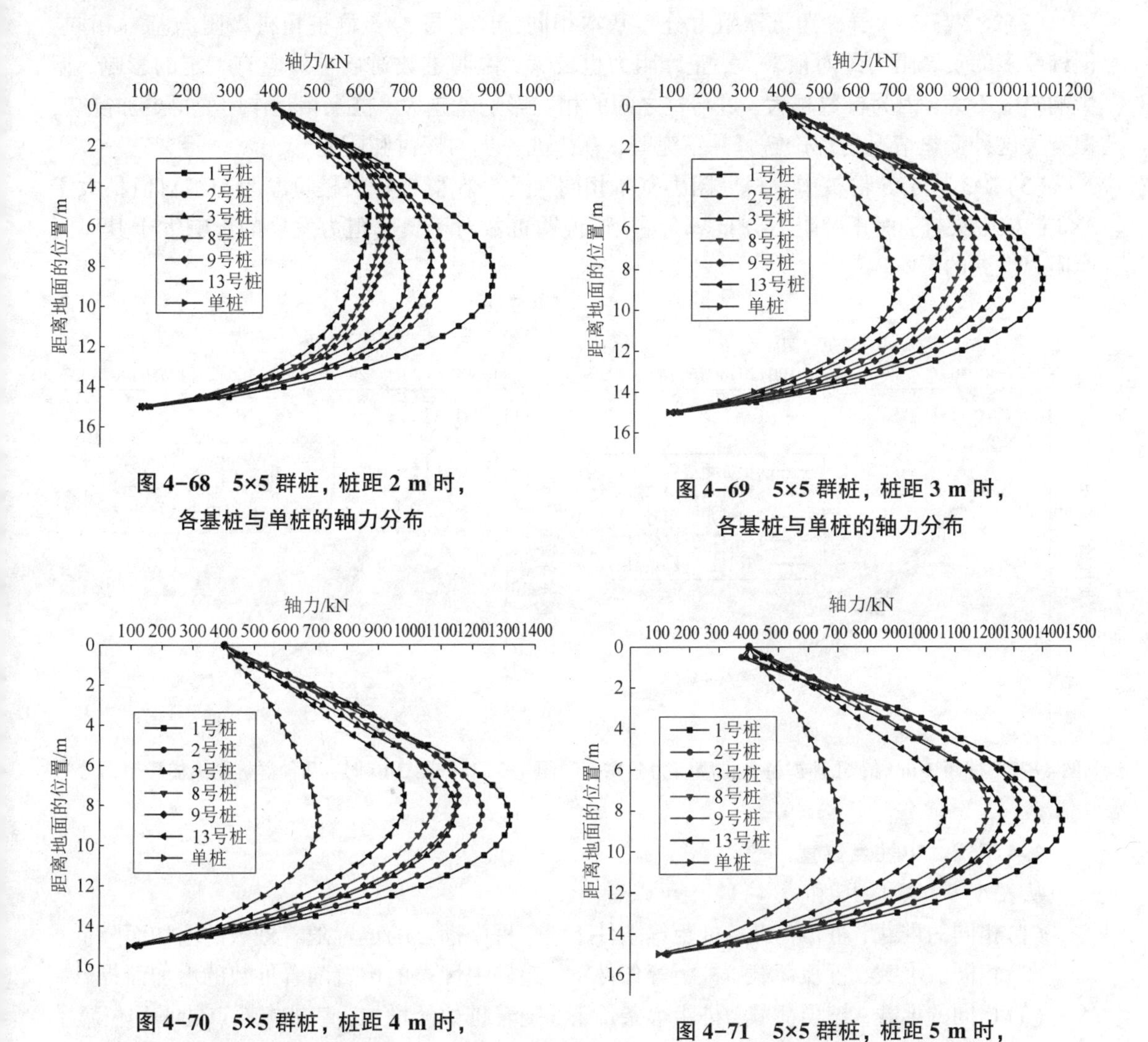

图 4-68　5×5 群桩，桩距 2 m 时，各基桩与单桩的轴力分布

图 4-69　5×5 群桩，桩距 3 m 时，各基桩与单桩的轴力分布

图 4-70　5×5 群桩，桩距 4 m 时，各基桩与单桩的轴力分布

图 4-71　5×5 群桩，桩距 5 m 时，各基桩与单桩的轴力分布

4.4.7　群桩之间对比分析

4.4.7.1　摩阻力分布

数值模拟分析结果(如图 4-72、图 4-73)表明：

(1)相同条件下，基桩数量不同的群桩，其工作状态存在差异。5 根基桩的群桩工作状态与其他群桩摩阻力和轴力分布特性明显不同，这与群桩中基桩的排列方式相关，基桩的排列方式不同，邻桩的相互作用也就不同，桩间土体的扰动程度不同。5 根基桩的群桩中央桩只受到 4 根角桩的影响，而 3×3 群桩中央桩受到 4 根角桩和 4 根边桩的影响；5 根基桩的群桩中角桩受到中央桩和另外两根角桩的影响，且它与另外两根桩的桩距为与中央桩间距的 2

倍，也就是说5根基桩的群桩角桩和中央桩受邻桩的相互影响较小，桩间土波动较小，负摩阻力发展得较好，因此5根基桩的群桩角桩和中央桩负摩阻力绝对值最大。

(2)2×2与3×3群桩角桩摩阻力分布基本相同，4×4与5×5群桩角桩摩阻力基本相同，但桩数多的负摩阻力绝对值较大，正摩阻力也较大，说明桩数对群桩效应有一定的影响，但影响幅度不大，因为桩数越大，桩与桩之间的相互影响就越大，桩土相互作用变得更加复杂，但有关这种变化情况的理论解释并不完善，有待进一步的探讨和研究。

(3)3×3与5×5群桩中央桩摩阻力基本相同，但5×5群桩中央桩负摩阻力绝对值稍大于3×3群桩中央桩，而正摩阻力分布基本重合，说明桩数对于负摩阻力发展的影响大于其对正摩阻力发展的影响。

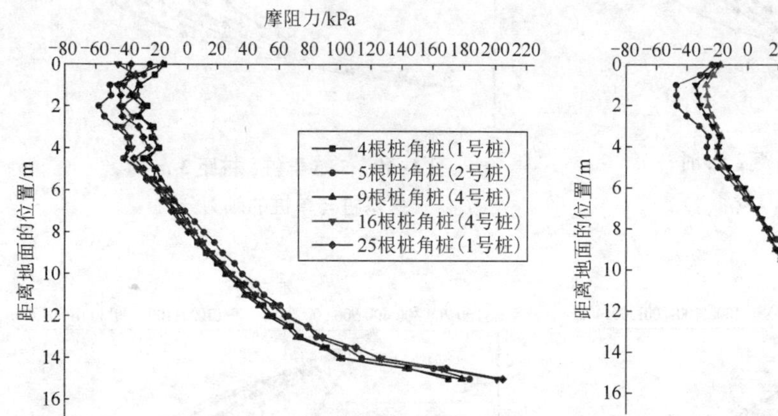

图4-72　桩距3 m时，几种群桩角桩摩阻力分布

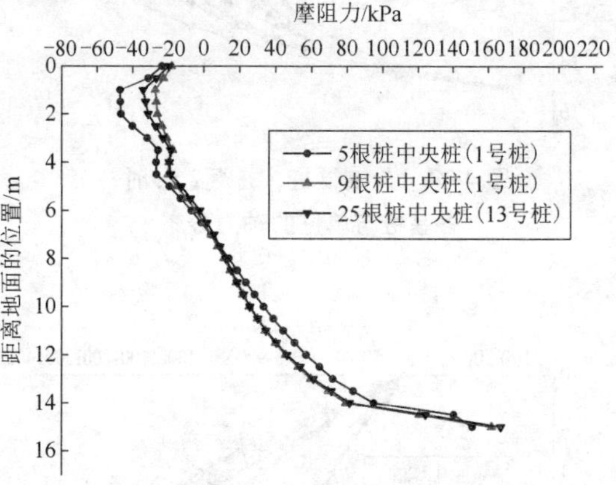

图4-73　桩距3 m时，几种群桩中央桩摩阻力分布

4.4.7.2　中性点位置

从表4-9、表4-10和表4-11中可以看出：

(1)相同的堆载、桩顶荷载、桩距等条件下，角桩中性点的位置随着桩数的增加而降低。

(2)相同的堆载、桩顶荷载、桩距等条件下，边桩中性点的位置随着桩数的增加而提升。

(3)相同的堆载、桩顶荷载、桩距等条件下，随着桩数的增加，基桩中性点的平均位置上移，说明群桩效应越来越明显。

虽然基桩中性点平均位置变化能够得到合理的理论解释，即桩数增多，桩与桩相互影响变得更加复杂，桩间土扰动增大，基桩负摩阻力发展不好，但用平均位置来说明各基桩的变化不够准确，不具有说服力，因此本书还说明了不同类型群桩相同位置基桩中性点的变化。

表4-9　桩距3 m时，不同类型群桩角桩中性点位置

群桩类型	2×2群桩(1号桩)	3×3群桩(4号桩)	4×4群桩(4号桩)	5×5群桩(1号桩)
中性点距离地面的位置/m	7.313	7.542	7.638	7.968

表 4-10　桩距 3 m 时，不同类型群桩边桩中性点位置

群桩类型	3×3 群桩（5 号桩）	4×4 群桩（3 号桩）	5×5 群桩（3 号桩）	5×5 群桩（2 号桩）
中性点距离地面的位置/m	6.832	7.003	7.137	7.232

表 4-11　桩距 3 m 时，不同类型群桩中性点的平均位置

群桩类型	2×2 群桩（1 号桩）	3×3 群桩（4 号桩）	4×4 群桩（4 号桩）	5×5 群桩（1 号桩）
中性点距离地面的位置/m	7.313	6.955	6.852	6.844

4.4.7.3　轴力分布

数值模拟分析结果（如图 4-74、图 4-75）表明：

（1）通过对群桩摩阻力的分析，我们知道，由于桩布置的原因，5 根基桩的群桩角桩和中央桩的负摩阻力绝对值都较其他类型的群桩大，因此由负摩阻力累积的下拉荷载就较大，相应的轴力也就越大。

（2）随着桩数的增加，轴力增大，说明基桩的承载力减小，这是因为桩数越多，桩与桩之间的相互影响就越大，桩土相互作用变得更加复杂。

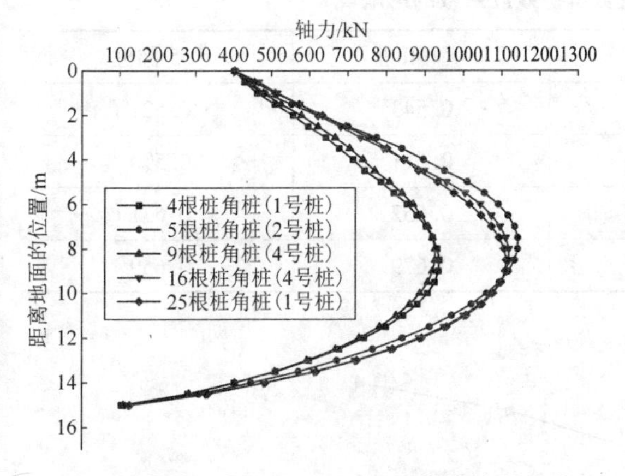

图 4-74　桩距 3 m 时，几种群桩角桩轴力分布

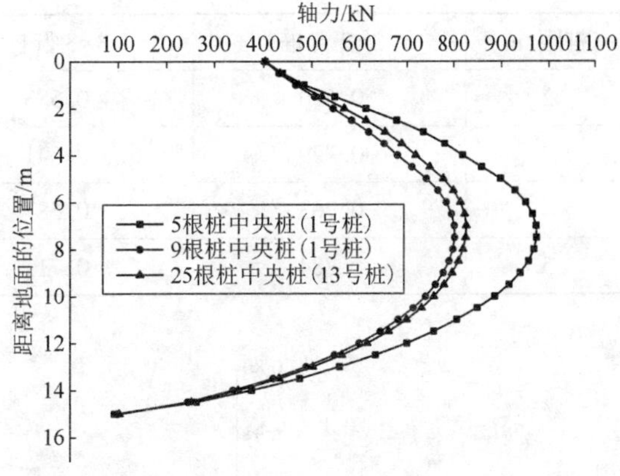

图 4-75　桩距 3 m 时，几种群桩中央桩轴力分布

4.4.7.4　群桩效应系数计算

对于矩形布置的 $m\times n$ 群桩，此处采用基于应力叠加的群桩效应系数计算公式：

$$\overline{A}_{smn}=2A_{s_1}\frac{m-1}{m}+2A_{s_2}\frac{n-1}{n}+4A_{s_3}\frac{(m-1)(n-1)}{mn} \tag{4-1}$$

$$\eta_{mn}=\frac{1}{1+\overline{A}_{smn}}=1-\overline{A}_{smn} \tag{4-2}$$

式中：

$$A_{s_1}=\left(\frac{1}{3s_1}-\frac{1}{2l\tan\overline{\varphi}}\right)d \tag{4-3}$$

$$A_{s_2}=\left(\frac{1}{3s_2}-\frac{1}{2l\tan\overline{\varphi}}\right)d \tag{4-4}$$

$$A_{s_3}=\left(\frac{1}{3\sqrt{s_1^2+s_2^2}}-\frac{1}{2l\tan\overline{\varphi}}\right)d \tag{4-5}$$

式中：A_{s_3} 是考虑桩间斜对角线重叠应力的影响系数；$\overline{\varphi}$ 为分层土摩擦角的加权平均值；s_1 为桩与桩之间的横向间距；s_2 为桩与桩之间的纵向间距；l 为桩长；d 为桩径。

根据式(4-1)和式(4-2)计算本书中各种群桩的群桩效应系数，如表4-12所示。从表4-12和图4-76可以看出：

(1)随着桩距的增大，群桩效应系数也增大，说明群桩效应对群桩负摩阻力、中性点、轴力的影响逐渐减小，这与前文根据数值模拟分析的结果一致。

(2)桩距相同的情况下，桩数多的群桩效应系数小，说明桩数较多时，群桩中群桩效应大，基桩的极限承载力小，由此说明在工程中单纯考虑增加群桩的数量并不能提高群桩的承载能力。

当然，单一的群桩效应系数并不能正确反映群桩基础的工作状况，低估了群桩基础的承载能力，本书只是借助这个系数间接反映桩数对于群桩效应的影响。

表4-12 桩距对不同桩数群桩效应系数的影响

桩距/m	2×2群桩	3×3群桩	4×4群桩	5×5群桩
2	0.670	0.583	0.543	0.521
3	0.729	0.641	0.611	0.590
4	0.763	0.687	0.652	0.631
5	0.784	0.712	0.679	0.659

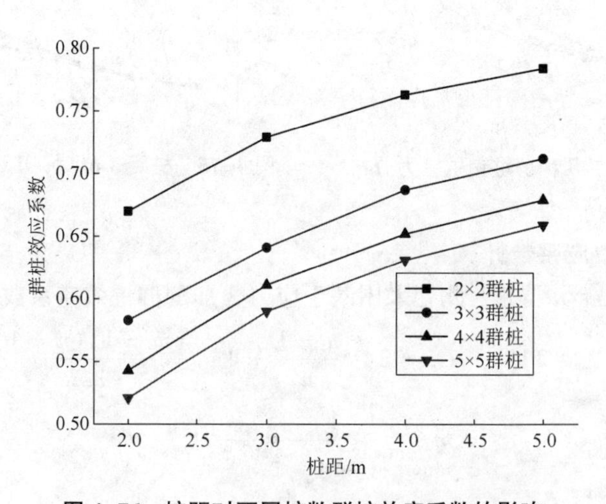

图4-76 桩距对不同桩数群桩效应系数的影响

第 5 章　高应力巷道围岩变形稳定性数值分析

5.1　深部围岩强流变特性与巷道破坏特征

扫码查看本章彩图

金川是我国最大的镍生产基地，在历经了几十年的开采之后其浅部资源已经日益枯竭，目前矿山多处开采深度已经达到1000 m 水平。在过去的几十年间，随着开采深度的不断增加，金川深部巷道两帮收敛、底鼓破坏十分严重。由于金川地区碎胀岩体具有显著的流变性，所以开挖后巷道的变形具有明显的时效性且其变形破坏过程大体可以分为三个阶段：剧烈变形阶段、缓慢变形阶段和稳定变形阶段。第一阶段剧烈变形阶段一般持续数周，此阶段变形速率一般大于0.2 mm/d，有的甚至达到0.6 mm/d。第二阶段即缓慢变形阶段，持续时间则较长，在这一阶段围岩变形可以持续数月甚至数年巷道才能趋于基本稳定，现场实测和原有数据资料显示，大部分地区巷道开挖后 6 个月内仍有较为稳定的收敛速度。由于巷道掘进会导致应力重分布，缓慢变形阶段巷道围岩变形趋于稳定所需要的时间也会受到影响。此阶段内巷道围岩移近速度一般小于 0.2 mm/d。第三阶段的变形一般在巷道二次支护实施后，由于支护系统的存在，其得以抵抗围岩传来的压力，在一定程度上抑制了围岩的收敛变形，使得围岩变形量基本趋于稳定，一般收敛速率低于 0.1 mm/d，巷道整体变形示意过程如图 5-1 所示。

随着开采深度的增加，围岩所受应力呈现出明显的增长趋势。金川深部矿区以水平构造应力为主，现场勘查和相关资料统计显示，金川矿区巷道具有来压快和初期变形猛烈的特点。以二矿区 1218 分段为例，在巷道变形的跟踪测量中，最初的三年内巷道各个部位的收敛都十分明显，尤其是在此区域内水平地应力较大，基本为竖直方向的 1.5 倍，从而致使水平方向位移大于垂直方向的位移。其中两帮平均移近量达到 70 cm；垂直方向的沉降量平均为 45.6 cm。同时，在高水平应力的挤压下金川矿区深部巷道的底鼓现象也十分严重，一般为 30 cm 到 40 cm，图 5-2 所示为金川深部巷道典型的破坏模式。

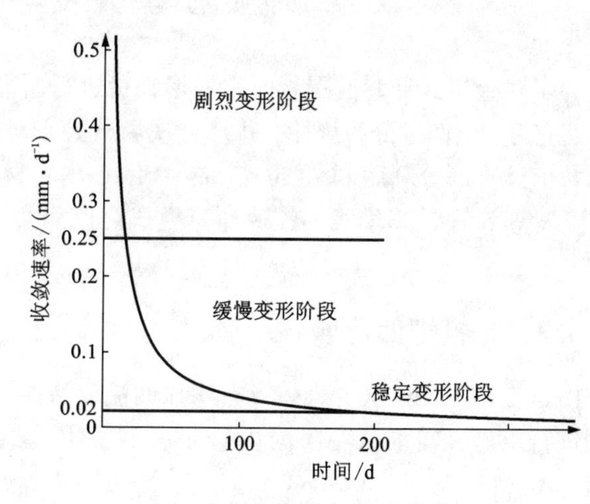

图 5-1　收敛速率-时间曲线

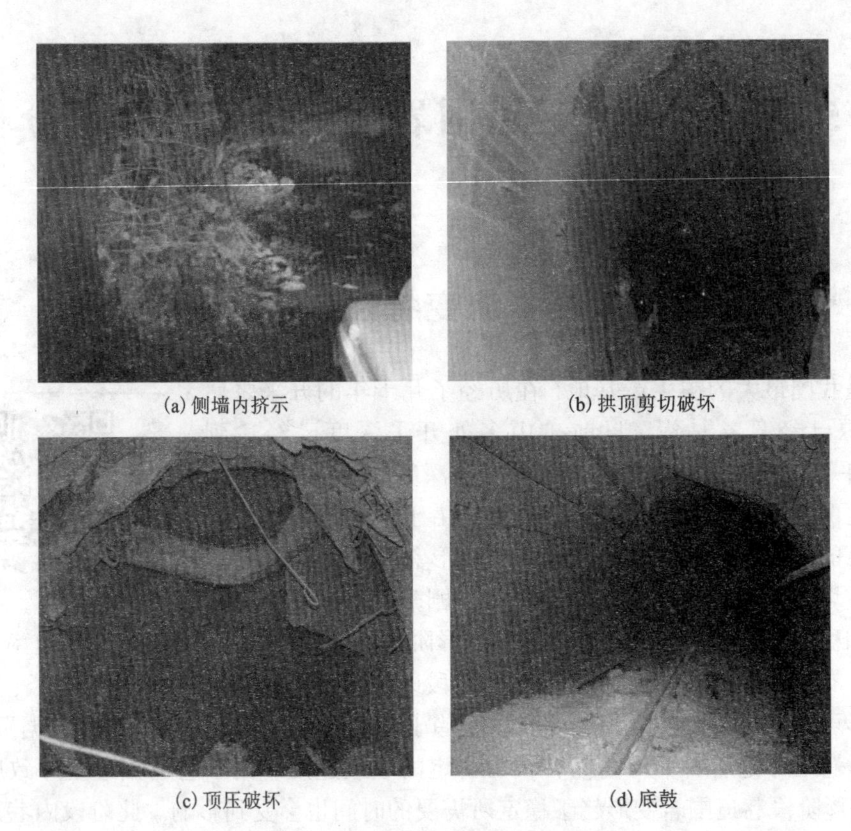

(a) 侧墙内挤示　(b) 拱顶剪切破坏

(c) 顶压破坏　(d) 底鼓

图 5-2　金川深部巷道围岩破坏特征

5.2　流变模型开发与数值模型建立

为了对金川深部巷道围岩时效变形失稳进行研究，现通过数值计算分析不同工况下围岩位移、应力、塑性区分布规律，并结合现场试验来对优化支护方案进行分析与评价。本章节中的数值计算部分利用 FLAC3D 完成。FLAC 内置材料本构模型，拥有静力、动力、蠕变、渗流、温度等 5 种计算模式，各种计算模式之间可以实现相互耦合从而模拟各种复杂的工程问题。

5.2.1　模型的选取

由于金川深部矿区的岩体具有明显的流变特性，在进行数值分析时自然要采用流变本构模型进行求解，在 FLAC3D 内内置了多种常用蠕变本构模型，其中包括 Burger、Cpower、Cvisc、Cwipp、Power、Pwipp、Viscous、wipp。各个流变模型均有其特征和适合应用的范围，如 Cpower 模型多用于采矿和地下开挖的流变分析；Cwipp 是将 wipp 拓展后的版本，其通过改进可以实现对压硬和减缩行为的模拟分析；而 wipp 则可用于分析核废料的处理等。由于每种流变模型都有其各自的特点和适用范围，因而在进行实际应用时需要根据岩石的真实流变特性来选取相对应的流变模型。在之前已对金川矿区 958 分段的典型岩样进行了室内强度测试和多级加载下的蠕变试验，蠕变试验所得出的试验曲线与经典的西原模型曲线较为近似，所以在本章中流变的数值计算采用西原模型来模拟巷道围岩变形情况。需要指出的是，在FLAC3D中并没有内置西原本构模型，所以要想在FLAC3D中使用西原模型进行计算必须对其进行二次开发。FLAC可以说是一个全开放的系统，其为用户提供了一个广阔的研究平台。在进行特殊分析时，用户可以利用其内置的FISH语言来定义新的变量和函数以满足分析的需要，同时还可以设计和开发自己的本构模型。此外，用户还可以利用C++程序语言自定义新的本构模型，编译成DLL(动态链接库)，然后载入FLAC中，赋予参数值后即可进行运算。在计算过程中主程序自动调用所指定的动态链接库DLL文件。最为重要的一点是，FLAC自带的本构模型和用户编写的本构模型均属于同一个基类(Class Constitutive Model)，且FLAC3D向用户开放性地提供了所有自带本构模型的源代码。由此可见，其开放性要远远高于其他同类有限元软件，这也使得用户编写的本构模型在执行效率上与自带的本构模型得以处在同一个水平上。在FLAC3D中进行本构模型二次开发其实就是由前一计算时间步的应力、总应变增量和其他已知参数结合指定的本构方程求解新应力的过程。

西原模型为5元件模型，又称宾汉姆-沃格特模型，是由一个沃格特模型左右分别串联一个开尔文模型和一个宾汉姆模型而构成。它能比较全面地反映岩石的弹-黏弹-黏塑性效应。西原模型一维本构模型如下图5-3所示。

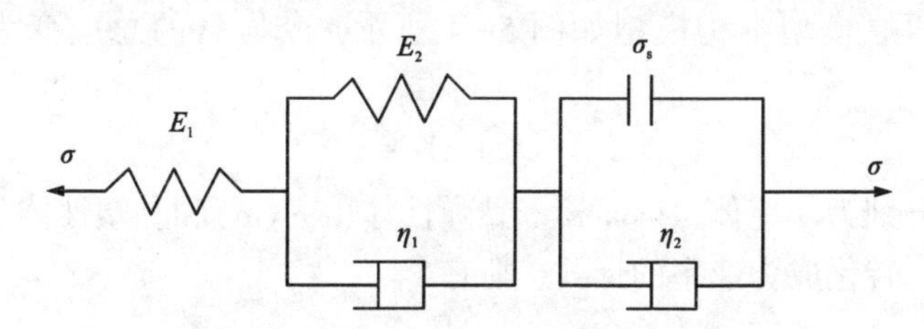

图5-3　西原流变模型一维情形示意图

当$\sigma \leqslant \sigma_s$时，模型内的摩擦片视为刚体，此时西原模型与推广的开尔文体具有相同的特性。其本构关系式可以写成

$$\sigma + \frac{\eta_1}{E_1 + E_2}\dot{\sigma} = \frac{E_1 E_2}{E_1 + E_2}\varepsilon + \frac{E_1 \eta_1}{E_1 + E_2}\dot{\varepsilon} \qquad \sigma \leqslant \sigma_s \tag{5-1}$$

进而一维情况下的应力-应变关系式为

$$\varepsilon = \frac{\sigma}{E_1} + \frac{\sigma}{E_2}\left(1 - e^{\frac{E_1}{\eta_1}t}\right) \qquad \sigma \leqslant \sigma_s \tag{5-2}$$

卸载方程和松弛方程分别为

$$\varepsilon = \varepsilon_u e^{\frac{E_2}{\eta_1}(t_u - t)} \tag{5-3}$$

$$\sigma = (E_1 - E_\infty)\varepsilon_c e^{-\frac{E_1 + E_2}{\eta_1}t} + E_\infty \varepsilon_c \tag{5-4}$$

式中：E_1为弹簧的弹模；E_2为Kelvin弹簧元件的弹模；η_1和η_2分别为Kelvin和Bingham元件的黏滞系数；σ为模型两端所受的力；t为时间。

当$\sigma \leqslant \sigma_s$时模型所呈现的蠕变属于稳定蠕变。由应力-应变关系可以得知，当$t=0$时，只有 Bingham 元件起作用。当 t 趋于无穷大时，阻尼筒不起作用，此时相当于左侧元件与 Kelvin 元件串联起来。同时卸载后，Bingham 元件的变形会立即消失，只有 Kelvin 元件的变形呈现出逐渐消失的状态。当 $\sigma \leqslant \sigma_s$ 时西原模型不会发生无限变形，松弛也不会导致应力为 0，所以综合来看西原模型较为全面，非常适合用来描述岩石的流变变形特性。

当 $\sigma > \sigma_s$ 时，西原模型所体现出的流变性能与伯格斯模型较为相似，唯一有所不同的是此时模型中应去掉克服摩擦阻力 σ_s 的部分。此时其本构关系式可以写成

$$\sigma - \sigma_s + \left(\frac{\eta_3}{E_1} + \frac{\eta_2 + \eta_3}{E_2}\right)\dot{\sigma} + \frac{\eta_1\eta_2}{E_1E_2}\ddot{\sigma} = \eta_2\dot{\varepsilon} + \frac{\eta_1\eta_2}{E_2}\ddot{\varepsilon} \qquad \sigma > \sigma_s \tag{5-5}$$

相应的应力-应变关系式为

$$\varepsilon = \frac{\sigma}{E_1} + \frac{\sigma}{E_2}(1 - e^{\frac{E_1}{\eta_1}t}) + \frac{\sigma - \sigma_s}{\eta_2}t \qquad \sigma > \sigma_s \tag{5-6}$$

卸载方程为

$$\varepsilon = \frac{t_u}{\eta_B}(\sigma_c - \sigma_s) + \frac{\sigma_c}{E}(1 - e^{-\frac{E_2}{\eta_2}t_u})e^{-\frac{E_2}{\eta_2}(t_u - t)} \tag{5-7}$$

此时，由应力-应变关系可知，当 $t=0$ 时，只有弹簧元件起作用。当 t 趋于无穷大时，ε_∞ 趋近于无穷大，而且其变化速度趋于一常数，此时属于亚稳定蠕变状态。

三维情况下的西原模型本构模型如图 5-4 所示，令岩石的总应变为 ε_{ij}，则其表达式如下：

$$\varepsilon_{ij} = \varepsilon_{ij}^{e} + \varepsilon_{ij}^{ve} + \varepsilon_{ij}^{vp} \tag{5-8}$$

式中：ε_{ij}^{e}、ε_{ij}^{ve}、ε_{ij}^{vp} 分别为胡克体(Hooker)、黏弹性体(Kelvin)和黏塑性体(Bingham)的应变。

将上式中的应变转化成为速率的形式，则有

$$\dot{e}_{ij} = \dot{e}_{ij}^{e} + \dot{e}_{ij}^{ve} + \dot{e}_{ij}^{vp} \tag{5-9}$$

式中：$\dot{e}_{ij}$、$\dot{e}_{ij}^{e}$、$\dot{e}_{ij}^{ve}$、$\dot{e}_{ij}^{vp}$ 分别对应总偏应变速率、胡克体偏应变速率、黏弹性体偏应变速率和黏塑性体的偏应变速率。

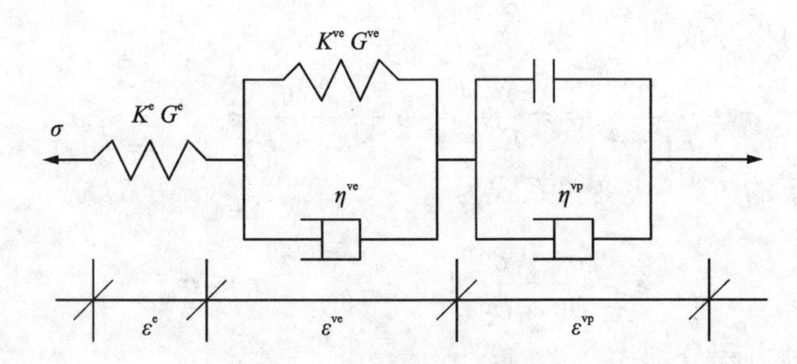

图 5-4　西原模型三维形式

对于胡克体来说，其应力偏量与应变偏量存在以下关系：

$$s_{ij} = 2G^{e}e_{ij}^{e} \tag{5-10}$$

式中：s_{ij} 为应力偏量；e_{ij}^{e} 为应变偏量；G^{e} 为胡克体的体积模量。

而黏弹性体(Kelvin)的偏应力由弹簧和黏壶两部分决定：

$$s_{ij} = 2G^{ve}e_{ij}^{ve} + 2\eta^{ve}\dot{e}_{ij}^{ve} \tag{5-11}$$

式中：G^{ve} 为黏弹性体(Kelvin)弹簧的剪切模量。

当 $\sigma>\sigma_s$ 时，岩石出现黏塑性变形，黏塑性体变形的一维本构关系为

$$\dot{\varepsilon}^{vp} = \frac{\sigma - \sigma_s}{\eta_2} \tag{5-12}$$

将上式推广为三维形式可以得到黏塑性体(Bingham)的三维本构关系，为

$$\dot{\varepsilon}_{ij}^{vp} = \frac{[F]}{\eta^{vp}} \cdot \frac{\partial g}{\partial \sigma_{ij}} \tag{5-13}$$

式中：F 为岩石屈服函数；g 为塑性势函数。$[F]$ 函数的取值服从下面的关系：

$$[F] = 0 \qquad (F \leqslant 0) \tag{5-14}$$

$$[F] = F \qquad (F > 0) \tag{5-15}$$

将黏塑性体的三维本构关系写为应变速率偏量的形式，有

$$\dot{e}_{ij}^{vp} = \frac{[F]}{\eta^{vp}} \cdot \frac{\partial g}{\partial \sigma_{ij}} - \frac{1}{3}\dot{e}_{vol}^{vp}\delta_{ij} \tag{5-16}$$

式中：$\dot{e}_{vol}^{vp}$ 为黏塑性体体积应变速率的偏量；δ_{ij} 为 Kronecker 符号。同时可得黏塑性体的总应变增量为

$$\Delta\varepsilon_{ij}^{vp} = \frac{[F]}{\eta^{vp}} \cdot \frac{\partial g}{\partial \sigma_{ij}} \cdot \Delta t \tag{5-17}$$

根据塑性力学的相关假设，西原模型的球应力速率可以表示为

$$\dot{\sigma}_m = K^e \dot{e}_{vol}^e + K^{ve}\dot{e}_{vol}^{ve} \tag{5-18}$$

式中：$\dot{\sigma}_m$ 即为球应力速率；K^e 和 $\dot{e}_{vol}^e$ 分别为胡克体的体积模量和球应变速率；K^{ve} 和 $\dot{e}_{vol}^{ve}$ 则为开尔文体的体积模量和球应变速率。

将式(5-9)中各个部分换成增量的形式，可以表示为

$$\Delta e_{ij} = \Delta e_{ij}^e + \Delta e_{ij}^{ve} + \Delta e_{ij}^{vp} \tag{5-19}$$

对黏弹性体(Kelvin)的偏应力采用中心差分换算后得到

$$\bar{s}_{ij}\Delta t = 2\eta^{ve}\Delta e_{ij}^{ve} + 2G^{ve}\bar{e}_{ij}^{ve}\Delta t \tag{5-20}$$

式中：$\bar{s}_{ij}$ 和 $\bar{e}_{ij}^{ve}$ 是每一计算时步内黏弹性体(Kelvin)的平均偏应力和平均偏应变。

同理，将胡克体进行中心差分后可以得到

$$\bar{s}_{ij}\Delta t = 2G^e\bar{e}_{ij}^e\Delta t \tag{5-21}$$

$\bar{s}_{ij}$ 和 $\bar{e}_{ij}$ 均为平均值，它们是将每一计算时步的新、老量值进行平均后得来的，表达式分别为：

$$\bar{s}_{ij} = \frac{s_{ij}^x + s_{ij}^l}{2} \tag{5-22}$$

$$\bar{e}_{ij} = \frac{e_{ij}^x + e_{ij}^l}{2} \tag{5-23}$$

s_{ij}^x 与 s_{ij}^l 分别为计算时步内的新、老应力偏量，e_{ij}^x 和 e_{ij}^l 分别为该时步内的新、老应变偏量。

将式(5-22)、式(5-23)代入式(5-20)中可以得到黏性体的新偏应变量，如

$$e_{ij}^{ve,x} = \frac{1}{2\eta^{ve} + G^{ve} \cdot \Delta t}\left[\frac{s_{ij}^x + s_{ij}^l}{2} \cdot \Delta t + (2\eta^{ve} - G^{ve} \cdot \Delta t)e_{ij}^{ve,l}\right] \tag{5-24}$$

而将式(5-21)和式(5-24)代入式(5-19)可以得到新应力偏量，为

$$s_{ij}^{x}=A[\Delta e_{ij}-\Delta e_{ij}^{vp}+Bs_{ij}^{vp,l}-Ce_{ij}^{ve,l}] \tag{5-25}$$

其中，

$$A=\frac{4\eta^{ve}+2G^{ve}\cdot\Delta t+2G^{e}\cdot\Delta t}{4G^{e}(2\eta^{ve}+G^{ve}\cdot\Delta t)} \tag{5-26}$$

$$B=\frac{4\eta^{ve}+2G^{ve}\cdot\Delta t-2G^{e}\cdot\Delta t}{4G^{e}(2\eta^{ve}+G^{ve}\cdot\Delta t)} \tag{5-27}$$

$$C=\frac{2\eta^{ve}-G^{ve}\cdot\Delta t}{2\eta^{ve}+G^{ve}\cdot\Delta t} \tag{5-28}$$

将式(5-18)中的球应力进行差分得到

$$\sigma_{m}^{x}=\sigma_{m}^{l}+K^{e}\Delta e_{vol}^{e}+K^{ve}\Delta e_{vol}^{ve} \tag{5-29}$$

5.2.2 模型编制流程

FLAC 中可以用 VC++编写动态链接库(DLL)实现本构模型的自定义。自定义模型的主要功能是根据应变张量计算应力张量，而后根据本构模型对计算后的应力是否符合强度准则进行判断。如果达到屈服条件则要根据塑性流动法则对应力进行相应的调整，从而使实际应力符合相应的屈服法则。实际上编制本构模型的过程就是设计应变和应力按照指定的关系进行变化，并且根据所指定的强度准则对材料的屈服破坏进行判断。

用 VC++编写自定义的本构模型的主要步骤包括：基类成员函数的定义、模型的注册、模型与 FLAC 间的数据传递以及模型状态指示器。基类成员函数的主要功能是对模型属性进行赋值和取值，对属性及相关量进行初始化，计算应力及主应力，计算最大侧限模量、剪切模量及体积模量，并且保存和恢复模型数据等。

根据上面推导出来的公式，然后按照图 5-5 的流程来实现本构模型的编写和串联。FLAC3D 软件自带有名为 udm. zip 的文件包，此文件包中包含有 FLAC3D 自带模型的开发实例，为用户提供了本构模型开发所必需的头文件和 C++源文件，这两个文件也是本构模型开发的主要部分，其中包含着本构模型中的各类函数。

用户在使用自定义模型之前必须使用 CONFIG cppudm 对 FLAC 进行配置，这样就能接收动态链接库文件。此后，通过 MODEL load<filename>来加载自定义模型，这样 FLAC 才能识别出新的模型和其属性。具体过程可见图 5-6。

本次西原模型的验证采取分步间接的方法，也就是说对黏弹性和黏塑性进行分别验证。首先对模型的黏弹性进行验证，在 FLAC3D 中自带了伯格斯模型，伯格斯模型为马克斯韦尔体与开尔文体串联组成，如图 5-7 所示。

通过观察不难发现，去掉马克斯韦尔体中的黏壶后所变成的 3 元件模型与西原模型去掉宾汉姆元件中的黏壶后所形成的 3 元件模型是一致的。所以在对自定义的模型黏弹性进行验证时只要采用上述退化后的伯格斯模型进行对比即可。计算时不对伯格斯模型的马克斯韦尔体赋黏滞系数，而对西原模型赋值时要让模型不进入塑性状态，只要对模型的凝聚力和抗拉强度赋一个大值 10^{20} 即可。

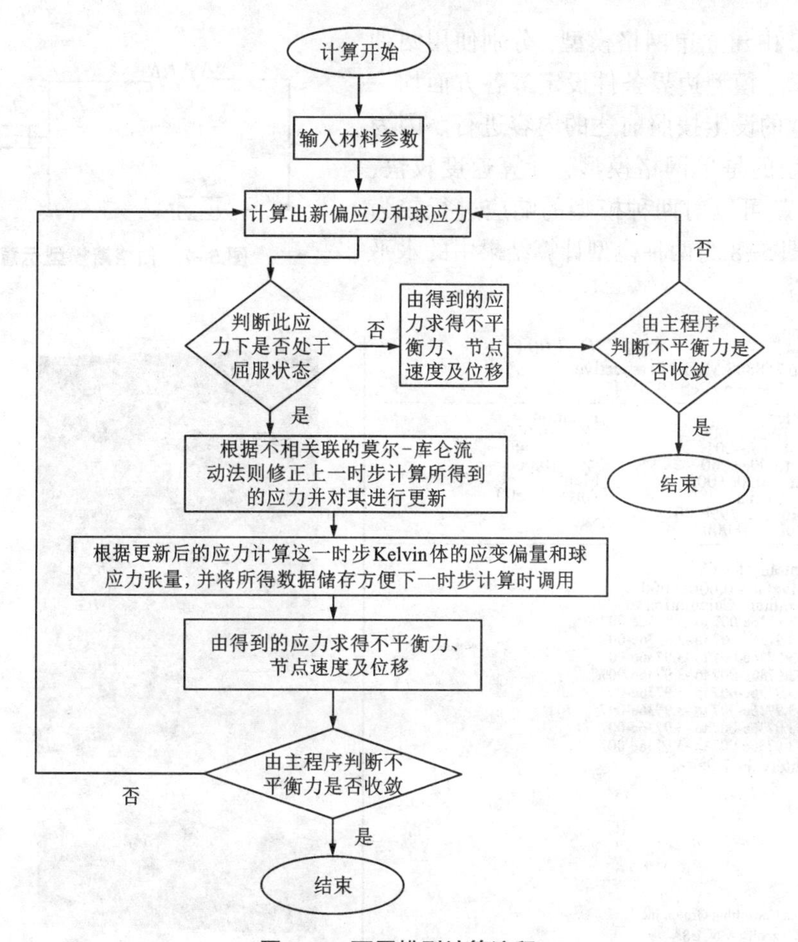

图 5-5　西原模型计算流程

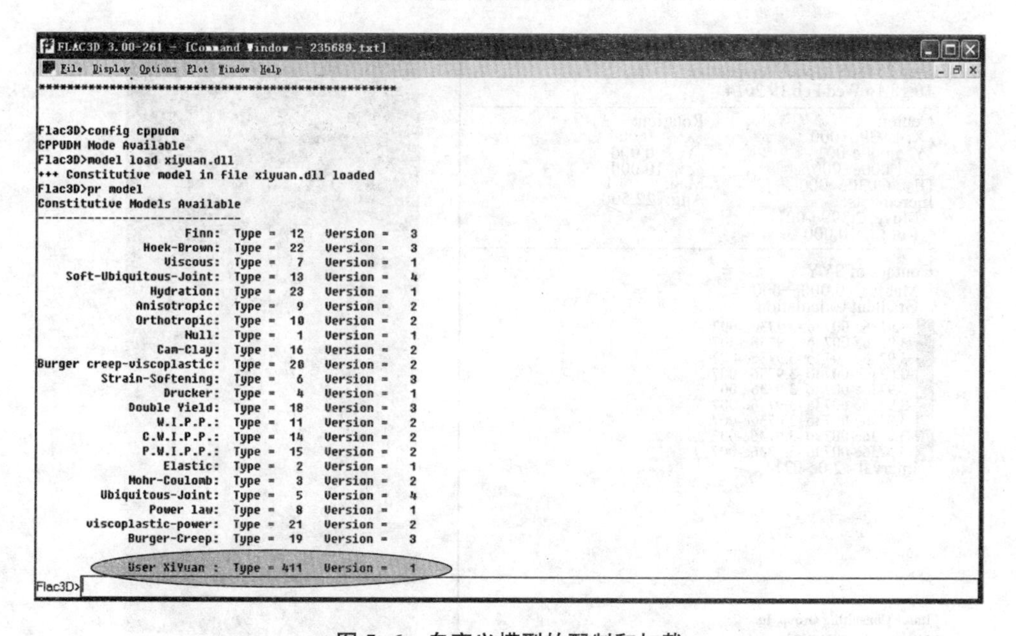

图 5-6　自定义模型的配制和加载

在 FLAC 中建立单网格模型，分别使用两种模型进行计算，模型边界条件设定等各方面均一致，只是参数的设定按照前述的内容进行。因为模型验证采用的是单网格模型，计算速度较快，不到 2000 步就可以对两种模型的响应进行较为完整对比。图 5-8 为两种模型计算结果中的水平应力云图。

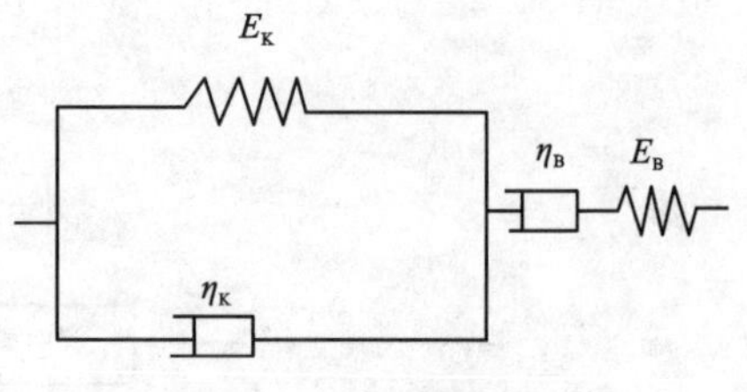

图 5-7　伯格斯模型示意图

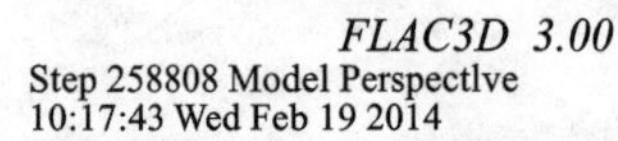

(a) SYY退化后的伯格斯模型

(b) SYY自定义本构

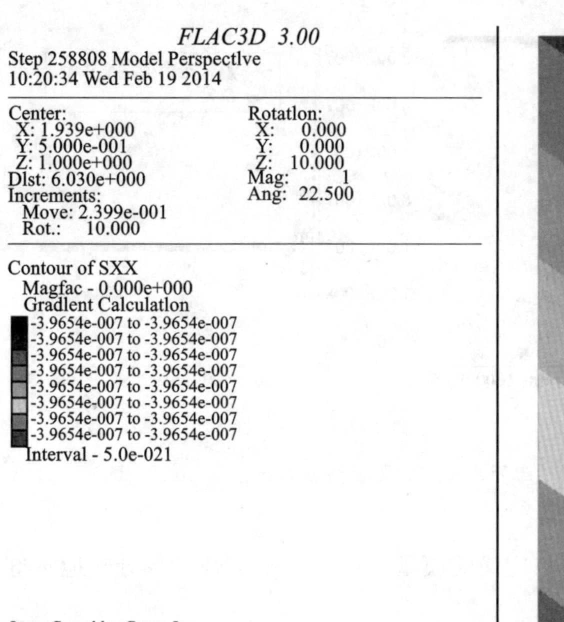

(c) SXX退化后的伯格斯模型

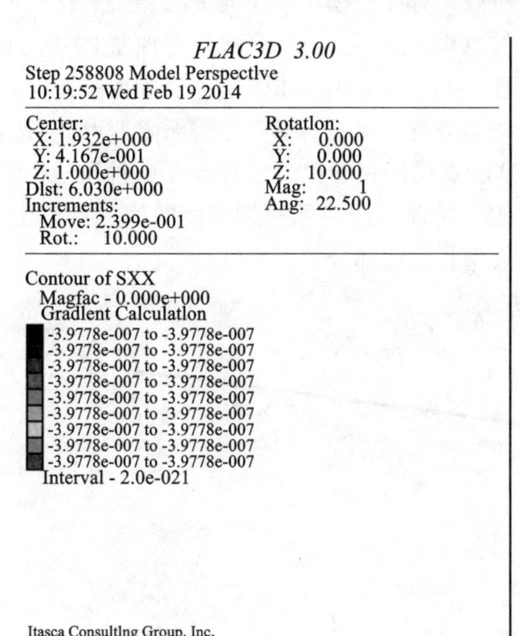

(d) SXX自定义本构

图 5-8 验证计算单元水平应力云图(扫章首码查看彩图)

从图 5-8 中不难发现，退化后的伯格斯模型与不进入塑性状态的西原模型水平应力分布云图基本一致。计算时对模型单元水平方向的应力进行了监测，图 5-9 为监测数据对比。

从图 5-9 中可以发现，不论是 SXX 还是 SYY，自定义的模型均与退化后的伯格斯模型保

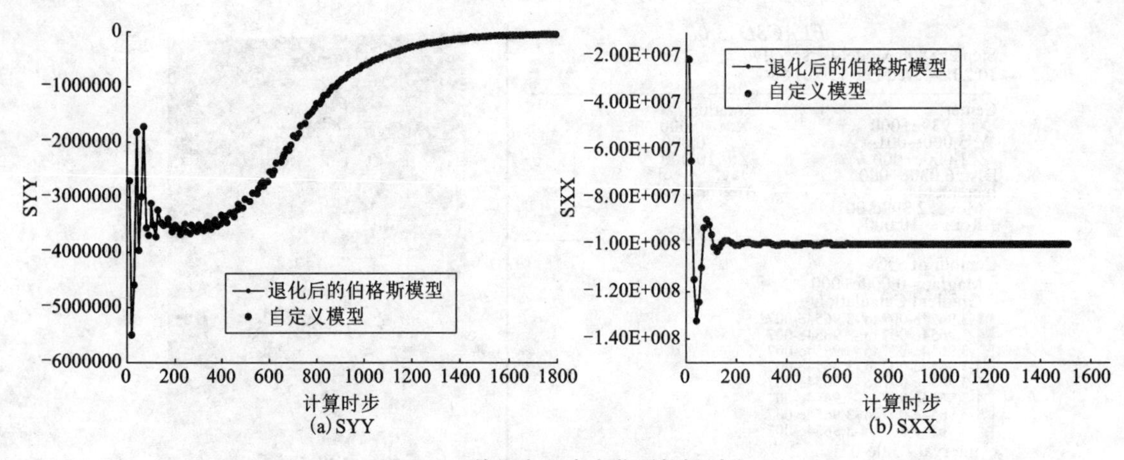

图 5-9 单元水平应力监测数据对比

持着高度的一致，从数据对比来看，自定义的模型在计算当中黏弹性部分响应良好，可以证明该模型黏弹性部分的正确性。

黏弹性部分的正确性得到了证明，下面进行黏塑性部分的模型验证。由于黏塑性无法和黏弹性部分一样与退化的模型进行对比，所以只有在对模型赋上正常参数后，在一定轴向应力下进行单轴压缩，而后通过观察节点位移曲线来判定其是否会实现塑性状态的模拟。图 5-10 为计算单元节点竖直位移监测数据。从图 5-10 中可以看出，开始时按照曲线走势来看，模型还处于稳定如蠕变阶段。此时曲线走势逐渐变缓，不会导致无限变形。当模型计算一定时步之后，曲线逐渐变成一段直线，这段直线代表着模型已经处于塑性阶段，位移变化速度基本趋于一常数，蠕变属于亚稳定类型。将曲线与西原模型蠕变曲线进行对比后发现，计算结果在趋势上较为吻合，从而验证了模型黏塑性部分的正确性。

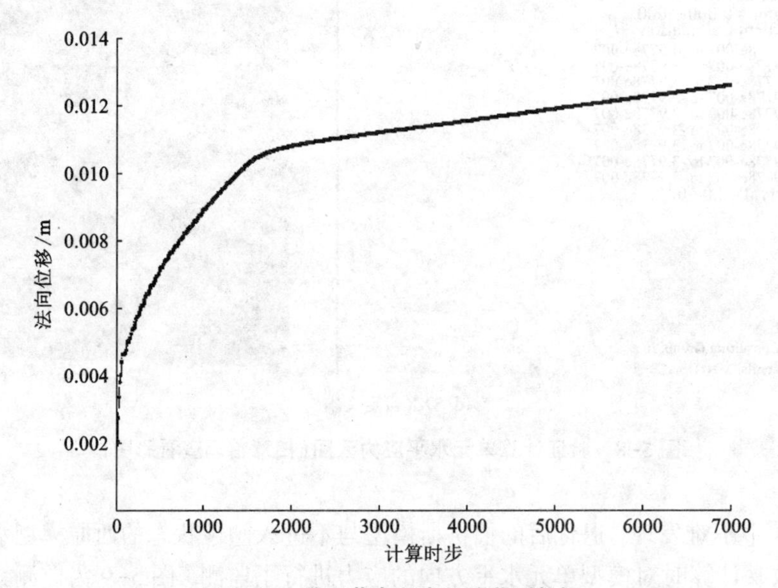

图 5-10 单元节点竖直位移监测数据

5.2.3 巷道数值模型建立与地应力生成

数值模拟部分的计算模型是以金川矿区高应力地段的巷道为基础而建立的。为了保证数值模拟的可靠性，数值模型建立时必须尽量符合实际工况，模型的尺寸应该足够大，尽量消除边界效应。本书中共包括3种数值模型，分别为裸巷模型、常规支护模型以及优化支护模型。3种模型的围岩分布情况是一样的，唯一的区别在于巷道内的支护形式不同。本次模拟的是金川矿区1000 m深度的运输巷道，巷道断面为半圆拱直墙型，半圆拱半径为2.5 m，直墙段高为2.2 m，这一数据也是金川矿区运输巷道的标准尺寸。根据圣维南原理和实际经验，局部开挖仅对距离巷道3到5倍跨度范围内有影响，所以整个模型尺寸为长×宽×高=22 m×30 m×20 m。此次计算选用的软件为FLAC3D，看中的是其弹塑性分析和大变形分析方面的优势。而在本次计算中，数值模型中包括各种支护体系，模型构成较为复杂，而FLAC3D本身在建模等前处理方面有些许短板，所以在此将借助其他数值软件对数值模型进行相关的前处理工作，其中包括模型建立和网格划分两部分。由于MIDAS/GTS在建模方面快速便捷，而且网格划分准确，所以充分利用MIDAS/GTS在建模和网格划分方面的优势，此次数值模型的实现过程主要在MIDAS/GTS中完成。具体实现过程为：

(1)按照工程实际开挖的尺寸在CAD中将巷道断面平面图绘出，然后将文件保存成MIDAS/GTS可以识别的dxf格式。

(2)打开MIDAS/GTS操作软件，进入界面后新建任务，然后将所绘制好的二维断面平面图导入MIDAS/GTS中。

(3)在软件中选定巷道断面轮廓建立成一个平面，然后使用扩展命令将模型扩展为想要的尺寸即可，此次按巷道的轴向扩展，扩展距离为22 m。

(4)将模型每一部分全部建好之后即可进行网格的划分，值得注意的是，为了保证计算中开挖效果的合理性，对巷道开挖部分模型的网格应该适当地进行加密。

(5)将网格划分完之后利用自编的MIDAS/GTS-FLAC3D接口程序将模型数据处理成FLAC3D可以识别的数据形式并将此数据保存于一文件当中，再通过FLAC3D中的impgrid命令将模型导入FLAC3D当中。

由于模型尺寸足够大，已超出开挖部分的5倍，所以将模型的侧面设为位移边界，四周采用滚支承，允许上下方向的变形和位移。模型底部同样设定为位移边界且限制了数值方向的变形，模型顶部为自由面。巷道所处位置为矿区958分段，地质勘探资料显示此地段地表标高为1750 m左右，巷道埋深接近1000 m。同时，根据工程实地地应力测量结果，可知金川深部地应力的相关计算公式如下：

$$\begin{cases}\sigma_{\mathrm{v}}=0.0275h\\ \sigma_{H\text{-max}}=(1.0\sim2.5)\times0.0275h\\ \sigma_{H\text{-min}}=1.5\times0.0275h\end{cases}\tag{5-30}$$

式中：σ_{v}为竖直方向的应力，MPa；$\sigma_{H\text{-max}}$与$\sigma_{H\text{-min}}$均为水平地应力，MPa；h为上覆岩层的高度；在本次计算中$\sigma_{H\text{-max}}$的系数取为2。

根据上式可以得到该埋深下巷道水平最大主应力为44 MPa，最小主应力为33 MPa，而竖直应力取为27 MPa。众所周知，在数值模拟中除了合理的模型特性之外，模拟需要输入的计算参数也十分重要。本模拟中，在进行计算之前需要对模型各个部分赋相关参数值，包括围岩强度参数和支护体系中各个部分的强度参数。根据矿区典型岩样室内力学试验数据并结合文献[21]中矿区典型岩样蠕变试验和拟合所得结果，确定本节中的流变模型力学参数如表5-1所示。

表5-1　岩体计算参数

类型	密度 /($kg\cdot m^{-3}$)	弹性模量/GPa	泊松比	Kelvin体剪切模量 /GPa	Kelvin体黏滞系数 /($GPa\cdot h^{-1}$)	Bingham体黏滞系数 /($GPa\cdot h^{-1}$)	内摩擦角 /(°)	黏聚力 /MPa	抗拉强度 /MPa	Bingham剪切模量 /GPa
围岩	2725	2.271	0.276	5.967	5960.2	739.5	30.62	4.06	1.8	3.1

在深埋工程的开挖数值模拟分析当中，初始地应力对数值结果存在着不可忽略的影响。初始地应力场是岩体所处的环境中发生改变时引起变形和破坏的源泉，所以如果要保证数值模拟结果的可靠性就必须保证初始地应力的可靠性和准确性。初始应力场生成是为了模拟施工区域一定范围内围岩在开挖之前已存在的地应力状态。前面已经提到，金川地区地应力场复杂，包括自重应力和构造应力同时作用，且水平构造应力明显大于竖直方向的自重应力。此次采用S-B法来生成金川深部地应力，即在初始应力场生成的计算过程中不对模型设置速度边界，仅在模型边界根据上面的公式推出结果施加应力边界条件。在计算过程中应力边界维持恒定，这样就相当于施加了构造应力。所施加的力由模型边界表层单元通过节点向模型内部传播，直至计算达到平衡，这样所得到的初始应力场就可以看成是由构造应力与自重应力场叠加得到的结果。与此同时，模型并未设置位移和速度边界条件，此时的计算结果就会存在较大的位移，所以在开挖之前需要对模型进行位移和速度的清零。

初始应力场计算结果如图5-11所示，图中分别给出了模型在3个方向的应力云图，竖直方向上即 *SZZ* 最大值为27.55 MPa，*X* 方向的应力 *SXX* 最大值为33 MPa，最小为31.2 MPa，即模型顶部最小。*Y* 方向也是开挖巷道的轴向，这一方向的应力是最大的，最大达到45 MPa，与 *SZZ* 和 *SXX* 一样，*SYY* 随着深度的增加其值也会有所增大，结合式(5-30)的计算结果可知地应力生成结果与工程实际情况较为符合。

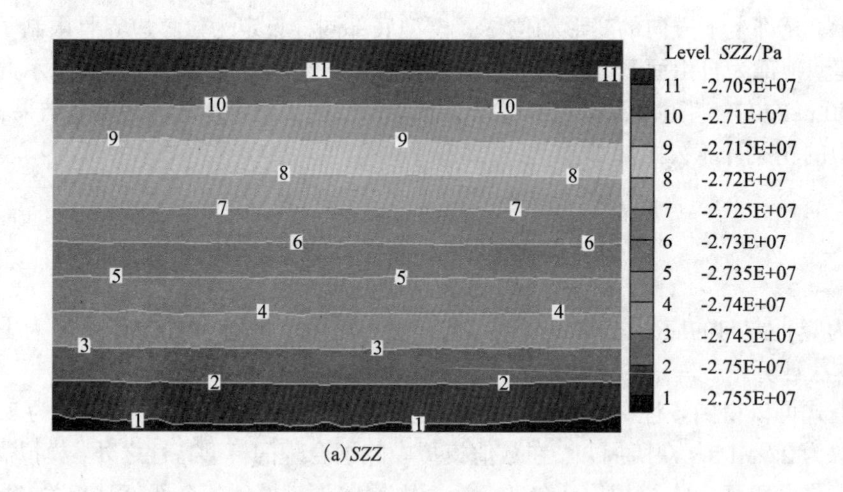

(a) *SZZ*

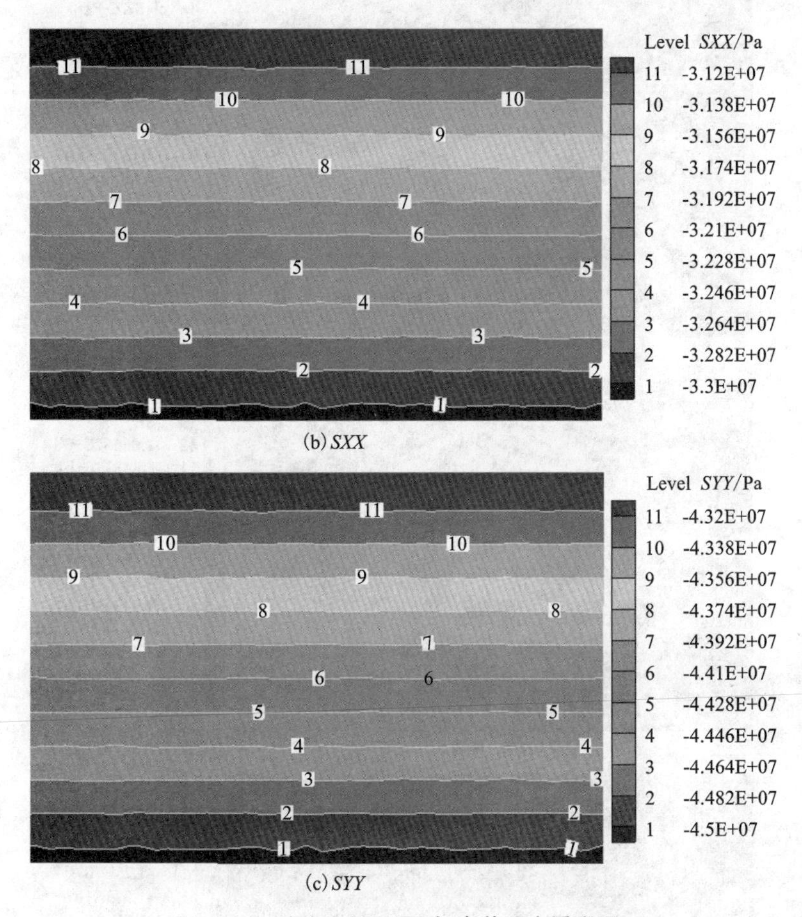

图 5-11 地应力场云图(扫章首码查看彩图)

5.3 巷道围岩稳定性数值分析与现场试验

5.3.1 裸巷围岩应力与变形分析

为了呈现无支护工况下深部高应力巷道围岩应力演化与围岩变形规律，本小节先在不支护的情况下对裸巷瞬时开挖的巷道围岩变形和受力进行分析，得到巷道开挖后不同时间的围岩变形与应力分布规律。从式(5-30)与前文的地应力云图可以看出，横向应力要大于竖直应力，这也是金川矿区地应力分布的一大特征。水平最大地应力为 44 MPa，巷道掘进时巷道走向与该地应力方向平行，以避免巷道直接处于最大地应力的作用之下。巷道开挖后岩体的地应力会发生重分布，巷道周边也会产生应力集中而导致巷道周边围岩的变形和破坏。图 5-12 为开挖后未支护巷道的径向断面应力云图，图中选取了开挖后 4 个时间段的巷道应力云图。从图中不难发现，巷道开挖后，巷道两帮的应力较顶板和底板处要大得多，这也直接反映了巷道处于较大水平地应力的作用之下。巷道顶板和底板岩石所受压力较两帮虽小，但是从云图中的数值来看，顶底板处所受应力最小值也达到了 15 MPa，由此可见在高应力区

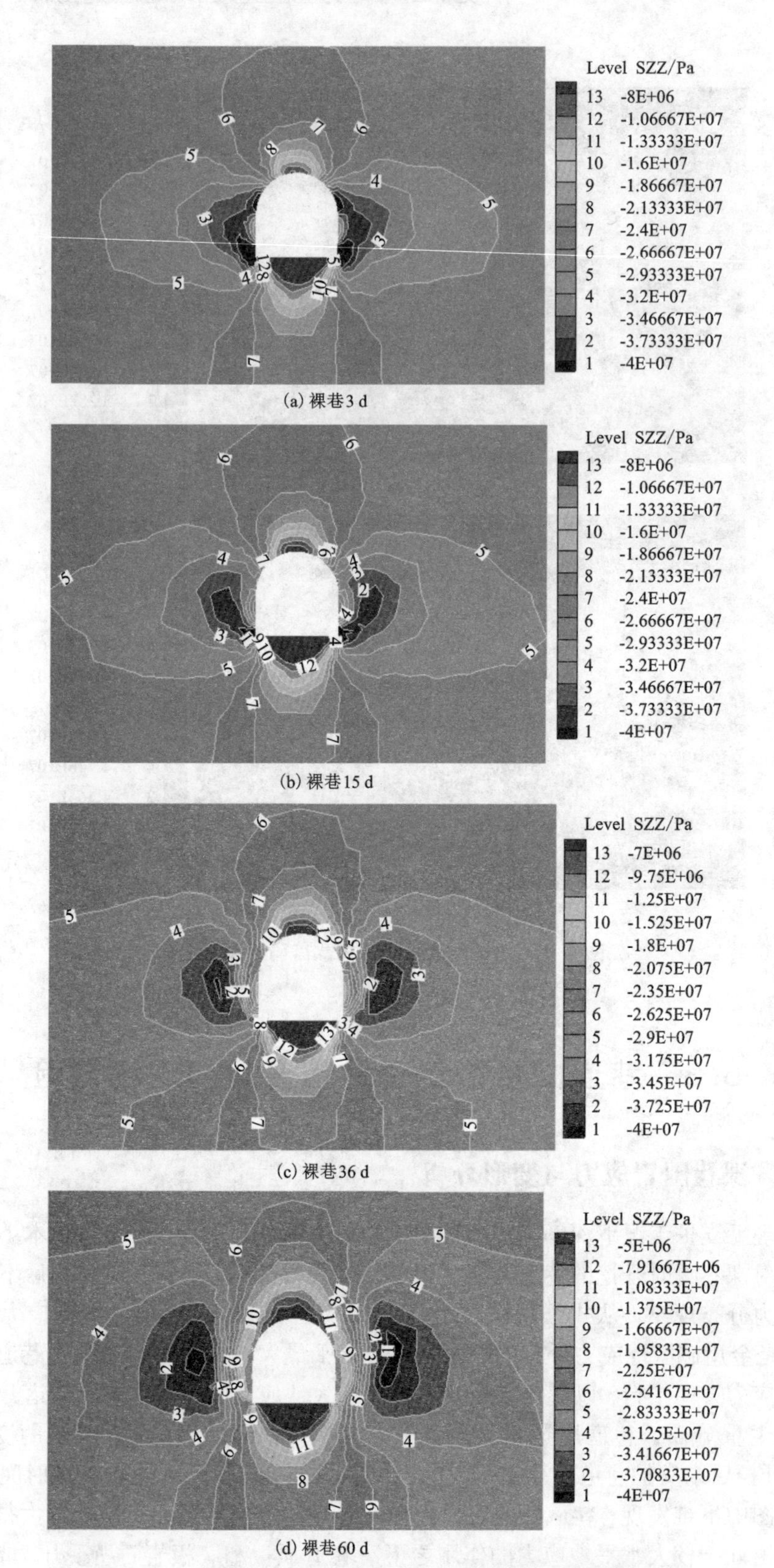

(a) 裸巷3 d

(b) 裸巷15 d

(c) 裸巷36 d

(d) 裸巷60 d

图 5-12　巷道径向断面竖直应力分布(扫章首码查看彩图)

域进行巷道掘进，巷道开挖后围岩卸荷迅猛，在较短的时间内巷道周边围岩就会受到极高的应力作用。与此同时，也可以看出，随着时间的延长，巷道相同位置所受应力会发生较大的变化。

巷道开挖后的3 d，巷道顶板区域所受应力在10 MPa左右，而底板所受应力在8 MPa左右，随着巷道开挖完成后时间的延长，巷道顶底板所受应力出现了减小的趋势，在开挖15 d后顶、底板的应力为8 MPa左右，随着开挖时间的推移，到后面应力降得更低。图5-13为巷道轴向截面应力云图，在图中可以发现两帮围岩所受应力也随开挖时间的变化而减小。这是由于在开挖后围岩卸荷迅猛，巷道周边围岩处于极高地应力作用之下，很快就会发生破坏，在这部分岩石破坏后其承载能力就会大大削弱，应力就会转移到更深层的岩石当中。这一过程也可以从图5-13中得到直观的展现，图中显示开挖后巷道两帮帮壁所受应力并非最大，最大应力区在帮壁的内侧部分，当巷道开挖15 d后，可以看到蓝色区域向内部又转移了一段距离。由此可见随着开挖后围岩的不断破坏，巷道周边的主承载区也会不断向岩层内部转移。

从上面的应力云图中可以看到，巷道开挖后不久周边围岩就会处于极高地应力作用下，岩体即开始发生变形。图5-14即为巷道开挖后不同时间段的位移分布情况。高地应力作用下巷道顶板和两帮的位移最大，底板的变形次之。开挖3 d后巷道顶板和两帮最大收敛距离为15 cm，底板最大收敛距离为12 cm。等巷道开挖时间达到15 d时，巷道变形最大值达到32 cm，两帮的相对收敛距离达到60 cm之多，自此之后受流变特性的影响将发生加速破坏。

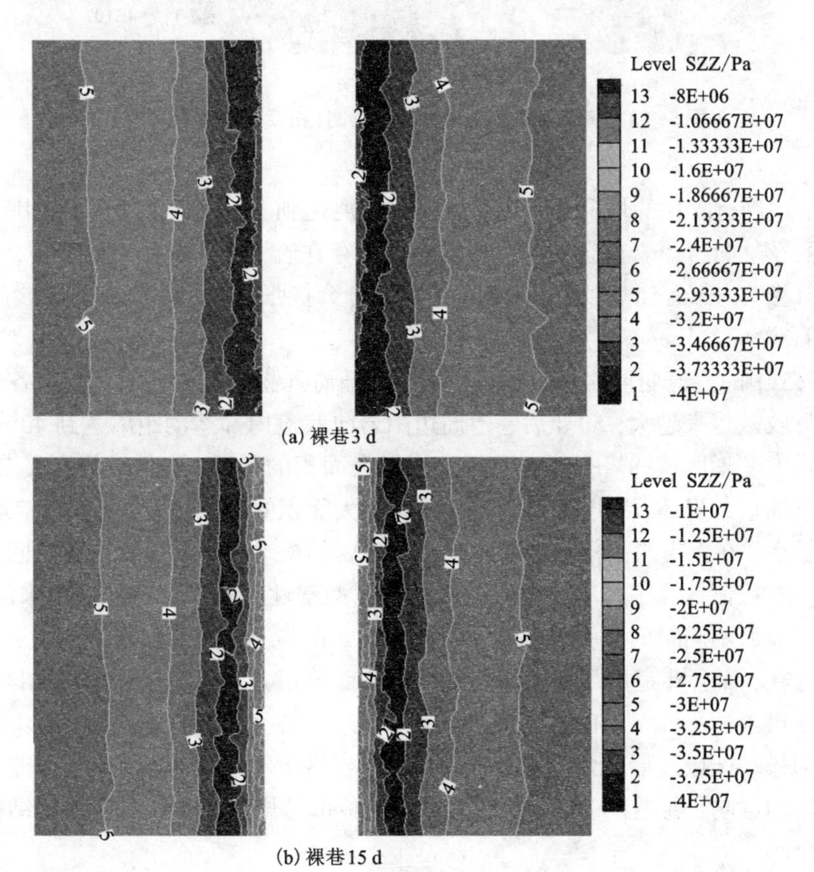

(a) 裸巷3 d

(b) 裸巷15 d

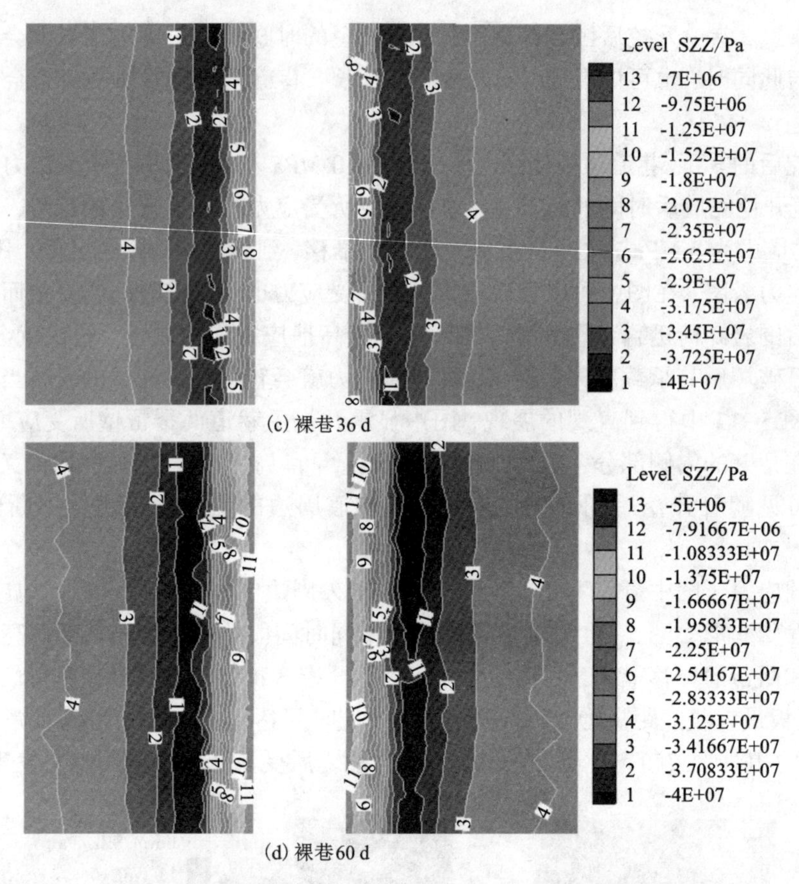

(c) 裸巷36 d

(d) 裸巷60 d

图 5-13　巷道轴向截面应力分布云图(扫章首码查看彩图)

工程实践中，不进行支护的情况下巷道围岩收敛距离达到 30 cm 时，巷道周边围岩其实已经发生了部分冒落，两帮围岩也会发生片落。岩体里存在着不少大大小小的节理，节理缝隙较小，当岩体向巷道内部运动达到 15 cm 时，节理部分会扩张，实际情况下，这种情形下其实已经发生了岩石脱落。

从图 5-15 中的巷道变形监测数据可以发现，随着开挖时间的延长，巷道各个部位向巷道内部的变形收敛越来越大，50 d 后巷道周边围岩向巷道内部运动距离达到 40 cm 以上，这种情况下巷道大变形区域的岩石其实已经发生了大面积的冒落，大块的岩石受节理的控制，无规则地脱离周边的岩体，所以此时巷道已经发生大面积的塌方，甚至已经全被堵死。

巷道开挖后，在无支护的情况下巷道周边围岩内的松动区域会随着开挖时间的延长发生不断地扩展。在数值计算中松动区域的扩展是由模型塑性区的扩展所体现出来的。图 5-16 为巷道开挖完成后不同时间段围岩塑性区发展状况，在巷道开挖后较短时间内，模型内已有部分塑性区存在，而且巷道两帮和底部的塑性区深度要稍大于巷道拱顶的塑性区，巷道两帮的塑性区大于拱顶的塑性区是由于巷道所受水平地应力要大于竖直地应力，较大的地应力作用下围岩内部松动区域发展较快。而巷道底板的塑性区大于顶板的塑性区主要是受到了巷道断面几何因素的影响，巷道顶板是半圆拱形状，底板部分则是矩形结构，圆拱结构下围岩塑性区自然会更小。

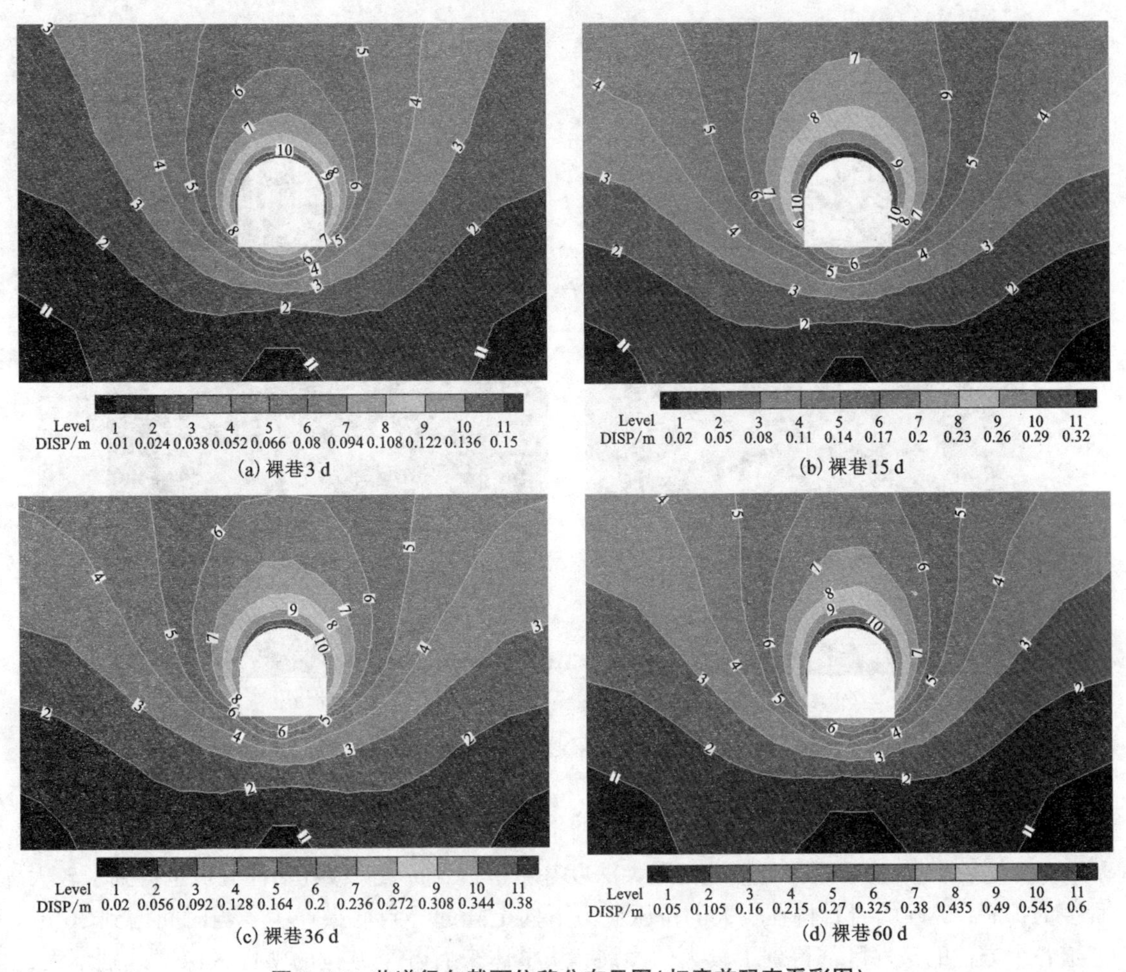

(a) 裸巷3 d　(b) 裸巷15 d　(c) 裸巷36 d　(d) 裸巷60 d

图 5-14　巷道径向截面位移分布云图(扫章首码查看彩图)

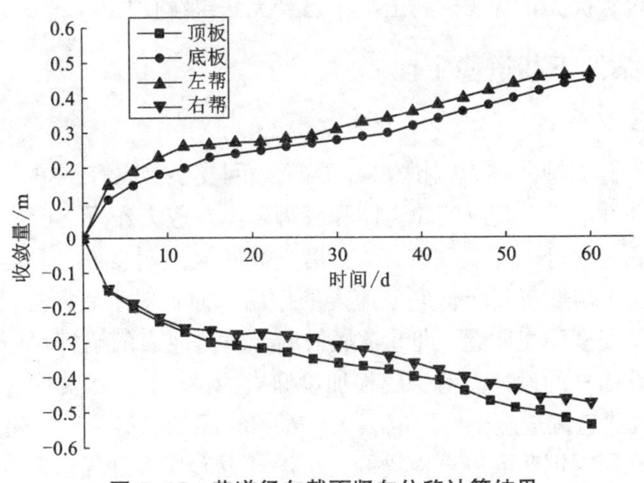

图 5-15　巷道径向截面竖向位移计算结果

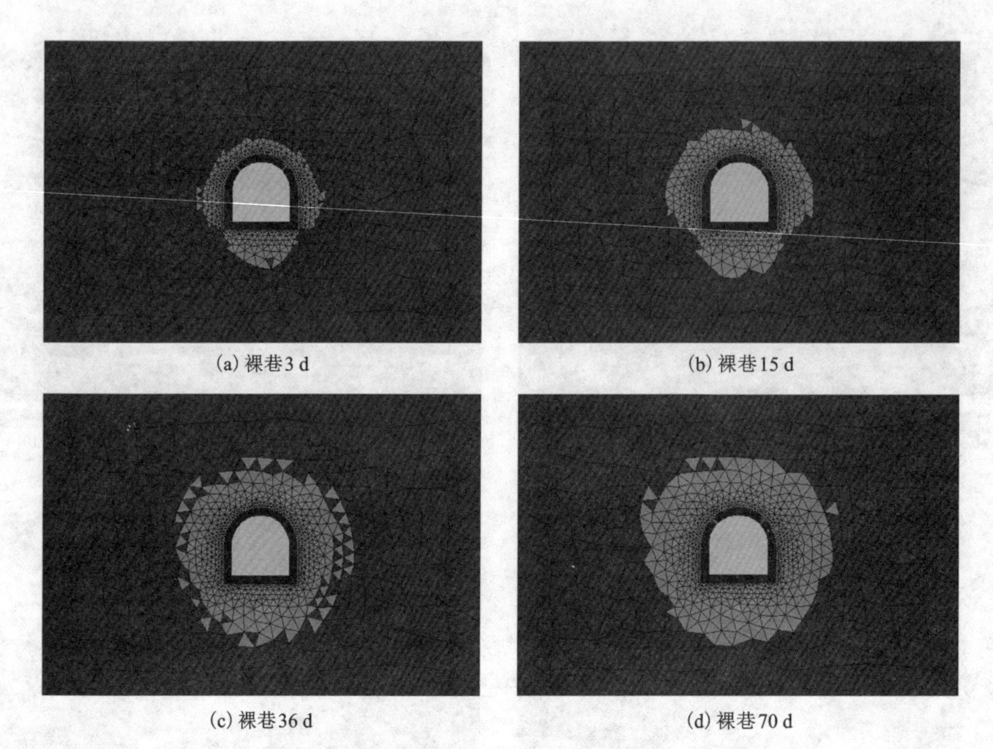

(a) 裸巷3 d　(b) 裸巷15 d

(c) 裸巷36 d　(d) 裸巷70 d

图 5-16　巷道塑性区扩展趋势(扫章首码查看彩图)

与此同时，不难发现，随着时间的延长巷道各个部位的塑性区会不断地朝围岩深部发展，在开挖后 15 d 巷道两帮的塑性区最大深度基本接近 3 m。底板处塑性区域也得到了较大程度的扩展，破碎的岩石将在较大的挤压应力下向上隆起导致底鼓产生。当时间增到 36 d，巷道各个方位的塑性区都得到了较大的发展，从整体来看各个方位的塑性区深度差别不大，说明在巷道周边 3~4 m 范围内的岩体已经起到主要的承载作用，主要承载区已经向更深的区域转移，这也与图 5-13 中的结果相一致。此时的塑性区已经大于 4 m，在这种情况下巷道多个部位已经发生过大面积的塌方，巷道基本已经无法继续使用。

5.3.2　支护条件下巷道稳定性

1. 支护方案优化

金川深部巷道原有支护方式为钢拱架+双层喷锚网支护，原有支护下巷道呈现出明显的两帮收敛及挤压流动性底鼓，底板破碎岩体和底脚岩体在应力作用下产生塑性滑移。现有底鼓控制技术中常用底板锚杆来控制底鼓，其对褶皱性底鼓控制良好，但是对于挤压流动性底鼓而言，底锚杆只能在初期起到降低底鼓速度的作用。而且对于底板打设锚杆的方案，生产一线技术人员提出了安全隐患问题，即巷道底鼓时，出露地表的锚杆对行车安全有威胁，据此放弃底板直接打设锚杆的设计。对于底板加设仰拱的设计，虽然其具有高强度与高刚度的优点，但是由于其对巷道掘进施工的影响太大，养护时间长，不利于加快巷道掘进速度。最后选定底板开槽铺设预制钢筋混凝土横梁的支护设计方案作为最优设计。喷锚网及钢拱架支护因不具有足够的强度和刚度，其对围岩结构的加固效果有限；而高强度的现浇钢筋混凝土支护因对底鼓限制不足，会导致强度无法完全发挥即失效，故结合隧道工程中的封闭支护设计理念，提出加固底板的设计思想，与现有支护组成封闭支护体系加固围岩。同时，矿山巷道建设有其特殊性，仰拱及底板锚杆的实施有其局限性，结合深基坑工程中的钢支撑理念，设计巷道底板开槽铺设钢管梁做横向支撑，可通过钢管提供的横向支撑力限制两帮底脚的侧向位移，进而达到延缓巷道底鼓变形的目的。

经过前期在现场进行的松动圈厚度测试的工作，得到深部矿区两帮松动圈厚度最大、顶部次之、底板最小的数据结果，其中两帮较顶部稍大，两帮松动圈厚度在2.1~2.4 m，拱顶厚度在1.9~2.1 m，底板厚度在1.0~1.5 m，鉴于现今深部巷道喷锚网支护参数中锚杆的长度为2.25 m，可以发现：锚杆普遍锚固在松动圈范围内，其中顶板在临界边缘上，而两帮则在松动圈范围内。因为松动圈内围岩破碎，无法为锚杆提供足够锚固力来加固围岩，因此仅能加固锚杆长度范围内的围岩体，从而导致锚杆在喷锚网支护结构中无法充分发挥锚固效果，造成锚杆与支护体一起收敛变形。据此，在新的支护方案中将采用前文所述的长锚杆布置方式。新的支护方案中加入了底板钢管梁来对两帮底脚围岩进行横向支撑，这样其在底脚锚杆的协同作用下可以防止底脚和底板破碎岩体的塑性流动，两帮因此也不会向巷道内溃曲，因此在选定长锚杆布置方式时选用了图5-17的布置方式，即在拱肩及底脚位置各布置一根长锚杆。与此同时，为了加固两帮岩体，在两帮各打入3根常规锚杆以维持其在高地应力下的整体性。这样的布置方式充分发挥了喷锚网支护体早封闭的优势，并且通过长锚杆的使用提高初期支护强度，使得有效控制应力区向围岩内部扩展。如图5-17所示为优化支护方案施工图设计。

(1)在保持现有支护结构的柔性变形特征的基础上，通过在拱肩及底脚位置斜方向打设长锚杆，在普通锚杆支护形成的锚固体基础上，由长锚杆将锚固体锚固在深部稳定岩层中，达到控制围岩中的最大剪切应力、增加现有支护结构的刚度的目的，从而有效提高初期支护强度。

(2)在底板设置横向钢管梁。在巷道底脚设置刚度、强度及稳定性都能满足要求的横向支撑，一方面，可以增加巷道底脚刚度，限制其在水平侧向的位移，进而达到降低底鼓变形的目的；另一方面，底板钢管梁可以与上部长短锚杆支护结构组成封闭支护整体，进而有效增强支护结构的整体变形能力。

优化支护方案中包含了喷锚网、长锚杆以及钢管梁等支护构件，各支护构件在支护后不同时期发挥各自的作用，并最终形成一个支护整体来维持巷道稳定性。

①及时提供支护抗力。在巷道裸露后2~3 h就可进行喷射混凝土，一般在8~16 h就可完成喷锚网支护，迅速地提供连续的支撑力，改变围岩的受力状态，阻止变形的迅速发展，避免围岩的松散和脱落，有利于巷道的稳定。喷锚网有利于保持和提高岩体的抗剪强度，从而充分发挥围岩的作用。再者，由于喷锚网有相当大的柔性，容许围岩在不松散的条件下出现大的变形，大大减轻了支护自身的负担。最后，喷锚网良好的封闭性，大大减少了潮湿空气及地下水对岩体的侵蚀和由此伴生的潮解、膨胀和矿物变质现象，有利于保持岩体的固有强度。

②锚固更深岩层，扩大承载圈。高地应力下巷道围岩松动区域发展较快，据现场实测，支护后的巷道在不到60 d的时间内两帮松动圈发展达到2.2 m左右，而底脚部位也接近2 m。围岩松动区域得到较大发展时原有的锚杆长度不足以锚固更深的岩层，只能对破碎区

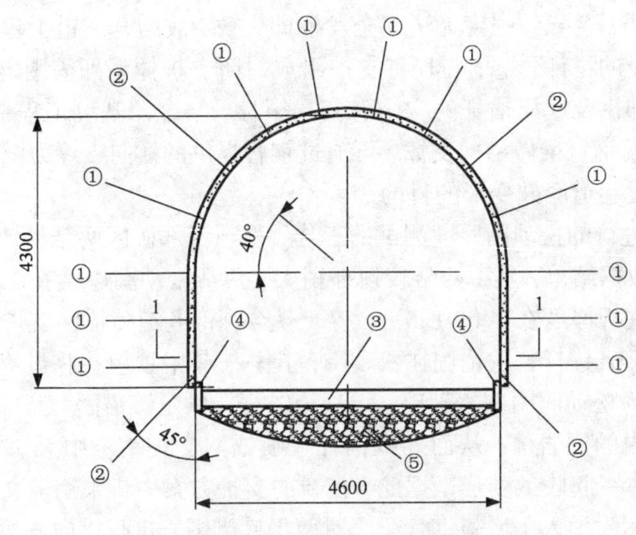

巷道断面长锚杆+钢管梁布置图

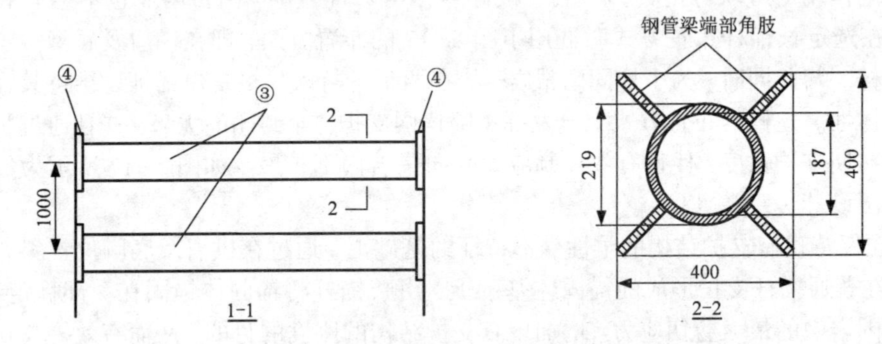

图 5-17 优化支护方案设计图(单位: mm)

域进行一定的加固，在高地应力的持续作用下会发生大范围垮塌。在新支护方式中加入了长锚杆，分别在拱顶、两帮以及底脚两侧各布置一根，巷道宽4 m至5 m时，若锚杆长度为2.5 m，难以打入更为深部的稳定岩层当中，所以在耦合支护中，长锚杆长度达到 3.5 m，扩大了有效承载范围，与原有的锚杆协同作用，使得拱顶、两帮和底脚部分的围岩得到更好的加固。

③限制底角塑性流动。金川深部巷道底鼓类型多为挤压流动性底鼓，底板破碎岩体和底脚岩体在应力作用下产生塑性滑移。现有底鼓控制技术中常用底板锚杆来控制底鼓，其对褶皱性底鼓控制良好，但是对于挤压流动性底鼓而言，底锚杆只能在初期起到降低底鼓速度的作用。耦合方案中采用了底脚长锚杆和钢管梁组合方式控制底脚岩体的塑性滑移和底鼓。

钢管梁与长短锚杆相结合可以形成一个支护整体，混凝土喷层允许围岩在支护初期产生一定的变形，从而使应力得到一定的释放，充分发挥围岩的自承作用，在变形达到一定程度后，钢管梁又可以保证后期支护体系的刚度和强度，从而形成一个高效稳定的支护体系。建立好的数值模型如图 5-18 所示，图中所示模型为优化支护方案相对应的模型，模型中包括围岩、U 型钢、钢管梁、混凝土喷层以及锚杆等支护结构。模型建立时其中的支护体系是完全按照现场设计的要求来实现的。U 型钢和底部钢管梁为每隔 2 m 设置一个，断面每个部位的锚杆每隔 1.1 m 打一根。图中左边部分为巷道支护整体模型；右边上半部分代表的是 U 型钢和底部钢管梁，其中蓝色部分为U型钢，红色的柱子为钢管梁；右边下部分为混凝土喷层和锚杆，不难看出蓝色部分为混凝土喷层，红色部分代表支护体系中的锚杆。在本节中，U型钢和钢管梁均采用实体单元进行分析，将这两种支护结构看成弹性体进行处理，所以在计算时采用 elastic 模型进行计算，参数值如表5-2所示，包括密度、弹性模量和泊松比。

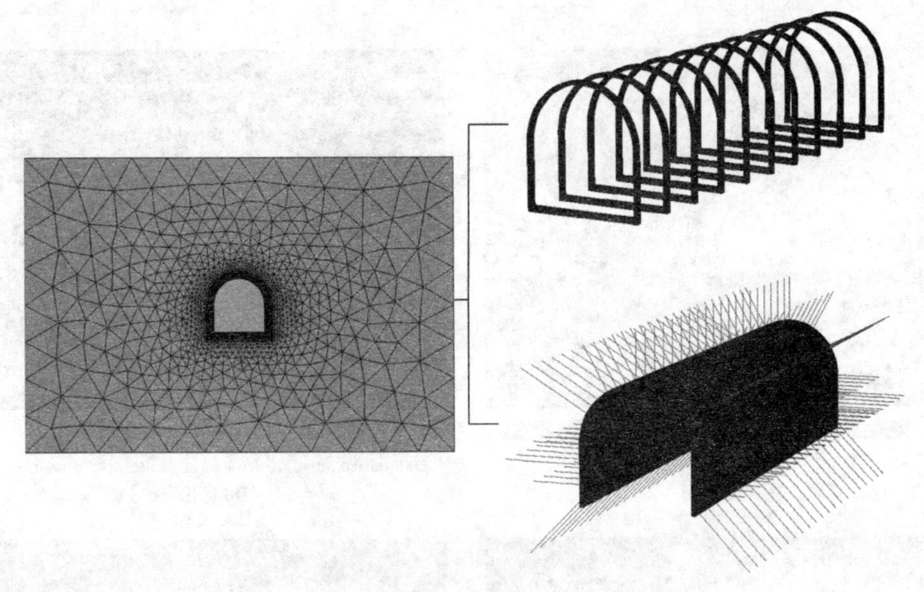

图5-18 巷道数值模型示意图(扫章首码查看彩图)

表5-2 数值模型岩体及支护参数列表

类型	密度/(kg·m^{-3})	弹性模量/GPa	泊松比	黏聚力/MPa	抗拉强度/MPa
混凝土	2500	34.5	0.17	2.59	52.4
U型钢	7800	210	0.28		
钢管梁	7800	210	0.28		
锚杆	7800	210	0.28		

2. 支护条件下围岩收敛变形分析

前面已经对无支护巷道不同时间段的变形情况进行了分析，巷道开挖后在没有支护的情况下，围岩开挖卸荷迅猛，巷道周边应力集中现象明显，在较短的时间内巷道就会产生变形，松动区域立即产生并随着时间的延长而不断发展。在对巷道进行支护后，围岩会受到支护抗力的辅助作用而继续承载深处传来的地应力。支护情况下巷道围岩的变形量和变形速率会受到一定程度的控制。图5-19为金川现有支护和优化支护两种支护情况下的巷道围岩变形收敛状况。图中左半部分为现有支护情况下巷道各个部位的变形情况，从图中可以发现，在巷道开挖支护3 d后巷道各个部位均发生了些许的变形，而且巷道两帮的变形要比顶板和底板的变形大。在金川高水平地应力的作用下，虽然对巷道两帮进行了锚杆及喷锚网支护，但是在短时间内围岩在极高应力作用下会立即发生变形。相对于两帮，巷道顶底板围岩并未对上覆围岩起到主要承载作用，所以围岩收敛变形相对较小。常规支护后3 d巷道最大收敛量为

5.5 cm，相比于未支护的 8 cm，锚杆在支护初期还是起到了一定的控制作用。而在优化支护下，巷道周边各个部位的围岩变形比现有支护都要小得多。两帮收敛达到 2.5 cm 左右，在 U 型钢的辅助作用下巷道支护初期两帮的收敛得到了较好的控制，此时两帮的围岩并未内挤，巷道底鼓现象也不是很明显。随着时间的延长，两种支护情况下的巷道变形均在不断发生变化。

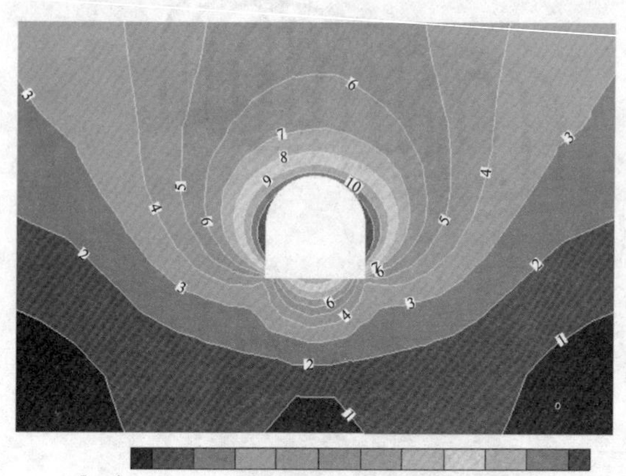

(a) 原有支护 3 d

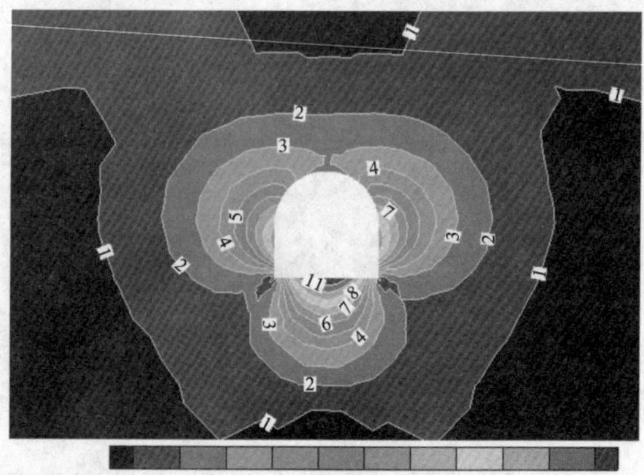

(b) 优化支护 3 d

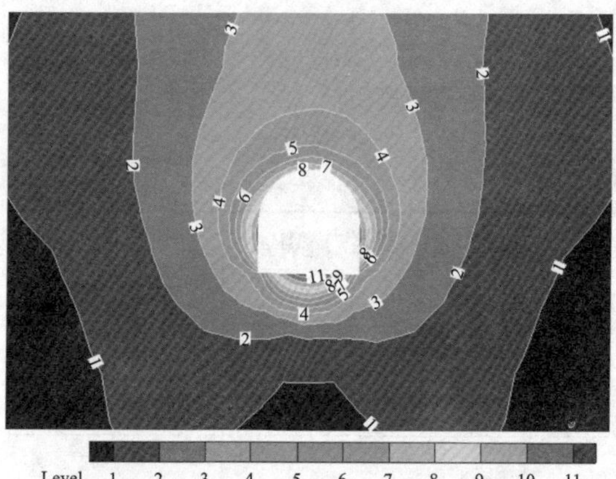

(c) 原有支护 15 d

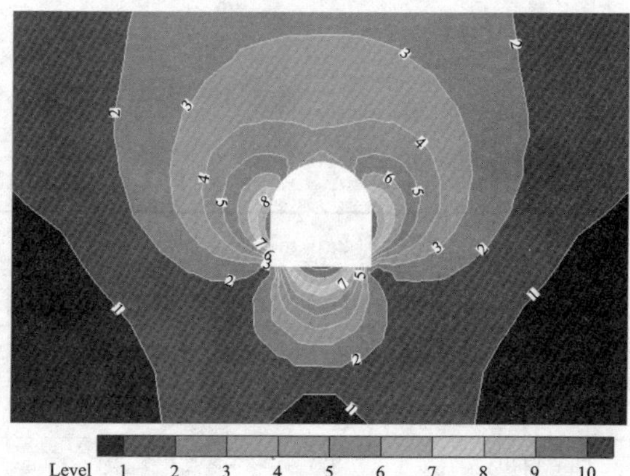

(d) 优化支护 15 d

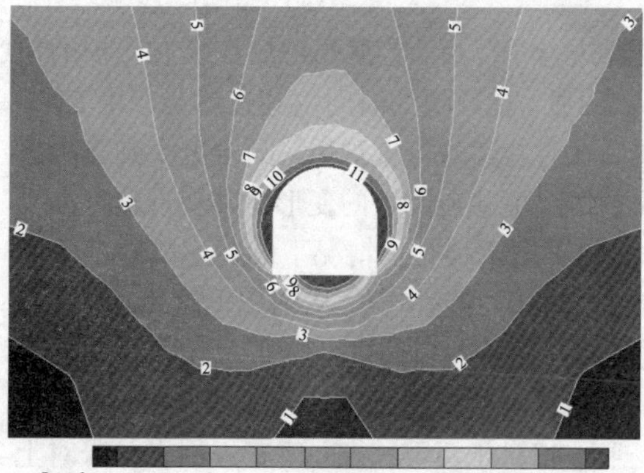

(e) 原有支护 36 d

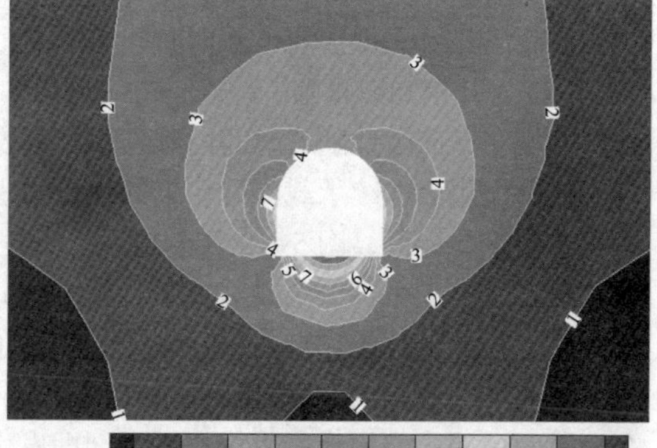

(f) 优化支护 36 d

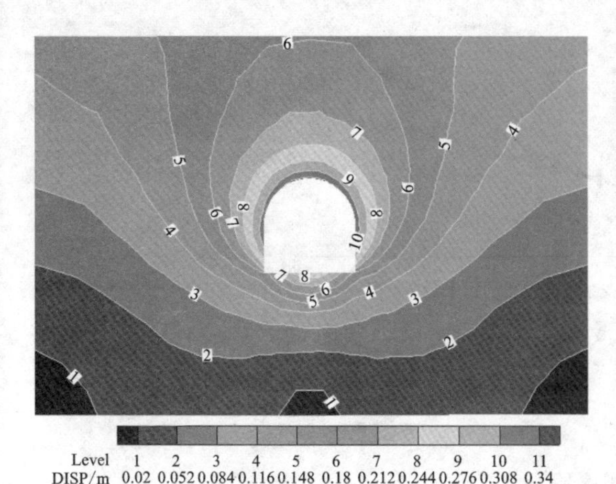

(g) 原有支护 70 d

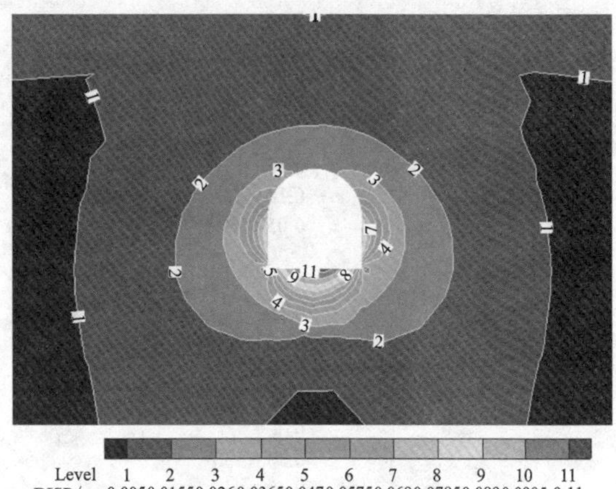

(h) 优化支护 70 d

图 5-19 两种支护方式不同时间段的巷道收敛情况(扫章首码查看彩图)

图 5-20 为两种支护形式下巷道不同部位收敛变形监测曲线。不难发现，在同一时期，常规支护下的巷道变形量要大于进行优化支护的巷道。常规支护下的巷道顶板、两帮以及底板的变形几乎得到了同等程度的发育，在支护后 36 d，巷道各个部位最大变形量就达到 13 cm，在实际情况下，若围岩变形达到 13 cm，混凝土喷层很有可能已经产生了裂缝。在支护后 70 d，巷道变形已经超过了 25 cm，按照这种发展的速度不到 100 d 支护后的巷道就必须进行大范围的返修才能维持正常的运营。而在使用优化支护后，在巷道支护后 70 d 巷道围岩的变形达到十多厘米，从巷道各部位的收敛曲线可以发现，巷道变形速率较常规支护时明显降低，尤其是巷道顶板的沉降明显受到了限制。耦合支护下底板未打锚杆且未设底拱，未进行封底处理，其实就是利用巷道底板进行一定程度的应力释放。这样在允许底板发生一定变形的情况下使巷道其余部分保持稳固。在实际工程当中由于底板是充填的碎石，所以治理时只需将突出的碎石铲走即可。此种情况下巷道支护系统基本维持稳定，各个部件并未与整个系统发生脱离。由于两帮和底脚使用了长锚杆固定了更为深部的围岩，所固定的大块岩体并未对底板造成下挤，所以优化支护下的巷道底鼓得到了良好的控制。相对而言，两帮的收敛量相对较大，但是从变形量来讲依然处于容许范围之内。按照这样的速率，巷道将在较长时间内保持良好的稳定性。

3. 支护条件下塑性区发育

巷道开挖后周边部分围岩在应力集中下会进入塑性状态，随着时间的延长塑性区也会不断发育。在存在支护的情况下，巷道塑性区也会得到一定程度的控制。从前面无支护巷道的分析中可以看到，在开挖后 3 d 巷道两帮的塑性区就已经达到 1 m 以上，而在常规支护后巷道初期顶板塑性区发展速度较未支护时慢，深度明显小于巷道两帮。而右边的优化支护效果则更为明显，顶板塑性区控制情况良好，在 U 型钢和长锚杆的结合下拱顶围岩得到了良好的加固与支撑，塑性区自然会大大减少。而在巷道两帮塑性区依然得到了一定程度的发展，这也是高地应力作用的结果，而在两帮下半部分即接近底脚的位置，巷道塑性区深度最小，底脚打了两根长锚杆配合两帮的长锚杆共同作用，再加上底板处的钢管梁起到了横支撑作用，

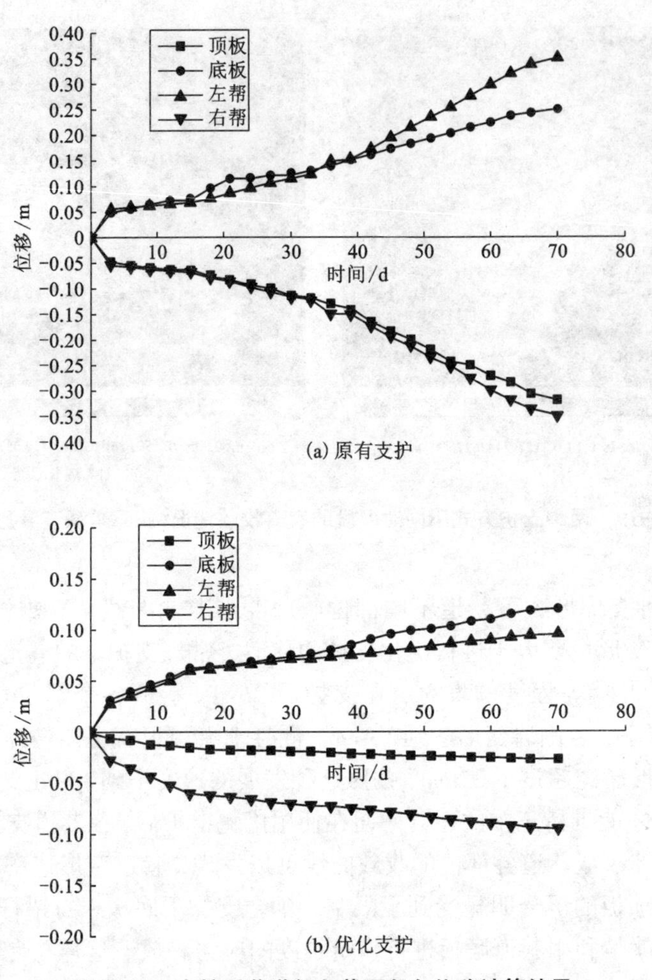

(a) 原有支护

(b) 优化支护

图 5-20　支护后巷道径向截面竖向位移计算结果

从而使得两帮下半部分的围岩塑性区得到了较好的控制。

随着支护天数的增加，常规支护的塑性区发展速度比优化支护的快得多，在支护后 36 d，塑性区最大部位深度已经超过 2 m，而优化支护的巷道两帮塑性区虽也在增大，但是两帮塑性区范围要小于常规支护，尤其是两帮下半部分较小，在这种情况下底脚围岩依然可以组织两帮部分的围岩下挤而发生“流动”，有利于巷道的稳定。随着时间的继续延长，巷道周边塑性区部分变化较小，基本维持了稳定，这是由于支护系统发挥了其最大效能，锚杆使得破碎或塑性阶段的岩体形成一个整体继续发挥支撑作用。当然，随着时间的不断延长，当这部分围岩全部破坏时，主要承载区将“跨过”锚固段向内推移，这样塑性区也会继续发展（图 5-21）。

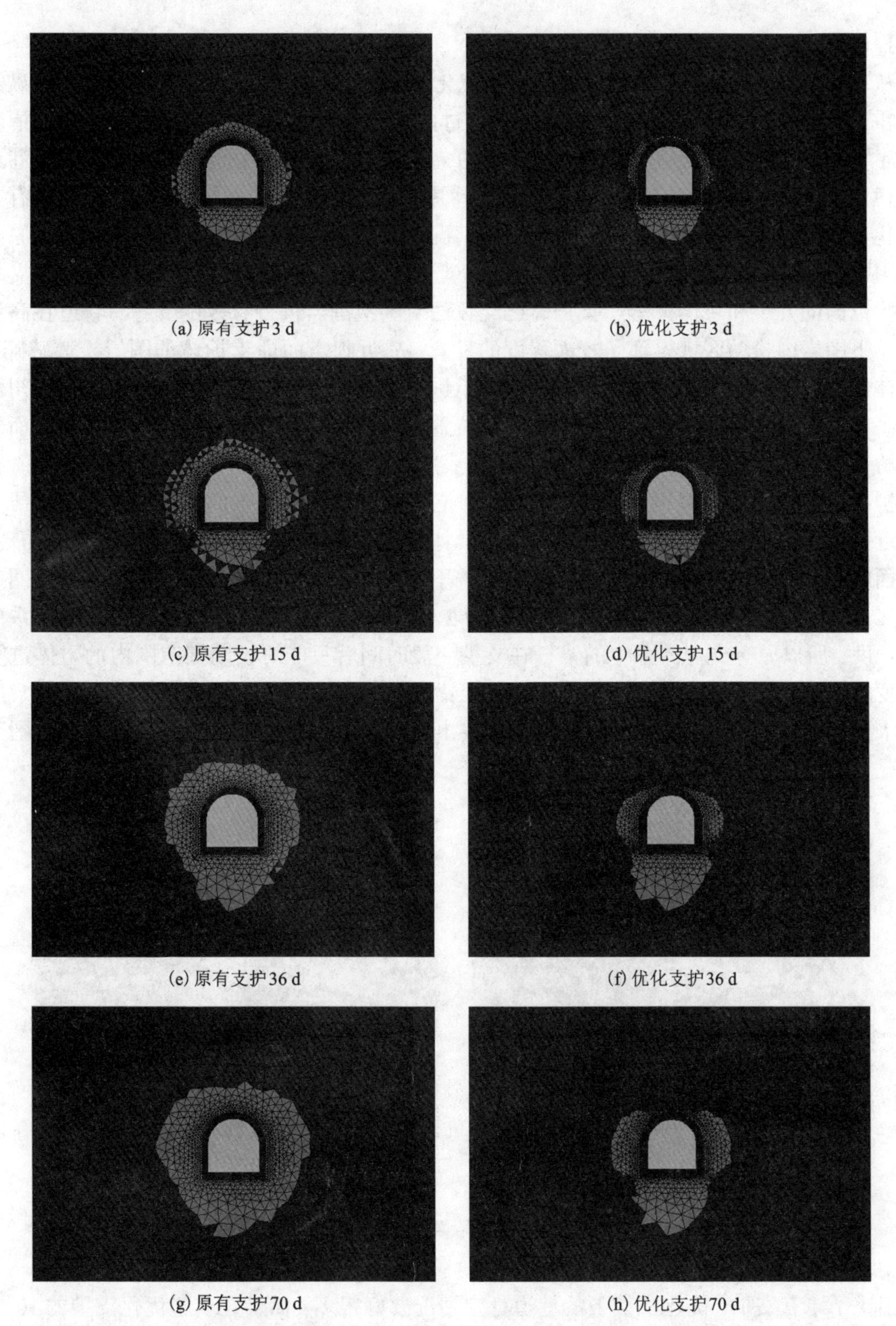

(a) 原有支护3 d　(b) 优化支护3 d
(c) 原有支护15 d　(d) 优化支护15 d
(e) 原有支护36 d　(f) 优化支护36 d
(g) 原有支护70 d　(h) 优化支护70 d

图5-21　不同时间段两种支护方式下巷道塑性区扩展情况(扫章首码查看彩图)

5.3.3 现场试验与效果评价

1. 两帮稳定性

从现场调查结果来看，在试验区域实施优化支护10个月后，常规支护区域的巷道破坏依然严重，而且此区域内的大部分巷道均进行过两次以上的返修工作，按照现场施工情况来看，常规支护下的巷道返修周期依然在3个月左右，原有支护在一定时期内可以保证巷道的整体稳定性，但是随着支护时间的不断延长巷道开始出现明显的破坏，图5-22为原有支护和优化支护两种支护形式下的巷道两帮破坏情况。从图5-22(a)中可以清晰地看出，原有支护(钢拱架+双层喷锚网)下巷道两帮破坏十分严重，尤其是巷道两帮靠近底板位置的支护体出现大范围的开裂和块体掉落。支护体已经无法对巷道围岩进行有效的支撑，巷道在高地应力作用下围岩内松动区域得到了较大程度的发育，靠近临空面即支护体的围岩松散破碎，在支护体开裂后松散的块石会在高地应力作用下进一步刺穿混凝土喷层溃入巷道。在金川深部区域高水平地应力作用下巷道两帮靠近底板位置即两帮底脚围岩会形成塑性区贯通继而发生塑性滑移，所以从图5-22中也可以看到两帮底脚位置的支护体发生较为严重的破坏。在原有支护(钢拱架+双层喷锚网)下不仅两帮底脚位置会出现较为严重的破坏，在巷道两帮中部或靠近拱顶部位也会出现较为严重的破坏，具体表现为侧墙严重开裂和锚杆被拔出的现象。在上面的松动圈测试部分就可以看出原有支护下巷道两帮中部和靠近拱顶位置的松动圈发育超过2 m，而原有支护体系中的锚杆长度均为2.25 m，松动圈厚度已经超过了支护体系中锚杆的长度，所以原有支护体系中的锚杆在支护一段时间后只能对松动圈范围内的岩体进行一定程度的支护，随着巷道松动圈的进一步发展锚杆将无法对围岩进行较为可靠的加固，所以在高水平地应力的作用下，锚杆将会出现被拔出的现象，巷道两帮自然也会出现大范围开裂的情况。

(a) 原有支护

(b) 优化支护

图5-22 两帮帮面完整性对比图

相比于原有支护，优化支护下的巷道稳定情况要好很多，而且在实施优化支护的10个月内并未进行返修工作，钢拱架+双层喷锚网支护则在3个月左右就必须进行返修。优化支护下的巷道两帮完整性良好，从图5-22(b)中可以看到，巷道的底脚位置混凝土喷层并未出现大范围的开裂和混凝土块体掉落，只是在某些区域有出现十几厘米的小裂缝，但是并未对支护体系的稳定造成明显的影响。优化支护中由于钢管梁的横向支撑作用于底脚长锚杆切断了塑性滑移线，所以巷道底脚位置并未出现较大程度的收敛和塑性滑移，底脚位置的混凝土喷层并未产生开裂，依然能对内侧的破碎岩体进行有效的支撑。从巷道两帮中部及靠近拱顶的位置来看，并未出现锚杆被拔出的现象，而且在巷道两帮也未出现大范围的开裂，巷道两帮的混凝土喷层完整性良好。由此可见，在巷道两帮底脚及靠近半圆拱部位施加了长锚杆支护时长锚杆深入了更为稳定的岩层当中，长短锚杆结合的新支护方式不仅仅对松动圈内的破碎岩体进行了有效的加固，而且长锚杆还起到了牵制的作用，致使锚杆体系在高水平地应力的持续作用下并未失效，对巷道两帮及拱顶位置的围岩进行了有效的支护。

2. 顶板稳定性

图 5-23 为原有支护与优化支护两种支护形式下巷道顶板位置对比图，从图 5-23(a)中可以看出，在返修周期内的钢拱架+双层喷锚网支护下巷道底板整体稳定性良好，并未出现冒顶和大范围开裂情况，由于试验段巷道主要受水平地应力作用，常规锚杆和钢拱架的协同作用可以对顶板进行较为稳定的支撑，在两帮并未大范围移近的情况下顶板位置的混凝土喷层没有出现剪裂破坏而继续保持较好的稳定。反观优化支护下的巷道顶板稳定性也同样保持良好，与钢拱架+双层喷锚网支护一样可能在小范围内出现几厘米至十几厘米的小裂缝但并不影响支护体的整体稳定性，混凝土喷层依然可以对上覆岩层提供有效的支护。由此可见，优化支护下巷道顶板稳定性相当于钢拱架+双层喷锚网支护。

(a) 原有支护

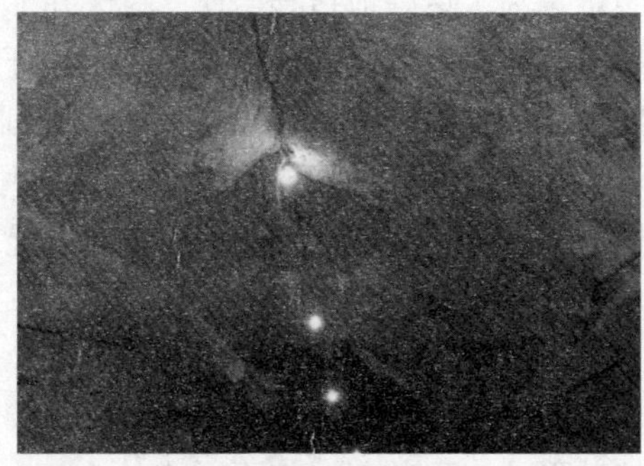
(b) 优化支护

图 5-23　两种支护形式下的巷道顶板完整性对比

3. 底板稳定性

图 5-24 为原有支护与优化支护两种支护形式下巷道底板稳定性情况，从图中不难看出，在钢拱架+双层喷锚网支护下巷道底板变形较为严重，从图中可以非常清晰地看到巷道底板隆起部分，底板岩体隆起时伴随着大范围开裂的现象。经现场测量，钢拱架+双层喷锚网及底板混凝土硬化处理支护段底板隆起高度达 1.2 m，这是由于高水平地应力持续作用，底脚岩体产生塑性滑移，此时底板及底脚岩体在高地应力作用下从底板位置向临空面移动从而造成如此明显的隆起现象。

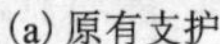

(a) 原有支护

(b) 优化支护

图 5-24　底板完整性对比图

5.4　考虑应变软化的地下采场开挖变形稳定性数值分析

某大型铁矿属于缓倾斜条带状厚大矿床，矿体埋藏深、呈多层产出且矿岩坚硬，其资源丰富、储量可靠、开采条件良好、服务周期长、矿石易选、精矿品质优良。由于该铁矿开采范围大，服务年限长，属深部开采(开采深度在 850 m 左右)，其突出的问题是应力高、变形大、地压控制难。为了更好地指导生产，确保井下作业安全，充分回收矿产资源，需对矿山基建和生产中矿区开挖稳定性进行相应研究。由于变形稳定性是十分复杂的岩体工程动态问题，目前岩石力学研究中已有的理论解只能解决圆形或椭圆形坑洞等简单形状的问题，而对矿床开采这样复杂的空区显得无能为力。本节运用 FLAC3D 建立数值分析模型，从宏观角度揭示采场开挖后，不同区域的破坏模式和变形情况。

5.4.1　考虑应变软化的数值方法

建立应变软化模型，并分析其在数值计算过程中的实施情况。该模型是莫尔-库仑模型的一种特殊形式，两者之间的不同之处在于，在应变软化模型中，预先定义的硬化参数，根据分段线性原则，在塑性应变产生后，部分或所有单元的屈服参数，如黏结力、内摩擦角、剪胀角和拉伸强度都可发生变化。在每一个时间步内，总的塑性剪应变和拉应变都会被增量硬化参数校验，然后模型参数会调节到与自定义方程一致。该准则在屈服面上，剪切失效应力点的位置由非关联流动准则决定，拉伸失效应力点的位置由关联流动准则决定。在主应力空间 σ_1-σ_3 平面内，剪切失效的包络线 $f^s=0$ 由莫尔-库仑屈服准则表示为

$$f^s = \sigma_1 - \sigma_3 N_\varphi + 2c\sqrt{N_\varphi} \tag{5-31}$$

式中：c 为黏结力；φ 为内摩擦角；N_φ 可表示为 $N_\varphi=(1+\sin\varphi)/(1-\sin\varphi)$。

拉伸失效包络线 $f_t=0$，由拉伸失效准则可表示为

$$f_t = \sigma_3 - \sigma_t \tag{5-32}$$

式中：σ_t 为抗拉强度，其最大值可由下式确定。

$$\sigma_{t_{max}} = c/\tan\varphi \tag{5-33}$$

应变软化模型中的破坏准则、屈服函数、势函数、塑性流动准则和应力校正等都与相应

的莫尔-库仑模型一致。在应变软化模型中，对于每个单元都要定义两个硬化参数 k^s、k^t，分别作为塑性剪应变和拉应变的增量度量的和。

在 FLAC3D 计算的基本四面体单元中，可计算出单元剪切和拉伸硬化增量。对于一个指定的四面体，其剪切硬化增量是由塑性剪应变增量张量的第二不变量来定义的，即

$$\Delta k^s = \sqrt{[(\Delta\varepsilon_1^{ps} - \Delta\varepsilon_m^{ps})^2 + (\Delta\varepsilon_m^{ps})^2 + (\Delta\varepsilon_3^{ps} - \Delta\varepsilon_m^{ps})^2]/2} \tag{5-34}$$

式中：$\Delta\varepsilon_m^{ps}$ 为体塑性剪切应变增量，其值为 $\Delta\varepsilon_m^{ps}=(\Delta\varepsilon_1^{ps}+\Delta\varepsilon_3^{ps})/3$；$\Delta\varepsilon_1^{ps}$、$\Delta\varepsilon_3^{ps}$ 为第 1、3 主应力方向的塑性剪切应变增量，其值可由下式得到。

$$\Delta\varepsilon_1^{ps} = \lambda^s \tag{5-35}$$

$$\Delta\varepsilon_3^{ps} = -\lambda^s N_\psi \tag{5-36}$$

式中：$\lambda^s=\dfrac{f^s(\sigma_1^I,\ \sigma_3^I)}{(\alpha_1-\alpha_2 N_\psi)-(-\alpha_1 N_\psi+\alpha_2)N_\varphi}$；$N_\psi=(1+\sin\psi)/(1-\sin\psi)$；$\alpha_1$ 和 α_2 为由剪切模量和体积模量定义的材料常数，$\alpha_1=K+\dfrac{4}{3}G$，$\alpha_2=K-\dfrac{2}{3}G$；σ_1^I，σ_3^I 为迭代过程中的试算应力。

拉伸硬化增量则由塑性拉伸应变增量表示为

$$\Delta k^t = |\Delta\varepsilon_3^{pt}| = \left|\frac{\sigma_3^I - \sigma^t}{\alpha_1}\right| \tag{5-37}$$

5.4.2　计算模型

5.4.2.1　工程概况

矿段工程在地质类型上属于以坚硬半坚硬岩层为主，在工程地质条件上属于中等条件的矿床，其主要特点有如下几个方面：(1)矿段位于复杂的区域构造复合地区，岩层由沉积岩、火成岩和变质岩构成，存在沉积间断、火成、构造和次生等多种结构面，处于地震活动区，有迹象表明，有的构造破碎带目前依然处于地应力活动状态。(2)矿体及其顶板为火山岩和变质岩，大部分属于坚硬岩石，少部分属于半坚硬岩石，比较完整，因而比较稳定。岩层风化带深，但是风化程度弱。辉长辉绿岩侵入体频繁穿插，接触带裂隙发育；I 号矿带间接顶板为方柱石白云石大理岩，局部地段裂隙发育，岩芯破碎；存在软弱结构面 F3，局部存在泥化夹层、风化夹层和松软夹层，它们的力学强度有较大程度降低，具有不良工程地质因素，局部对矿床开采有影响。(3)铁矿石在单轴抗压强度上属半坚硬岩类。岩芯 *RQD* 值较高，岩(矿)石裂隙虽发育，多被后期脉石矿物充填或再生胶结。已开拓的大量坑道很少需要支护，岩体属局部稳定地段。

根据室内岩土试验，并由相应的岩体力学参数的工程处理，得到研究范围内相关岩土的物理力学工程特性指标如表 5-3 所示。

表 5-3　岩体计算参数

岩体类型	抗压强度 σ_c /MPa	抗拉强度 σ_t /MPa	黏结力 c /MPa	内摩擦角 φ /(°)	弹性模量 E /GPa	泊松比 μ
白云石大理岩 ptdm4	25.13	1.02	1.23	40.81	3.63	0.25
辉长辉绿岩 λω	19.08	0.215	0.69	40.72	1.57	0.25

续表5-3

岩体类型	抗压强度 σ_c /MPa	抗拉强度 σ_t /MPa	黏结力 c /MPa	内摩擦角 φ /(°)	弹性模量 E /GPa	泊松比 μ
磁铁富矿	20.94	0.34	1.12	37.73	2.28	0.25
磁铁贫矿	35.40	0.815	1.58	36.94	5.85	0.25
白云石大理岩 ptdh	23.58	0.895	1.58	40.41	2.98	0.25
石榴黑云片岩 ptdm3	19.09	0.995	1.40	37.10	1.65	0.25
铜矿	31.45	0.79	1.31	31.15	4.68	0.29

发生塑性变形后，岩土体相应的黏结力 c_p 和内摩擦角 φ_p 与原始黏结力 c_i 和内摩擦角 φ_i 的关系为：$c_p=w_c c_i$；$\varphi_p=\varphi_i-w_\varphi$。其中，$w_c$ 和 w_φ 为黏结力和内摩擦角的变化因子。w_c 和 w_φ 与塑性应变 ε^p 的关系见表5-4。

表5-4　w_c 和 w_φ 与塑性应变 ε^p 的关系

塑性应变 $\varepsilon^p/10^{-4}$	c 变化因子 w_c	φ 变化因子 w_φ
0	1.0	0.0
1	0.85	3.0
2	0.70	3.0
3	0.60	0.0
10^4	0.60	0.0

5.4.2.2　模型介绍

由 SURPAC 建立三维实体、块体模型，然后，利用自编的 SURPAC-FLAC3D 接口程序建立 FLAC3D 三维地质力学模型(由于 SURPAC 单元细分，某些区域网格不对齐，但细分单元和原始单元成整数倍的关系，因此，可通过 FLAC3D 中的 attach face 命令实现网格不对齐区域的信息传递)，如图5-25~图5-26。模型共33700个节点，19780个单元，整体边界尺寸为1320 m×1080 m×620 m，采场总体尺寸为676 m×342 m×305 m。模型包括以下几个部分：

(1)岩体：ptdm4、ptdm3、ptdh3、ptdh2、ptdh1、λω。

(2)矿体：磁铁富矿、磁铁贫矿、铜矿。

(3)采场(按开挖顺序排序)。1_1 开挖步：主采区 480 分段空区_1_1、主采区 460 分段空区_1_1、主采区 440 分段空区_1_1、中部 2 采区 540 分段空区、中部 2 采区 560 分段空区、中部 2 采区 590 分段空区、中部 1 采区 625 分段空区、中部 1 采区 645 分段空区、中部 1 采区 675 放顶空区。1_2 开挖步：主采区 480 分段空区_1_2、主采区 460 分段空区_1_2、主采区 440 分段空区_1_2。1_3 开挖步：主采区 480 分段空区_1_3、主采区 460 分段空区_1_3、主采区 440 分段空区_1_3。2_1 开挖步：主采区 460 分段空区_2_1、主采区 440 分段空区_2_1。2_2 开挖步：主采区 460 分段空区_2_2、主采区 440 分段空区_2_2。2_3 开挖步：主采区 480

分段空区_2_3、主采区460分段空区_2_3、主采区440分段空区_2_3。3开挖步：中部2采区520分段空区。4开挖步：主采区420分段空区、中部2采区480分段空区、中部2采区500分段空区、中部1采区605分段空区。5开挖步：中部1采区580分段空区。6开挖步：中部1采区560分段空区。7开挖步：主采区400分段空区。

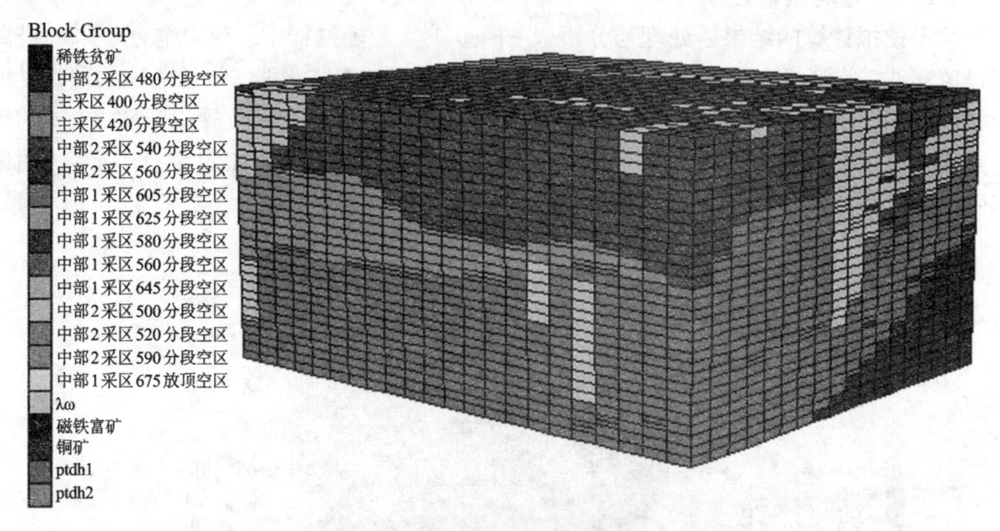

图5-25　三维计算模型(扫章首码查看彩图)

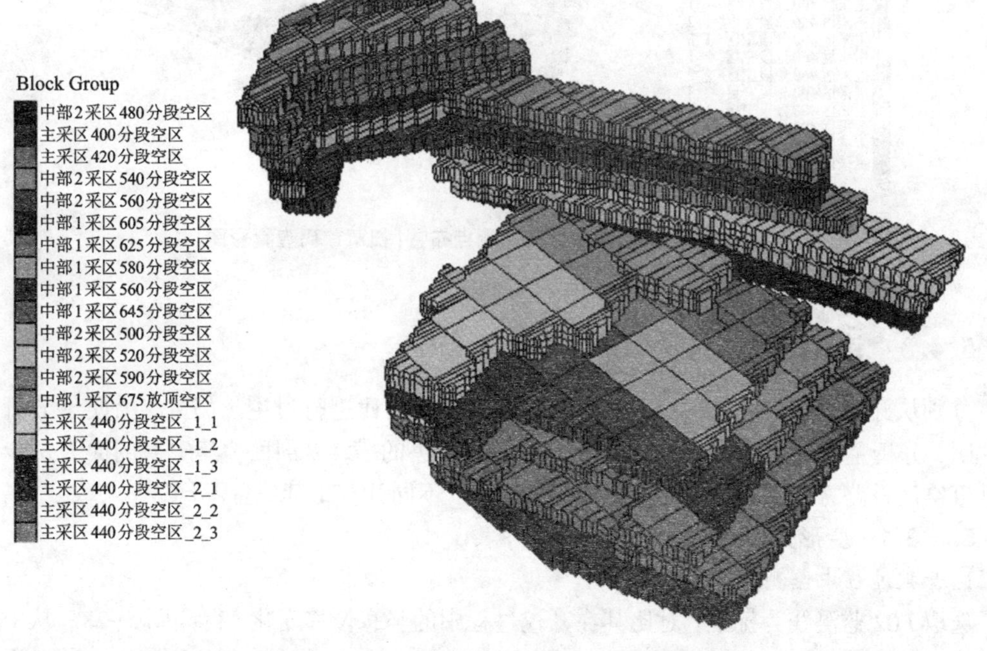

图5-26　采场三维模型(扫章首码查看彩图)

模型上表面边界采用法向应力约束，底部采用固定位移约束，四个侧面采用法向位移约束。在初始应力场的取值上采用平均构造应力场和重力场叠加，并将所有初始应力投影到模型坐标系后，形成计算中的初始应力场。为了较真实地模拟开挖变形过程，模拟分2步加载：第一步，仅考虑岩体自重情况；第二步，清除第一步产生的岩体位移，以模拟开挖过程中的应力变形状态。计算收敛准则为不平衡力比率(节点平均内力与最大不平衡力的比值)满足10^{-5}的求解要求。

5.4.2.3 监测点布置

为便于模拟计算的结果后处理与分析，在模拟矿体开挖过程中，首先垂直于采场进路方向布设监测线，监测线之间的距离为70 m，共布设$P01 \sim P07$监测线，并且考虑到顶板处的几何形状不规则，监测线的位置高于顶板20 m布置；然后沿进路方向位置以每隔20 m的剖面在监测线上截取监测点，截取46个剖面，共计322个监测点，具体如图5-27所示，用以监测不同位置点位移变化规律。

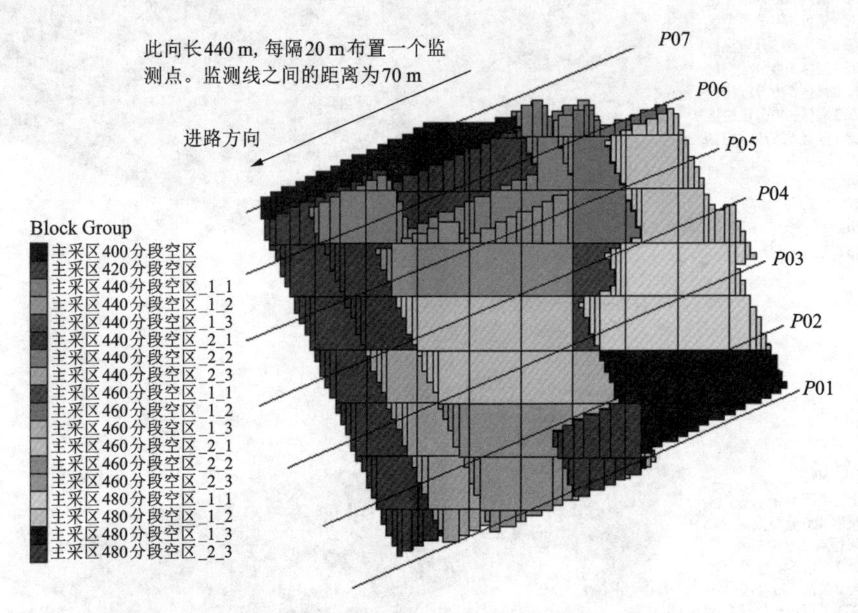

图5-27 沿采场进路方向监测点布置(扫章首码查看彩图)

5.4.3 计算结果与讨论

分别从开挖过程中的位移变化规律、塑性区分布规律进行讨论。另外，为便于分析和文字说明，分析主要针对两个剖面，即过开挖部分中央的横、纵剖面，其中横剖面为每步开挖后垂直空区进路方向剖面，各个剖面为动态剖面，不同开挖步其位置不同。

5.4.3.1 变形分析

1. 开挖过程中监测点竖直位移

选取P02监测线为标准，对比其在开挖过程中的竖直位移变化，得到图5-28。从中可以看出，随着开挖的进行各个监测点的位移不断增大，1_1、1_2开挖步引起的位移增量梯度不大。当开挖到1_3时，位移曲线出现明显的跳跃，位移增量在50 cm左右。继续开挖，位移增量梯度减缓。当开挖到2_3时，又一次出现位移曲线的跳跃。可见，对同一开挖步，开挖初期即使开挖量相同，其引起的位移增量也是不相同的。当空区拉开一定距离后，很小的开挖量就能引起很大的位移增量，即存在位移突变的临界开挖范围。从图中可见，1开挖步的临界增量出现在1_3开挖步；2开挖步的临界增量出现在2_3开挖步；另一个临界增量出现在4开挖步。5~7开挖步引起位移持续增大，但其趋势减缓。这是由于此时主采场顶板附近的开挖基本完成。另外，图中还显示，当监测点与起始监测点的距离超过200 m后，曲线又迅速上升，然后再回落—上升，这是由于主采场空区开挖分两步，1，2。两部分空区高度不同，都引起一定位移，主采场空区1引起的位移较大。

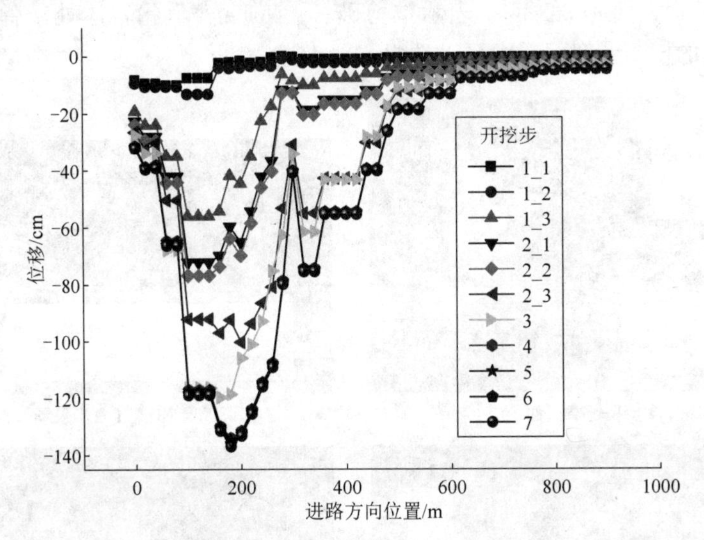

图5-28 不同开挖步*P02*监测线竖直位移(扫章首码查看彩图)

2. 开挖过程中监测点水平位移

如图5-29，开挖过程中，沿采场进路方向监测点位移先增大后减小。最大水平位移值为0.51 m，较竖直位移的1.852 m小，这是由于空区形态为扁平型，水平方向范围远大于竖直方向范围，因此，位移形式以竖直位移为主。同一监测点随着开挖的进行，水平位移不断增大，但增加的梯度不同。1_3开挖步引起的水平位移增量最大，其次是4开挖步。而1_1~

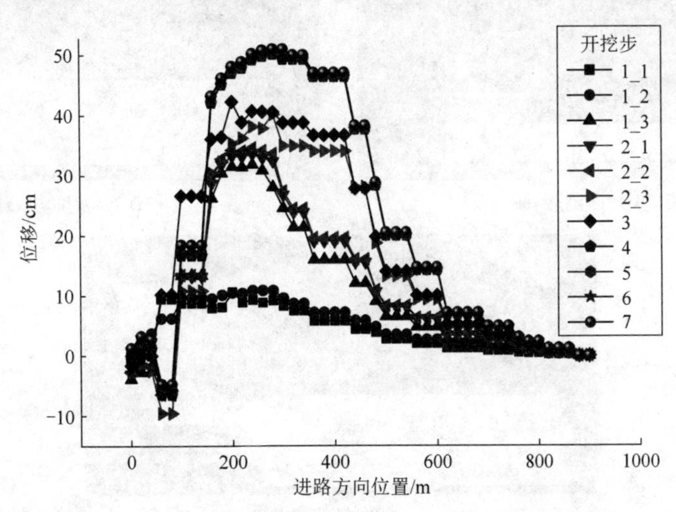

图5-29 不同开挖步*P02*监测线水平位移(扫章首码查看彩图)

1_2、1_3~3 开挖步引起的水平位移较小，4~7 开挖步位移基本不增长。这是由于 1_3 开挖步范围超过空区临界开挖跨度，另外，4 开挖步的区域包括中部 2 采区 480 分段空区、中部 2 采区 500 分段空区、中部 1 采区 605 分段空区，从空区形态图中可知，这些采场位于主采场和 1、2 采场中间，此范围的开挖引起采场区域贯通。

5.4.3.2　稳定性分析

图 5-30 表示开挖过程中，空区周围岩体的破坏状态。其中，shear 表示剪切破坏；tension 表示拉伸破坏；tension shear 表示拉剪破坏；None 表示此岩体处于弹性状态，未发生破坏。从各采场的横、纵剖面图中可以看出：

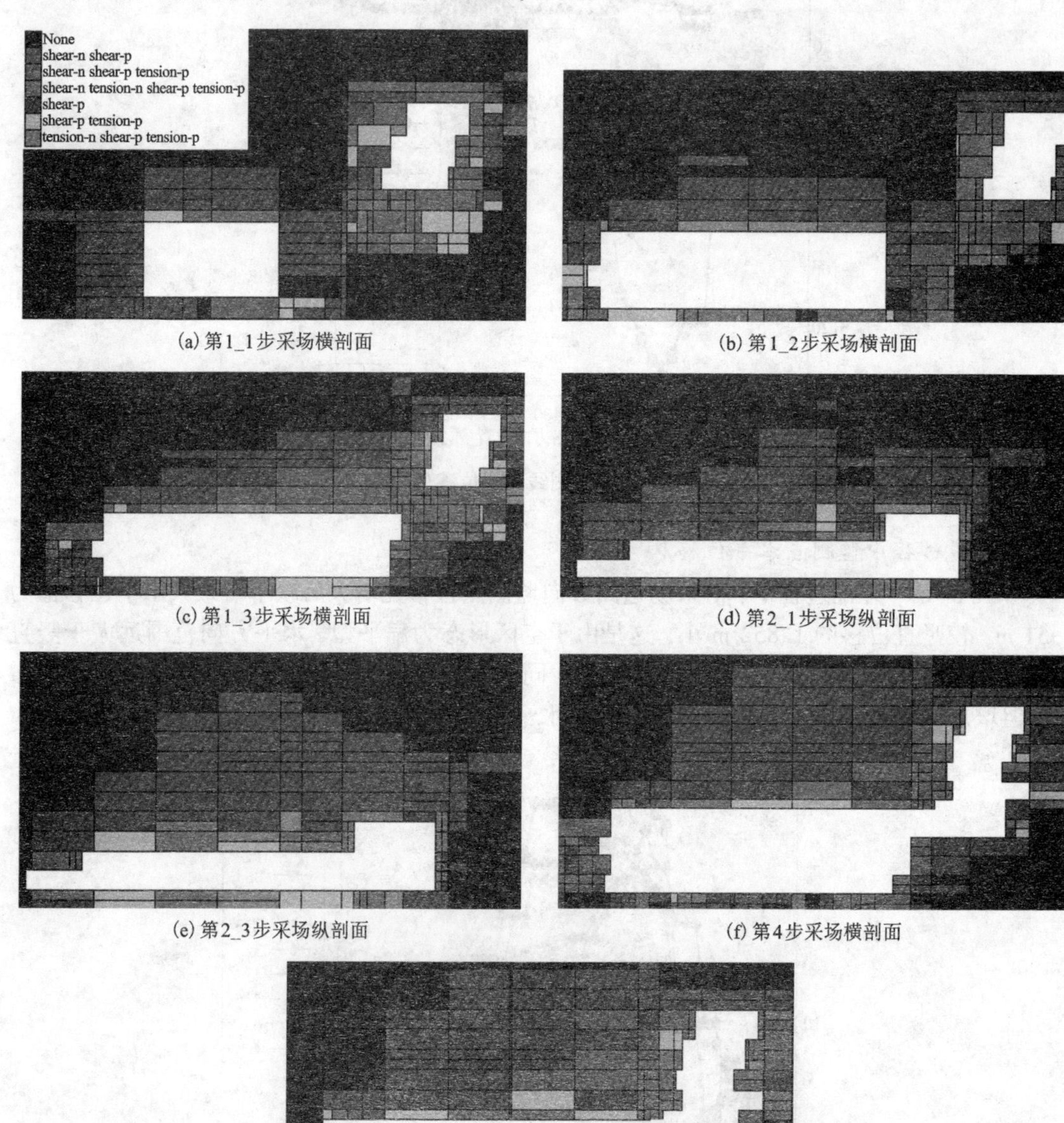

(a) 第1_1步采场横剖面　(b) 第1_2步采场横剖面

(c) 第1_3步采场横剖面　(d) 第2_1步采场纵剖面

(e) 第2_3步采场纵剖面　(f) 第4步采场横剖面

(g) 第7步采场横剖面

图 5-30　开挖过程中采场塑性区分布(扫章首码查看彩图)

(1)主采场空区顶板主要发生拉剪破坏，空区正上部顶板发生拉伸破坏，再往上部分主要发生剪切破坏，且开挖初期主采场空区周围岩体破坏区域主要位于两侧边帮和顶板处，随着开挖的进行，顶板破坏区域面积明显增大，而边帮破坏区域面积基本不变。1、2采场空区周围岩体的破坏区域主要集中在两侧边帮，与主采场破坏区域分布形式不同。

(2)开挖过程中，空区顶板首先拉裂，出现冒落现象，其上部岩体随着顶板冒落也不断往下变形，从而出现一定高度的破坏岩体，此部分岩体以上部分由于应力重分布及其以下岩体冒落完毕而处于稳定状态。从图中可见，1_1~1_2开挖步引起的主采场顶板破坏高度在40 m左右，当开挖到1_3时，主采场顶板破坏高度达到80 m左右。可见，1_3开挖步引起塑性区面积的突然增大，其对稳定性的影响最大，与位移趋势的分析结果相同。由于1、2采场空区为长条形，其破坏区域位于边帮，厚度为20~30 m。2_1引起的主采场破坏高度为60 m左右，2_2开挖步引起的破坏区面积变化不大。而2_3开挖步由于主采场整体开挖，空区水平方向面积达到最大，同样引起了破坏区域面积的迅速增长，此时破坏区高度为120 m。当开挖到4步时，由于主采场与1、2采场空区相互贯通，因此，塑性区同样迅速增大，此时破坏区高度为150 m左右。此后，由于影响稳定性的开挖阶段已经结束，这些开挖步引起的破坏区域面积的增量较小。最终，开挖完毕破坏高度为160 m左右。

5.4.4 空区对大型地下采场开挖变形稳定性的影响

为便于分析和文字说明，分析主要针对两个剖面，即过开挖部分中央的横、纵剖面，其中，横剖面为每步开挖后垂直于空区监测方向剖面。开挖中部2采区520分段空区和中部2采区500分段空区使主采场与2采场空区相互贯通，为了研究贯通与非贯通情况的不同，对比分析开挖(方案1)与不开挖这两个采场情况下(方案2)空区周围岩体应力、变形和破坏区的响应。

5.4.4.1 应力变化规律对比

图5-31~图5-32为开挖完毕后，横、纵剖面上最大主应力的分布情况。从图中可知，纵剖面上，两者应力分布形式基本相同，只在顶板480 m和460 m开挖部分的拐角处拉应力分布略有不同，方案1的拉应力区略大于方案2，且其数值也较方案2大，其中方案1的拉应力为4.21 MPa，方案2的拉应力为4.18 MPa。对于横剖面上的应力云图，由于方案1主采区和2采区相互贯通，方案1顶板的拉应力区更靠近拐角处，而方案2拉应力区主要位于顶板中央，且方案2高压应力区域面积大于方案1高压应力区域面积，说明空区间存在隔离层时，更有利于应力传递，空区整体更加稳定。

5.4.4.2 位移变化规律对比

图5-33为开挖完毕后，横剖面上竖直位移的分布情况。从图中可见，在空区以内两种方案得到的位移等值线云图的分布形式基本相同，但其数值有较大差别，为25 cm左右。在主采区和2采区贯通处，两种方案的位移形态有较大差别，方案1的位移趋势指向空区的拐角处，而方案2的位移趋势指向空区内部，并且位于拐角处的位移云图显示，方案1的位移值明显大于方案2的位移值。

(a) 方案1

(b) 方案2

图 5-31　横剖面上的最大主应力分布(扫章首码查看彩图)

(a) 方案1

(b) 方案2

图 5-32　纵剖面上的最大主应力分布(扫章首码查看彩图)

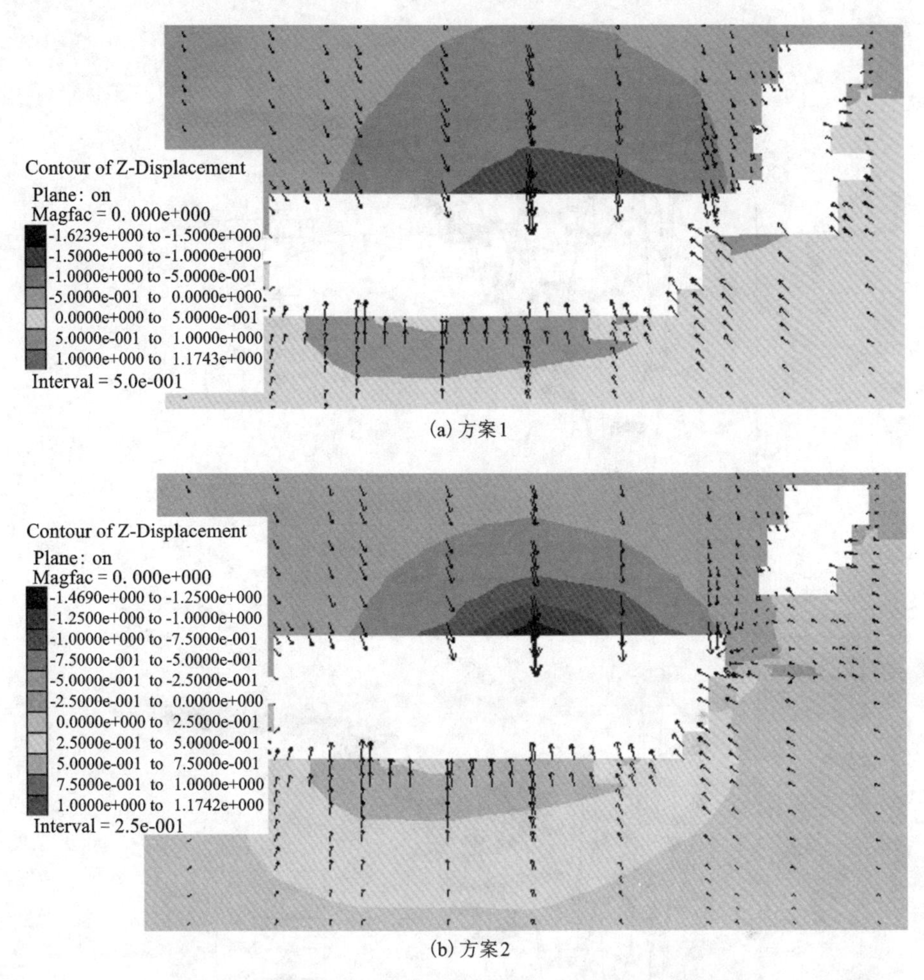

(a) 方案1

(b) 方案2

图 5-33　横剖面上的竖直位移分布(扫章首码查看彩图)

图5-34为开挖完毕后，各监测线的竖直位移曲线。从图中可见，位移曲线的分布形式基本相同，即先增大再减小的趋势，最大值位于空区进路方向位置200 m左右。方案1的位移值大于方案2的位移值，两者之间的差别大约为60 cm，另外从计算结果中可知，两个方案之间的水平位移差别不大，说明是否开挖中部2采区520分段空区和中部2采区500分段空区对顶板沉降的影响较大。

5.4.4.3　塑性区分布规律对比

图5-35表示开挖过程中，空区周围岩体的破坏状态。其中，shear表示剪切破坏；tension表示拉伸破坏；tension shear表示拉剪破坏；None表示此岩体处于弹性状态，未发生破坏。从各采场的横剖面图中可以看出：(1)主采场空区顶板主要发生拉剪破坏，空区正上部顶板发生拉伸破坏，再往上部分主要发生剪切破坏，并且随着开挖的进行，顶板破坏区域面积明显增大，而边帮破坏区域面积基本不变。(2)开挖过程中，空区顶板首先拉裂，出现冒落现象，其上部岩体随着顶板冒落也不断往下变形，从而出现一定高度的破坏岩体，此部分岩体以上部分由于应力重分布及其以下岩体冒落完毕而处于稳定状态。(3)两种方案的塑

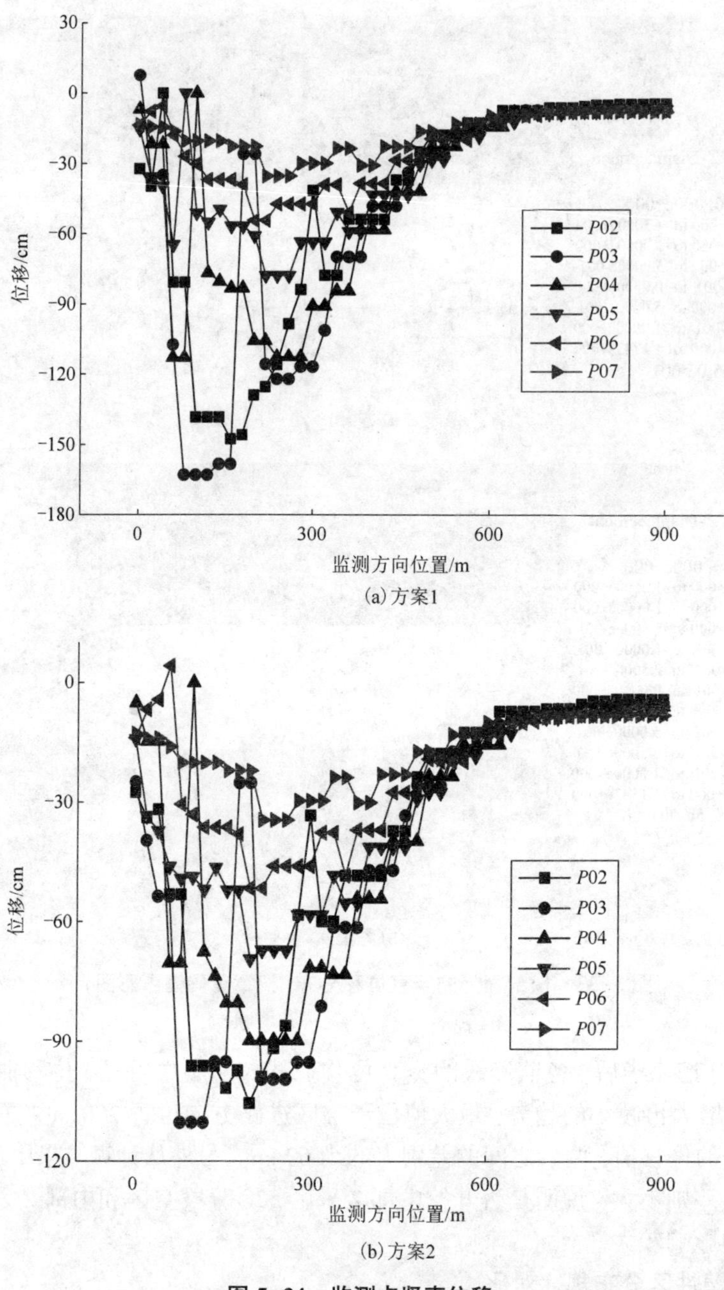

(a) 方案1

(b) 方案2

图 5-34　监测点竖直位移

性区分布基本相同，即沿着空区中央以弧状形式不断向外发展，但方案 1 空区顶板的破坏区域大于方案 2 空区顶板的破坏区域。方案 1 的破坏高度大约为 160 m，方案 2 的顶板破坏高度为 120 m 左右，可见不开挖中部 2 采区 520 分段空区和中部 2 采区 500 分段空区能够大大提高空区的稳定性。

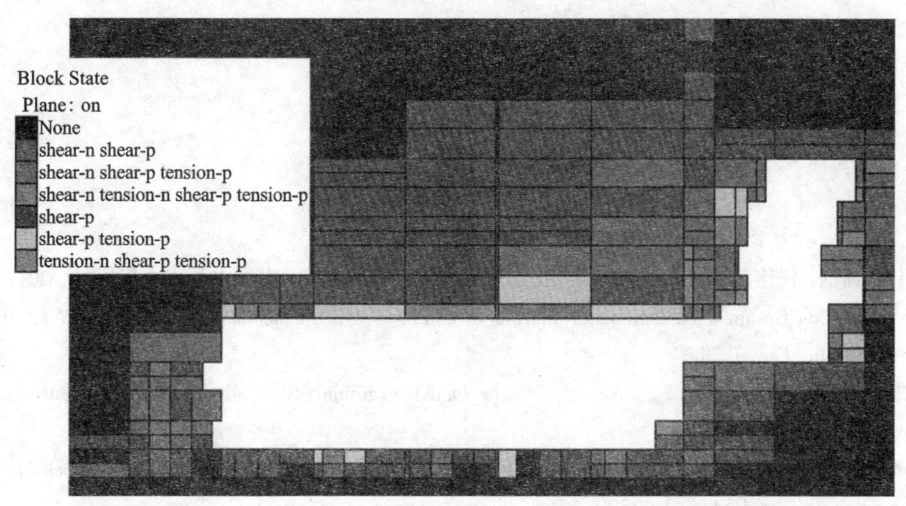

(a) 方案1

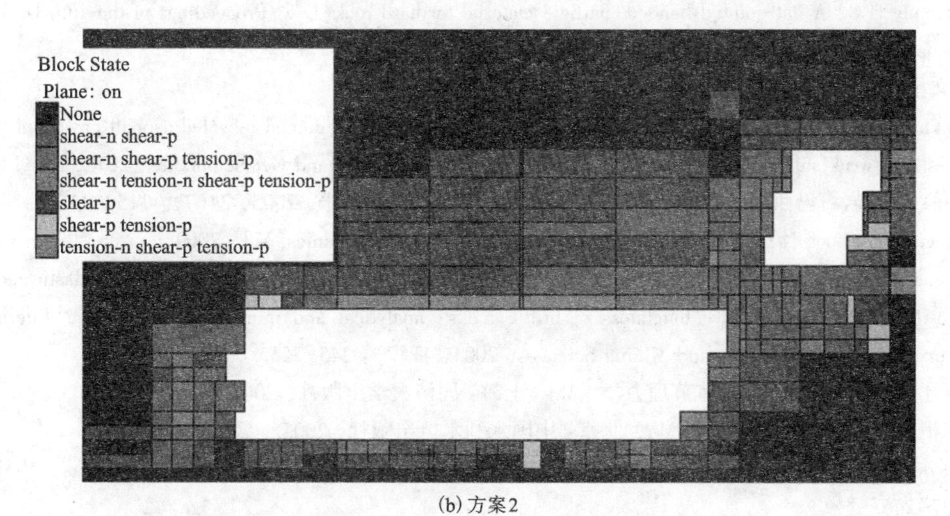

(b) 方案2

图 5-35　横剖面上的塑性区分布(扫章首码查看彩图)

参考文献

[1] 曹平. 计算岩石力学[M]. 长沙：中南大学出版社, 2016.

[2] 孙书伟, 林杭, 任连伟. FLAC3D在岩土工程中的应用[M]. 北京：中国水利水电出版社, 2011.

[3] Itasca Consulting Group. Fast lagrangian analysis of continua in 3 dimensions, user manual[M]. Minnesota: Itasca Consulting Group, 2004.

[4] PFC2D(partical flow code in 2 dimensions) theory and background[R]. Minnesota, USA: Itasca Consulting Group Inc, 2002.

[5] Potyondy D O, Cundall P A. A bonded-particle model for rock[J]. International Journal of Rock Mechanics & Mining Sciences, 2004, 41(8): 1329-1364.

[6] Potyondy D O. A flat-jointed bonded-particle material for hard rock[C]//Proceedings of the 46th U.S. Rock Mechanics/Geomechanics Symposium, 2012.

[7] 王文星. 岩体力学[M]. 长沙：中南大学出版社, 2004.

[8] Thakur J K, Han J, Pokharel S K, et al. Performance of geocell-reinforced recycled asphalt pavement (RAP) bases over weak subgrade under cyclic plate loading[J]. Geotextiles and Geomembranes, 2012, 35: 14-24.

[9] 喻勇. 质疑岩石巴西圆盘拉伸强度试验[J]. 岩石力学与工程学报, 2005, 24(7): 1150-1157.

[10] Jaeger J C, Cook N G, Zimmerman R. Fundamentals of rock mechanics[M]. 2009.

[11] Wang Q Z, Jia X M, Kou S Q, et al. The flattened Brazilian disc specimen used for testing elastic modulus, tensile strength and fracture toughness of brittle rocks: analytical and numerical results[J]. International Journal of Rock Mechanics and Mining Sciences, 2004, 41(2): 245-253.

[12] 夏才初, 孙宗颀. 工程岩体节理力学 [M]. 上海：同济大学出版社, 2002.

[13] 陈祖煜. 土质边坡稳定分析[M]. 北京：中国水利水电出版社, 2005.

[14] Taylor D W. Stability of earth slopes[J]. Journal of the Boston Society of Civil Engineers, 1937, 24: 197-246.

[15] 林杭, 曹平. 边坡稳定性强度折减数值分析方法与应用[M]. 北京：科学出版社, 2016.

[16] Taylor D W. Fundamentals of soil mechanics[M]. New York: John Wiley & Sons, Inc, 1948.

[17] Jiang J C, Yamagami T. A new back analysis of strength parameters from single slips[J]. Computers and Geotechnics, 2008, 35(2): 286-291.

[18] Jiang J C, Yamagami T. Charts for estimating strength parameters from slips in homogeneous slopes[J]. Computers and Geotechnics, 2006, 33(6-7): 294-304.

[19] Hoek E, Carranza-Torres C, Corkum B. Hoek-Brown failure criterion-2002 edition[C]//Proceedings of NARMS-TAC Conference. Toronto, 2002: 267-273.

[20] 赵明华. 基础工程[M]. 北京：高等教育出版社, 2010.

[21] 张向阳. 金川二矿区深部岩石力学特性及岩石流变损伤分析[D]. 长沙：中南大学, 2010.